中国建筑文化遗产 20

中国古代建筑学体系之复兴——莫宗江先生百年诞辰纪念

单霁翔 名誉主编
金磊 主编

天津大学出版社

图书在版编目（CIP）数据

中国古代建筑学体系之复兴：莫宗江先生百年诞辰纪念/金磊主编．—天津：天津大学出版社，2017.4
（中国建筑文化遗产）
ISBN 978-7-5618-5808-0

Ⅰ．①中… Ⅱ．①金… Ⅲ．①古建筑－建筑体系－研究－中国 Ⅳ．①TU－092.2

中国版本图书馆CIP数据核字（2017）第071245号

策划编辑　韩振平
责任编辑　姜　凯
装帧设计　谷英卉　董秋岑

出版发行　天津大学出版社
地　　址　天津市卫津路92号天津大学内（邮编：300072）
电　　话　022-27403647
网　　址　publish.tju.edu.cn
印　　刷　北京华联印刷有限公司
经　　销　全国各地新华书店
开　　本　235mm × 305mm
印　　张　15.25
字　　数　661千
版　　次　2017年4月第1版
印　　次　2017年4月第1次
定　　价　112.00元

CHINA ARCHITECTURAL HERITAGE

中国建筑文化遗产 20

中国古代建筑学体系之复兴——莫宗江先生百年诞辰纪念

The Reviving of Ancient Chinese Architecture—the 100th Anniversary of Mr.Mo Zongjian

Instructor State Administration of Cultural Heritage
指导单位 国家文物局

Sponsor ACBI Group
主编单位 宝佳集团
Committee of Traditional Architecture and Gardens of Chinese Society of Cultural Relics
中国文物学会传统建筑园林委员会
Tianjin University Press
天津大学出版社
Institute of Urban Planning and Development of Peking University
北京大学城市规划与发展研究所
Architectural Culture Investigation Team
建筑文化考察组

Co-Sponsor Research Center of Mass Communication for China Architecture, ACBI Group
承编单位 宝佳集团中国建筑传媒中心

目 录

CONTENTS

目 录

与会者合影

新年论坛：倾听西安与北京的"双城记"拉开帷幕

2016年12月8日，"新年论坛：倾听西安与北京的'双城记'"在西安拉开帷幕，这也是坚持了15年的建筑界品牌活动"新年论坛"首次在北京外举行。本次活动由中建西北院U/A设计研究中心、陕西省土木建筑学会建筑师分会、北京建院约翰马丁国际建筑设计有限公司、《中国建筑文化遗产》与《建筑评论》编辑部主办，北京建院约翰马丁国际建筑设计有限公司西安分公司承办。西安市人民政府参事、西安市规划局原局长和红星，全国工程勘察设计大师、北京市建筑设计研究院有限公司副董事长张宇，中建西北建筑设计院有限公司总建筑师赵元超，北京建院约翰马丁国际建筑设计有限公司董事长、总经理朱颖，陕西派昂现代艺术有限公司创始人任军先生等来自建筑界、规划界、艺术界30余位专家学者参会。《中国建筑文化遗产》《建筑评论》金磊主持本次会议。

20世纪建筑遗产保护需可持续的体制和机制

金磊

即将到来的2017年丁酉鸡年同千百个新年一样是一个文化年，但鸡年颇有新意还在于，鸡是中华文化的“知时鸟”，它有“守信催朝日，能鸣送晓阴”的勤奋精神。从1897年丁酉年译作《天演论》的诞生到2017年期待的世界更有力的改革都说明，时间一直向前，奇迹必然出现。2016年9月29日，由中国文物学会、中国建筑学会联合主办的“致敬百年建筑经典：首届中国20世纪建筑遗产项目发布暨中国20世纪建筑思想学术研讨会”在故宫宝蕴楼召开，不仅破天荒地公布了98项20世纪中国现当代建筑作品，还系统地向业界与社会阐述了城市保护观与遗产发展观，其核心是要坚守可持续的20世纪建筑遗产认定、评选、保护、建设等事项，对此两院院士吴良镛，工程院院士马国馨、张锦秋都予以肯定。2016年10月22日第四届“建筑遗产保护与可持续发展·天津”国际会议上，笔者应邀主持闭幕式，讲了看待20世纪建筑遗产的三个可持续观念，即：从历史中找灵感；建筑遗产保护离不开科技支撑的可持续发展之策；建筑遗产的“活态”保护是再识经典与再塑空间的创新过程。

首批中国20世纪建筑遗产项目的揭晓的确是一个大事件，说明中国开始有了权威名录，但中国仍将面临技术、管理、保护、建设以及产权的一系列难题。鉴于此，笔者试再提10个方面供持续展开20世纪建筑遗产保护策略思考：其一，从城市标志性建筑入手比照20世纪建筑遗产项目；其二，从国家建筑方针传播看研究20世纪建筑遗产的榜样之力；其三，国民建筑文化知识普及最易始于20世纪建筑遗产；其四，摸清国家与城市20世纪建筑遗产“家底”是迫切任务；其五，建筑、文博、设计等诸学科大联合是真正的20世纪建筑遗产综合理念之本；其六，从“事件建筑学”视角出发，发现20世纪建筑遗产的“人和事”；其七，要依法保护20世纪建筑遗产，编研《保护条例》极其迫切；其八，“工匠精神”导引，是对20世纪近现代建筑保护工艺进行研究的前提；其九，坚持评论及批评为先的20世纪建筑遗产保护的审视；其十，探讨中外学术团体、非政府组织与政府相结合的20世纪建筑遗产保护的传播途径与体制、机制建设等。

2016年10月31日为联合国第三个“世界城市日”，主题为“共建城市，共享发展”，倡导绝不可只要快速发展而忘记保护策略。2016年11月1日“京张高铁”开建，部分“京张铁路”被破坏，足以说明时至今日人们在人文奥运理念认知上的偏差，足以说明城市的时间性设计远没有被重视。2016年11月10日深圳召开了由全球100多位重要的博物馆馆长参加的高级别论坛，论坛回顾了2015年11月联合国教科文组织通过的《关于保护与促进博物馆和收藏及其多样性、社会作用的建议书》。故宫博物院院长单霁翔表示，全世界博物馆都面临着如何解释我们本质上从哪里来和处于什么地位的问题，并试着深究我们是谁和我们将如何面对一个共同的未来。11月11日在纪念孙中山先生150周年诞辰大会的开幕式上，习近平强调“时代造就伟大人物，伟大人物又影响时代。……毛泽东同志将三民主义纲领、统一战线政策、艰苦奋斗精神并称为孙中山先生‘留给我们的最中心最本质最伟大的遗产’”。国家以最高规格纪念中山先生，让人想到恢宏的“时空”坐标，想到作为一介有公共意识的学人，不仅要用行动告慰伟人，更要对古今有敬畏、有判断。2009年，我们组织编撰了《中山纪念建筑》以纪念先生奉安大典80周年，该书的出版座谈会在南京中山陵举行，现在看来，这确实是开启建筑文化考察“20世纪事件建筑学”研究的第一部力作。

作为建筑学人，我非常喜欢1980、1985、1992、2007年先后四版的《现代建筑：一部批判的历史》（生活·读书·新知三联书店，2012年5月，【美】肯尼斯·弗兰姆普敦著，张钦楠等译），对此张钦楠先生评介道：弗兰姆普敦的批判是在各个层次上展开的，既有对某建筑作品的褒贬，也有对某建筑师或某个创作流派的综合评价，还有对整个建筑创作环境的社会批判。回望2016年年末正编辑的第20辑《中国建筑文化遗产》，我的思考是：要想使之贯穿始终，不仅要汲取中外20世纪建筑遗产的力量，更要在未来的岁月中，更客观、更精到地编研与挖掘，帮助建筑与文博界乃至公众从纷繁复杂的20世纪建筑世界中梳理出清晰可循的线索，以树立权威且真实可信的理论平台。

2016年12月

Protection of the 20th Century Architectural Heritage Requires Sustainable System and Mechanism

Jin Lei

The announcement of the first batch of Chinese 20th century architectural heritage is indeed a big event. This shows that China begins to have an authoritive directory but it also shows a series of problems in technology, management, protection, construction and property rights. This is a universal management and institutional issue. In view of this I try to mention ten aspects for sustainable development of the 20th century architectural heritage protection strategy: First, starting from the city landmarks; second, from the spread of national construction policy to see the power of the example of the 20th century architectural heritage; third, the popularization of architectural culture is most likely to start from the 20th century architectural heritage; fourth, find out "family property" of the national and urban 20th century architectural heritage is an urgent task; fifth, the combination of architecture, culture, museology, design and other disciplines is the base of the comprehensive concept of 20th century architectural heritage; sixth, from the "event architecture", find out the "people and things" from the 20th century architectural heritage; seventh, the 20th century architectural heritage should be protected according to the law, so the compilation of "Protection Regulations" is extremely urgent; eighth, research the 20th century modern building protection technology and materials under the guidance of "artisan spirit"; ninth, give priority to comments and criticism to supervise the preservation of 20th century architectural heritage; tenth, discuss the transmission channels and systems, mechanisms of the 20th century architectural heritage in case of Chinese and foreign academic groups, non-governmental organizations cooperating with the government.

As an architectural scholar, I really like to read *Modern architecture: a critical history* which was published four times in 1980, 1985, 1992, 2007 (Life • Reading • New Knowledge Sanlian Bookstore, in May 2012, edited by Kenneth Frampton [the United States], translated by Zhang Qinnan et al) . Mr. Zhang Qinnan commented that the critique of Frampton was carried out at all levels. It has not only the evaluation of architecture, architect or creative genre, but also a social criticism on the creative environment of architecture. Looking back to the 20th *Chinese Architectural Heritage* which was being edited at the end of 2016, I think that, to let it run through the whole process, we need not only to gain the strength from Chinese and foreign architectural heritage in the 20th century, but also to make more refined editing and mining in the coming years. It may give us a clearer clue to establish an authoritative and authentic theoretical platform from the complex of the 20th century architectural world.

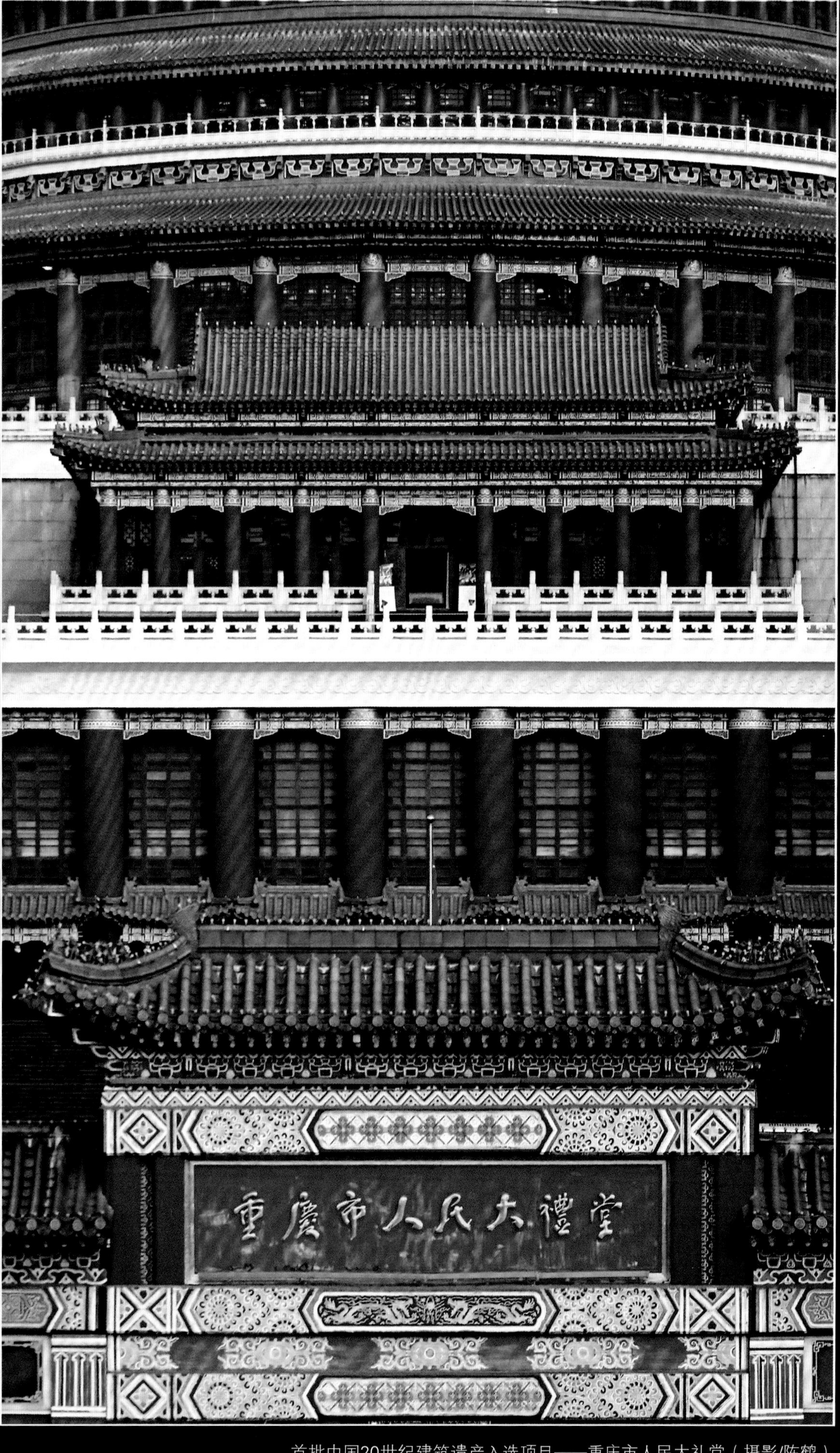

首批中国20世纪建筑遗产入选项目——重庆市人民大礼堂（摄影/陈鹤）

图1 希腊国家考古博物馆1

Working Together with Global Partners to Enlighten the Light of Civilization

—Thoughts on Attendance of "China-EU Dialogue on Civilization" Held in Athens, Greece

携手全球伙伴 闪烁文明之光

——出席在希腊雅典召开的"中欧文明对话会"有感

单霁翔*（Shan Jixiang）

* 故宫博物院院长、中国文物学会会长

图2 希腊国家考古博物馆2

摘要：作为历史悠久的文明古国，古代中国一度是连接东西方的贸易中心和文化枢纽。在欧洲众多文明古国中，最具代表性的是希腊。中国与希腊同为世界文明古国，从目前已知史料看，虽然两者之间并无直接交往，但是却有着一些明显的间接影响。保护和珍视人类共有的精神财富，呵护和传承文化遗产，使之成为人类社会可持续发展的不竭动力，不仅是当代人类肩负的义不容辞的责任，更是每一个国家对于未来必须承担的一项神圣使命。人类文明因多样才有交流互鉴的价值，因平等才有交流互鉴的前提，因包容才有交流互鉴的动力。
关键词：中华文明，希腊文明，文化遗产，传承，发展

Abstract: As a time-honored country with ancient civilizations, ancient China had been the trade center and cultural hub connecting the East and the West. Among numerous ancient civilizations in Europe, Greece is the most typical. As countries with ancient civilizations in the world, China and Greece did not have direct connection, but they obviously influenced each other in an indirect way according to the currently known historical data. It's not only a duty-bound responsibility that contemporary human should shoulder but also a sacred mission that each country should undertake for the future to protect and cherish the spiritual wealth shared by mankind, safeguard and inherit cultural heritage and make it the inexhaustible power for the sustainable development of human society. It's the diversity of human civilizations that makes the exchanges and references meaningful, the equality that makes them feasible and the tolerance that makes them attractive.
Keywords: Chinese civilization; Greek civilization; Cultural heritage; Inheritance; Development

图3 希腊国家考古博物馆3

一、希腊文明与中华文明

在欧洲众多文明古国中，最具代表性的是希腊。经历了极为漫长的石器时代之后，希腊于公元前3000年左右进入青铜时代，迎来文明曙光。古希腊文明的主要特征是开放性、扩张性和多元性。古希腊文明对古罗马及后世欧洲文明具有重大的影响，更是直接催生了中世纪欧洲的文艺复兴，引发近代科学的产生、民主制度的萌芽，对整个人类的发展进程作出了重要贡献。同时，由于希腊文化与亚洲和世界各地文化相互融合和相互影响，传统的希腊文化不断增加新的内容。（图1~图3）

中国与希腊同为世界文明古国。从目前已知史料看，虽然两者之间并无直接交往，但是却有着一些明显的间接影响。例如亚历山大远征，把璀璨的古希腊文化传播到亚洲腹地。古希腊艺术深刻影响了印度的佛教艺术，例如犍陀罗艺术和秣菟罗艺术都是在希腊艺术影响下形成的佛教艺术，其特点就是雕像带有西方人的面部特征，雕像身穿希腊式服装，身躯呈现S形姿势。这种艺术风格随着佛教的东传进入中国，很多十六国、北朝的佛教造像明显带有古印度风格，也可以说是古希腊风格。目前，在故宫博物院正在举办“梵天东土 并蒂莲华：公元400—700年印度与中国雕塑艺术大展”，其中就向观众展示了许多这样的造像，它们是古希腊艺术对中国艺术产生间接影响的实物证据。

从希腊考古和文献资料中可以发现，公元前6世纪，中国的丝绸等物品就已经传入希腊。丝绸之路使统治希腊的罗马帝国或拜占庭帝国与中国发生贸易联系，使希腊成为丝绸之路的西部终点。在中国境内曾经出土带有希腊神话故事纹样的文物，该文物即为罗马帝国或拜占庭时期经过丝绸之路从中亚或欧洲进入中国的商品。例如1983年，在宁夏固原出土的带有希腊神话人物浮雕的镏金银壶，讲述的是金苹果引发特洛伊战争的故事；1988年秋，在甘肃靖远县出土的镏金银盘，刻有希腊十二神形象。

自从文明的曙光初照神州大地，中华民族的祖先就在这片古老而辽阔的土地上生存、繁育。在世界历史长河中，中国经历了5000多年历史变迁，但是始终一脉相承，并以博大精深的文明成果在世界发展史上熠熠生辉。在世界的东方，中国是具有悠久传统的文明古国，创造了博大精深的中华文化。在中国长达2000多年的封建社会中，先后出现过数次“盛世”，从“文景之治”到“武帝极盛”的西汉盛世，从“贞观之治”到“开元之治”的大唐盛世。中国的盛世都是开放的时代，中外文化交流十分活跃。

图4 希腊国家考古博物馆与中国故宫博物院之间的交流1

图5 希腊国家考古博物馆与中国故宫博物院之间的交流2

中华文明是同其他文明不断交流互鉴而形成的文明，也是至今仍然具有旺盛生命力的文明，在人类文明史上占有重要地位。中国古代文明中的独特发明，不仅成为中国历史上的骄傲，而且随着人类文化的交流而在世界各地留下了印记。近代以来，中华民族面对救亡图存和振兴中华两大历史使命，一代又一代中国人前赴后继、不懈奋斗，成功开创了一条独具特色的中华民族复兴之路。历史告诉我们，国家的发展需要不断提出新的奋斗目标、注入新的活力，才能长盛不衰。

今天，人类已站在了新的历史起点上。中华文明，站在世界文明发展的高度，吸收人类文明的优秀成果，融会贯通各种文明，形成一个源于自己而属于世界的新文明体系。中国作为文明古国、负责任的大国，需要从全球视野考虑资源配置，更加深入地融入全球体系，争取实现更大范围的包容性发展，推动形成更加公平合理的全球治理体系。为此，中国提出开放发展的新理念，倡导建设各国你中有我、我中有你的人类命运共同体，这种情怀和担当具有世界意义，能为其他文明古国的复兴、为世界的共同繁荣和永续发展提供有益启示和借鉴。

中华文明不仅历史悠久，而且具有独特的文化智慧。中华文明中的独特发明，对世界历史的发展产生深远影响，并早已成为人类共同的文明财富。当代中国是历史中国的延续和发展，当代中国思想文化也是中国传统思想文化的传承和升华，随着中西方之间日益频繁的相互交流和日渐深入的相互了解，东方的中华文明对西方人来讲已经不再是遥远的神秘存在，而开始有了愈来愈具体和清晰的内容。

几年来，我在故宫博物院先后陪同过德国总理默克尔、法国总统奥朗德等欧洲贵宾。不久前，希腊总理齐普拉斯也访问了故宫博物院。每当来到故宫太和殿前，我都会向来宾们介绍，故宫所代表的中国历史文化与当代中国一脉相承，中国传统文化与今天的文化发展密切相连。紫禁城作为中国古代的政治中心，在明清两代实现了对“天下”的管理。但是这种管理主要靠文官管理，而不是靠军事和武力。紫禁城在明清两代作为中国的文化中心，体现了中国古代文化崇德尚贤、希望天下太平的本质特征。

紫禁城的太和、中和、保和三大殿坐落在三台之上，三台即三层雕栏环绕的高大台基，占据了紫禁城中最主要的空间。三台呈“土”字形，按照古代“五行”学说，认为土居中央，三台为“土”字形，寓三大殿乃天下中心。太和殿的太和之意，出自《周易》乾卦《彖》篇：“乾道变化，各正性命。保合太和，乃利贞。首出庶物，万国咸宁。”“保合太和，乃利贞”的意思是按照自然规律，保持聚合以达到大和谐，就会天下吉利，万物才各得其宜，天地才能长存永固。太是大的极义，在天、地、人中，阴阳交错，矛盾至极，而又能融合于一个相对稳定的整体之中，这就是最大的“和”，即“太和”。

今天，故宫是世界文化遗产，故宫博物院是中国文化遗产的守护者与传承者，是中国文化对外交往的一张亮丽名片，也是“一带一路”建设中无可替代的文化元素。昔日的紫禁城虽然是大内禁地，却也是最早能接触到丝绸之路舶来品的地方。那些通过陆地和海上丝绸之路运送到中国、进入紫禁城的各色物品，

图6 中国文物菁华在希腊国家考古博物馆展出

收藏于故宫博物院，成为当年中外交流的见证。今天，故宫博物院每年有1500多万名来自世界各地的观众，不少来自于“一带一路”沿线国家，他们在故宫博物院感受中国文化的博大精深，有些成了中华文化的爱好者和传播者。

长期以来，故宫博物院与欧洲各国文化遗产保护机构和博物馆之间的合作不断加强，内容包括合作举办陈列展览、交流文物修复技术、建立人才培养机制等。近年来，故宫博物院的对外交流范围不断扩大，除了陆上丝绸之路沿线国家，还与海上丝绸之路沿线国家建立了战略合作关系。故宫博物院的文物展览每到一地，往往都会引起轰动，成为当地的文化时尚。这种深入而具体的交流方式，很好地向域外展示了中国的优秀传统文化，加深了各国民众对中华文化的了解，在潜移默化中为实现双方的进一步合作拓展了空间。

此次，为纪念希腊国家考古博物馆建立150周年及“中欧文明对话会”的成功举办，故宫博物院精选了一件中国青铜器藏品参加展览，该青铜器名为“蟠虺纹壶”，壶在青铜礼器组合中的用途为盛酒器。这是一件通高87.5厘米的大型器物，制作于2600多年前的中国春秋后期，具有极其珍贵的历史和艺术价值。这件青铜器的制作年代相当于火炬接力在雅典娜祭祀活动中出现的时间。

需要说明的是，这是一件“生坑”青铜器，1923年8月出土于中国中原地区的郑国国君大墓，至今仍然保留着古朴而优雅的气息，没有传世器物那种经过收藏把玩过的“包浆”，而是呈现出土时的信息和考古修复的记忆。这件青铜器造型十分独特，外形呈椭方形，壶体有美丽的纹饰，体侧有镂空的回首双龙耳，圈足下置两虎。在壶盖上，有许多小蛇相互缠绕在一起，小蛇的蛇头伸出来向外张望，显得十分生动有趣。

这件器物表明中国在春秋时期，青铜器的铸造工艺已经相当发达，例如“失蜡法”的发明，这个壶的龙耳、镂空的华盖就是采用了这样的铸造方法，即先造蜡样，在蜡样外再反复浇淋细泥以成范，经加热，熔化的蜡水从范下预留的小孔中流走，形成空范，然后再浇铜汁铸器，这样可以制造出结构非常复杂的铸件。再如“分铸法”，即铸造时先铸附件，然后再把铸造好的附件与器身主体的陶范连在一起，进行二次铸造。这个壶的双龙耳、虎足等就是采用分铸法铸造而成的。

如今，这件青铜礼器静静地陈列于此，它是历史的一扇窗子，人们在它面前只是遥远历史的观众，但是凭窗观赏这一珍贵遗存，依然可以感受到文化的震撼和文化的魅力。实际上，在今天，文化遗产已不仅仅是古代文明的记录和见证，更是当代不同国家和民族之间平等对话、和平共处的纽带和桥梁。因此，对世界古代文明予以关注和研究，对世界文化遗产保护给予重视和支持，有助于提升人类社会开创未来的能力和水平，有助于提高文明古国在国际文化领域的参与程度，也有助于文明古国之间相互交流、学习和借鉴。（图4~图6）

在今天，保护和珍视人类共有的精神财富，呵护和传承文化遗产，使之成为人类社会可持续发展的不竭动力，不仅是当代人类肩负的义不容辞的责任，更是每一个国家对于未来必须承担的一项神圣使命。这种责任折射出文明古国的伦理道德和价值观念。事实上，文化遗产保护与每个社会成员的生存状态息息相关，保护世界文化与自然遗产及非物质文化遗产，就是保护人类共同的物质与精神财富，也是保护人类赖以生存的家园。中国文化遗产保护和世界文化遗产保护，越来越多地表现出不可分割的互动关系，中国正在以更加积极的态度参与国际文化遗产事业，越来越有力地推动世界文化遗产保护运动的发展。中国与希腊、中国与欧洲在保护人类文明方面志同道合。

文化遗产不可替代，尊重历史就是对未来负责。对历史的遗忘则意味着割裂传统、割裂文明，掩盖和歪曲历史更是对文明的背叛。历史决不会随时间的推移改变原有的记录，历史的结论决不容许恣意篡改。在新的时代、新的历史条件下加强古国文明保护，必须有高度的文化自觉，要对自己的文明及其发展有清醒的认识和把握，对别国的文明及其发展有尊重的态度和关注。要达到这样的文化自觉，重要的一条就是要有全球视野。

自古以来，战争都是摧毁文明的最大的推手。20世纪上半叶人类社会遭遇了两次世界大战的浩劫，两次世界大战造成了无法估量的损失。进入21世纪，文明之间、国家之间的冲突仍然非常激烈，局部战争让人类文化遗产的保护面临更加严峻的形势。在全世界文化遗产经历了近代以来难以计数的劫难之后，人类文明需要自觉地向更高领域迈进。注重保护文化遗产、珍惜人类共有的精神财富，应该成为21世纪不同国家、不同民族、具有不同宗教信仰的全人类的普遍共识。

二、走向复兴与贡献世界

回顾历史，人类社会的每一次发展进步，都凸显了人类文明的价值，文明古国责任的担当，同时也成就了闪烁文明之光的伟大国家。文明古国虽然处于不同时代、位于不同地域，但是均创造了人类早期的文明，创造了人类早期的国家、城市、文字、金属工具、天文学、医学、数学、哲学、宗教等，是当之无愧的世界文明源头。

关于东方文化和西方文化的概念，最初由西方学者提出。西方文化发展为文明形态，大约在公元前3000年，由当时古埃及的尼罗河文化和两河流域的苏美尔文化形成其源泉。距今5000年至4500年间，黄河流域和长江流域出现了最早的文明。在东方中国的黄河流域地区，以黄帝为代表的华夏部落统一中华，继承了有巢氏、女娲氏和燧人氏的早期文化元素，形成中华文化的源泉。后经夏、商、周三代的制度文化建设，一个迥异于西方文明的中华文明在东方形成。

中华民族之所以能够在各民族的互动和融合中得以形成，中国作为统一的多民族国家之所以能够长期保持稳定和发展，均与中国传统文化的整体性思维模式密切相关。古代中国民众在漫长的生产生活中逐渐形成了“天人合一”的宇宙观，强调天、地、人是一个统一整体。中国传统文化的整体性思维模式，又促成了古代中国整体性地理概念，各民族都逐渐认识到中国是一个不可分割的统一整体。这种地理概念，进

图7 在希腊国家考古博物馆举行的“中欧文明对话会”

而促成古代中国大一统观念的形成。在这种大一统文化传统的影响下，中华民族的民族凝聚力越来越强，国家认同意识越来越强。

30多年来，中国经济社会发展取得了显著成就，民众生活不断改善，世界各国都从中国发展中受益。但是，国际上也有人宣称，中国发展起来后会走“国强必霸”的老路，对其他国家构成威胁。事实上，中国社会从自身经历中早已形成走和平发展道路的自觉选择，不认同“国强必霸”的陈旧逻辑。中华民族历来爱好和平，和平、和睦、和谐的追求渗透在中华民族的基因和血脉之中。中国自古以来就倡导“强不执弱，富不侮贫”。中华民族主张“天下大同”，推崇“兼爱”，希望“协和万邦”“万国咸宁”。这些价值理念和行为取向，在当代中国得到了有效传承和发扬光大。

中国传统文化里有一种关注天下、关注苍生、关注自然的情怀，还有天人合一、天下为公、天地共生的愿景。这些思想放到当代不仅不过时，反而更具有新的生命力。尽管中华民族有过太多的磨难，但是一以贯之，从未放弃过理想追求。近年来，中国为加强文明古国交流、中外文化交流进行了一系列顶层设计与战略部署。面对国际风云变幻，发出文明古国的共同

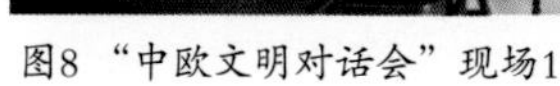
图8 “中欧文明对话会”现场1

图9 “中欧文明对话会”现场2

图10 “中欧文明对话会”现场3

声音，让全世界感受到文明古国的文化魅力，促进世界各国重视人与人和谐相处、人与自然和谐相处，建设一个共享文明福祉的新世界。

“中国应当对于人类有较大的贡献”，而今天的中国更有实力和能力，为世界谋和平，为国际促发展，为人类添福祉。与世界各国一起行动，共同构建命运共同体，谋求全人类更美好的明天。从“世界尺度”规划航线，以“世界意识”谱写发展蓝图，是中国必须直面的时代命题。“命运共同体”，是中国看待和处理当今国际问题的出发点，更蕴含着丰富的中华传统战略智慧，为全球治理注入了新的内涵。我们只有一个地球，这是各国民众共同的家园。只有国际社会共同努力，才能多一分平和，多一分合作，变对抗为合作，化干戈为玉帛。

东西方文明古国曾经是世界上实力最为强盛的国家，拥有经济繁荣、政治稳定、文化发达的开明社会；这些文明古国曾经是世界上文化最为辉煌的国家，拥有先进的精神文化、物质文化、制度文化、行为文化；这些文明古国曾经是世界上最具影响力的国家，拥有善气迎人、海纳百川的国家风范。因此，文明古国曾经有着无比坚强的体魄和无比坚强的意志，作为很多国家和民族的楷模和典范而令人向往。

不幸的是，长期以来文明古国保护和传承面临来自两个方面的严峻挑战。一是军事战争带来的野蛮破坏，使得文明古国面临生死存亡。二是全球化浪潮带来的文化冲突，使得守护人类共同价值的道路异常崎岖。今天，伴随着安全问题、环境问题、能源问题等日益严重的威胁，文明古国还面临其他思想文化渗透造成的文化传承问题。国际思想界曾流传一句名言：19世纪靠军事改变世界，20世纪靠经济改变世界，21世纪靠文化改变世界。如今，文明古国面对的不仅有领土安全问题，还有文化安全问题。在经济全球化深入推进的形势下，如何保持文化多样性、维护本国的特色文化，越来越成为国际社会特别是文明古国关注的焦点。

今天，文明古国作为世界多极化进程中的重要存在，作为拉动世界发展的有生力量，再次被推向时代前沿，具有广泛的地区和全球影响。发展是文明古国共同的战略目标。因此，应该聚焦发展、分享经验，深化互利合作，努力实现和平发展、合作发展、包容发展。文明古国携手合作，利在各国，泽被世界。文明古国要做关系更加紧密的发展伙伴、合作伙伴、全球伙伴，充实文明古国战略协作关系内涵，建立更加紧密的全球发展伙伴关系，共同实现民族复兴。

图11 “中欧文明对话会”现场4

当前，不少国家提出了“文化复兴”的口号。实际上，能够提出文化复兴的国家，需要具备三个前提，一是只有拥有悠久而灿烂的历史文化，只有自身文明曾经繁荣昌盛过的国家，才有资格提出文化复兴的目标。二是只有这些在文化传承和发展进程中，遭遇种种挑战而面临危机，承受艰难困苦而始终不曾放弃梦想的国家，才有必要确定文化复兴的目标。三是这些国家只有找准文化发展的方向和动力，才有能力实现文化复兴的目标。唯有真正伟大的民族，才不会在苦难中沉沦，反而会从苦难中奋起。为此，文明古国应该深入研究自己的历史，科学地探索文明的起源和它的发展过程及其规律，更加尊重自己的历史文化。

总体来说，文明古国如何走向复兴，古老文明如何贡献世界，是需要深入思考的重要问题。但是文明古国提升世界文化影响力的核心要素，则是形成真正具有世界先进水平的优秀文化成果。只有优秀文化成果才具备强大的感召力和影响力。在世界上拿不出真正优秀的文化成果，文化影响力就缺乏载体，甚至无从谈起。因此，要提升文明古国的世界影响力，既要做好顶层设计，又要扎扎实实推出那些能够被世界广泛认可的优秀文化成果。一个民族前进的步伐无论怎样急促，其历史发展的前因后果都值得冷静思考，无论世界如何日益趋同，文明古国都不应该忘记自己独特的历史文化。对自身文化的自信，就是坚定地相信自身文化的力量。

当前，文明古国都面临实现国家发展、民族振兴的伟大梦想，需要携手努力，共同进步，为实现共同利益和未来发展而努力，以合作与发展造福国际社会，为全人类的福祉与进步作出贡献。一位阿拉伯诗人曾说：“当你面向太阳的时候，你定会看到自己的希望。”文明古国蕴含希望，要在追求对话和发展的道路上寻找希望。文明古国提出的全球发展方案，以推动人类社会整体进步为目标，回应了全球发展事业中存在的现实问题，也有助于帮助世界各国找到解决困扰自身种种问题的钥匙，这也正是重拾文化自信的大好时机。

因此，人类社会需要建立起一种新的世界观，站在全人类新文明的高度来审视所面临的任务。一个崭新的世界文明将在文明古国的呼吁中诞生。重要的是，没有文化的民族，是没有灵魂的民族。无论一个民族，还是一个国家，若想得到尊重，固然离不开经济、科技、军事的硬实力，但是更离不开文化的软实力。因此，国家与国家之间、地区与地区之间、民族与民族之间的对话、交流、沟通，应以全球大局为重，从共同利害抉择中求同存异，帮助人类重视人与人和谐相处、人与自然和谐相处，营造一个共享文明福祉的新世界。

经过40年发展，中国与欧洲的关系已经发展成为相互依存度很高的复合型关系。1975年，中国与欧洲经济共同体建立正式外交关系；2013年，中欧领导人发表《中欧合作2020战略规划》，为未来10年合作描绘了蓝图；2014年3月，中国和欧盟首次发表联合声明，建立深化互利共赢的中欧全面战略伙伴关系。中欧双方不断深化互利共赢的全面战略伙伴关系，在重大国际事务上保持战略对话，共同为改善全球治理结构作出积极努力，在加强各自发展战略对接方面达成重要共识。

图12 游人如织的雅典卫城

近年来，习近平主席在多个场合阐述了中欧双边关系的重要意义，强调中欧双方要用大智慧增强战略互信，最根本的是要抓住世界多极化、经济全球化发展的必然趋势，抓住各国民众对和平与发展的共同诉求，坚持走合作共赢之路。将中国与欧洲两大力量、两大市场、两大文明结合起来，共同建设中国与欧洲和平、增长、改革、文明四大伙伴关系，为中欧合作注入新动力，为世界发展繁荣作出更大贡献。

图13 雅典卫城之帕特农神庙

中国与欧洲是相互依存度很高的战略伙伴，“一带一路”建设，对于增强欧亚大陆的互联互通具有重大意义。今天，中国与欧洲通过两大渠道开展交流合作，一个渠道是经济贸易合作机制，不但欧洲已经成为中国主要的外资来源地，而且越来越多的中国资本也开始进入欧洲，中欧经济贸易关系成为世界上规模最大、最具活力的经济贸易关系。另一个渠道则是文化交流合作机制，双方每年超过500万人次人员往来，沟通了心灵和情感，促进了文明间交流与交融。故宫博物院每年接待300万来自世界各国的观众，其中来自欧洲各国的观众数量逐年增加。

今天，中欧文明对话会的举办意义重大。不同文明之间通过适时举办文明保护论坛，搭建起文化交流与合作的平台，使来自古代文明发祥地各国的文化学者、博物馆馆长以及政府文化官员和国际组织代表，从保护不同文明的物质和非物质文化载体入手，深入研讨世界文明保护议题，再扩大到整个文化层面，相互深入了解，扩展交流内容，加深相互间的了解与认识，并就国际文化领域的热点问题，发表共同看法，寻求解决之道，通过文明对话发出和平倡议，使合作领域不断扩大，合作深度不断延伸，合作效果不断显现，推动文明力量在当今人类发展中发挥持久作用。（图7~图11）

今天，中国与欧洲需要携手站在人类文明高度来审视当今世界。一个崭新的文明世界需要在文明对话中诞生。中华文明和欧洲文明均属于世界上古老而重要的文明，它们决定性地开创了东方和西方人类的发展道路和命运，这个共同的特点使两地民众的友谊牢不可破。通过中欧文明对话，将使全世界看到文明合作呈现的文化魅力，感受交流互鉴带来的文化震撼，让世界进一步了解中欧文明的辉煌历史，了解中欧文明的现实状况，了解中欧文明的发展诉求，使之成为提升中欧文明影响力的一次重要行动。

三、交流互鉴与协和万邦

早期中华文明与欧洲文明，在相互隔绝的状态下独自形成。囿于自然条件和当时的生产力水平，两大文明之间无法实现直接交往，甚至相互之间不知对方的存在。但是，历史的发展规律决定了不同文明必然要向外界伸展探索之臂，间接的信息传递和文化贸易往来逐渐出现，位于欧亚大陆东端的中华文明，也在不断探索与其他文明进行交往的途径。古代丝绸之路成为连接亚洲、欧洲之间的商贸之路，更是多层面的交流之路。（图12~图21）

丝绸之路的形成与发展经历了一个漫长的过程，几乎与中国统一多民族国家的历史进程相伴相随。公

图14 雅典卫城之伊瑞克提翁神庙

图15 作者一行造访雅典卫城

图16 新雅典卫城博物馆1

元前2世纪至公元16世纪期间，古代欧亚大陆间以丝绸为大宗贸易商品，建立长距离贸易与文化交流的交通大动脉，即丝绸之路，这是东西方文明与文化的融合、交流和对话之路。丝绸之路以中国长安—洛阳为起点，经中亚向西到达地中海地区，向南延伸至南亚次大陆，分布于横跨欧亚大陆的广阔区域内，是人类历史上交流内容最丰富、交通规模最大的洲际文化线路。

图17 新雅典卫城博物馆2

中外文化的交流有利于双方的文明发展。在中华民族文化交流史上，也留下了一段段佳话：汉代张骞两度出使西域；中国三位求法高僧法显、玄奘和义净先后到达印度交流佛教文化；唐代各国使臣、商人、留学生云集长安；明代郑和七下西洋等。中华文明兼取众长、以为己善。而中华文明的成就，从丝绸到瓷器，从医药到烹饪，从哲学到文学，丰富了西方和世界各国民众的物质与精神生活。特别是中国儒家文化中的礼义诚信等思想和经济生活中的契约文化等，也影响到丝绸之路沿线的一些国家和民族，使中国的贡献令世界动容。

作为历史悠久的文明古国，中国一度是连接东西方的贸易中心和文化枢纽，开辟了陆上丝绸之路和海上丝绸之路，书写了驼铃声声、舟楫相望的历史篇章。今天，人们仿佛仍然能够听到西域大漠的驼铃声，看到沿海码头的繁忙景象。从中国的丝绸、茶叶、瓷器，到西域的香料、珠宝、医药，古丝绸之路连通的不只是商品贸易，更是东西方两大文明。对于民众来说，感受异国情调并形成对该国印象的最直接、最有效、最普遍的方式，莫过于接触异国商品。自欧洲发现了东亚，大量中国商品输入欧洲，不仅改变了欧洲人的一些生活习惯，也成为欧洲人认识中国的第一窗口。

图18 新雅典卫城博物馆3

如今，丝绸之路的交流呈现立体格局，是政治交往、经济发展和文化交流的融合，而不仅仅是单纯的货物贸易。经济与文化密不可分。建设“丝绸之路经济带”和“21世纪海上丝绸之路”战略构想的提出，借助了古代陆上丝绸之路和海上丝绸之路的概念。作为从西安到地中海东部绵延7000公里、涉及面积2500万平方公里的世界性区域，“一带一路”是连接中亚、东南亚、南亚、西亚、东非、欧洲的线状网络，据统计，“一带一路”沿线共有近300座历史城镇，沿线各国拥有200余项世界遗产，形成了世界上最丰富多彩的文化宝库，为世界伟大文明的兴起作出了巨大贡献。

古代“一带一路”构建起了全新的中西经贸与文化交流平台，集中代表了古代历史先进的理念和发展的要求。但是古代“一带一路”最重要的价值和意义，就在于其经历两千多年所凝练的“团结互信、

平等互利、包容互鉴、合作共赢”的丝绸之路精神。人们既能从古代丝绸之路所积淀的经验中获取真知和养分，也能从古代丝绸之路所积累的教训中得到新知和感悟。因此，“一带一路”倡议绝不是简单地借用古代陆上丝绸之路和海上丝绸之路这些名称，也不是简单地运用古代丝绸之路这个符号，而是要继承和弘扬丝绸之路的精神。

图19 新雅典卫城博物馆4

图20 新雅典卫城博物馆5

图21 新雅典卫城博物馆的游客

图22 作者在新雅典卫城博物馆的学术交流活动1

"一带一路"一端连着历史，一端指向未来；一端连着中国，一端通向世界。它不是古代丝绸之路的复兴，更不是古代丝绸之路的翻版，而是伟大的超越。丝绸之路沿线国家和地区，一直以来都是中国对外文化交流合作的重点区域，新时期提出"一带一路"文化先行，仍然十分重要。在推动物质设施建设的同时，需要更加注重提升国家文化软实力，一方面要坚守和传承优秀的传统文化，另一方面要包容和借鉴外来的先进文化。要推动中华文化传播、中外文化交流。

中华民族创造了源远流长的中华文化，中华民族也一定能够创造出中华文化新的辉煌。作为有着五千年文明滋养的东方文明古国，作为立志探寻人类发展新路的发展中大国，未来中国应该为世界发展贡献更多的理念，为国际关系注入更精彩的中国元素。中国会永远做世界友好国家的可靠朋友。中国与世界各国的友好情谊，也将在实现各自民族复兴的伟大征程中历久弥坚。

人类文明因多样才有交流互鉴的价值。不论是中华文明、欧洲文明，还是世界上存在的其他文明，都是人类文明创造的成果。人类在漫长的历史长河中，创造和发展了多姿多彩的文明。文明交流互鉴不应该以独尊某一种文明或者贬损某一种文明为前提。推动文明交流互鉴，可以丰富人类文明的色彩，让各国民众都能享受更富内涵的精神生活，开创更有选择的未来世界。

人类文明因平等才有交流互鉴的前提。各种人类文明都各有千秋，没有高低、优劣之分，只有特色之别。要了解各种文明的真谛，必须秉持平等和谦虚的态度，傲慢和偏见是文明交流互鉴的最大障碍。中国在2000多年前就认识到了"物之不齐，物之情也"的道理。从历史上看，中华文明正是在与包括欧洲文明在内的世界其他文明持续不断的交流互鉴中发展壮大的。世界不同国家、不同民族、不同宗教的文化汇入中国，成为中华文化更新发展的重要助力。

人类文明因包容才有交流互鉴的动力。一切文明成果都值得尊重，一切文明成果都值得珍惜。只有交流互鉴，文明才能充满生命力。佛教传入中国以后，经过长期演化，同中国儒家文化和道家文化融合发展，形成了具有中国特色的佛教文化和独特的佛教理论，对中国社会及文化的影响极其深远，世界其他文明也是在吸取中华文明的营养之后，变得更加丰富多彩的。同时，源自中国本土的儒学，早已走向世界，成为人类文明的组成部分。

中国与欧洲之间的交流历史，根据各个时期的特点，可以划分为不同的发展阶段。从新石器时代到15世纪前期，中国在经济、科学和文学艺术等众多领域领先于欧洲各国，也在对外文化交往中展现出比较开阔的胸襟和比较自信的态度。这个时期，中国在与欧洲的文化交往中处于比较主动的历史地位。特别是中国的指南针、印刷术、火药、造纸术这四大发明带动了世界变革，推动了欧洲的文艺复兴，中国的哲学、文学、医药、丝绸、瓷器、茶叶等传入欧洲，渗入民众日常生活之中，成为欧洲各国对中国最深刻的印象。尤其是汉唐盛世，丝绸之路的开辟为中国和欧洲经济与文化的互动留下了许多佳话。

当今世界，无论是一个民族，还是一个国家、一个地区，若想得到尊重，固然离不开经济、科技、军事的硬实力，但是更离不开文化的软实力。"智者求同，愚者求异。"中欧之间需要进一步加强交流合作，积极开展文明对话，倡导包容互鉴的文化理念，一起挖掘民族文化传统中的积极处世之道，同当今时代的人类文化需求产生共鸣。这样，才能使我们共同的"朋友圈"越来越大，同世界各国结成紧密的利益共同体和命运共同体。只有把跨越时空、超越国度、富有永恒魅力、具有当代价值的文化精神弘扬起来，才能把立足本国而又面向世界的当代文化创新成果传播出去。

"文明因交流而多彩，文明因互鉴而丰富"，这一思想对于认识和增强人类文明交流互鉴、推进中欧合作发展进步，具有重要意义。文化总是具体的、独特的，总是表现为一定的历史形态，没有抽象的、普世的文化存在。文明并不都是出于一源头，也不能以某一种文化作为衡量其他文化的普遍标准。时至今日，运用先进通信技术传播信息，地球上的各种文化真正进入了一个相互联系、相互影响和相互作用的时代。借鉴文明古国曾经辉煌的历史经验和经久不衰的文化魅力，可以更好地

图23 作者在新雅典卫城博物馆的学术交流活动2

了解本土文化，可以极大地丰富本土文化。（图22~图23）

文化多样性是人类社会的基本特征。当今世界有70多亿人口，200多个国家和地区，2500多个民族，5000多种语言。如果只有一种信仰、一种生活方式、一种音乐、一种服饰，将是不可想象的。一切文明成果都应该得到承认和尊重。本国本民族要珍惜和维护自己的思想文化，也要承认和尊重别国的思想文化。强调承认和尊重本国本民族的文明成果，不是搞自我封闭，更不是搞唯我独尊。在全球化时代，不同文明在注重保持和彰显各自特色的同时，正在交流交融中形成越来越多共有的要素。

实际上，目前对于古国文明保护与传承的另一方面威胁，甚至可以说更大的威胁，来自于发展理念方面的冲突。伴随经济全球化日益加速，世界各国固有的生产与生活方式，朝着同质化的方向发展，受民族传统的影响越来越小。一个民族的文化传统是几千年或更长的时间积累的结果，要将世界上各民族长期形成的多姿多彩、千差万别的文化变成单一的文化，后果不堪设想。和平、发展、公平、正义、民主、自由是全人类的共同价值，但是不存在可以强加给其他文明的所谓“普世价值”。

今天，西方文化还没有勇气包容中国文化，但是中国包容了西方文化。中华文明本身具备多样性和包容性，包容了佛教文化，包容了基督教文化，包容了伊斯兰文化，也包容了西方工业文化。面对当代世界的科技进步和市场经济的发展，中国仍然给予高度关注，不断加以吸纳引进，使其成为促进中国经济社会发展的积极因素。中华优秀传统文化希望与世界各国优秀文化一起，共同造福人类。即使在发展进程中遇到一些困难，也必将以高度的历史自觉性、高度的历史自信心克服困难，迎接无限光明的前途。以这样的包容心态，中华文明一定会迎来复兴和繁荣的新时代，中国一定会从文明古国走向文化强国。

今天，文明古国与一切热爱和平的国家和民族，都要成为政治互信、经济融合、文化包容的利益共同体、责任共同体和命运共同体。“一带一路”作为新时期文明发展的支撑战略，不仅是一个经济贸易的问题，而且包含着深层次的文化交流和文明对话的问题，不仅是中国文化复兴借助传统概念和历史资源的问题，而且是文明古国乃至整个人类文化复兴和文明建设的必然要求。因此，应该在充分利用现有文化交流机制的同时，积极创新合作对话机制。

（本文部分图片系周高亮提供）

Research and Exploration on Event Architecture Issues in the 20th Century

20世纪事件建筑学问题研究与探索

金 磊[*]（Jin Lei）

摘要：在中华人民共和国67周年诞辰前夕举办的首批中国20世纪建筑遗产项目发布会后，文博建筑界和社会媒介都将20世纪建筑遗产的评选标准、入选项目分析作为评论重点，同时20世纪建筑的“人和事”也引发了业界内外的关注。本文认为，如果给中国现当代建筑作品一个入选理由，不能不涉及20世纪史、不能不提升“20世纪事件建筑学”的理论实践水准。因此，文章从多学科角度审视事件与建筑的20世纪历史“叙述”出发，探讨了如何梳理建构起“20世纪事件建筑学”的科学研究与认知传播体系，如何从理论与实践方面去关注这门学科。

关键词：20世纪，中国与世界，孙中山150周年诞辰，现代奥运会120年，事件建筑学，跨学科研究

Abstract: After the project presentation of the first batch of Chinese 20th-century architectural heritage, which was held before the 67th anniversary of the People's Republic of China, the selection criteria for the 20th-century architectural heritage and the analysis on selected items are majorly commented in the fields of relics and museology as well as architecture and social media. Meanwhile, the whole industry also pays attention to the "people and events" of the 20th-century architecture. It is considered in this paper that the history of the 20th century must be concerned and the standard for the theories and practice in the "event architecture in the 20th century" should be upgraded if any reason is given for the selection of the modern and contemporary Chinese architectural works. Therefore, this paper, starting from the "statements" of the history of the events and architecture in the 20th century from multidisciplinary perspectives, probes into how to comb and set up the mechanism for scientific research and cognition dissemination for "the 20th-century event architecture" and how to focus on this discipline from the aspects of theory and practice.

Keywords: 20th century; China and the world; 150th anniversary of the birth of Sun Yat-sen; Modern Olympic Games in 120 years; Event architecture; Interdisciplinary research

引言

“20世纪事件建筑学”作为一种客观存在，有其认知、发展及建构的过程。从历史与文化发展视角看，20世纪是一个理念迭出的时代，是一个必须反复省思的时代。在城市与建筑方面，在1999年北京召开的第20届世界建筑师大会上，两院院士吴良镛教授在《北京宣言》中指出：20世纪是“大发展”和“大破坏”的，虽然人类以其独特的方式丰富了建筑的历史，但许多建筑仍不能尽如人意，尤其在发达地区，“建设性破坏”始料未及。20世纪常常将整体的问题分割开来，使建筑学的概念趋向狭窄和破碎。在论及盘根错节的问题时，他尤为关注大自然的报复、混乱的城市化、技术的双刃剑、建筑魂的失色等问题，而这些仍是当下中国城市与建筑追求“人本”“质量”“创新”的方向。

* 中国文物学会20世纪建筑遗产委员会副会长、秘书长。

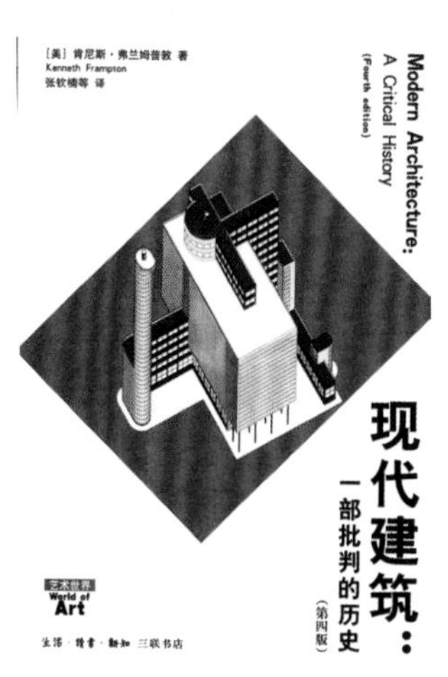

“事件”是英文单词“event”的直译，它指那些对一个国家、区域、城市产生重大历史、社会、经济、文化、生活影响的活动。过去的百年中国，个人命运的唏嘘声被时代洪流的轰隆声淹没，著名建筑学家梁思成（1901—1972）就是一位伟大的失败的美学家。近十年来，从北京奥运会、上海世博会、广州亚运会到杭州G20峰会，在经历了重大“国家事件”或“城市事件”的轮番冲击后，从重振民族文化自信的影响力项目，到一个个“成功、精彩、难忘”盛会工程的涌现，难见建筑“亮相”后涉及盘点收支、运行科学与否的“后评价报告”，从此种意义上讲，在21世纪初叶，反观以中国百年建筑的保护与传承为使命的“20世纪建筑遗产”，不仅仅只为给那些无名的“英雄”建筑树一块丰碑，更为了严谨、理性、专业化地给中国当下高速化城市进程一个交代与警示，要找到中国建筑的“榜样”，要确立中国建筑有时代印记的城市发展策略。2016年10月31日为联合国确立的第三个“世界城市日”，它的创生来源于2010年上海世博会“城市，让生活更美好”的主题所产生的持续影响力及倡议。通过对事件的长期持续影响的分析研究看，它定会对城市发展产生作用。历史地看，建筑形式在特定的社会环境下，往往具有特定的社会象征意义，从1906年清廷宣布“预备立宪”到1912年2月宣统皇帝下诏退位，在五年多的时间里，中国社会经历了从封建专制到共和政体的急剧变化，中国第一次以建筑为载体表达现代化进程之观念，北京的代表性建筑有陆军部（1907年）、海军部（1909年）、电灯公司（1905年）、大清银行（1908年）、电话总局（1910年）、中山公园（1914年）等。中华人民共和国成立迄今，北京历史上已有四批“北京十大建筑”，最有典型意义的当属20世纪50年代中华人民共和国成立十周年的“国庆十大工程”，由此开启了中华人民共和国历史上标志性建筑的序幕，如按照北京人民大会堂的外形，全国在20世纪50年代末、60年代初建成了十余个省市的“人民大会堂”，这种标志性意义是值得总结的，同时，自此以后，全国各地也纷纷举办过标志性城市建筑的评选。这已成为城市文化精神的象征，而这些标志性建筑背后的“人和事”，不仅丰富还极为感人，城市界、建筑界乃至文博界的很多先贤都集中于此。可见，“20世纪事件建筑学”是宏大视野下的现当代建筑文化的奠基之学。

一、感悟两卷著作所透视的“20世纪事件建筑学”

20世纪最后一位诺贝尔文学奖获得者君特•格拉斯以小说家、诗人、剧作家的身份而闻名，可他实际上还是一位技法娴熟、富于创新精神的画家和雕塑家，无疑他的作品和思想与20世纪建筑颇为接近。如果说每卷著作都是一个世界，那么我以为，20世纪重要建筑大师笔下的分析及创作实践，更构成当下建筑师重要的遗产财富与设计精神向导。下面试分析两卷著作，以发现它们所揭示的不同的建筑思想与人物。

著作一：《现代建筑：一部批判的历史》（【美】肯尼斯•弗兰姆普敦著 张钦楠等译 生活•读书•新知三联书店2012年5月第四版）。对于该书，《纽约书评》有专论：一部内容广泛的、实用而出色的建筑学著作。在这部具有挑战性的著作中，许多章节都可以因其敏锐的评论而独立成章，贯穿始终的理性批判力是本书最大的特征。对于这部重要著作，弗兰姆普敦本人指出：我们的时代正面临建筑学发展的悖论：“一方面是以数字化驱动的环境与结构工程为形式的技术——科学，将建筑记忆带到了一个全新水平的文化高度，另一方面这种看来是正面的趋势却由于我们缺乏一种能超越浪费的远见而被抵消……建筑学，在它试图综合20世纪中创造的技术与工艺现实的良好动作中还难免有错误的努力。”由此联想到意大利建筑师、同时兼任《美屋》《评论》两刊编辑工作的维托里奥•格雷戈蒂，他有一系列关于建筑思想的批评教诲，如他认为："现代建筑最坏的敌人是仅仅从经济和技术条件来考虑空间而忽略了场地的概念。包围着我们的建造环境是它的历史的物质体现，是它把多层次的意义积累起来而形成的本场地特殊品味的方式，这种品味，不仅存在于它的知觉方面，也存在于它的结构方面。” 该书对著名建筑师勒•柯布西耶有着三个阶段的分析。

第一，勒•柯布西耶的新精神。这个阶段指1907—1931年间，柯布西耶乃20世纪建筑学发展中起绝对中心和种子作用之人。1923年他在《走向新建筑》中说："眼睛看到的东西表达了一种思想，一种不以言辞或声音表达的思想，而完全是透过相互间具有一定关系的形体来表达。这些形体在光线照射下能清晰地表露自己，它们之间的关系不一定涉及实用性或陈述性。这是一种在你头脑中进行的数学创造。”与同时代的格罗皮乌斯和密斯•凡•德罗不同，柯布西耶热衷于发展他在建筑设计中的城市内涵，如为300万居民规划的“当代城市”（Ville Contemporaine），就是他对1922年以前这方面创作的总结。按照柯布西耶“有速度的城市才是能成功的城市”的企业家式的格言，开放城市除了提供阳光和绿化等“必不可少的欢乐”外，还被认为有利于机动车交通，这成为1925年他提出的“伏阿辛规划”（Plan Voisin）的个案。这段时间他为解决工程师美学和建筑艺术间的矛盾，与20世纪20年代后期的功能主义设计师发生了冲突，如柯布西耶在1929年为使日内瓦成为世界的一个思想中心，而设计的Mundaneum或Cité Mondiale（世界城市），致使他在捷克的崇拜者、左翼艺术家和评论家卡雷尔•泰格（Karel Teige）产生了尖锐反应。为此，柯布西耶在争辩文章中说“有人已经扼杀了建筑艺术和艺术两个词……今天，机械化导致大生产，建筑艺术已经登上了战船”。

第二，勒•柯布西耶的光辉城市观。这个阶段指1928—1946年，他的城市观发生了变化。从1922年“层次”型的“当代城市”变为1930年“无阶级”的“光辉城市”，意味着勒•柯布西耶对机器时代城市观念的转变，其原理是把整个城市区分为若干平行带。在“光辉城市”中，这些平行带的用途是：用于教育的卫星城、商务区、交通区（包括有轨客运和空中交通）、旅馆与使馆区、居住区、绿化区、轻工业区、仓库和铁路货运区、重工业区等。令人不解的是，在这个模型中他依然注入了某种人文主义的人体工程学的隐喻。“光辉城市”将“当代城市”的开放原则导向其逻辑的结论，用横切整个城市的剖面图表示所有结构物。1929年，在最终肯定其“光辉城市”规划之前，勒•柯布西耶专访南美，由两位最早的飞行员默尔莫兹（Mermoz）与圣艾克苏帕里（Saint－Exupéry）驾驶飞机，使他体验了一次从空中考察热带景观的经历。从这个视角上看去，里约热内卢给他一座自然线性城市的印象，它一边是海，一边是陡峭的火山岩，于是柯布西耶随即勾画了里约城的延伸方案。1930年他的阿尔及尔规划是他最后一个壮观的城市方案，如同高迪的格尔公园中的感官一般，他的狂热与执着在这里挥洒成为一曲对自然美的热情讴歌。尽管“光辉城市”观从未实现，但它对“二战”后的欧洲和其他地区的城市发展中形成的模型和导向性，产生着非常重要且广泛的影响。如不少住宅区应用了“光辉城市”之观念，他1950年的昌迪加尔总体规划、1957年的巴西利亚规划都是应用“光辉城市”的优秀个案。

第三，勒•柯布西耶的乡土风格观。这个阶段是1936—1960年，他在1931年为海伦•德•芒德罗设计郊外假日住宅，1930年为智利远郊场址设计埃拉朱里兹住宅时，已经开始构思如何将自己的作品延伸到尺度更大的景观中去，在此之前，他从未探索过用粗石砌体来表现建筑品质。在朗香教堂之前的许多“乡土”作品中，场地的偏远成为建筑模式的合理依据。朗香将他带回到20世纪30年代，不仅回到芒德罗住宅的那种与场地的融合，也回到为1937年巴黎博览会设计的新时代馆的基本形式。钢缆悬索结构成为朗香的基本原型令人难以置信，大概它受到了《走向新建筑》中复原的、在野外荒地中重建的希伯来庙宇的影响。这一隐喻的新移植方法是，朗香的混凝土壳体屋顶，是对1937年新时代馆用帆布及钢索制成的悬链式屋顶剖面的回应。此类型剖面在昌迪加尔首府及后期的作品中出现，说明柯布西耶试图将这种形式确立为20世纪建筑神圣的代表符号，如同文艺复兴时期的圆穹。进一步看，昌迪加尔并没有直接套用西方语汇，它的三幢纪念建筑均以惊人轮廓适应当地的严峻气候，如精致设计的壳体形式取材于该地区的牲畜或景观，其明显意图是要代表一种现代印度的认同性。昌迪加尔是新印度的象征，是现代工业国家的缩影，所以柯布西耶的设计不仅按美国规划师迈耶画意式的汽车文化的郊区模式予以布局，还不断培育有地域文化特色的设计作品，以拥抱古典主义纪念性的富丽堂皇。

著作二：马国馨院士的《环境城市论稿》（天津大学出版社 2016年5月第一版）。这是马院士继《日本建筑论稿》（1999）、《体育建筑论稿》（2007）、《建筑求索论稿》后的又一部专题性理论著作。该书收录了马院士有关城市规划与环境设计相关理论和实践的论文报告40余篇，涉及对中国高速化城市发展问题的审视与评述，尤其可读到对环境设计内涵、包容度乃至评介体系的切身体会与分析，是极为难得的亦历史亦当代的城市环境设计理论文集。这里针对要点予以介绍，以体现该书梳理出的环境城市设计的发展历程，体现以“环境”为主题的事件建筑学思想。

从总体上看，马院士早在1986年3期的《美术》杂志上就发表了《环境杂谈》论文，他指出：不同的学科对于环境有着不同的定义。在物理学范畴，环境指物质在运动时所通过的物质空间；在生态学上，环境被称为所有有机体生存所必需的各种外部条件的总和；在地理学上，环境是和地域概念紧密相连的构成地域要素的自然环境和社会环境的总和。他尤其认为，人类活动的本身就是改造自然，因此自有人类以来就存在破坏环境的可能性。事实上，早在1968年，一批各国著名学者就组成了一个协作型“智库”组织，即“罗马俱乐部”，他们研究人类社会和现代技术冲突的风险，于1972年发表了《成长界限》报告，而城市建筑界到1981年第十四届世界建筑师协会才发表了《华沙宣言》，它充分意识到人类、建筑、环境三者有着密切的相关性。马院士通过国际宪章的分析强调，人是环境的核心，因此城市环境的质量就体现了它为人们进行各项活动提供满足的程度，所以，人类为了不把自己淹没在自己所制造的废物当中，就要使人工环境和自然环境相互交融，以构成整体的连续性和完整性。联系全球环境治理的历程与经验，在2015年的巴黎会议上，针对1992年《联合国气候框架公约》（简称《公约》），近200个缔约方一致同意达成新的全球协议，为2020年全球针对气候变化的行动作出安排。2016年4月22日，在《巴黎协定》签署首日，有175个国家和地区签署该协定，该协定于2016年11月4日生效。至此，在世界环境领域，1992年《公约》、1997年《京都议定书》、2015年《巴黎协定》三个里程碑文件共同形成了2020年后全球气候治理的格局。古希腊哲人亚里士多德说过，“人们来到城市是为了生活，人们居住在城市是为了生活得更好”，而面对当下资源短缺、环境污染、交通拥堵及突发事件频发的“城市病”，何谈城市环境幸福与安康。

“城市的第五立面”是马院士谈城市建设要保护环境的佳作，他认为：就建筑而言，第五立面常指屋顶那个“立面”，而对城市说来，第五立面就更为丰富，除建筑的屋顶、建筑物所形成的轮廓线外，还要加上山川河流、道路桥梁、草地树木等。登高俯视，可观察到从未发现的事物，有成有败。他尤其强调通过第五立面，可阅读到城市的气质与特色，为此他分析了法国巴黎、希腊雅典、美国纽约和芝加哥、日本东京及中国香港本岛。在此基础上又解读了北京城的特色、老北京的等级规范、新北京的环境面貌与挑战，从而给出了21世纪的城市与建筑发展思考，其中不仅列举了近40个国家大城市雕塑环境的标志性建筑，还对比了中国城市标志性建筑何以问题突出的“根源”。

2006年，马院士曾就向国际建协及中国建筑学会提交20项中国20世纪建筑遗产，撰文《百年经典亦辉煌》。马院士指出：一个建筑物建成后就变成历史，它在自觉或不自觉地反映着时代、地区和民族的文化特征和审美趋向，虽近现代与我们相距只有百年，从历史上无法与秦、汉、唐、宋相比，但其艺术、技术和人文内涵同样具有重要价值，不然我们就无法理解由巴西规划师考斯塔和巴西建筑师尼迈耶在20世纪50年代设计的巴西新首都巴西利亚，为什么在建成20年后的1987年竟被联合国教科文组织列入《世界遗产名录》。同样，日本很早就将美国著名建筑大师劳•莱特20世纪初在日本设计的多幢建筑宣布为“全国文化财”。马院士的分析不仅表明为何要发现建筑遗产的宝贵“家珍”，更说明，尽管面对全球存在的文化差异，但建筑遗产保护与再利用方法是相通的，不存在天壤之别，中国20世纪建筑遗产保护有更大空间。

二、“20世纪事件建筑学”的理论演变与发展

1. “事件建筑学”与“20世纪事件建筑学”

“事件建筑学”是研究事件与建筑的对应及因果关系的学问，无论是突发性事件，如2001年的“9·11”恐怖袭击事件，还是较长时间且有持续影响力的事件，如抗日战争等，都有相应的纪念遗址与纪念碑。所以，“事件建筑学”是将城市空间演化锁定在某个或某段时期，关注建筑学设计研究的学科。20世纪事件建筑学就更进了一步，因为太多的百年记忆存在其中，太多的建筑物背后有20世纪的事件与人物。如武汉武昌的阅马场与“红楼”作为辛亥革命的“首义”之地，有时间、地点和情义，它集合了辛亥革命这一历史事件中一切可知的因素，所以构成了城市的纪事功能。一个看上去普通的建筑因承载了重大事件（如贵州遵义会议会址）而成为历史纪念物，它不仅赋予城市空间的意义，还体现了城市空间的社会历史本质。首批20世纪建筑遗产入选项目中的武汉长江大桥就是中华人民共和国“20世纪事件建筑学”的代表作品之一：武汉地处长江、汉水交汇处，历史上长期有三个镇独立的格局。1957年“一桥飞架南北，天堑变通途”，不仅解决了京广铁路跨越长江的难题，城市内的三镇交通也连接成一个整体，大桥成为武汉城市空间新面貌的起始点，此外新大桥也成为城市公众的集体记忆。要看到在对20世纪事件建筑学的特别认知中，不仅有常规事件、偶发事件，更有“事件城市”，如南京、北京、上海、武汉、广州等都是“事件城市”的典型，以南京为例，民国时期按孙中山先生嘱辞灵柩归葬紫金山，围绕“奉安大殿”便形成了一系列事件空间：灵柩从北平沿津浦铁路南运至南京城，在南京开辟12公里中轴线，为纪念孙中山先生灵柩所到之处冠名，即中山门、中山桥、中山路、中山陵等，灵柩登陆的下关码头定名为中山码头，沿用至今。孙中山纪念建筑是有意而为的纪念物，所以其作为事件符号有着突出的形体记忆与标志性。又如“三线事件纪念建筑”。“三线建设”，指的是自1964年起政府在中国中西部地区的13个省、自治区进行的一场以战备为指导思想的大规模国防、科技、工业和交通基本设施建设。“三线建设”又分“大三线建设”和“小三线建设”。建于四川省攀枝花的“三线”博物馆，系统梳理中国历史上有特殊背景的、有特别意义的，无论在人力和资源上都付出过巨大代价的“三线”事件建设背后的“人和事”。再如“‘文革’事件纪念建筑”。“文革”时期的建筑，即“文革”建筑，在中国建筑史上具有不可磨灭的地位，它们大多具有强烈的含义，表达了那个时代独特的社会音符。现存的建筑有：全国各地的毛主席雕像、四川科技馆、广州图书馆、郑州“二七”纪念塔、丽江市红太阳广场、长沙老火车站、河北省博物馆（也称万岁馆）、重庆红卫兵纪念墓地等。

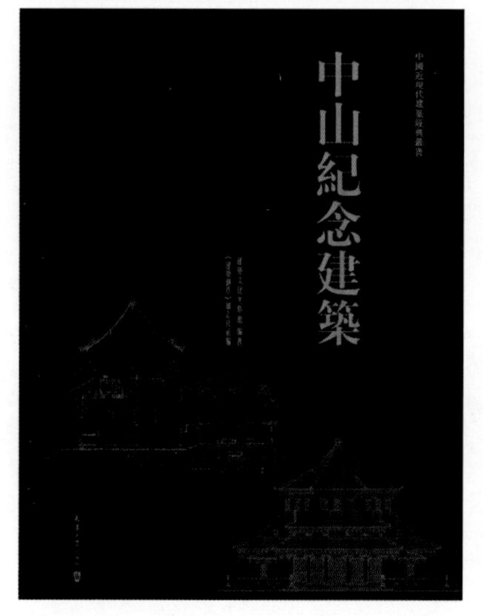

对此，我很赞赏有位哲人的话，“城市不仅是空间上的一个点，更是时间上的一台戏”。无论20世纪事件建筑保护面临什么困难，但有一点十分明确，即城市文脉保护是需要成本的，必须明确何为社会价值、何为保护文脉的门槛，只有从根本上建立起对传承20世纪建筑的自觉，才有可能继承并发挥20世纪建筑遗产的价值。

2. “20世纪事件建筑学”实践示例

“20世纪事件建筑学”不能不涉及纪念建筑。纪念建筑不是为了满足人们的物质生活的需求，而是人类精神需求的产物。从纪念建筑的模式上看，它的表情最能唤起人们的思念、敬仰、膜拜的心境，所以它的建筑语汇既要有个性，又要有文化脉络和超常的尺度。无论是采用传统语汇，还是采用现代主义建筑处理技巧，最重要的是要能体现纪念建筑的思想内容。在过去的研究中，先后有以孙中山纪念馆为核心的“中山纪念建筑”、以“二战”事件为背景的重塑抗战烽火建筑记忆的“抗战纪念建筑”、包括辛亥百年（1911—2011）一系列地标性纪念建筑的“辛亥革命纪念建筑”。我以为，一个完整的国家建筑体系至少包括科技工程、建筑文化、建筑管理几个层面，“20世纪事件建筑”在当下是最容易唤起公众共鸣与建筑

觉醒的方面。“20世纪事件建筑”涉及的题材十分丰富，令人遐想很多，举例如下。

“灾难事件纪念建筑”。2008年汶川大地震后，四川灾区屹立起一座座纪念碑，但1976年唐山大地震后，于1986年建成的唐山抗震纪念碑讲述的内容并不多，因此灾难纪念应从走近纪念碑开始。来到唐山大地震纪念碑，当凭吊者一步步缓缓登上台阶时，所见到的浮雕场景让人联想到苍天，想到树木与花草，立即使人有某种哀思和沉寂之感。四根高耸入云、相互分开又相互聚拢的梯形棱柱，既寓意地震给人类带来的天崩地裂的巨灾，更象征着全中国对唐山救援乃至重建的支持。中国至今有邢台抗震纪念建筑、汶川抗震纪念建筑、青海玉树抗震纪念建筑等。在城市人为灾害上，还有克拉玛依火灾遗址墙等等。灾难过后重建纪念体系的规划设计，是20世纪事件建筑学的重要方面，其意义至少表现在建设国家社会良好信仰与敬畏感的重要转机，可谓“大难兴邦”；当代培育公众国民意识的重要方式，可谓精神疆界上的持续唤醒；纪念主题随“时空”观演绎并升华的培育及检验。对于战争与灾难，记忆并不是最终目的，一个灾难事件可否成为国家或地区文化的先进内容，是所有纪念体系规划设计应考量的。至少其纪念性规划设计主题要遵循如下轨迹：哀悼—记忆—教育—反思—感恩—再追索。虽然，20世纪事件建筑涉及的纪念物主要是人工纪念建筑，但规划设计实践也要关注自然纪念系统，如灾害中的标志、地陷、滑坡、土壤液化、堰塞湖坝等。人工纪念建筑既可以反映灾难中的人，也可以反映灾难整个过程中的一部分（救援过程等）。无论是国家、城市乃至社区层面的纪念空间，都可以是纪念堂、纪念场址、纪念绿地、纪念广场、纪念道路等，但最重要的是对灾难中出现的人、事、物要在认真评估的基础上，充分合理地纳入纪念建筑的规划设计场景中。

由首批中国20世纪建筑遗产让人想到“20世纪事件建筑”，因为确实可以找寻到产生这些优秀作品的历史与文化原因，如果没有时代的感召，没有建筑先贤的高瞻远瞩，没有文化与科技的支撑，我们何以有如此厚重的遗产与建筑创新作品。作为城市振兴的影响力事件，无论奥运会还是世博会，它们都是由国外刮向中国的“风”，但都在中国成了“气候”，其要点如下。

案例一：2000年前后的奥运建筑遗产传播

《中国建筑文化遗产》总第3辑（2012年1月）中笔者有专文《奥运建筑遗产研究初论》。无论古代奥运会还是现代奥运会，都是遗产，对于这一点，国内外业界的认识是一致的。2016年是现代奥运会的120周年纪念，120年来全球已举办了31届夏季奥运会。在前文中曾从五个方面归纳了奥运建筑遗产的内涵，这里重述如下：（1）健全相关学科研究体系，这不仅涉及城市文化遗产学，更要将奥运城市规划、奥运场馆设计乃至城市可持续发展的经济、社会、文化策略均包括其中；（2）健全整个社会与城市的奥运建筑文化遗产的认知教育体系，有目的地在奥运图书及宣传中融入奥运建筑的内容，使奥运建筑遗产思想真正深入人心；（3）加强中国城市、建筑、文博乃至体育学会等方面的相关学术团体的联合，并设立专门非政府组织深化研究及有效组织；（4）健全奥运建筑遗产保护的国际公约及相关法规，以确保奥运会建筑文化遗产在当代传承与发展；（5）奥运建筑文化遗产是一种社会文化资源，它的国际性、地域性、文化多元性使它能够成为奥运建筑遗产文化旅游的优秀线路，它的有效集成自然就是逼近世界文化遗产的经典模式。但对奥运建筑遗产的国内认同我以为离不开周治良老院长（1925—2016）、马国馨院士自20世纪80年代以来就坚持的求索与倡导。周治良先生与何振梁先生（1929—2015）不仅为世界各国主办城市的奥运会规划设计出力，还为北京申奥而呕心沥血。对于奥运建筑遗产，马国馨院士在《体育建筑论稿》（2007年）的几篇文章中都对此有过论述，列举如下。

在《建筑创作》2006年第7期《从亚运到奥运》一文中，他不仅研究回顾了中国从亚运到奥运申办的历程，还运用相当笔墨提及已成为遗产式人物的英年早逝的吴良镛院士的博士生赵大壮（1943—1998）的贡献。马总认为：赵大壮的“北京奥林匹克建设规划研究”在许多方面对当时的第十一届亚运会有很大帮助和启发。因为在北京亚运建设时，亦即中国面对奥运的初始阶段时，必须回答北京奥林匹克建设模式、北京奥林匹克经济两大问题。赵大壮的研究总结了奥运会的历史经验，虽然提出了一些近乎理想化的理论和建设，但对中国奥运会的理论研究和实际操作有很大推动作用。

在《建筑学报》1998年第10期《持续发展观和体育建筑》一文中，马院士认为“可持续发展的思想从宏观的角度看是关于人类与自然、人类之间的和谐，寻求一种有利于持续发展的社会、政治、经济、技术、管理、生产的新体系作为全球目标，努力建立一种良性循环体系……四年一度的奥运会对城市、社会，对于整体环境产生巨大的影响。为此国际奥委会在举办奥运会的目标上最早是把体育和文化二者相联并论，近年来又增加了环境的要素。对于奥运会设施来说，1994年2月在挪威利勒哈默尔举办的冬奥会提出‘绿色奥运’口号，它是重要的奥运遗产”。

在《城市建筑》2006年第3期《节约型社会与大型体育赛事》一文中，马院士总结了历届奥运会设施建设上的教训，总结经验教训也是一份遗产。马院士分析道：“2001年国际奥委会新任主席雅克•罗格上任后说，其目标之一是削减奥运会费用、规模及复杂程度……为此成立了专门委员会，并于2003年提出了117条建议。其中33条在雅典奥运会落实、99条在2006年都灵冬奥会落实、108条在2008年北京奥运会落实，如要求优先使用已有体育场馆，更多地采用临时建筑，兴建新场馆的前提是奥运会后主办城市仍需要这些设施等……这也是百年奥运正反面经验教训总结的关键词。”

对于2008年第29届奥运会主场馆鸟巢，当年8月6日《首都建设报》从五方面世界之“最”作出归纳：跨度最大的钢结构建筑；拥有最大的透明顶棚；最大的环保型体育场；9.1万名观众可在8分钟内疏散的最安全体育场；拥有最好的可移动草坪等，这正是场馆见证的奥运建筑遗产。这里略论一下几届最能呈现建筑遗产思想的奥运会：1896年首届奥运会，雅典大理石体育场，开幕式的选定是为了纪念希腊反抗土耳其统治起义75周年，而大理石体育场是在雅典古运动场废墟上重建的；1924年第8届巴黎奥运会，科龙布体育场由法国建筑师福尔杜加里（1877—1943）设计，属新功能主义建筑风格之杰作，重要的是出现了奥运村的雏形；1952年赫尔辛基奥运会体育场由著名建筑师林德葛兰（1900—1952）和延蒂（1900—1975）于1934年设计，1938年建成，原为第12届奥运会使用，修建后于第15届奥运会使用，它是20世纪最壮观的纯实用建筑主义风格建筑；1960年罗马奥运会运动场位于罗马市北部，由设计大师E.德尔 - 德比奥等设计，其独具传承与创新风格，成功将古罗马运动场与现代体育建筑融为一体，形成反差；1992年的巴塞罗那蒙锥克体育场，它原建于1929年，当初是为举办国际博览会所建，修饰后的新体育场既有古朴典雅的外貌，又有焕然一新的内部功能；2000年悉尼奥运会体育场，堪称现代奥运会历史上最大的室外体育场，它留给奥运建筑最大的遗产是“创办绿色奥运”的口号；2008年北京第29届奥运会的建筑遗产有“人文奥运”，它不仅以奥运会焰火的29个脚印展示了一场人文视觉盛宴，更以北中轴线的延长表达了北京人文奥运的力量，但很遗憾，北京奥运会的“人文奥运”遗产被近年来（2008年至今才八年）的一个个“名义”的建设所破坏。2022年北京—张家口冬奥会给中国带来的不仅仅是奥运会滑雪，还包括人文奥运精神的世界展示，但自2016年11月1日开建的“京张高铁”将取代“京张铁路”，百年前詹天佑设计的享誉世界的线性遗产将失去其完整性，北京及周边地区又一处遗产地成为被破坏的新“伤口”。

案例二：2010年前后上海世博会建筑遗产的传播

从伦敦海德公园第一届世博会（1851）到2010年上海世博会，再到已落下帷幕的2015年米兰世博会，不少横空出世的建筑让城市实现跨越式发展。伦敦世博会的“水晶宫”当年展示了大英帝国前所未有的实力，上海世博会不仅收获了工业遗产的创意发展，更留下了“世界城市日”的建筑文化节日，世博会带来的时代性、历史性、城市性、公众性乃至人性，极大地丰富了事件建筑学的内容，它佐证了后世博时代对每一个主办城市的作用与影响力。2009年9月，时任《建筑创作》杂志社主编的我带团队，受邀参加在米兰城市中心举办的中国建筑图书期刊展，同时作为意大利海外第一个建筑专业期刊与《拉卡》（*L'ARCA*）杂志参加中意米兰世博会传播研讨，并确定于2010年上海世博会召开之际在中国和意大利同时由“两刊”各自推出中英、意英文字的纪念专辑，赠送各国以示宣传。在《建筑创作》上海世界博览会专辑（总第134期 2010年7—8月合刊）的《主编的话》中，我曾从六个方面分析了“创意”何以从世博会开始。专辑中笔者撰文《主办城市的世界文化影响力传播》，它回答了主办城市如何保护和利用建筑文化遗产、主办城市如何传播建筑文化遗产、主办城市如何通过世博会给城市赢得发展机遇等问题。意大利L'ARCA杂志主编塞萨利•M.卡萨提也在文章中表示：无论是中国版的*L'ARCA*，还是欧洲版的《建筑创作》，都始于上海世博会，都从这件独一无二的盛事开始。此外，《建筑创作》世博会专辑还刊发《世博会建筑创意与科技发展》

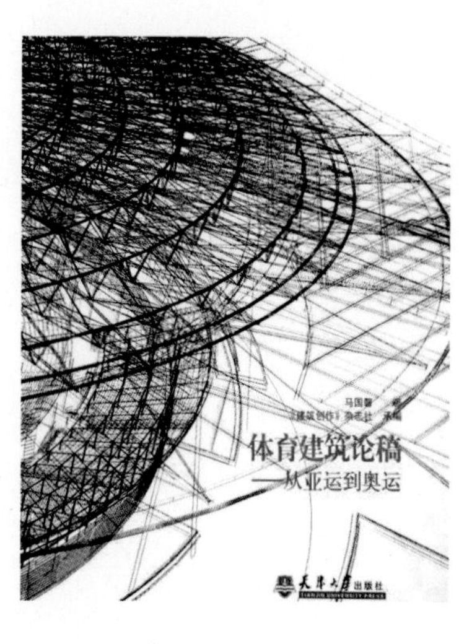

（刘军、林娜）、《世博会的艺术文化发展》（郑恬辛）等重要文章，无疑，文章在总括世博会建筑精神与文化遗产上作出了探索。

结语

自中国“被现代化”的百年以来，20世纪中国建筑的推陈出新确实是不争的事实，无论在事件还是建筑师方面都有开先河者，都有体现20世纪文化价值的作品问世。文化是人类进步的历史性标志，文化不仅是人类一种特殊的思维方式，还是人对自身解放的能力。所以，20世纪有太多的工业时代留下的城市美学，无论它们从南到北、从东到西怎样遭受冲击，研究“20世纪事件建筑学”本身就能从往昔中找到如何不失去的理由，就能把握住批评的利器，就能发现思想上自成一体的风范。中国“20世纪事件建筑学”需要不断开掘与深化，从文化与科技的角度切入，就会感悟到对中国20世纪建筑遗产的更多认同、赞叹、学习和敬畏。

参考文献

[1] 单霁翔. 建筑文化遗产：一个时代的公共表达[N]. 中国建设报，2009-10-27(7).

[2] 金磊. 如何借“城市巨事件”传播建筑文化遗产[N]. 科学时报，2010-07-13(A3).

[3] 何依, 牛海沣, 何倩. 基于“事件史”的城市空间记忆研究 [J]. 城市建筑, 2016(16):16-20.

[4] 刘宛. 城市设计：纪念性形式的表现[J]. 国外城市规划, 2004(6):40-47.

[5] 金磊. “抗战历史建筑”保护与传承的意义[N]. 中国建设报, 2010-01-18.

[6] 金磊. “抗战历史建筑”的文化遗产[N]. 中国建设报, 2010-01-26.

在米兰城市中心举办研讨会的场景 2009年9月

[7]金磊. 2008如何打造安全奥运典范[N]. 中国建设报, 2005-08-29(4).

[8][苏]布宁，[苏]萨瓦连斯卡. 城市建设艺术史[M]. 北京：中国建筑工业出版社, 1992.

[9] 伍江. 后世博建筑思考[J]. 时代建筑, 2011(1): 10-11.

[10] 金磊. “主办城市”的世界文化影响力传播[J]. 建筑创作, 2010(7).

Special Issue for Centennial Commemoration of the Birth of the Famous Architectural Historian Mr. Mo Zongjiang
著名建筑历史学家莫宗江先生100周年诞辰纪念专刊

图1 莫宗江先生肖像

编者按： 莫宗江（1916—1999），著名建筑历史学家、建筑教育家。莫宗江先生于1931年加入中国营造学社，师从梁思成、林徽因、刘敦桢等，参与了学社的大部分田野调查，著有《山西榆次永寿寺雨花宫》、《宜宾旧州坝白塔宋墓》、《成都前蜀王建墓》（文稿遗失）等；1946年中国营造学社停止工作后，受聘于清华大学建筑工程学系，曾任清华大学建筑学院教授、建筑历史教研组主任，中国建筑学会建筑历史分会副会长，中国美术家协会会员。莫宗江先生是中华人民共和国国徽的主要设计者之一，并曾协助林徽因让景泰蓝工艺重获新生。1987年，梁思成科研团队因从事建筑历史研究与文物建筑保护取得突出成绩而荣获国家自然科学奖一等奖，莫宗江与梁思成、林徽因等同是获奖人中的主要成员。他的一生为中国建筑史的早期开拓性研究与学科建构作出了巨大贡献。

2016年适逢莫宗江先生百年华诞，特刊发2016年9月10日清华大学建筑学院举行的“中国古代建筑史学术研讨会暨莫宗江先生100周年诞辰纪念会”会议纪要和一组纪念文章，以此寄托我们对前辈的怀念，希望这样的怀念同时有助于中国建筑史学史研究的纵深发展。

关键词： 中国营造学社，莫宗江，中国建筑历史，中国建筑史学史

Editor's note: Mo Zongjiang (1916-1999) (hereinafter referred to as "Mr. Mo") is a famous historian and educator in architecture. He joined the Society for the Study of Chinese Architecture (SSCA) in 1931 and studied under the guidance of Liang Sicheng, Lin Huiyin, Liu Dunzhen and others. Mr. Mo also participated in most of the field investigations of the SSCA and wrote *Yuhua Hall of Yongshou Temple, Yuci, Shanxi, Pagoda at Jiuzhouba, Yibin, The Royal Tomb of Wangjian of the Former Shu, Chengdu* (manuscript is lost), etc. After the SSCA stopped working in 1946, Mr. Mo was hired by the Department of Architectural Engineering of Tsinghua University (THU) and worked as a professor and the head of the teaching & research group of architectural history at the School of Architecture of THU. He also performed as the vice director of the Architectural History Branch under the Architectural Society of China and was a member of China Artists Association. As one of the main designers of the national emblem of the People's Republic of China, Mr. Mo assisted Lin Huiyin in the recovery of cloisonné. In 1987, the research & development group led by Liang Sicheng was awarded the first prize of the National Award for Natural Sciences due to their outstanding achievement in the research on architectural history and protection of cultural relic buildings. Mr. Mo, along with Liang Sicheng, Lin Huiyin, etc., was a main member of the award winners. He devoted his lifetime greatly to the early pioneering research and subject structuring in terms of the architectural history in China.

图2 莫宗江先生12岁自画像

图3 1936年咸阳顺陵.梁思成（中）莫宗江（左）

图4 抗战时期夹江杨公阙，立者为莫宗江——梁思成摄

图5 抗战时期考察广元千佛崖，图中立者为莫宗江先生——梁思成摄

图6 抗战时期南充西桥(左起陈明达、梁思成、莫宗江)——刘敦桢摄

Since it falls on the centennial of the birth of Mr. Mo in 2016, we hereby publish the minutes of the "Seminar of Ancient Chinese Architectural History & Centennial Commemoration of the Birth of Mr. Mo Zongjiang" held by the School of Architecture of THU and a group of commemorative articles on September 10, 2016 in memory of the predecessor, which is also expected to be helpful to the deep development of research on the Chinese historiography of architecture.

Keywords: Society for the Study of Chinese Architecture; Mo Zongjiang; Chinese architectural history; Chinese historiography of architecture

莫宗江（1916—1999），广东新会人，中国美术家协会会员、中国建筑学会建筑史分会副主任、著名建筑历史学家。1931—1945年在中国营造学社，师从梁思成先生研究中国古代建筑史，先后为绘图员、研究生、副研究员，1946—1999年历任清华大学建筑系副教授、教授。

1932—1942年，中国营造学社自北京至四川辗转190个县市，先后实地考察、测绘古代建筑遗构约2738处，莫宗江参加考察了其中的123个县市约2000个遗址、遗构。在此期间，他以长篇研究论文《宜宾旧州坝白塔宋墓》（刊载于1944年10月《中国营造学社汇刊》七卷一期）、《山西榆次永寿寺雨花宫》（刊载于1945年10月《中国营造学社汇刊》七卷二期）在学术界崭露头角；他协助梁思成先生撰写《中国建筑史》、《图象中国建筑史》(A Pictorial History of Chinese Architecture)，绘制了这两部著作的大部分建筑图；此外，他代表中国营造学社参加中央研究院历史语言研究所前蜀王建墓考察工作，完成了大部分的建筑、雕塑测绘图和王建墓雕塑艺术的长篇论文，当即受到学术界的高度重视，可惜由于战乱，论文手稿遗失。

中华人民共和国成立之初，莫宗江先生积极参与共和国国徽的设计，是国徽设计小组的主要成员，并参与设计北京人民英雄纪念碑。

图7 抗战时期莫宗江水彩画作品——李庄南寨门

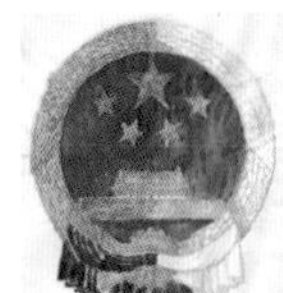

图8 国徽设计方案图.莫宗江绘

图9 国徽墨线图（此为提交政协之讨论稿）.莫宗江绘

图10 莫宗江设计的景泰蓝作品

1951年，莫宗江先生参加文化部文物局“雁北文物勘察团”，完成学术论文《应县、朔县及晋祠古代建筑》。

1949—1966年，从事清华大学建筑史教学之余，专门研究中国城市建设史和园林艺术，并协助林徽因从事景泰蓝的艺术创新。遗憾的是，论文手稿在“文革”中散失，仅在他指导的研究生张锦秋所做毕业论文《颐和园后山西区的园林原状、造景经验及利用改造问题》中可管窥他在这一领域的造诣。

“文革”结束后，莫宗江得以恢复正常的教学和科研，他借指导研究生之机，重新考察了一些重要的古建筑遗构，如涞源阁院寺、福州华林寺等，于1979年完成论文《涞源阁院寺文殊殿》（《建筑史论文集》第2辑），所指导学生的论文《福州华林寺大殿》（杨秉纶、王贵祥、钟晓青合撰）刊载于《建筑史论文集》第9辑。在建筑设计方面，对梁思成、徐伯安等设计的扬州鉴真纪念堂作完善设计修订。

20世纪80年代起，莫宗江先生担任《中国美术全集》建筑卷的学术顾问。

1987年，清华大学建筑系“中国古代建筑理论及文物建筑保护”研究项目获国家自然科学奖一等奖，主要成员为梁思成、林徽因、莫宗江。

1989年，与老朋友陈明达先生合撰《巩县石窟寺雕刻的风格及技巧》，在美术史论界引起轰动。

1999年11—12月，在病痛中仍奋力校阅老友陈明达先生的遗稿《营造法式研究札记》。

1999年12月6日，病逝于北京大学校医院。

（莫涛、殷力欣整理）

图11 1973年与杨廷宝、陈明达、卢绳等考察山西古建筑与石窟

图12 莫宗江先生晚年与夫人敖景和女士

图13 晚年携子莫涛与王世襄、罗哲文等交谈

图14 晚年与挚友陈明达先生讨论问题

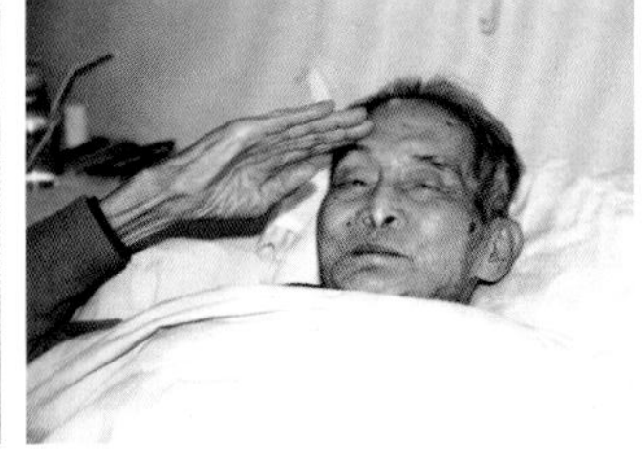

图15 莫宗江先生临终前向亲友告别

Summary of Academic Seminar of History of Ancient Chinese Architecture and the Commemoration Meeting of the100th Anniversary of Mr. Mo Zongjiang

“中国古代建筑史学术研讨会暨莫宗江先生100周年诞辰纪念会”纪要

图1 莫宗江先生百年纪念会在清华大学建筑学院隆重举行

图2 莫宗江先生百年纪念会现场1.前排左起：莫涛、刘叙杰、张锦秋、吴良镛、傅熹年、路秉杰、孙大章、杨焕成

适逢莫宗江先生百年华诞，“中国古代建筑史学术研讨会暨莫宗生江先生100周年诞辰纪念会”于2016年9月10日（教师节）在清华大学建筑学院举行。此纪念会也是清华建筑70周年系列活动之一。参加纪念会的来宾有：中国工程院与中国科学院院士吴良镛，中国工程院院士傅熹年，中国工程院院士张锦秋，中国科学院院士常青，东南大学教授刘叙杰，同济大学教授路秉杰，中国建筑设计研究院教授孙大章，华南理工大学教授吴庆洲，东南大学教授陈薇、张十庆，中国建筑设计研究院教授钟晓青，北京建筑大学教授刘临安，北京工业大学教授戴简，天津大学教授吴葱、副教授丁垚，河南省文物局前局长杨焕成，中国文物学会副会长付清远、郭旃，故宫博物院原副院长晋宏逵，中国勘察设计协会与传统建筑分会会长马炳坚，《中国建筑文化遗产》总编辑金磊，新华社资深记者王军，以及清华大学建筑学院教授吴焕加、楼庆西、郭黛姮、罗森、秦佑国、左川、王贵祥、吕舟、贾珺等，莫宗江先生哲嗣莫涛先生以及莫先生家乡广东省江门市的领导应邀出席纪念会。

纪念会由清华大学建筑学院副院长单军教授主持，两院院士、清华大学吴良镛院士，中国工程院院士、中国建筑设计院傅熹年院士，中国工程院院士、中国建筑西北设计研究院张锦秋院士和清华大学建筑学院党委书记张悦教授分别致辞，对莫先生在中国古代建筑研究上作出的学术成就给予了高度评价。此次纪念会暨研讨会分为纪念会致辞、主题演讲和自由讨论等三个阶段，分别由清华大学建筑学院副院长单军、清华大学建筑学院教授王贵祥、吕舟等三人主持。

以下是各位专家的致辞、发言纪要。因本刊篇幅有限，在录音整理中略去了一些与学术研讨关联不大的寒暄性话语，并将某些容易产生歧义的口语表达做了必要的书面语处理；钟晓青、王贵祥、徐怡涛、殷力欣等在会后提供书面文稿，故本纪要从略；部分发言未经本人核对修订，特此说明。

图9 两院院士吴良镛教授发言

吴良镛（两院院士、清华大学建筑学院教授）：今天是建筑历史界的盛会，会议的主题是纪念莫宗江先生，如果不是因为莫宗江先生的学术声望和各位同行对他的敬仰，会议场面不会像今天这么盛大。在我念大学一年级的1940年，我们中央大学的系主任鲍鼎老师所敬仰的人物中，就有中国建筑界的梁思成先生、刘敦桢先生等。今天，咱们开这个会的时候，清华大学艺术博物馆里正有一个中国营造学社的历史展览。我没想到在纪念莫宗江先生100周年诞辰之际，一个会、一个展览同时举行，这是对建筑史的历史人物进行一百周年的纪念，我感受很深。大家都知道，莫先生在比较年轻的时候就随着梁刘二先

图3 莫宗江先生百年纪念会现场2.前排左起：楼庆西、吴焕加、郭黛姮、左川、秦佑国、常青、张悦、单军；后排左起：吕舟、王贵祥、贾珺、殷力欣、金磊、徐怡涛、丁垚

图4 莫宗江先生百年纪念会现场3.前排左起：王军、晋鸿奎、付清远、钟晓青、张十庆、吴庆洲、陈薇

生做助手，一点点地成长起来。最近我看到了王世襄先生的一本著作，联想到七七事变以前的那一代出了许多人才，他们都是在艰苦卓绝的条件下成长起来的。1947年，莫宗江先生辗转经上海到清华大学来，在清华大学开办的建筑系任教。那时候，梁先生国内的学术活动很多，课程很多，各方面的事很多，教学任务很重，他将很多工作交给了他的助手们。这时候莫先生来到了清华，当时他自己研究工作也很紧，但他还是分担了许多梁先生的工作。我今天想要讲的，对于这些前辈的业绩，我们是不是应该都保存下来，最好都能够整理出版。刚才，我看到莫先生的景泰蓝设计作品，还有莫先生的一些手稿，有很大的感触。年轻的一代看到以后的感受就不一定如我深：我今天还想告诉大家莫宗江先生撰写王建墓研究文稿的事。据说那份文稿丢了，很可惜！也许这份文稿还能找回来，起码要弄清楚。今天见到莫涛很高兴，莫涛也是在继承前辈的事业。有关莫先生撰写王建墓文稿的事，别人可以做研究，但我更希望莫涛去做。

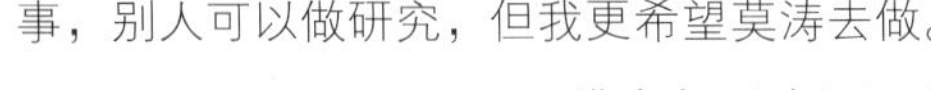

图5 莫宗江先生百年纪念会现场4.刘叙杰、金磊、殷力欣与莫宗江哲嗣莫涛先生

图10 中国工程院院士傅熹年发言

傅熹年（中国工程院院士）：今天纪念莫宗江先生，我觉得这件事情是非常重要的——确认了莫先生在建筑史研究界的地位。梁先生一生中有好多助手，而最忠实的始终做梁先生助手的就是莫先生。早年是他与陈明达先生两人，一个做梁思成先生助手，一个做刘敦桢先生助手。梁先生对这两个人的成长是非常关注的，有一件事情大家都不太清楚，是陈明达先生自己跟我说的。他说他“跟莫先生刚来的时候画图，因为接触面太窄，梁先生花钱，每人每月要十几块大洋，到一个德国人教素描的地方学素描，学了好几个月，他们的艺术水平提高了”。这件事情说明梁先生对自己学生、助手成长的关怀，也说明莫先生在这方面做了非常多的努力。莫先生始终跟随梁先生做了大量的工作，在很多地方对照着实物去测量，然后画图。大部分的图是莫先生做的，而发表出来的文章却都没有莫先生的名字，他就是这样默默无闻地帮助梁先生做工作。1946年，费正清夫妇来访问梁先生的时候，梁先生把《图像中国建筑史》的稿子给了费慰梅，说拿回去要出版。后来一直拖到20世纪80年代梁先生已经去世了这个书才出版。我在国家图书馆看过这本书，估计60%以上的图都是莫先生画的，梁先生也提到书中很多内容是莫先生写的。莫先生非常认真，

图6 纪念会分三个阶段，由清华大学建筑学院副院长单军及王贵祥、吕舟主持

图7 清华大学建筑学院党委书记张悦教授致辞

图8 纪念会与会者合影

一心做梁先生的助手。我觉得莫先生为人非常诚恳。我们刚来（清华）的学生学不到什么东西，但谁都敢跑到莫先生家里去请教，莫先生都很高兴。莫先生是我自己真正学古建的启蒙老师（梁先生当时工作很忙，很难有充裕的时间指导学生）。我对这个学科有兴趣，想进这个门，莫先生是我的引路人。今天纪念莫先生，我觉得非常高兴，是应该的。莫先生在学术上是无保留的，有什么想法都跟我们讲。对我们现在搞研究和做建筑师的人来说，莫先生是一个杰出的榜样。

图11 中国工程院院士张锦秋发言

张锦秋（中国工程院院士）：今天来参加这个会，我很激动。秋天是一个特别令人感慨的季节，我深怀感恩之情回到清华园，纪念莫宗江先生诞生一百年，此情此景令我无限感念。20世纪60年代初，梁思成先生为我选定莫宗江先生做我的研究生论文指导老师。当时莫先生正在进行颐和园的研究，他为我确定研究颐和园后山西区的选题，从此，我和中国传统建筑和园林结下了不解之缘。虽然我以后一直在建筑设计院工作，其实看家本领都来自莫先生的言传身教。

莫先生在学术上的造诣与贡献，已经有很多专家学者进行过系统的总结。我从四年多来亲身受教的过程体会到：莫先生在中国传统建筑上的学术成就是清华建筑系传家宝的重要组成部分，他的研究和教学过程当中的古典建筑营造法则、传统的空间艺术、求实的工匠精神和师傅带徒弟的教学模式等等，都值得我们认真回顾、领会、学习、研究、发扬光大。感谢清华建筑学院邀请我参加这次盛会，给了我一个衷心表达我心意的机会。

张悦（清华大学建筑学院党委书记）：今天刚好是新学期开学之际，也是清华建筑70周年系列纪念活动拉开大幕的时刻，我想今天大家在这里召开中国古代建筑史学术研讨会暨莫宗江先生诞辰一百周年的纪念会，为我们清华建筑70周年的系列活动增添了浓墨重彩，谢谢大家的到来！

和各位前辈、学者相比我是个晚辈，我进入清华园的时候，莫先生已经因病手术住院疗养，我虽然很遗憾没有亲耳聆听到莫先生的教诲，但是，我依然从不同的老先生的口中听到了关于莫先生的事迹，他们对莫先生的学术成就和学术功力赞不绝口。

近一段时间，我在承担学院70周年纪念活动——清华大学艺术博物馆“营造·中华”的策展工作的时候，开始整理中国营造学社和清华建筑学科的史料。一段段的往事，一张张精美的建筑墨线与渲染图，仿佛把我带回到了莫先生以及各位前辈、学者所处的那个既波澜壮阔又宁静悠远的年代。明天是正式对公众开馆的时候，今天所有的展品已经布置停当，在所有展厅中间，有一个展厅叫“营造·中华”，刚才，各位老先生提到的莫先生亲手参与绘制的《图像中国建筑史》一百幅的手稿，就在“营造·中华”展厅展陈，与清华其他艺术藏品以及达·芬奇的手稿等珍贵艺术品同台展出。当我整理这些展品的时候，我感觉我回到了当年莫先生所在的时代。1931年，莫先生在他青少年时期就加入了中国营造学社，作为梁思成先生的助手，参加了全国的古建筑调查、图纸的绘制和报告的撰写。他协助梁先生完成了《中国建筑史》《图像中国建筑史》等重要著作，并独立完成了四川佛塔、成都王建墓等重要古建筑的调查和研究。后来，莫先生随梁先生到清华大学创办建筑系，历任讲师、副教授、教授，为中国建筑史早期开拓性研究与学科构建作出了巨大的贡献。莫先生在中国古代城市、古代建筑、古代园林研究等学术领域投入极大的精力，尤为关注社会发展史，对各个朝代的设计手法，技艺与艺术发展的关系，古代建筑的形式、结构和设计手法等，都有独到精辟的见解。在清华执教期间，他参加了中国古代建筑史全国教材的撰写以及梁先生主持的宋《营造法式注释》等研究工作，并取得了卓有成效的学术成果。在教育教学和人才培养方面，莫先生于20世纪70年代末最早为研究生开设了宋《营造法式》课程，指导多届研究生开展了山西、河北等地古建筑考察，并在20世纪80年代为清华开设的古建班授课，为中国培养了大量的历史研究和古建筑保护方面的骨干。他鼓励学生表达独立见解，深得学生的敬重。

在建筑之外，莫先生艺术造诣深厚，他用渲染、线条图、水彩、速写等各种手段绘制出大量的作品，不仅形象准确，而且具有极强的艺术表现力，形成了具有特色的中国古建筑制图的形式与方法。莫先生也是中华人民共和国国徽的主要设计者之一。1949年10月，林徽因先生和莫宗江先生受全国政协的委托，提交了国徽方案的手稿。同时，莫先生也协助林先生研究北京传统工艺景泰蓝及其设计、生产新产品，使它重获新生。

1987年，梁先生、林先生、莫先生等人组成的清华大学建筑史研究团队因为从事中国建筑历史与文物建筑保护研究取得突出成绩，荣获国家自然科学一等奖。这是清华大学包括各个学科在内所获得的第一项国家自然科学一等奖，也是清华大学到2014年之前所获得的唯一一项国家自然科学一等奖。我想这是对莫先生、清华整个建筑史研究团队成果的肯定。值此莫先生百年诞辰之际，对莫先生的生平、建筑思想和学术贡献进行系统的总结，对促进我国建筑史学、建筑理论研究的发展具有重要的学术意义。

图12 刘叙杰教授发言

单军（清华大学建筑学院副院长、纪念会主持人）：就像刚才吴先生、傅先生、张先生所说，莫先生留给我们的遗产是清华大学建筑教育最宝贵的财富。我虽然也没有听过莫先生讲课，但是，我记得17年前（莫先生去世前），我专门陪同张院长看望过莫先生。张先生对老师的尊重和传承，其实一直是清华的一种精神——尊师重道。我很受感动。

刘叙杰（著名建筑学家刘敦桢先生哲嗣、东南大学建筑学院教授）：非常荣幸能够参加这次纪念会，今天大会的两个主要议题都很重要，但是，我也只能够介绍一下粗浅的看法，如果有不妥当的地方和错误的地方，请大家批评指正。

首先，我想谈一点对莫宗江先生的缅怀和追忆。众所周知，莫先生是在1931年年仅15岁时就加入了中国营造学社，成为学社当时最年轻的成员。虽然他初始的条件并不优越，可是后来居上，成为中国传统建筑研究的著名学者，对于这一成就当时的许多人（包括他自己）恐怕都是始料未及的。究其原因，首先，学社为他提供了非常优越的学术环境和大量的工作实践机遇，加之他获得了良师多方面的指导。其次，是他对所从事的工作的热爱和关注，并且在业务能力突飞猛进的过程中又坚定了自己维护中华五千年文化的责任感和爱国心。1937年7月，日本侵略者发动了卢沟桥事变，随后占领了宛平。由于形势急转直下，部分学社的成员如梁思成先生、刘敦桢先生、杨廷宝先生等举家南迁。时隔不久，当我们在长沙看到学社的刘致平、陈明达、莫宗江三位先生时，莫不欢呼雀跃。他们千里迢迢、无惧艰险，不仅是出于爱国的热忱，也是为了继续进行未竟的学术事业。他们的到来不仅鼓励了学社社员，而且还对营造学社东山再起起了决定性的作用。

我和莫先生相处的时间并不太长，大概是1939年秋到1943年夏。

总的印象是莫先生身材瘦高，性格外向，平易近人，乐观、开朗，从未见过他生气发火。当时有人叫他老莫，所以，有时候我也跟着叫老莫，感到非常亲切。莫先生思维敏捷，对艺术的悟性非常突出，而对水彩画更是具有极高的造诣，在这方面有一件事使我感到非常荣幸。大概是1941年的夏秋之际，有一天有人突然跑来叫我出门跟他看热闹，我们俩刚出了学社的院门，就看到一些人沿着学社的土路往北走，一共是四位大师，刘致平先生、陈明达先生、莫宗江先生和罗哲文，每个人都拿着画板和小凳子，他们穿过石板路，又到了前面一排没有作物的耕地，然后坐下来画画。那是我第一次看到莫先生做水彩画。

在2009年，我自己出版了《脚印·履痕·足音》，莫先生之子莫涛弟弟提供了水彩画，特别是李庄南寨门那张，因为我当时上学，天天都要走过那个门，印象特别深刻。画中的构图、形象、折射、用笔，无不令人叹为观止。推测当时作画的时间，应该在1945年或者稍前。

我和莫先生在专业方面接触最长的一次是1973年8月15日到9月3日。在此期间，中央文化部文物局组织中国国内古建筑专家到山西考察，参加的有杨廷宝先生、刘致平先生、陈明达先生、莫宗江先生、卢绳先生，以及王书庄、陈滋德、罗哲文、祁英涛、于倬云、李竹君等，这些都是我们古建筑研究方面的专家。我也有幸参加这次考察，除了参观寺庙、石窟以外，还开过14次座谈会。在会上，莫先生做过多次发言，我都做了笔录。我们还在五台山和云冈石窟都留下了合影。多数大师都已去世，回忆当时与诸前辈同行的机遇，应该是我生平的庆幸，特别是今天纪念莫先生，我特别讲到这点。

第二方面，对目前的中国古建筑史研究提几点浅见。

第一，传统建筑的调研，从20世纪30年代中国营造学社开始，通过对我国古建筑的长期调研与全国多次普查，我们已经掌握了大量的古建筑资料，但这项工作还必须进行。我们还必须继续深入探讨研究，以发现还处于隐蔽状态的内容。除了对于个别古建筑进行研究以外，系统的古建筑研究也在进行，如关于营造法式等等。

第二，还有一些专家已经开始对城市防洪进行研究，还有对城市整体设计和设计原则、比例等方面的研究，比如说我们的院士和教授做了大量工作。我觉得这些工作非常必要，不局限于单体的古建筑，比如说古城以下有的有整体排水系统，在国内不多，江西赣州是比较突出的例子。但是，有关这方面的研究工作好像还不太多，还可以做深入的研究，这样的设施在国外比较多，国内并不太多。另外，现在国外许多公司的图书馆、图书室里还有很多我国流散在外的文物和文史资料，我们对这方面也可以进行挖掘，特别是我们到外国去的学者，比如哈佛大学就有很多中文资料，还有美国国会图书馆等等，英国、法国都有很多。对于这些资料，当然，有很多专家学者已经了解过，但是，我们是不是还可以更广泛、更深入地了解哪里还存在我们哪些文物，比如我在国外一个博物馆里看到两尊罗汉坐像，五彩头的，高度1米多，这里可能有很多专家学者也见过。当时我想，这两尊佛像在国内恐怕早被敲掉了，我们如果自己不好好保护的话，那就更少了。如果人家还能留下来一些线索的话，我们可以做更多的收集工作、整理工作，可以更好地丰富文物方面的资料。我觉得传统建筑是每一个民族的瑰宝，对于它们的态度和行为，我觉得也是判别这个民族文明还是野蛮的标准之一。目前，在我国传统建筑保护的过程中还出现了一些问题，比如部分地方领导对文保工作认识不足、重视不够。因此，在发展经济和进行城市建设时往往对文保工作全局考虑得不周到、不全面。而且有时候还出现一些主观的硬指挥。另外，除了对他的上级以外，对于其他人的意见，特别是下级的意见，很难接受。

第三，部分的地方文物工作干部工作积极性不高，因为有些人是从不同的岗位调过去的，原来对文物工作没有兴趣，也没有任何经验，到岗以后，不能很好地提高自己的专业水平。文物干部必须要有这方面相关的专业知识，而有些人既不努力提高自己的专业水平，又对下属的监督管理不力。几十年来，我经常在外面搞调查，见到很多这样的人。我举个例子，有一次我到一个省调查，当时听说附近发现了一个汉墓，文物所的所长已派人去了，我当时非常高兴，但三天以后我问他你们找到什么？他们仅仅带回来一块砖。我很奇怪，问汉墓怎么就一块砖呢？他说都被老乡拿走了，我说："拿的时候你怎么不制止呢？平面画了没有？"结果墓里有什么文物都说不清楚，图也没有画。这样的文物工作太草率了。还有一个例子，在一个县里，经过多年的破坏，佛教庙宇已经很少了，好不容易找到一个明代末年的寺庙，我第一次去的时候，底下很多石刻都还在，我第三次去的时候那个庙门全部没有了。庙在山顶上，显然是人为破坏。问情况，文物局长不知道，保护员、监管员也不知道。我估计大家也都碰到过这样的情况。有些文物干部不负责任，产生了一些不必要的破坏和损失。

第四，部分学界专业人士在参加讨论和评议时往往出于个人得失，不能够实事求是地提供意见，而整修文物建筑的时候，导致出现误判。

第五，我们现在很多建材达不了标，比如琉璃砖瓦。另外还有彩画油漆的化学成分。有的单位在安全方面不规范，引起火灾。还有一些单位随意增加参观的内容。

历史文化遗产是无价之宝，我们中国古建筑如果不保护而是任意破坏，再坚固的冰山也会有融化的一天。中央电视台曾经多次警示，为了新修楼堂馆所，每天就有一座古建筑退出。因此，坚决贯彻文物保护法才是重中之重。此外，我们还要大力宣传，引起全社会的注意，但更重要的是一切工作必须首先从自己做起。作为这一专业的工作者，我们要对得起祖国和人民，对得起开疆辟土的祖先和为国牺牲的烈士，对得起自己一生为之奋斗的古建筑事业和曾经许下的誓言，为了继承和发扬灿烂的中华文明，为了实现振兴中华的理想，我深信我们队伍中的每一位人士都会尽自己最大的努力，为实现我们共同的目标和伟大的使命奋斗到底。

图13 楼庆西教授发言

楼庆西（清华大学教授）：莫宗江先生离开我们整整17年了。我们班于1949年入学，一年级时莫先生教我们建筑初步；二年级时莫先生教我们水彩。毕业以后，我分到第四教研组，又当莫先生的助教，后来又几次跟莫先生同在一个科研组。可以说，从1949年到莫先生去世的1999年，我跟随莫先生整整50年。这50年来，除了学到了许许多多的古建筑知识以外，令我最钦佩、最难忘的就是莫先生那种追求完美的精品意识，以及莫先生一生的淡泊名利。

我先讲莫宗江先生的精品意识方面。莫先生15岁加入营造学社，师从刘敦桢先生、梁思成先生、林徽因先生学习古建筑，他不止一次地对我们回忆当年梁先生跟他讲的“我们中国人用科学方法研究中国建筑比国外、比西方国家落后不是几十年，是几百年，我们怎么能赶上呢？唯一的办法就是发愤图强。第二，起点要高，我们要以世界水平来要求我们”。莫先生讲当时梁先生把他能够得到的家里收藏的世界各国的建筑书摊到他们面前，指着书上的图说：“这就是目前世界水平的绘图，中国人画中国建筑也要达到这个水平，你画出来的图也要达到这个水平。”莫先生讲他就凭这股民族的志气，在不长的时间里，练就了高超的绘图水平。刚才我们在“中国营造学社历史展”上看了很多线条图，但非常遗憾（这个历史展）没有把当年莫先生的测绘手稿也展出。这些测绘资料现在珍藏在我们旁边的资料室，从测绘手稿到线条图到渲染图到水彩图，以至于大量的徒手的钢笔画，都达到极高的水平，尤其是钢笔画。莫先生在研究王建墓的时候收集了很多资料，那时候没有复印，完全靠透明纸蒙在资料上，用钢笔徒手画出来的，我们当作一种精品来收藏。画故宫栏杆的柱头，雕龙的柱子，很小，莫先生用小钢笔随便勾几笔，龙就活龙活现地展现出来了，这是绝活儿，我们称之为莫先生的绝活儿。莫先生曾经有几大科研课题，一个是在20世纪40年代调查的王建墓，发掘调查王建墓以后，他写了长篇的调查报告，而且画了一整套插图。非常遗憾的是，吴良镛先生让我们无论如何要找到这个文章的手稿，可是我至今仍然没有找着，丢失了。但是他的图仍然存在，一套整整的图。莫先生发现王建墓座有24位手拿各种乐器的高浮雕乐伎，莫先生考察24种乐器以后，敏锐地觉得其中有些乐器不是我们中国的，是国外传进来的，如果能弄清源头，不仅是很好的建筑史资料，也是很好的音乐发展史资料。于是，他开始追踪，从成都追到新疆，从新疆追到印度，从印度追到波斯……最终还是有几件乐器是什么时候如何传进来的没有弄清楚，因而他一直不愿意再发表文图，试图追求完美。

再一项科研是古代设计的规律。他为此画了无数草图，不止一次跟我们讲（带我们参观也是）：蓟县独乐寺山门进去以后，通过山门两个中央柱子与雀替衡量，正好看得见观音阁的整体形象。他说难道这是偶然的吗？他联系到西方古典主义的各种几何规律，他认为中国的建筑群的设计、建筑立面的推敲，也一定存在一些规律性的东西。那时候我当莫先生的助教，因为他老开夜车，所以，每当有课程时候，我一早到他家里把他叫醒，帮助他拿玻璃幻灯片，提着暖瓶带着一个茶碗去上课（莫先生一生离不开烟和茶，上课的时候不能抽烟，只能喝茶）。我常常看见他的桌子上放着圆规、比例尺和许多图纸，烟碟里烟头是满的——又是一个不眠之夜。我们几次要求莫先生发表这些图，但莫先生仍然觉得不够完美，不肯发表。他自己有这种追求极致的精品意识，教导我们学生也是如此。我们“建筑初步”课程有两年时间，要绘制西方古代和中国古代水墨渲染图，我们助教要做示范图。我们画完了以后，请莫先生来检查，他检查后点头了才能挂出去当示范作品。我记得有一次我画的一张是晋祠圣母殿大殿，莫先生一看摇头。问为什么摇头？他说你的斗拱“没有画出它的体积感”。我说斗拱的出檐很远，全部在影子里，没有阴影了。莫先生说“不对，太阳落在地上，地上有反光，反过去，从理性上讲，应该斗拱有反阴影，辅助阴影在右下角，反阴影在上面，要把它画出来”，于是一个一个地画斗拱反阴影，这样才能通过。

后来成立颐和园课题组，莫先生是组长，让我负责所有学生测绘图的修改、挑选和照相。中轴线佛香阁外面墙面全部是琉璃砖镶嵌的一个个小佛龛，学生测绘的时候没让他们画，出版时由我画。我学着莫先生画了一个龙头的，用几笔一勾，勾了一排，就请莫先生来。莫先生看了半天，不发言，我以为糟了，危险了，通不过。后来莫先生说“就这样画下去吧”，我一听，就是可以通过了，但是不满意。至于照相，莫先生写到哪儿我就照到哪儿，完全根据莫先生写的内容去拍摄。把黑白照片洗出来，莫先生总是说这个地方要微微提亮一点，那个地方要微微加暗一点，有时候批评我们：“为什么在大太阳、大晴天照中国建筑呢，一点细部都没了，为什么不在阴天照呢？”就是为了莫先生这微微一点，我不知道要进出暗室多少次，重新洗照片，甚至于重新拍。我们班上的同学，在记忆中不记得莫先生曾经表扬过谁，好像从来没表扬过我们，也因为这点，使我们终身受益，使我们永远知道自己的不足。

第二方面，淡泊名利。莫先生一辈子不知道画了多少幅，刚才大家看到陈列的《图像中国建筑史》，是中国学者第一次用英文向国外宣传中国建筑，是一部很重要的著作。由于当时的印刷条件有限，用了极少量的照片，其他全部用线条图表现，一共一百多幅，有相当数量是莫先生画的，现在收藏在国家图书馆，我们的党委书记告诉我是借来展出的。莫先生从来不说是他画的，有一次我拿了几张图，我说这是你画的？他说："不，是我帮梁先生画的，是梁先生要我画的。"王建墓图稿收藏在资料室，他从来不收藏，后来王建墓成立了管理委员会，到清华要求把莫先生的图借去展览或者复制，我们征求莫先生意见，莫先生说不必征求他的意见，这个图在资料室，他们随便用。我说："不对，这是莫先生的作品。"他说："不对，这是王建墓的作品，工匠的作品，不是我莫宗江的作品。"20世纪50年代初，林徽因先生领导一个课题组，对老的景泰蓝作创新设计，莫先生是主要成员。莫先生除了帮助林先生以外（当时林先生身体已经不好了），他自己也进行创作，但是，从来没见过，也没跟我们说过。在莫先生80岁的时候，我们请他找一下有没有当年的设计，他从他的抽屉里找出一张当年设计一个盘子的草图，还没有完成。根据这个草图去找了，张长林教授家真有那么一个盘子。我们把这个盘子拿来，恭恭敬敬地拍了照，把它的草图放在镜框里，作为80岁生日礼物送给他，他非常高兴。一直到2004年，适逢林徽因先生百年，我们出版了纪念集《建筑师林徽因》，搜集景泰蓝作品的时候，在中央工艺美术学院（现在的清华美院）的资料室发现还珍藏着两件莫先生设计的小杯子，非常精美。退休以后，莫先生热衷于临摹或者自己画山水画，画了很多。我们几次到家里，说莫先生能不能拿出几张你认为满意的，我们去裱一下，在系里也留个纪念，他头一摇，说："为什么留纪念呢？这没什么可纪念的。"莫先生一辈子踏踏实实做学问，60多年来不求名、不求利，拿他的话说，就是自得其乐地从事他喜爱的工作。所以，我觉得精品意识、淡泊名利是莫先生留给我们珍贵的精神财富，值得我们永远学习。

梁思成先生的女儿梁再冰女士昨天晚上给我打电话，她说从网上知道有这么一个纪念会，她非常感动，她非常怀念莫先生，她要我一定要代她向莫先生家属、向所有参会同志表示她的纪念。而且她说："莫先生是一辈子踏踏实实做学问的人，莫先生是一个好人。"

郭黛姮（清华大学教授）：刚才，很多老师都已经讲了很多，而且内容也很丰富。有很多重复的，我就不讲了。我感觉除了刚才楼老师总结的莫先生的特点以外，我还有另外一些感受：我觉得莫先生在学术研究方面有很多独到的见解，有的时候我们大家没有注意到，而他能够解读，能够把它跟所有的历史实例或历史背景或当时发展的情况做一个联系。我觉得这点很关键，而且让我们学到了一种研究学问的方法。

图14 郭黛姮教授发言

我简单举一个小例子，我们过去在研究古建筑的时候，大家都喜欢把我们知道的测绘的例子拿来看，但是，莫先生的观察跟一般的人可能不一样，他非常细致，可以观察到一些很特殊的变化。比如涞源阁院寺，在我们一块去测绘的过程中，他发现从涞源阁院寺的状况来看，与一般人所说的年代不同，值得研究：关键是里边有些构件很特别，比如角部的斗拱当中出现了一个抹角的华拱。他说抹角的华拱很关键，他马上举出一个例子，以独乐寺山门跟它作比较，思考为什么会出现一个抹角？然后提出考虑："这是在《营造法式》中提出来的，从偷心造转向计心造这样一个过程。"我觉得这种独到的见解非常精辟。我们读《营造法式》，《营造法式》说了逐间做计心造，在这之前，很多唐代的建造都是偷心造，后来《营造法式》提到做计心造。莫先生从蛛丝马迹里找到了转变的依据，找到了特点。当时我听他介绍以后，我觉得受益匪浅。

平常我们跟莫先生也聊聊天，他也比较和气，他会从别人观察不到的东西里发现历史的轨迹，我感觉这是非常可贵、非常重要的一点。所以，我觉得莫先生身上有一种创新的精神，不断地在创造、创新，能够提出一些新的看法。

另外，在上课的时候，我也曾给莫先生做助教，大家讲过的共同的特点我不讲了，我讲一些特殊的。莫先生在讲课之前会非常认真地备课，讲到园林的时候，我觉得他有很多精辟的看法，不是一般的过去的史学界的看法，而是建筑界的看法，是建筑师的看法：他就是让你观察园林的空间、园林的变化，而且结合了他研究苏州园林的体会，给大家放了很多他拍的照片，然后用这些照片说明从这个角度能观察到当时匠师的设计为什么会这样。他举了好多例子，比如网师园、留园。我们班的学生听完莫先生的课以后都非常热爱中国建筑、热爱园林，尤其受益于莫先生讲的园林课。说实在的，在这之前，大家对古建筑有点敬而远之，不太敢接近。但是，莫先生给大家讲了他的独到的见解以后，大家非常喜欢中国建筑。这点也是他很大的贡献，本来听建筑史课，有的人打瞌睡，但是，听完园林课，很多人都非常兴奋，觉得原来中国有这么多好东西。听他的讲解，也促使我和张锦秋两个人写了园林的文章，我们当时也觉得受益于莫先生的课。

还有一点，他要寻找古建筑的规律，在这点上，我感觉他是超前的。他总想探寻一下古建筑的规律。到底有什么规律？在颐和园的研究中，他提出了有一个网格关系，建筑彼此之间有几何关系。他在图上画很多次，又到现场看，有的经典建筑已经被破坏了，没有了，但是，他从那些景点找到一些琉璃瓦的残片，认为这个地方就是原来网格上的节点。后来，对照样式雷图，确认那里是有房子。而且现在大家都知道，通过对样式雷图的研究，知道样式雷图有网格设计，像皇陵里边，很多图纸都画了网格。我研究圆明园的过程中发现也有网格，由网格控制建筑尺度等等。莫宗江先生更早发现了在园林设计当中有网格。莫先生的超前思维非常清楚、非常突出。

钟晓青（略，详后）

图15 贾珺教授发言

贾珺（清华大学建筑学院教授）：我是清华大学建筑学院一名教师，从学术角度来说，也算是莫宗江先生的一个后辈。受王贵祥先生的委托，代表清华建筑历史研究所给大家简单回顾一下莫先生生平的一些重要的事迹。为了筹备这次纪念会，王贵祥教授带领他的团队做了很多工作，其中也包括对莫先生生平资料做了很多收集，日后可能有更加正规的出版物。但是，考虑到很多来宾未必对莫先生的生平有非常多的了解，所以，我们还是有必要用简短的时间给大家再做一个回顾和介绍。

莫先生是广东新会人，1916年出生，曾经在北京读小学，和另外一位著名的建筑史学家陈明达先生是同窗好友，1931年的时候，莫先生正好15岁，正式加入了当时刚刚成立不久的中国营造学社，开始追随梁思成先生、刘敦桢先生这些大前辈，做了大量的古建筑测绘、调查和研究工作。抗日战争爆发之后，也追随着梁刘二公和其他一些成员辗转转移到西南地区，继续在极端困难的情况下做古建筑的调查和研究，包括继续刻印出版《中国营造学社汇刊》。目前，我们所能够看到的大量的中国营造学社成果里包含着莫先生付出的无数心血，特别是很多精彩的插图都出自于莫先生的手笔。

1946年，梁思成先生正式创立了清华大学建筑系，莫先生随后进入了清华大学。从1946年一直到他去世的1999年，莫先生在清华园生活了53年（大家可以算一下，莫先生在营造学社工作的时间是15年，在清华大学的时候更多），以教授的身份继续从事与古建筑相关的教学和研究工作，在这方面取得了卓越的成就。其中比较值得一提的是，从1949年开始，莫先生曾经承担过中南海怀仁堂彩画的设计工作，同时作为重要成员，参与国徽设计。1950年设计人民英雄纪念碑，那张非常漂亮的渲染图是由莫先生主笔画的。另外，作为林徽因先生的助手，莫宗江先生也参与了恢复景泰蓝工艺的探索。在莫先生50多年的学术生涯里，他陆续主持了大量的研究课题，比较有代表性的（前面几位老师提到过）包括颐和园研究、涞源阁院寺研究、福州华林寺庙大殿研究等，还做过中国城市史专题。很可惜，莫先生大量的手稿后来没有正式出版，大家可能知道的不多。实际上这方面他的学术成就是极高的。标志性的事件，就是1987年清华大学建筑系中国古代建筑理论及文物建筑保护项目获得了国家自然科学一等奖，如刚才张悦老师所说，是2014年以前清华所获得的唯一的国家自然科学一等奖，莫先生作为这个团队的重要成员之一，他所做的贡献是不可忽略的。

在教学方面，莫先生所做的成绩一点不亚于他的研究成果。刚才前辈们也回忆过，他其实讲过多门课程，包括中国建筑史、东方建筑史，可能也教过设计方面的课程。他首次在清华开设"营造法式"这门课，另外，也是他首先开始有系统、有目的地带领研究生考察重要的古建筑实例。所有这些课程和教学传统，作为清华建筑史教育的一个特色，一直保持到今天，莫先生对此是具有开创之功的。特别要说的是，莫先生一生当中指导的研究生数量非常少，但是成才率极高，今天在座的张锦秋先生、王贵祥先生、钟晓青先生，还有已经去世的萧默先生，都是莫先生的高徒，也都是建筑史研究领域里出类拔萃的代表人物。所以，莫先生作为一个导师，他应该也是非常非常成功的。

在此，对于莫先生的生平事迹，只能做这样一个简单介绍。我最后说一点点自己个人的感想。作为晚辈，我没有机会瞻仰梁先生、刘先生或者林先生的风采，但是，我又比我更年轻的学弟、学妹们幸运，因为我毕竟还亲眼见过莫先生和汪先生。在我看来，这些前辈有非常醇厚的人格魅力。打个不太恰当的比方，汪先生像一头雄狮，热情勃发，非常有感染力，而莫先生更像一只仙鹤，飘然洒脱，遗世独立，仿佛魏晋名士。两个人形象也是一胖一瘦，很有意思，都是属于令后人敬仰的大学者，非常了不起。

我只见过一次莫先生，记得非常清楚，那是18年前的今天，1998年的教师节，莫先生来院里参加一个聚会，他只跟我说过一句话，他说"现在搞建筑史，得靠你们年轻人了，什么后现代主义，我都不懂了"，我对他这句话印象非常深，很典型地反映了莫先生特别谦和、特别平易近人的个人品质。

我虽然跟莫先生接触很少，但是，根据前辈们的转述，根据我自己一点微薄的了解，我觉得莫先生身上体现了四个重要的特点：第一，我感觉莫先生这一代知识分子身上有非常强烈的家国情怀，对他们来说，做学术研究不仅仅是专业本身，更可以上升到国家尊严和民族文化复兴的高度，所以，无论时代怎么变化，无论个人生活多么困难，他们都会坚守这个学术阵地，矢志不渝。其次，我觉得莫先生有非常强烈的淡泊名利和洒脱的精神，很难看到这样一个大学者那么不计较名利，对学生毫无保留，他做事情完全不居功，这种精神我觉得无论放在哪个时代都是极其罕见的。第三，莫先生和梁先生、林先生一样，他们身上有很强烈的文艺复兴的色彩，也就是说才华是多方面的，今天我们很难再看到像这样能够把非常丰厚的艺术修养和高度严谨的科学精神集于一身的人。这在莫先生身上体现得非常充分，他精通书法、绘画，又喜欢音乐，能够亲手制作包括家具、小提琴在内的所有东西，能够写很好的文章，今天我们很难想象他怎么会这些东西的，是怎么学来的。第四，我觉得莫先生是非常典型的哲匠。今天我们国家也在探讨或者提倡所谓的"匠人精神"，我个人理解，"匠人精神"就是应该有高度的敬业精神，同时还要有非常高超的专业实践能力。如果一个人只会动嘴或者只会动脑子的话，恐怕还谈不上是完整的哲匠。莫先生具有非常扎实的动手能力和务实的精神，刚才钟老师也提到了，莫先生不光眼光好、脑子好，其手上的功夫更好，而且莫先生腿脚也很好，他跑遍了所有重要的古建筑实例，所有这些都是我们今天应该学习的地方。前辈的天才，可能后人很难复制，但是，前辈的这种家国情怀，前辈这种严谨、扎实的作风，包括务实的态度与能力，都是非常宝贵的文化遗产，应该值得我们后人珍视，并努力继承和传递下去。这也是我们今天纪念莫先生最重要的意义所在。

图16 莫宗江哲嗣莫涛先生发言

莫涛（清华同衡规划研究院有限公司建筑师）：前面的各位老师和前辈们讲到的这些事让我很感动。首先，受我母亲和我哥哥的委托，我代表全家衷心地感谢所有的主办方和各位领导包括以前的各位领导和同人们的帮助、关心以及对这个事业的热情！

我只谈一点前面没有谈到的。我所知道的父亲，15岁进入中国营造学社，师从梁先生、林先生。营造学社的这些爱国人士始终保持一条信念，就是在战火的年代，尽可能做好对国家、对建筑、对文化所能做的一切，为了将来胜利以后恢复、重建和保护做准备。记得父亲在几乎所有我记忆中的采访和学生的问询中都会说到一个事，就是为什么会有中国营造学社？中国营造学社干了什么？为什么很多人纪念它、怀念它？他说很简单，中国营造学社是因为战火而起的，也是因为后来没有条件（办下去）中止了。但是，他们通过15年的时间努力做到了一件事：梁先生及其所有前辈们在短短的时间里让中国人在外国人面前对自己的建筑文化有了真正的发言权！

父亲在学社的时候，一直受到导师们的影响。他一直记着一个责任、一种要求，就是一定要做到最好，这是追求，也是责任。我记得他在江西的时候，几次因为大出血病重、病危。但是，他从来不会跟我们讲。我问他："当时你怎么过来的？"他说："我有很多正事要去做、要去想。我不能写，但是，我可以想。"回到学校后，他就开始他的工作。

我最近在为中国营造学社纪念馆整理录音的过程中，发现了一段1982年的采访，是在罗森老师家记录的。他提到了几个方面，让我很惊讶。一个是谈到了在国外使用激光测量技术以及在国内今后有可能使用视频等，以最快、最高效的方式让学生了解中国建筑，学会更好的设计。就像刚才钟老师讲的，他是老师，而且他把这种东西作为自己的责任和目标。有一个别人常问他的问题，就是营造学社的成果是什么？怎么评价营造学社？他说："他的老师一辈们为整个中国建筑事业奠定了文化基础，让中国人在全世界受到尊重。但从工作上来讲，因为受到战火的影响，受到当时极其困难的条件限制，他们的工作事业开创了，但只是开头。"他在病危的时候曾经说过："现在的条件比以前好了不知道多少倍，现在应该做得比以前更好。"我因为很感慨，有些计划打乱了，我带了一小段他最后几个月中的两分钟录音，表达一下我的想法。（此时播放莫宗江先生生前吟唱岳飞《满江红》的录音。吟唱完毕后，莫宗江先生说："我小学三年级（时），老师给五年级的同学教唱歌，我就趴在窗户外头学的。什么意思呢？青出于蓝就够了。"）

我最后补一句，今天是教师节，我在此感谢所有的院领导、朋友们、前辈们、师长们，还有未来的建筑师们！谢谢大家！

图17 吴庆洲教授发言

吴庆洲（华南理工大学建筑学院教授）：莫宗江老师是我一直都非常敬仰的。我来清华读书的时候，我们都特别佩服梁先生、莫先生。梁先生本身图画得非常好，但后来他的很多文章的插图实际上就是莫先生画的。后来我们也知道，莫先生特别能干，各方面都行，一方面是测绘古建筑，爬上屋顶轻而易举，我们年轻人可能胆战心惊，他在这方面非常有经验，我们对他非常佩服。当时教我设计的老师，一个是关肇邺先生，当时是讲师，现在是院士。一个是高继成先生，后来当了清华设计院的院长，他的钢笔画很厉害的。这些名师都是向莫先生、梁先生他们学习的。我当时在清华读书的时候，应该说我的各方面都赶不上同班同学，自己虽然很努力，但是（还不够），莫先生这种精品意识对我影响至深：他教导我们要非常认真地对待专业，把建筑当作艺术。我们当时一直都记着这个教导。这次有机会到清华参会，听了很多师长的发言，受到很大的启发和教育。我回到华南理工大学以后，还要把这个精神传达给我的弟子和我的同行。我当了建筑史的老师以后，搞测绘时也是拿着莫先生这种精神来要求，画图很认真。有一次偶然的机会，我们华南本来要交十张建筑画去参选，就少了一张，当时我当室主任，后来我就把自己的一张测绘图拿出来，很荣幸这张成了当年优秀建筑画。自己虽然在清华读书的时候画得不算很好，比同班同学还是差一点。但是，出去以后还是很努力，还是感到高兴，前辈们的教导是我们的精神财富。我这次来，收到清华母校送的这本材料。昨天有一个博士生说："吴老师，今天是教师节，我给你买了一本你肯定非常高兴的一本书，"结果就是今天你们送的这本书（指《读库》杂志社编辑印行的线装本《梁思成〈图像中国建筑史〉手绘图》）。他说："吴老师，我知道您是清华毕业的，您特别崇拜梁先生、莫先生，这本书您（看到了）一定会非常高兴。"我确实很高兴，梁先生、莫先生是我们毕生学习的榜样。

图18 孙大章研究员发言

孙大章（中国建筑设计研究院研究员）：我们入学的时候，莫先生还在教课，但是，因为我们是晚来的一班，所以，正赶上三校调整，北京大学的建筑系并到清华，老师也都跟过来了，我们的建筑史课是赵正之老师教的，不像高班的，还是莫先生教的。但是，在接触过程中，因为开始的时候清华建筑系都在一个大屋子里，从一年级到四年级都在一个屋里听课，所以，有时会接触到莫先生。关于莫先生学术方面的成就，几位老师都已经谈了，我不再多说了。我接触莫先生最大的感受，一个是莫先生水彩渲染图功底相当高，我记得好像六和塔那张复原图就是莫先生渲染的，有时候我们班上做渲染的时候，莫先生也给予指导，这方面印象还是蛮深刻的。

还有一点，莫先生绘的工程图也是我们所敬仰的。刚才在博物馆看到的立面图都是莫先生画的。大家也知道，我们那个时候画图用鸭嘴笔画。鸭嘴笔有时掌握不好，是很难画的，有时候墨多了就流出来了，墨少了画不完就干了，有时候曲线还需要慢慢接上去，看看大同那批图纸画得相当精确，线条特别优美。另外，我感觉莫先生还有一手绝活儿，就是字，莫先生的书法自成一派，感觉莫先生的字有点像魏碑，把它变成了工程体，没有别人能模仿。后来编《营造法式》下卷，徐伯安先生也模仿莫先生的字体，但是，比莫先生还是差一截儿。字体很漂亮，可惜计算机出现以后，工程图都用不着写字了，字越来越没有市场了。包括画图也用不着笔了，都是在电脑上画的。但是，我觉得字的问题大家应该还得重视，中国人的方块字是一个很美的艺术形式，基本上每个字就是一个构图，该粗的粗，该细的细，该疏的疏，该密的密，肯定构图很好。所以，我觉得咱们年轻人还得好好练字，字练好了，构图的概念就成熟了，可能对我们搞设计还是有一定帮助的。

图19 罗健敏先生发言

罗健敏（北京建筑设计研究院高级建筑师）：各位老师、各位学长、各位同学、朋友们：今天能来参加这个会，真是非常高兴。关于莫先生的学术成就、莫先生工作的严谨作风等等，前面几位老师都讲了很多，我再补充一点，就是莫先生教我们时候的一件小事。

莫先生的严谨和他作图的精细程度在建筑系是非常有名的，这是大家公认的。而且莫先生看我们图的时候有一个习惯，就是在那盯着看，不说话，有的时候看得我们冒汗，不知道莫先生是想批评还是想表扬。咱们建筑系有三位老师的眼睛会放光，第一个就是莫先生，另两位是美术教研组的曾善庆老师和杜尚元先生。这三位先生看你的东西的时候，比如画石膏像的时候，一看我们就觉得曾先生眼睛有光出来，莫先生带光的眼睛看我们图的时候特别细致，不仅仅是细致，实际上就是刚才几位老师总结的先生追求完美的精神。学习这种精神并不一定要我们重新回到手绘所有施工图的时代，不是这个意思。即使咱们用电脑作图，莫先生追求完美、追求极致的精神也一样要学。我在辅导年轻同志作图的时候，经常看到一些不应该有的马虎，一张总图或者首层平面画完以后，连方向标都没画。我每次告诉他们先把指南针画上，而他们现在有时最后交图的时候都没画。这是一种精神。我上高中的时候就想考建筑系，所以，我就特别注意全国各个院校建筑学、工程学的情况，当时我就知道哈工大课程作业里头有一条，在30厘米里画一千条水平线（A4纸的长度，横着画一千条平行线），我就拿这个事请教莫先生，我说：“我听过这个，而且我自己在家里试过，家里也没有图板，我觉得很难画，”莫先生半天没说话，然后说：“你练吧，如果你把这个画好了，绝对受益，并不是今后就真正要你画一千条水平线。画完以后，一千条线里只要有一条跟另外一条的间距不对，整个一篇纸上一看就能看见你画错这一块。”我们测绘时画瓦当和滴水也一样，都画完以后，只要有一个不太圆、不太尖，一定是一眼就能看见，而且莫先生一定是第一个看见的。所以，莫先生在我们身后看图的时候，有时候我们很紧张。为了不让莫先生批评我们，我们自己格外仔细，这种仔细就是刚才钟先生说的，受益终身的一种精神。这是一种境界，一种做人的原则，绝不是手上那点技巧。所以，我有时候跟学生讲，以莫先生的精神，如果去卖白菜，一定是卖得最好的，一定是这样。莫先生如果做厨师，炒出来的菜也一定是最好的。他有这样一种精神，具有做好事情的能力。

我再补充一个小故事，有一次我们做一个小书店门市部的小课题，面积不大，既要做剖面设计，还要画一张水墨单色渲染。我画的时候，莫先生经常站我旁边看，光看不说话，我开始有点发毛，不知道做的有啥问题了，后来莫先生说这么一句话：“罗健敏，你是不管哪个课题，不出点么蛾子你不算完，”我听了以后有点发毛，莫先生这句话可以有两解：一个是出么蛾子，不算表扬的词，可是，这个话又不像在批评我，我就在那等着，莫先生一笑，拿食指在我脑门上戳了一下：“画吧，”这下我放心了，允许我这样画，是在鼓励我。但是，确实我们上学期间很少听到莫先生表扬谁了，说谁谁画得真好，或者谁谁设计得真不错，莫先生很少这样。但是，他像老大哥、老爹一样监督我们，把这一代人造就得相当不错。当然，我们这一代比起莫先生这一代是差很多的，但是，我们现在在底下经常被别人说你们这一代是濒临灭绝的物种，有点这个味道。

我最近参加一些纪念林先生、梁先生的会，每次我都像今天一样希望能看到好多学长、学友、师弟们，很难找到比我高班的学长、同学。我们的前辈加上我们这辈和稍微晚一点的人在整个计划经济年代里不计报酬、不讲名、不讲利的状态下作出努力，我知道相当多的人是默默无闻的。咱们今天在纪念莫先生的时候，我们大家一起弘扬莫先生的精神，也是继承梁林先生的精神，我觉得我们一定要继承这个精神、发扬这个精神，我特别寄希望于坐后排的年轻一代能够青出于蓝而胜于蓝。

图20 陈薇教授发言

陈薇（东南大学建筑学院教授）：很高兴参加今天的会议。我讲三点：第一，我觉得这个会议不但是对莫先生的纪念，更是我们学术上的一个精神的传承的会议，是非常必要的，也是非常及时的。可能我算中年吧，承上启下，深刻感受到在一个数字化的时代，信息的渠道以及知识的来源和过去的传承是非常不一样的。相对来讲，更觉得走向现场，默默关注，然后才能够非常精致地做学问，这是非常难得的。今天的会议对我们晚辈是很好的机会。因此，首先，代表东南大学对清华的活动表示敬意，也表示一种学习。

第二，我对莫先生的认知是在研究生时候读他的文章，《中国营造学社汇刊》第七卷第一期95页的一篇，《宜宾旧州坝宋墓和白塔》，当时有个印象，看了好几遍，还是看不太懂这个塔：它的外檐是13层，画的立面、剖面是5层，觉得非常复杂，读了好多遍。从这个过程中间体验到当时他们做的现场工作是非常精致和细致的。再有就是他对宋塔的断代，不是仅仅从文献出发，文献上可能推到唐代，他回来和与它相近的宋墓进行对比，断定大概是同时期的。

由此，延伸说一点，我们今天在这里学习前辈，尤为珍贵的就是从营造学社开始建立了一个非常好的工作方法和基础，就是断代。我们知道，在营造学社之前，我们对我国延续几千年的建筑到底是什么样的状态，认识不是很成系统的。《中国营造学社汇刊》我看了十多遍了，我觉得它是有体系的，从法式出发，然后上推下延，第一、第二卷重点是研究法式，第三卷对中国木构建立了一个标尺，就是各个时期特征的标尺，我觉得这个工作非常重要。由此延伸一下，前段时间一直在讨论梁先生写的《我们所知道的唐代佛寺和宫殿》，如果我们很好地读过汇刊的话，一定知道梁先生写这篇文章是在整个体系里边必须有一个对唐代断代的说法，而不是作为个人的一篇文章，第三卷就是建立这样一个谱系，第四卷是石构和砖构，第五、六卷是类型，第七卷因为抗战增加了很多民居的东西。这套书所建立的基石，无论怎么评价都不为过。我今天特别说到这点，因为莫先生对学社汇刊有很大的贡献。

第三，从我个人来讲，有三段和清华前辈交往和学习的经历，也在此表示感谢。第一段，我念书的时候，汪坦先生到东南大学去讲座，当时可以称为万人空巷，他讲的东西很新，讲格式塔，讲心理学，讲当时西方现代的东西，我们阶梯教室很大，每次都爆满。第二段，我工作以后协助潘谷西先生做多卷集《中国建筑史》，每年都开例会，都是和清华的老师在一起学习和交流，有郭黛姮老师、傅熹年先生、孙大章先生、刘叙杰和潘老师，给我提供了很好的学习机会。第三段，左川老师在1999年的时候让我到清华教学过半年，有更多机会和清华的师长和学生有更多的交流。无论今天开会的时机，还是学术的传承和我个人的情怀，都对这次会议致以特别的感谢，谢谢！

常青（中国科学院院士、同济大学建筑学院教授）：我把一个已经定的讲座取消了来参加这么一个学术盛会，因为看到了那么多我敬仰的老先生、学科的前辈、专业上的同人，自己觉得来的值、应该来、必须来。我是晚辈，我不像陈老师，和清华还有一些交集，我很少参加清华的活动，无缘和莫宗江先生相见。其实我读研的时候可能有机会，我到汪坦老师家里去聆听他的教诲，对于莫老师，我就失去了这个机会。但是，我这次来了就有个体会，看了展览，特别是听了上午几位莫先生传人的发言，我觉得那个气息还在，莫老师留给我们的学术气息、气氛都在，我到这里参加这个活动，恍如隔世，觉得是我们的前辈、先生的精神在这里，清华很好地把莫老师留给后人的东西变成了一份遗产，这也是我们建筑遗产的一部分。

图21 常青院士发言

我在想，刚才我听贾珺老师提到关于工匠精神的事，现在整个国家都在提工匠精神，为什么？因为工匠精神首先就是敬业专攻的精神，那种奇思妙想的智慧，工匠的智慧，还有那种精益求精的精神，正是当今的中国丢掉了的那种民族的精神，所以要提工匠精神。那三点在很多领域包括建筑领域相当程度上已经丢失了，现在要找回来。我们的莫老师就是这方面的典范。我想，向莫宗江先生学什么呢？虽然他留给我们的是遗产，但是，我们要传承这个精神，我们这代人要传承下来。我们在同济大学也要用一些行动来完成这件事情，就是要传承。所以，我们办了一个杂志，叫《建筑遗产》杂志，我本人兼记者、编辑，我很想把这个纪念会的内容在《建筑遗产》杂志上报道出来。同时，莫先生的公子在这里，能不能把莫老师的一些墨宝或遗作、手稿在我们的《建筑遗产》上发表出来，这是我的一个愿望。代表同济大学这个学科、这个专业，也代表我们学院的全体老师再次表达我们的敬意，对我们的前辈、对我们古建筑研究标杆式人物的敬意。

张十庆（东南大学建筑学院教授）：作为南方的学校，我们对清华、对莫先生的了解都是非常非常间接的。这次来的路上我跟刘叙杰老师同车，一路上刘老师跟我说了不少，我又看了很多微信，包括钟晓青先生、王贵祥先生的微信，通过这些了解了很多。其实我们以前对莫宗江先生了解得不多。我记得我在读硕士的时候，我们看到的史料、文献相当少，但是，莫宗江先生的文图都是我们当时必看的，而且是非常非常钦佩的，尤其是他画画的功底，现在学生手上有电脑，而当时非常讲究手绘，莫先生是我们的榜样。

我是郭湖生老师的学生，郭先生也给我们讲过莫先生的事情，尤其非常强调刚才常青先生说的工匠精神、精湛的技术。今天的会议让我了解和学习了很多，非常感谢。我记得前几年我在金华搞测绘，看了金华有一个法门寺经幢，回来以后给钟晓青先生传了照片，钟先生马上告诉我说：“这是当时莫先生带我参观考察过的。”一张照片能够让钟晓青回忆起当时莫先生带他考察的场景，让我们很感动。我记得我读莫先生的文章，有一个场景我非常感慨，那张照片是陈明达先生和莫先生关于营造法式的讨论，莫先生给陈先生提意见，两位先生的那张照片、两位先生的交流，我当时看了以后非常感慨、非常向往。他们两个人之间学术上的谦让、论文署名的谦让，看了以后，觉得老一辈那种情怀、那种精神非常让我们受教。今天我能参加这个会，作为东南大学一名教师，作为建筑史研究的后辈，非常非常谢谢莫先生！

图22 张十庆教授发言

吴葱（天津大学建筑学院教授）：我是天津大学的吴葱。其实我们作为后辈，离莫先生很远，他是一个坐标式人物，我们能够深切地感受到，而且今天来开会，上午看了展览，感觉到莫先生的音容笑貌越来越清晰了，以前的确接触非常少。翻开梁先生、莫先生那些画，觉得很能鼓舞自己，很多画稿就是莫先生的手稿，我看到还是非常激动的。我最近在研究一些中国古籍，看到了中国常见的一句话，可能现在大家不太熟悉了，叫“地以人盛”，实际上说的是人物。在西方，对应的概念是所谓的纪念物之类的东西，它是讲建筑本身要高大上。中国传统观念其实并不在于这些，而在于背后的人，它的纪念性

图23 吴葱教授发言

体现在人上。这其实包括很多哲学观念，社会存在就是人的存在，历史就是人的历史。我们要研究建筑史上有建树的学者，在一起纪念这个在学科历史上具有坐标意义的人物，这是非常重要的：一方面激励我们更努力、更勤奋地研究；另外，作为老师，也要把这些东西传承给更多的学生，让建筑历史更加发扬光大。

刘叙杰：2014年12月，我有幸跟着很多人一起到昆明去重新走了一下营造学社当时的一些前辈所走过的路，当时麦地村、兴国庵是营造学社在昆明乡下的驻地，我自己也在那住了一年多。所以，很熟悉。还有一个地方，是梁先生住过的，后来他就搬到了棕皮营村，距麦地村有二三里路，他自己盖了一个房子，比较简易的，竹木搭的，还有李济等好多清华的学者都住在那个村子里。到了星期六总会跑到他们住的地方那儿去，我虽然不太熟悉，差不多每个星期都去。

昆明的生活对我来说是意义非常重大的，当然，这里面有农村的生活，更重要的是接触了梁先生、林先生、莫先生、陈先生、刘致平先生，过去跟梁伯伯、梁伯母早就有接触，但是，住在他们曾经住过的地方的时候还是很少的，所以，我对那个地方非常怀念。大概在20世纪90年代，当时日本学者田中淡到我们学校来进修，郭湖生老师做他的导师，后来郭湖生老师生病了，委托我带他。后来要到外面去考察，当时选的地点是云南昆明、西双版纳和四川成都，我们第一站就从上海飞到昆明，到昆明参观了一些古建筑。可能他也没想到营造学社，他就没有看营造学社的故址，但是我非看不可。有一个周日大家休息的时候，我一个人坐公共汽车跑到麦地村，当时麦地村、兴国庵的故址基本还存在。但是，我到棕皮营去的时候，李济先生当时也造了一个简易房子，那个房子没了。再跑到梁先生那个地方去，已经是一片白地，原来外面有一个围墙，没了，房子一点也没了，我很失望。然后我再往前走，就到瓦窑村，刘致平先生住过的地方，我们最早也在那住过，房子基本还在，还拍了一些照片。对我来说，印象相当深刻。

2014年，我们又去拜访营造学社的旧址，我们一看，大吃一惊，和我们今天展览会上的照片完全不一样。营造学社绘图室原来叫娘娘殿，我记得很清楚，原来里面只有送子娘娘，旁边有没有其他佛像，可能有一两个侍女。当时营造学社在的时候，是用很大一块布把它遮起来。另外，放了一些绘图桌。原来的那些隔扇、门窗都保存着，因为当时营造学社经济条件也不是挺好，也用不着装修，所以，基本上还是保持原状。可是，这次我们去了以后，送子娘娘早没了，放了三尊大佛，而且金碧辉煌，两旁很多佛像，前边的隔扇都改了，里面的梁架金碧辉煌，一点也没有营造学社原来工作地点的气氛，可是外面还挂着牌子，说是中国营造学社的工作旧址。如果不知道的话，还不知道到哪去找这个旧址，原来梁先生和林先生住的三间房子已经改成小楼，对面走廊里装上合金钢玻璃窗，完全变了。所以，我觉得很失望。

但是，我更失望的是什么呢？后来我们再到棕皮营，他们说梁先生、林先生的故址在，我说我上次来看没有，他们说在。我们就去看了，外面一个围墙，砖砌的，砌得非常好，上面果然有一个牌子，梁思成、林徽因先生的故居。我说："不对呀，以前的情况不是这样的 。"当然，门是锁着的，我们进不去，我们在外面看看，看到里边有两排砖砌的房子，非常整齐，而且位置也不对，我住过那个房子是在中间的，现在偏向一边，而且还是两排砌的砖房，砌得非常整齐，盖瓦的。我就跟工作人员说："不对，这个完全是造假，我说最早的时候不是这样的，我90年代来的时候是一片平地，现在又变成梁先生和林先生的故居，我说造假太厉害了，你们要考虑考虑、要处理处理。"他们当时也不好说什么。

这个事情说明什么呢？现在我们文物保护中造假的事情相当多，而且这种事情对我们来说格外重要，因为造到我们身上来了，简直是太叫人气愤了。关于这点，我本来很想找到梁再冰，再仔细问问当时房子到底什么样，因为她比我记得清楚，可是她今天没来。我今年也没时间拜访她了，请王老师你们几位尽快拜访一下梁再冰女士，问问她到底情况怎么样，如果有当时的照片的话，那就最好了，要对那边提个意见，不能作出太出格的事情，因为梁先生、林先生和中国营造学社的成员们都是非常有名的，如果连这个都造假的话，那还得了。

图24 杨焕成先生发言

杨焕成（原河南省文物研究所所长）：高校的诸位先生发言都很好，我作为文物系统与会的一员，我也发个言。很有幸受邀参加此次学术研讨会和莫先生诞辰百年纪念会。莫老是中国营造学社成员，是梁先生的助手，对中国古代建筑史学术研究作出了重要贡献。他作为研究古建筑方面的专家，参与了文物系统的考古发掘，撰写的关于王建墓的稿子有精辟的学术见解，对中国颐和园等等进行了深入的研究，取得了丰硕的成果。莫先生和陈明达先生在抗日战争前师从梁思成先生和刘敦桢先生，1933—1939年间至少到河南做过三次调查，涉及24个县市，至少80多处古建筑群体，至少300多项不可移动的古建筑和石刻文物（不包括杨廷宝先生调查开封铁塔）。这些文物经历了抗日战争、解放战争和"文革"，现在一部分遭到严重破坏，有的被夷为平地，非常可惜。

古代建筑和石刻文物遭到破坏以后，我们也做了调查，营造学社前辈在河南调查的文物已经被破坏得差不多了，碑刻文物也损毁严重。当时梁先生、刘先生、莫先生、陈先生也调查过可移动文物，可移动文物更容易受到破坏，大部分下落不明，很可能已经遭到了破坏，造成了无法挽回的损失。但是，非常有幸的是学社前辈在《中国营造学社汇刊》第六卷第四期上发表了河南古建筑调查报告，保留了河南一部分古建筑和石刻等不可移动文物的珍贵资料和前辈研究的成果，使我们受益终身。

非常遗憾的是由于种种原因，特别是学社迁址，损失了一部分档案资料，以致学社前辈当年调查的古建石刻文物的一些珍贵资料和研究成果至今未能全部公开发表。我将针对河南的情况给大家介绍一下，如学社前辈在有关河南古建筑石刻的调查报告（我念的是《中国营造学社汇刊》七期里的原文）："河南调查的内容比较复杂，非本刊篇幅所能容纳的，将来专刊得做详细叙述。"在《河南北部古建筑调查》的序言中说过将分"上中下三篇"，实际上公开发表了上篇，而中篇、下篇现在还没有发。《河南古建筑调查报告》里说"将来详细叙述部分，还有另行发表部分"至今都没有发表。不可否认，学社当年的档案资料一部分已经丧失了，有一部分分散在有关单位。趁这次会议，我有个建议（也是个呼吁）：清华大学建筑学院和中国文化遗产研究院都保存了学社抗战前的资料和先辈研究的成果，建议清华大学建筑学院和中国文化遗产研究院等单位能够把这些营造学社调查河南古建石刻等不可移动文物的弥足珍贵的资料和研究成果整理出版。我也反复考虑了，这项工作既是抢救文化遗产，按照习近平总书记最近关于文物工作的指示，也将使沉睡在档案资料室里的这部分资料活起来。这些工作的开展，对学社和前辈们也是很好的纪念。这项工作说起来容易，真正做起来非常非常难，我建议能否做一个长短期的规划，经过三年、五年、十年、十五年几个阶段，将这项非常有意义的学术工程承担起来、进行下去。我希望将来在纪念学社成立90周年的时候，这项工作能够初见成效。参加这次会议，收获很大，学到了知识，开阔了眼界，特别是莫老勤奋执着的敬业精神、科学严谨的治学态度、为人做事的优良品质，是我永远学习的榜样。

晋宏逵（原故宫博物院副院长）：我特别愿意参加这种会，因为什么呢？第一，上次纪念营造学社80周年的会，我就感觉这种会对我的灵魂、对我自己是一个升华。因为平时杂事太多了，尤其搞业务工作的时候，遇到了很多困难，有的时候感觉自己已经退休了，干这干什么呢？有时候觉得没有必要也没有意义了。但是，开了这种会以后，往往对我自己是一个督促，这是我特别愿意参加这种会的主要原因。第二，听老师们的讲话，我记得上次一个会议上刘叙杰老师讲老前辈们的事情，包括刘先生自己怎么奋斗的故事，听了这些故事以后，我感觉对我是非常非常大的促进。刚才贾珺教授说的情况，就是你们的家国情怀实际上正在通过这种方式向我们传承，我们作为晚辈，应该把前辈们所拥有的所创造的所发挥最大光芒的这些思想精神在我们的身上发挥出来，而且希望能够传给下一代。这确实是我们的社会责任，对清华大学建筑学院主持和主办这样的会议，我是充满感激之情的。

图25 晋宏逵先生发言

另外，老师们都在，我自己想了几句话，不知道对不对，我自己搞文物保护，把文物保护的历史大概分成三个阶段：第一个阶段，应该从1930年算起，当时的中华民国政府颁布了《古物保存法》，虽然没有明确建筑属于古物的一部分，但是，提到了考古学、生物学，然后说与这些学术有关的其他一切古物都在保存范围之内。当时中国没有建筑学，所以，不排除建筑学是包括在这里边的。另外，《古物保存法》的实施细则里也提到了凡文物古籍必须永久保护。那么，这里边显然包括古建筑的。所以，我把这一阶段作为中国文物建筑保护事业的初始阶段。显然，在初始阶段，起到了创业和引领作用的就是中国营造学社。对于中国营造学社当时的成就，我想从现在留下来的营造学社的七卷汇刊里能够很清楚地看到初始阶段的轨迹：第一，梁先生明确提出古建筑是需要保护的；第二，他很清楚地描述了古建筑的价值，其中之一是感情价值，对于后人、对于中华民族的教化作用；第三，梁先生明确地把古建筑修缮和过去传统工匠对古建筑的重修区分开来；第四，梁先生他们已经提出了文物保护的基本原则，首先是外观上不能改变文物的外貌、外观，要求保护结构的完整，刘敦桢先生讲话中曾经提到文物保护以不改变原状为第一要义，和后来《文物保护法》的阐述在语言上都是一致的。初始阶段，应该说营造学社为后来的文物保护工作打下了良好的基础。

第二个阶段，我想应该从20世纪50年代开始。1950年2月，中华人民共和国政府颁布了《关于古物图书禁止出口管理办法》，明确了几个概念，第一，文物概念；第二，古建筑属于文物这个概念。由此开始了中国文物建筑保护的开端。我想这个阶段是中国文物建筑保护成为序列的一个阶段。这个阶段在初期仍旧延续了营造学社的学术道路，一直到1982年《文物保护法》颁布，仍旧是以不改变文物原状为基本原则，从语言表达到实质内容实际上是营造学社所说的"以不改变原状为第一要义"这样一个表述的延续。

最后一个阶段，从1985年开始到现在，中国参加了国际现代文化遗产保护运动。

我分这样三个阶段，发现中国营造学社为中国的文物遗产保护事业奠定了良好的基础，进行了非常丰富的学术积累，应该说起到了一种指明方向的作用。以上是我想说的观点。谢谢大家！

付清远（中国文化遗产研究院原总工程师）：首先感谢大会邀请我来参加，实际上这是我学习的机会，今天这么多前辈都在场，莫宗江先生的纪念活动，实际上给我们一个很大的启迪，就是我们怎样才能继承莫先生在文物保护方面给我们提供的这么多精辟的东西。

这次纪念会是中国古代建筑史学术讨论会，更重要的是这次是从文物保护角度讲的。刚才晋院长也提了，从文物保护角度讲莫先生给我们留下了什么，其实最大的一点是莫先生甘当助手、精益求精的工作精神。从文物保护角度讲，特别是我们搞设计的，中国文物学会传统建筑园林委员会下边有很大一批设计和施工队伍，从这些年来看，包括评审设计方案和规划，特别是评审设计规划时候，我们的图纸要和莫先生的图纸比，那就没法比。我们回去之后，从学会角度讲，要把这次会议的精神带给我们下属的各个单位，特别是带给搞设计的队伍，让设计人员能够真正理解和学习莫先生的工作精神。从莫先生的图来看，现在没有人能达到莫先生的水平。现在虽然都是计算机画图了，但是，从线型上看，一张图纸一个线型，最多两个线型，所以图纸黑乎乎一片，根本没有精神。从我们学会角度讲，我们将通过我们的宣传、通过我们的会刊，把这次会议的精神传播下去。

图26 付清远先生发言

图27 沈阳先生发言

我刚才跟李沉讲，王贵祥也是我们学会的副会长，学会下一期的刊物将把这次会议的内容安排一个很大的篇幅。我们将委托贵祥老师尽量把会议的成果放到我们的刊物上。

特别感谢这次贵祥老师对我们的邀请，我也代表中国文物学会传统建筑园林委员会对大会对我们学会的支持表示感谢！谢谢！

沈阳（中国文化遗产研究院副总工程师）：我本来是带着听课的心态来的，没想发言。谈到莫先生，我们可能比后边的那些年轻学生要幸运一些，我们与他有很长时间的接触，虽然不如王贵祥先生他们那样能够直接得到莫先生的教诲、带领。我们1978年入学的时候，莫先生基本不给本科生讲课了。但是，也有过两次印象比较深刻的接触，一次是我们78级八字班在最后一年搞了一个古建筑保护专门画课程，在专门画课程中，莫先生曾经有一次亲自带着我们去独乐寺，给我们讲解独乐寺建筑的特点，讲得很细。当然，那个时候主要是学习，悟性太差，学得不好，讲的很多专业上的东西印象不深，但是，对一个小插曲印象很深。当时大概二十几个人，我们本科生十个人，还有社会上十几个同志一起，二十多个人围着莫先生，莫先生非常热情，很专注地在给我们介绍。同去的当时有莫公子，那时候他还很小，我们注意听，莫先生也在专注地讲，把小莫公子给丢了。等我们全下来准备走了，突然观音阁上面有小孩哭——把莫公子锁在楼上了。这是我印象比较深的一件事。当然，在现场还得到了莫先生很多教诲，如何认识古建筑，如何调查等等，莫先生给了我们很多教诲。

第二，我从大四开始和几个同学在课余时间开始做梁思成研究，大概不到两年的时间里，采访了很多老先生，当然，涉及梁先生的时候，重点肯定是莫先生。几次找莫先生聊，基本每次都是到宿舍，一个没课的下午，在宿舍里，他一讲就给我们讲半天。一个很深刻的印象就是莫先生一旦谈到营造学社，谈到梁思成、林徽因，真的是眉飞色舞，非常兴奋，从心底有一种崇敬的心情来谈论他们的经历。刚才很多先生都在谈莫先生默默无闻地做梁思成先生的助手，其实他真的是把梁思成、林徽因当成神来对待，他可以心甘情愿地无私地奉献自己的一切。

当然，在工作过程中，他对我的影响也很大。了解营造学社，了解梁思成，包括认识莫先生的能力以后，他的精神对我产生了很大的感染。所以，我毕业以后就直接工作，到目前为止工作了33年，虽然在后来的工作中因为形势变化或工作环境的变化、条件的变化，做的工作已经远远不如营造学社时代了，本来功夫就不深，结果后头又逐步地丢，实在是愧对先生。

但是，总体上来讲，营造学社的精神，莫宗江先生他们对事业的态度，其实一直在激励着我们，而且在后来的工作中，营造学社的影响其实还是会不断出现。比如，我们承担应县木塔项目，后来和晋院长一起编辑20世纪40年代北京中轴线测绘图的时候，都没有办法回避，必然要去回顾营造学社，要回顾当时梁思成、林徽因、莫宗江先生他们那一代人所做的工作，从中体会当时的影响力和对后来的影响。

如果说参加这次会议有什么收获或者重大影响，就是一种精神的传承。实际上我们现在的技术条件也好，工作条件也好，比那个时候有了飞跃的变化，特别是现在的测绘能力都很高了，但是，技术手段高了，对古建筑的认识未必就能够提高，有很多东西还需要自己亲自体会。我做应县木塔保护项目时，一个先生亲口跟我说“想要把木塔保护好，必须对应县木塔上每一个构件都要熟悉，否则的话做不好这个工作”，这其实都是营造学社和莫宗江先生他们精神的传承，应该继续传承下去，对于年轻的学弟、学妹们更是如此。

刘临安（北京建筑大学教授）：关于莫先生，今天听了各位师长们、前辈们所讲的，很受感动。我刚才在下面回忆了一下，我最早了解莫先生以及他的一些事迹，是从我的硕士导师林宣先生那儿听到的。因为只有两个研究生，老先生年纪比较大（带我们的时候已经72岁），我们经常在他家里上课，他经常拿一些史料性的东西（包括梁思成送给他的东西）给我们看，从那个时候我们就开始听到莫先生的名字。

通过今天的会议，我深受启发或者深受感动的是两点：第一，甘为绿叶，兢兢业业。15岁基本还是少年的莫先生在营造学社跟着梁先生，一步步地学习，最后成为大家。到清华大学之后还是这样，给梁先生做助手，很多成果我们已经看到了，也是出自于莫先生之手。对建筑师来讲，我们受的教育是要出人头地，我的方案要比你好，我的房子在你旁边，要能够比你的更吸引眼球，受的教育不太一样，这是我今天得到的一个感受。

第二，止于至善。从我们来讲，至善既是一个目标，更重要的是一个境界。定了一个目标，达到目标，就不是至善。如果有了止于至善，作为一种境界的话，可能目标可以无限提高，事情可以做得无限好，达到一种极致状态。建筑师也好，教师也好，我们要有境界，要有这种思想，这样培养出来的学生将来才可能青出于蓝胜于蓝。

徐怡涛（详后）

殷力欣（《中国建筑文化遗产》副总编辑）：在座的各位来宾中，除了年纪在70岁以上的长者和莫涛兄以外，可能我是与莫宗江先生相识最久的人了。我从1972年起，因每年都在我的舅父陈明达先生家中度寒暑假，几乎每个星期天都能见到莫先生，我与哥哥称他为莫叔叔。那时，陈明达先生住在人民大会堂西侧的高碑胡同，莫叔叔每个星期都骑着那辆墨绿色的永久牌自行车从清华校园赶来，与陈明达先生讨论他们从事毕生的中国古代建筑事业。这个每周长距离（约往返30公里）单车会友的习惯，莫先生坚持了数十年。

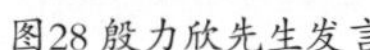
图28 殷力欣先生发言

那时，我年仅十岁，常常是一边与哥哥下围棋，一边看《西游记》，有意无意地旁听莫叔叔与舅父的谈话。听不大懂，但潜意识中感知到古代建筑是一门有趣而深奥的学问，于是对莫叔叔心怀敬意。如果比较莫叔叔与舅父有什么不同，那就是他更平易近人，时常在别人不经意的小事中给予你不小的教益。比如我看《西游记》，对自己小学三年级就能看繁体字版的原著多少有些自鸣得意，而大教授莫叔叔却突然说“文革”前的《西游记》动画片也很好——可以抛开剧情，当作美术作品欣赏。我日后选择中国雕塑史为学业，回想起来，莫叔叔对我的潜移默化之功起了关键作用。前几天，我重读莫宗江先生与陈明达先生合撰的《巩县石窟寺的雕刻风格及技巧》，仍能感受到那种由敏锐的观察、细腻的品藻与严谨的逻辑演绎所组成的独特的审美体验。莫宗江先生不仅仅是建筑历史学家、建筑教育家、工艺美术大师，还是一位出色的美术史论学者。

今天，我们在这里纪念莫宗江先生，我觉得应以此为契机，将中国建筑史学史的工作引向深入。回顾以往我们对中国营造学社史的研究，有许多成果，但也存在着一些粗疏和失误。例如，林洙先生编辑整理的《未完成的测绘图》《中国古建筑图典》二书，当然对我们初步认识营造学社史是基础读物，但二书均没有做更深入的辨析，仅以“梁思成等著”笼统冠名，令人无从了解除梁思成之外的学社成员刘敦桢、刘致平、陈明达、莫宗江、赵正之、卢绳、罗哲文等各自的治学特色。为弥补这个遗憾，我本人将在近期尝试一下对莫宗江先生测绘图稿的辨析工作，希望得到业内人士的支持和指教。

还有一点我个人的看法想与大家交流。刚才有几位先生不约而同地赞美莫宗江先生“不计名利，甘当衬托梁思成先生的绿叶”，对此，我的认识稍有不同。我心目中的莫宗江先生确实“不计名利得失”，但却说不上是“甘愿作衬托红花的绿叶”，因为在他心目中，梁先生的工作与自己的工作都是为了探寻中国古代文明奥义，他们都是探索者和殉道者，从根本上说就不存在“名利得失”。莫宗江先生在探索过程中所获取的发现的成就感，岂是区区名利所能描述的呢?

图29 丁垚副教授发言

丁垚（天津大学建筑学院副教授）：谢谢清华大学的邀请。作为天津大学的一名建筑史教师，很荣幸能够参加莫先生的百年纪念。王其亨老师也特别嘱托我转达他对莫先生的怀念和敬意。王老师曾跟随陈明达先生学习，对莫先生也十分敬重，时常对我们谈起陈先生、莫先生的故事。刚才听了很多前辈的发言，十分感动。莫先生的著作、图纸，我因为做辽代建筑的研究，所以经常会读。莫先生曾经跟随梁先生攀爬过的古建筑，我也一次次地爬过，莫先生画的图、思考的问题，我也一次次再去思考。梁先生《图像中国建筑史》里选用的应县木塔的一幅照片，就是莫先生在木塔副阶的屋盖上、上檐大斗拱之下，这是梁先生拍的。王军老师曾在20年前采访莫先生时听他讲过，当时他正在檐下测量，梁先生在屋顶靠外的位置拍照，跟他说“别动”，他朝梁先生这边一看，梁先生就拍下了这张照片。当时他才十七八岁，画出来的图，那么漂亮。我刚好从大约十年前开始有机会到木塔现场做工作，当时是沈阳先生带着文研所的团队做木塔屋面维修的设计。莫先生测量时拍照的这个位置，在木塔工作过的人，特别是张之平、王贵祥老师，应该都有印象，是要从一层斗拱的拱眼壁有个洞口爬出来，然后顺时针转一点儿就是。虽然是正在测量的工作中，看照片莫先生笑得从容不迫，刚才莫涛先生讲起莫先生晚年在病榻上的状态，让我一下想起这张照片，非常像。可能人的有些品质，在很小的时候就有了，一直到年纪大的时候也未变。

作为天津大学古建筑测绘实习和中国建筑史的教师，我每年都会给学生讲起莫先生，给同学们看莫先生的图，希望他们从中获益，就像我自己还在从中获益一样。莫先生生前发表的最后一篇文章，也是关于辽代建筑，20世纪最晚发现的一座，涞源阁院寺文殊殿。莫先生那时候已经60多岁了，同去的老师曾回忆道，他仍身手矫健地攀到斗拱之间。这座建筑的小木作门窗非常有特点，莫先生敏锐地发现它与40多年前曾与陈明达先生一起跟随刘敦桢先生调查测绘过的易县开元寺几座辽代小殿很像，而且，莫先生还注意到这殿正面的门窗是在大木构架变形之后填充进去的，这是很细致的观察，也对两者年代的差别有重要的提示。还是在这篇文章中，莫先生描述两山面下的梁架由木构层垒之密实，如同“木墙”。我虽早已拜读学习过莫先生的这篇文章，但这一细节却是在自己2008年写完奉国寺大殿的调查简报之后才注意到的，起因是我写奉国寺大殿的层叠的梁栿时也有同样的感觉，于是也用“木墙”来形容。此后又看到莫先生这样写，心中有穿梭时空而遇知音的激动，不可言表。

图30 郑光中教授发言

郑光中（清华大学建筑学院教授）：首先，我不是学建筑史的，这个会也没邀请我，我今天本来有一个别的会，我孩子告诉我系里要举办莫宗江先生百年纪念会，我就从那边跑到这边来了。莫先生的纪念会很重要，很有意义。莫先生教过我们，这里有一个小故事可以和大家分享。我记得是1958年的时候，当时北京汽车厂正在研发我国第一台小汽车，请莫先生去做模型，一个人可能忙不过来，他就叫了我和另一个同学当他助手。我记得从清华去东郊汽车厂的时候，是汽车厂派车来接我们的，那天正好赶上北京市灭麻雀（除四害）。当时我印象很深，屋顶上、地上，大家拿着破铜烂铁在那敲，那时候是要把麻雀累死。也确实看到一些麻雀受不了掉下来了。那个时候我都不知道汽车怎么做，我们到汽车厂以后，他们已经做了一个焦粒模型，1：1的。莫先生到那以后，左看右看。我说这个例子是什么意思？莫先生不仅是建筑史家，他还是工艺美术大家，他对于造型、对于线条的本事可能是向梁先生学的，因为梁先生当年跟我们说“明式家具，你们不能光是用眼睛看，一定要用手去摸明式家具，因为明式家具很多曲线有很细微的变化”，莫先生继承了梁先生这个传统。

好多年前，有一个单位要采访莫先生，访问他是怎么自学成才的。好像莫先生没接受这个采访。现在想起来，我觉得也不能说莫先生完全是自学成才的，莫先生是在梁思成先生和林徽因先生手把手的教导下学出来的，师傅带徒弟那样带出来的，有很深厚的功底。莫先生的成就不仅是一个建筑史家，从现在的观点来看，他还是一个攀岩的运动家。我们看看那些测绘图，应该能透过测绘图看出当年测绘的艰辛。现在我们最多赞叹一下图纸画得好、线条好等等，其实当年是很艰苦的。现在想象一下，1937年梁先生、林徽因先生、莫先生他们发现唐代建筑大殿的时候，他们就住殿的檐下，各种蜘蛛网满布，各种虫子爬来爬去。莫先生在那样的条件下搞测绘，还真可说是攀岩健将了。

我不是研究建筑史的，但是我很关心建筑史，想对建筑史方面提两个建议，供建筑史专家们参考。

第一个建议。今天早上我跟楼庆西先生一起拍博物馆的展品，对我来说，不是第一次看到这些展品，看了很多次了。展品上没有标出图是谁画的。我们现在歌颂莫先生不计名、不计利，一辈子任劳任怨，隐姓埋名，这是一个好的品德，我们应该歌颂，应该向他学习。但是，反过来说，我们不应该剥夺了莫先生的知识产权。营造学社那些图，画了这么多，这么艰辛，这么不容易，趁我们这些老人还没去世的时候赶快抢救，能够回忆的尽量回忆，哪怕不准确。我认为把不准确的意见写上，也总比全去世以后，后人想考据都没法考要好。我认为这个工作很有意义，应该做，而且在博物馆展出的时候做。有一点我是今天才知道，楼老师跟我说有些图纸是“我和徐伯安画的”。徐先生的公子今天也在场，我跟徐先生的感情也很深的，今天讲的事情充满感情。我希望建筑史能够实事求是，楼庆西先生讲有些是20世纪60年代清华大学建筑史教研组画的，其实营造学社在1945年就已经停止了，梁先生创办清华大学建筑学院，到今年都70周年了，以后的工作有一部分是清华大学建筑学院做的，不要把清华大学建筑学院的工作也混在营造学社里。另外，营造学社不等于梁思成先生一个人。我们知道，东南大学（南京工学院）的刘敦桢先生在营造学社时也对建筑史作出非常巨大的贡献。也不仅是刘敦桢先生，还有很多老先生，如刘致平先生等，我们当年当学生，都教过我们，我们也都拜访过。我觉得这个工作是很重要的工作，这是一个建议。我今天特别跟楼先生说“我想了一下，现在就剩你还没死了，陈志华老师已经做不了这个工作了”，后来楼先生说“我现在还不能自告奋勇出来做这个工作”。见到我们的院长，我就提了这个建议，我说建议清华建筑学院把这个作为一个任务，弄一些经费，搞一个班子，请这些哪怕不是清华的专家来把过去历史档案图纸鉴定一下，这是我的建议。

第二个建议。我觉得我们现在的建筑测绘技术有了飞跃的发展，不像当年梁先生、莫先生他们那样拿着竹竿顶着皮尺量了。但形势很紧迫，包括对乡土建筑的调查也很紧迫。调查一个村庄，还没有来得及把图画完、把书出出来，这个村庄就被拆毁了。我也应邀去看过很多村庄，跟当地政府也讨论过。但是，我现在觉得我们应该重新用新的技术来测绘一下我们中国古建筑。我也做过敦煌的规划，最近看中央台的新闻，在敦煌莫高窟，现在每一个窟都可以用三维测绘手段测绘，如果用新的手段测绘，肯定能够更好地矫正当年梁先生他们手工测绘的建筑，肯定是有误差的。而且我觉得应该用电子手段、三维手段等，做成一套可以供国内外研究的资料，我觉得这个工作也是有重要意义的。

图31 王军先生发言

王军（新华社高级记者）：我在90年代时对莫先生有一次采访，那是我终生难忘的一次采访。那是1995年七夕那一天，我采访他的时候，心态非常复杂。1995年7月份我个人遇到了一点小麻烦，因为我刚参加工作，在新华社，刚报道了北京总体规划，总体规划刚刚被国务院批准，专门有对北京旧城进行保护的规定，包括高度的限制，要求只能盖30米，结果最后却到了七八十米一栋楼，从王府井南口到东单南口一栋楼80米，什么概念？现在是东西向切了一刀，南北向切了两刀，又降了一些。我那时候就弄这个事，遇到了一些阻力，也得到了更多人的鼓励。事后觉得北京城的事很重要，对于拆城墙、梁思成方案等，我那时候根本不知道，因此决定得赶快采访这些老人家。那时候找单士元先生，单老一见到我就说你知道营造学社吗？我说我不太清楚。他开着玩笑说：“我告诉你，营造学社那个庙供着三个佛，你知道该怎么供吗？”我说哪三个？他笑着说：“中间的如来是朱会长，一文殊——梁先生，一普贤——刘先生。”那时候我就觉得北京城的事太重要了，一定要调查个水落石出。后来找了梁从诫先生，他跟我谈过三个下午，然后我一下开窍了，我说这里边哪些人很重要？给我列了一个名单，里面有莫先生，后来我就采访莫先生了。那次非常难忘，我先给他打电话，说想了解梁先生和北京城那些事，莫先生说“你来吧”，后来快采访完的时候他还跟我说：“我看你这小孩儿还行，你能够作出点成绩来，”我这几天又听了一遍他的录音。我去那儿的时候，他首先就说你看林洙写的那本书里写了一句话， 大意是说关于北京的建设问题，从某个时段起，“梁先生就不敢说话了，很多人全忘记了”，他又说：“我现在都不敢进城，一进城，看立交桥、二环路，哪还是北京城啊，我都不敢进，现在我还想把我的老手艺水彩画拾起来。结果跑到胡同里边去，说是胡同标准保护区，什么都不是了。”他说：“我只能翻一翻喜仁龙的画册，喜仁龙不简单呀，城楼很容易拍得干巴巴的，但他拍得那么好，这是下了功夫了。”后来他又说：“考古所，你去了没有？”我一下没反应过来，我说考古所真没去。他说：“北大考古系，你去了没有？”我说：“北大考古系，我就采访过宿白先生。”他指指自己的书柜，说这是劫后余存的东西了。我印象当中大概有两架子，他说这个你得看。他说“你这个年轻人，我得教你一个自学的门径”，我想他已经把我当成一个搞建筑史的人来培养了，因为我是记者。他说“我们在营造学社的苦恼就是我们没有发掘权，我们要等他们的报告出来，我们没有发掘权”，很多建筑冒一个角出来，下面怎么回事儿？我们全搞不懂。他说“如果把1949年之前的搜齐了，得整整一大柜子”，他说这个你得看。然后又说：“营造学社，梁从诫他们跟你说了吗？”我说跟我说了。他说：“朱启钤，说了吗？”我说跟我说了，他就放心了，他说朱启钤太了不起了，开了南长街、南池子，包括前门的牌坊，包括几大公园的开放。说那会儿他一到营造学社，一进门，就看到一个大的镜框，中间是朱启钤的像，边上全是朱启钤先生那会儿做的市政改善工程，他说他是用钢笔画的。他说：

“你看，朱先生改造北京城，没有伤害它的风貌，同时也照顾了老百姓的生活。”然后又跟我讲“梁陈方案”，他说：“梁陈方案没实现真的太可惜了。”梁先生是美国联合国大厦的设计顾问之一，梁先生特别注重输送文件的通道，这里有什么文件，一按按钮，就跑到别人那儿去了。他说“中央机构在一块儿办公效率就高啊”，他还说就可以解决保密的问题，他说“现代战争，可是分秒必争，现在各个部委都在东闪着、西闪着，需要通过长安街”，他还跟我说了一句，“你看尼克松那次来的时候，我被深深堵在南口那个位置”。估计那天他是去看陈明达先生了。他说“你看，效率很低，梁先生是对的”。又讲到圆明园，他说：“我是坚决反对重建圆明园，为什么坚决反对？重建得起吗？康熙皇帝、乾隆皇帝几次下江南，最好的匠人跟着去学，是学，不是抄，至少不是硬抄，是有他们的创新，而且是依靠国家一百多年的财力，动用了1/3的国力建的，现在能造得起吗？他说你能造出一堆空房子吗？”他说：“你看大观园，各种各样的采办，这个布置什么，那个布置什么，你都布置成那个样子，能恢复成英法联军、八国联军还会抢的那个圆明园吗？”他说这个事的时候很激动，我那会儿不太能理解，莫先生讲着讲着也很激动，他说：“梁思成方案挨批了，我这个差不多也该挨批了。但是，该平反的就得平反，该纪实的就得纪实，总得把这些东西写下来，给后人一个交代。”这是莫先生语重心长跟我讲的一番话。然后他还说：“就圆明园这个事，我这闭门谢客，沙发都搬走了。”他觉得他和这个时代格格不入了，就是在家里画点水彩画，就想画北京的胡同，结果拎着画笔一进胡同，气得又回来了，说“我不愿意再进去了”——也就剩下皇城那一圈了。这是我终身难忘的一次采访，就那么一次，我觉得太遗憾了，那会儿真的是小毛孩，什么都不懂，应该多去几次，莫先生跟我谈得特别好，希望哪天能把这份录音整理好。

图32 路秉杰教授发言

路秉杰（同济大学教授）：各位老师、各位同学、各位专家、各位领导：我想从另外一个方面发言。同济和清华是兄弟院校的关系，我自己没有进过清华，但是，清华是那个时代许多青年人的最高理想。参加今天这个会，我也很感动。我不在清华受教育，没有直接接受过莫先生的教育，但是，我很幸运，我跟莫先生有过三面之交，记得他的形象。最早一次，北京十大建筑搞起来以后，引起了全国人民的羡慕，我们建筑系的学生更加羡慕，在我们强烈要求之下，同济大学凑一点钱，给高年级建筑学的同学来参观实习。我出了一个主意：“还得要访问访问清华大学的老师。”那个时候，是莫宗江先生接待我们的，介绍了颐和园，我的记忆和前面几位老师的发言不谋而合了，一般人认为莫先生是建筑老师，这时候变成园林老师了，因为同济大学的园林学是大家都有兴趣的，陈从周先生是苏州园林研究最早的发起者之一，在他的影响之下，同济大学的老师、同学都对苏州园林非常欣赏。但是，对我来说，听到王贵祥老师打电话说开纪念会的时候，毫不犹豫地说一定要去。原因是什么呢？我今年82岁了，1960年我的师傅给了我这本书，上面还有题字，是我的师傅陈从周先生亲自题的：“陈从周　1958年10月　清华赵正之赠。”我特意把这本书带过来，表示我什么想法呢？我一辈子搞测绘、带学生，靠的就是这本书，有问题就找这本书。我知道莫先生跟梁先生的业务关系，一个是理论大家、理论大师，决定整个方针计划；具体的操作，特别是绘图的操作，大多是莫先生，他是梁先生的绘图员。我拿着梁先生的书，线条的粗细、字体的安排、疏密浓淡，简直就是一幅画，有很多美的东西在里头，不是单单的一个线条、一个投影几何。我特意把这本书带到清华，让清华的老师欣赏欣赏，清华可能也有很多，但是，对我来说，1960年修松江宝塔时先生就给了我这么一本书，根据这部书去修宋塔，这就是宋《营造法式》。

我觉得画图的实质就是线条的组合，粗细、浓淡、弯曲、刚直等因素起作用。因此，我想到美术上有个“十八描”，我一翻这本书，我就感觉到这就是高古游丝描，粗的、细的、曲的……使你充满美学和艺术的感觉，构图的编排，包括数码、符号等，都使你感觉很舒畅，你如果不相信的话，那就跟刚刚晋院长讲的似的：漆黑一片，空空如也。这完全反映了美术的要求，不单单是简单的制图问题。

我觉得还可以开展一下莫先生的线条研究——新十八描——建筑制图。但是，在我指导的工程当中，对于有些年轻人，别说十八描了，我叫他线分五等他都不分——只分二等。科学技术提高了，美学的修养不一定提高，还需要学习，向老同志、老专家和前人学习。我们这些老同志也有一个责任，后人不知道是前人不说，前人不说，后人必然不知道。因此，我在这里牢骚一番。

吕舟（清华大学建筑学院教授，纪念会主持人）：感谢大家，一天的时间，从早晨9:30到16:00，大家对莫先生的工作包括一部分营造学社的工作做了回顾，特别是很多先生非常深情地回顾了当年莫先生的教诲。今天我们庆祝莫先生百年诞辰，莫先生对于中国建筑的研究、对于中国建筑史的研究将会铭刻在建筑史发展的历程中，将会永远激励我们不断去努力工作，继承他们的事业。

Time to Look Back at the Past at the Centennial of the Birth of My Teacher

—in Memory of My Respected Teacher Mr. Mo Zongjiang

先生百年诞辰日，如烟往事追忆时

——怀念恩师莫宗江先生

王贵祥*（Wang Guixiang）

摘要：本文是在对2016年9月10日在清华大学建筑学院举行的“中国古代建筑史学术研讨会暨莫宗江先生诞辰100周年纪念会”会议概况的描述及作者以此为契机，对自己和同学追随莫宗江先生进入中国建筑史学研究之门的几件小事的追忆，叙述了莫先生在教学与考察中的一些往事，以期使人们对这位前辈学者的学术功力、艺术修养、研究态度等，有一个更为深入的了解。

关键词：莫宗江先生，百年诞辰，纪念会，宋《营造法式》研究，福州华林寺大殿研究

Abstract: This article is the summary of the "Seminar of Ancient Chinese Architectural History & Centennial Commemoration of the Birth of Mr. Mo Zongjiang" held by the School of Architecture of THU on September 10, 2016. The author takes this opportunity to recall some details about how he and his classmates followed Mr. Mo to work on the research on Chinese historiography of architecture. It includes stories about Mr. Mo's teaching and investigation in order to provide insight into the predecessor's academic ability, artistic accomplishments, research attitude, etc.

Keywords: Mr. Mo Zongjiang; Centennial of the birth; Commemoration; Research on *Yingzao Fashi* (Song Dynasty); Research on the hall of Hualin Temple, Fuzhou

2016年既是梁思成先生创立清华大学建筑系70周年，也是清华大学建筑系教授莫宗江先生诞辰100周年。在参加筹备由清华大学建筑学院主办的“中国古代建筑史学术研讨会暨莫宗江先生诞辰100周年纪念会”的过程中，我们又一次沉浸在追随先生读书与生活的深深回忆中。在联系国内各院校、科研部门与文物保护单位的专家学者参加这一纪念会的过程中，可以感受到莫先生在学术圈内的口碑与影响力。令人感触特别深的是，一些著名专家甚至修改自己既定的时间安排，远道来参加这一盛会。在会议召开的这几天中，会议筹备组在微信上连续发表了有关纪念会的公告以及与中国营造学社和梁先生、莫先生有关的旧文。还发表了一些莫先生弟子们之前纪念文章的重刊稿，获得了极好的反应，微信朋友圈中纷纷转发，阅读量达到万人之多。微信中甚至有人惊叹地说，莫公的消息，这两天在微信上刷屏了。

经过了一段时间的准备，2016年9月10日，也就是在教师节这一天，我们期待已久的“中国古代建筑史学术研讨会暨莫宗江先生诞辰100周年纪念会”顺利召开了。会议比我们预期的还要成功，因为不仅许多国内知名大学的建筑历史专家都莅临大会，而且还有不少从网上或微信中获得有关会议消息的专家学者、各学校的年轻教师以及研究生、本科学生们，也都纷纷赶来参会。一时间，一个偌大的清华建筑学院多功能厅，竟被挤得水泄不通。由于座椅准备得不够充分，许多自愿前来参加会议者，都不得不在室内两侧站立着参加会议。

正式参会代表的阵容也相当强大，来自全国一些著名院校的教授、研究生，以及一些科研、设计及文物保护部门的专家、学者，会聚一堂，特别是建筑史与历史建筑保护学科的一些顶级专家，也都抽出宝贵

* 清华大学建筑学院教授、博士生导师、学科带头人

时间莅临了会议。会议由清华大学建筑学院副院长单军教授主持，院党委书记张悦老师为大会致辞。正在国外参加会议的学院院长庄惟敏教授，还专门来电表示祝贺。清华大学党委副书记邓卫教授原准备参加大会并致辞，因为学校工作的原因而临时变动，未能莅临大会，但也向学院转达了对大会的祝贺与对莫宗江先生的深深怀念。

参加大会并致辞的有两院院士吴良镛教授，工程院院士傅熹年与张锦秋两位学界大师，科学院院士常青教授。此外，建筑史学界耆宿孙大章、刘叙杰、路秉杰等老先生，兄弟院校建筑史专家吴庆洲、陈薇、张十庆、刘临安、戴俭、吴葱教授，徐怡涛、丁垚副教授等，文物界建筑史与遗产保护专家傅清远、晋宏逵、张之平、马炳坚、刘大可、沈阳、杨新等先生，新华社著名记者及建筑传媒专家王军、金磊等先生都参加了会议。这些莅临会议专家中的许多人，都在会上发表了热情洋溢的讲话。梁思成与莫宗江先生的家乡广东江门地区，也派出了相关领导与媒体，参加了会议。

曾经与莫宗江先生共同工作过的清华大学建筑学院的吴焕加、楼庆西、郭黛姮教授，原学院领导秦佑国、左川教授，以及建筑学院的老教师罗森、郑光中教授也参加了会议。参加会议的还有曾经听过莫先生授课的1955级学生，北京建筑设计院的罗健敏建筑师。此外，清华大学建筑学院建筑历史所吕舟、贾珺教授，以及历史所全体教师与研究生，都为会议的顺利召开，作出了积极充分的努力。此次大会的参会阵容之强大，参会专家与代表之热情，令我们这些会议的组织者都被深深地打动了。由此，我们也充分体验到梁思成、莫宗江先生的学术成就与人格魅力。这不禁使我们这些莫先生的弟子们在深深地怀念之余，多少还感受到一些欣慰。也正是在这样一种环境与氛围下，与先生在一起时的往事，又一次浮现在眼前。

我与先生相识是在学生时代，那还是在20世纪的70年代，那个时候的清华大学，建筑学专业与工民建、给排水、暖通、地下建筑等专业，合为一个系，称建筑工程系。因为当时正受到“文革”的干扰与影响，建筑学的课程开展有诸多的局限，比如基本的理论课，如中国建筑史、外国建筑史、外国近现代建筑史，都属于受到批判与限制的课程，因而也无法正式开设，老师在讲其他课时，会提到其中的一些相关著述，我们有兴趣，但也只能从图书馆借阅相关的教材，当作课外参考书阅读。因此，尽管我们很早就耳闻了梁思成先生的声名，也知道曾经协助梁先生从事学术研究的莫宗江先生在建筑绘图与水彩画上的功夫了得，但其实并没有机缘直接聆听先生的授课。那时候的莫先生，有如来风去鹤，偶然会看到一位瘦削但却精神矍铄的年长先生在系里匆匆一过，有的老师会悄悄告诉我们，这就是大名鼎鼎的莫宗江先生。

虽然在一些偶然的场合，曾经见过先生几次，但真正直接和先生接触，还是借一次全国建筑史学会议之前，有幸参加了一些参会准备性工作的机会。那是在仍然处于动荡中的1974年，当时忽然出现了一篇批判宋《营造法式》的文章，这是一位地方建筑研究者撰写的文章，其目的无非是顺应当时的形势，对被梁思成等“反动学术权威”所推崇的宋《营造法式》大加鞭挞。其文的基本观点，认为宋《营造法式》是儒家思想的产物，而《营造法式》的作者李诫本人就是儒家思想的忠实信徒。

这篇文章一出，立即掀起一场轩然大波。有人对这篇文字表示了赞同，但大多数对中国古代建筑史有深入研究的学者，都对这篇文章的观点持相反的意见。追随梁思成先生从事宋《营造法式》研究多年的清华大学建筑历史与理论教研室的教师们，包括莫宗江先生，还有当时在教学第一线的徐伯安、郭黛姮老师等，对这篇文字的反应最为强烈。他们纷纷对这篇文字的荒谬观点表达了异议。

宋《营造法式》是世界上现存正式出版发行最早的一部建筑学著作（尽管维特鲁威的《建筑十书》问世更早，但在12世纪初时，维特鲁威的著作，在欧洲仍然是流传坊间的手抄本，而中国的宋《营造法式》已经是皇家颁行天下的正式出版物了），宋《营造法式》不仅是对宋代及以前中国古代建筑技术与艺术的全面总结，也是中国优秀传统文化的结晶。梁思成先生正是在其父梁启超赠送给了他一部宋《营造法式》之后，才开始了他摸索中国建筑史的研究之路，并渐渐步入中国古代建筑史学的学术殿堂。

显然，无论从中国古代建筑史学严格意义上的学术定义来说，还是对以梁思成先生为代表的清华大学建筑历史学术研究团队来说，对于宋《营造法式》这一古代建筑学巨著的批判与否定，都是不可能被接受的。清华大学建筑学院的教师们，特别是建筑历史与理论教研室的教师，对于这篇文字无疑是不能够接受的。清华大学必须表明自己的态度。

究竟应该采取怎样的对策？建筑历史与理论教研室的老师们陷入了深深的困惑与无奈中。所幸的是，系里的态度还是明朗的。当时建筑工程系建筑学专业的老师们，对于梁思成先生的研究，还都是带有浓厚的崇敬心情的，也都主张对这种批判中国古代建筑文献，诋毁梁思成团队研究成果的做法，必须应该采取相应的反批判措施。然而，在那样一个岁月，任何一次与当时潮流相逆而行的做法，都是要冒极大风险的。为了将可能的风险降到最低，老师们商量的结果是，请一位学生来发言，因为，这样即使有什么批判，也会因为是学生的观点，而不至于对教师造成什么伤害。

这当然是一种既能够反驳批判者的观点，又能够对主要研究团队成员起到保护作用的做法。按照系里的这一设想，接下来的问题就是挑选一位学生。我也不知道自己是如何被纳入到这些老师们的视野中的，回想起来，我是同学中相对比较低调的人，对于当时流行的一些批判性活动不感兴趣，反而对学习本身有极大的热情。在我看来，“文革”中的“上山下乡”以及被招工做学徒，已经耽误了数年的学习时间，如果再不比平常人更多一些努力，就真的会有“莫等闲，白了少年头”的岁月蹉跎感了。因此，除了每日下午的锻炼时间以及上课时间外，我几乎都泡在清华的图书馆中。

也许是因为我的这种比较沉迷于学习的状态老师都有所耳闻，也许还有一个原因，我们当时的班主任是建筑历史与理论教研组的徐伯安老师，他既是我十分敬仰的老师，也是与学生联系比较密切的一位老师，很可能是因为徐老师的举荐，我有幸进入了当时系领导的视野中。建筑学教研室的领导找我谈了话，希望我能够协助建筑历史组的老师，完成这个棘手的任务。

也许是因为初生牛犊不怕虎，加之希望有更多的学习机会，我几乎没有怎么犹豫，就十分高兴地接受了任务。接下来的事情，就是十分幸运地与建筑历史组的老师们有了一个十分密切的接触与互动。正是在这段时间中，我有幸比较直接地接触了莫宗江先生，也进一步接触了徐伯安、郭黛姮等老师。他们有时一起，有时分别地给我讲解这部宋《营造法式》的价值与意义。莫先生还会海阔天空地给我讲宋代的社会、文化与经济。他特别提到了宋《营造法式》的产生背景，那是在王安石变法之后。而王安石变法的重要目的之一就是“理财”。宋《营造法式》的重要功能，也是要避免在建造管理上的“关防无术”。

当时的我，虽然从老师那里知道有宋《营造法式》这本历史巨著，却还没有真正读过这本据说十分难懂的书。刚一接触这本书，我就感受到了非同一般的困难，特别是对法式中的技术术语，更是望而生畏。但这几位老师的讲解，倒使我对这部历史巨著有了兴趣，同时，对中国建筑史，对宋代历史都产生了浓厚的兴趣。我硬着头皮读了宋《营造法式》的总释及大木作制度部分，朦朦胧胧地知道了这是怎样的一本书。接着，又读了一些与宋史有关的书籍，也包括当时备受推崇的所谓法家的著作沈括的《梦溪笔谈》。同时，将王安石变法前前后后的一些历史事件，诸如变法之后的元祐更化，以及宋哲宗采取的一些所谓新政，都囫囵吞枣地了解了一遍。然后，就开始了对批判宋《营造法式》文章的反批判文字的写作。

其实，以我当时的水平是很难写出真正有分量的文章来的，在很大程度上，我是当时建筑历史组老师们的代言人。文章写得很长，有历史，有分析，也引用了宋《营造法式》中的一些话，但基本的观点，是说这是一部重要的学术著作，而其产生的背景，恰恰是在王安石变法之后，国家需要通过“理财”解决“积贫积弱”之困境，从而需要一部可以控制工料的建筑规则类法式书。宋《营造法式》也就应运而生。这些基本观点，其实是在复述老师们给我灌输的有关宋《营造法式》的基本思想。

我的文章的观点中，还特别提到了元祐法式，司马光等人所推动的元祐更化，是对王安石变法的反动，因而是儒家的产物，按照这样一个简单的逻辑，李诫撰写的崇宁法式，是对王安石变法思想的一次回归，是属于法家思想的产物。现在看来，这些观点其实未必有什么科学依据，更多的是对当时“评法批儒”运动的一种附和。很难说其中有多少历史科学或建筑史学术的内涵。

但是，无论如何，这篇文章还是取得了成功。当这篇文章在当年的全国建筑史学术讨论会上，面对批判《营造法式》的文章，针锋相对地发表之后，非但没有遭到批判，反而得到了与会许多专家的肯定。虽然，大家并没有十分较真地谈及文章中的具体观点，但总体上，参加大会的各位专家与来自不同媒体的人士，对于清华学生反对将《营造法式》归在儒家思想产物的基础上而加以批判的做法，持了支持的态度。现在回想起来，这并不是因为我的文章有什么学术水准，而是莫先生等清华教师们对待中国古代建筑典籍的态度，以及对待梁思成先生研究成果的态度，获得了与会专家们及有正义感的媒体人士的认可。有趣的是，这次会议竟然引起了参会媒体与系里老师们的兴趣。当时，记得是《光明日报》的一位记者在会议间隙，走过来问我，想不想把这篇文章放在《光明日报》上发表。因为我是一个循规蹈矩的人，从来也没有经历过这样的事情，不知所措的我，当时的回答是，这是按照系里的要求写的，如果要发表，也需要征得系里领导和老师们的同意。当时的条件，也没有复印手稿之类的东西，只有一个手写的稿子。那篇稿子在会后也被系里的老师们要去，据说是有老师有兴趣读一读，不知道在哪几位老师之间传读，后来也不知道传到哪里去了。

其实，回到系里后，无论是否在《光明日报》发表，还是有无稿子存留问题，当时还懵懵懂懂的我，都没有太当一回事。因为，在当时的我看来，这不过是完成了系里交待的一项工作任务而已。而且，在报纸上发表，万一引起不必要的麻烦，岂不是弄巧成拙。然而，这篇文字的成功，只是一次巧合性的学术尝试。细想起来，那时候的专家学者们，其实对所谓“评法批儒”的运动，从内心是十分反感与抵触的，他们只是以一种曲折的方式，表达对于这一荒谬运动的抵触与反抗，这可能是当时参会的许多头脑清醒的建筑学者们共同的想法。我的那篇文字，或也只是顺应了这一基本情势而已。

无论如何，这是我第一次参加中国建筑史学的学术会议，也是我第一次与莫宗江先生等清华大学建筑历史教研组老师们较为深度的接触。也许因为这次非常偶然的接触，当时的建筑工程系建筑学教研室，或者更准确地说是建筑历史与理论教研组，开始转变教学模式，建筑史的老师们提出了一个“三结合”研究中国古代建筑史的建议，由历史组的老师，主要是莫先生、徐伯安老师和从事外国建筑史教学与研究的吴焕加老师，还有包括我在内的几位同学，组成了一个教师与学生相结合的教学与研究小组，从事中国建筑史专题教学与研究工作。这当然是借了当时所谓“开门办学”的思路，概念上是摸索建筑史教学的新路子，同时，也美其名曰是为“三结合”开展建筑史学术研究探索新路。

为了表现得像个“三结合”教学研究团队的样子，这个研究小组在位于紫竹院附近的北京一家建筑公司的工地上借用了一套临时性木板房。学生们每日吃住在那里，教师们不时地来指导。学生们被要求每日阅读建筑史文献，老师来了，大家就在一起海阔天空地讨论一些建筑史话题。同时不定期地约请一些外单位的建筑历史与文物保护专家，以及一些建筑公司有实践经验的工人，组织一些定期的研讨会。

说来真是有趣，老师们完全没有了在学校时的长者架子，大家在一起谈天谈地，东拉西扯一些与古代建筑史有关的话题。然后就是读书。除了读中国建筑史方面的书，如梁思成先生的《中国建筑史》，一册一册地读《中国营造学社汇刊》之外，还会读历史书，如当时被抬得很高的沈括的《梦溪笔谈》。最有趣的是听老师们讲故事。特别是莫先生，讲起两宋历史上的那些人和事，几乎滔滔不绝。有时候老师还会给我们讲他们看过的小说，例如一些1949年后新译的外国小说，如一些推理悬疑小说，或日本的战后小说。忽然间，我们觉得这些老师，就像一些关系十分密切的长者与朋友。

有幸的是，在这一段“三结合”的建筑史研究过程中，我们还结识了建筑历史与文物保护界的知名专家，如故宫的单士元先生，国家文物局的罗哲文先生，故宫的老工人师傅邓久安先生。十分难得的是，几位知名专家也会来到我们这个工地的简易工棚里，和大家一起讨论如何研究与写作中国古代建筑史的问题。还有北京几个建筑公司选派的工人师傅，也常常被请来参加我们的讨论。

这些专家和工人师傅们，也十分愿意参加我们的讨论会，原因很可能是，在当时的那个年代，即使在他们自己单位的环境中，也难得有一个无所顾忌地谈论专业问题的场合。在这个简易的工棚里，大家可以畅所欲言地谈一些与中国古代建筑史有关的话题，在当时是一件多么开心的事情。不过，有时讨论的问题也有点令人困扰，比如，如何在建筑史研究中体现劳动人民的创造？劳动人民的创造性是怎样在历代建筑中体现出来的？等等。这种几乎每天都要进行的讨论，有时候甚至会变成争论。当然，专家和老师们讨论的话题，作为学生，有时候也不是很理解，因而多数时间，我们只是带着两个耳朵听。但就是在聆听他们的讨论与争论中，我对中国建筑史产生了十分浓厚的兴趣。

每天除了讨论，老师们还会给每一位同学下达一些思考的课题，比如中国建筑是怎样产生的？为什么中国建筑采用了木结构？然后要求我们看些资料，写出自己的见解。讨论了一段时间，大家似乎有一点厌倦了每日的纸上谈兵，都希望到实际的古建筑环境中去考察。这在当时也是合乎理论与实践相结合的观念的。于是，几位学生提出了要去看古建筑。老师们开始向系里申请资金。接着是对北京的一些重要古建筑进行考察，除了故宫、颐和园、天坛之外，我们还去了当时还没有什么人会去的戒台寺、潭柘寺。

接着，几位同学又怂恿老师们去外地考察，因为经费问题，人数是有限制的。只有一位老师带队，“三结合”小组的同学们都可以去。其他单位的工人师傅，由各单位出资。经过一段时间的酝酿，我们终于成行了。有十来个人，带队的是建筑历史教研组的吴焕加老师。这或许因为，搞中建史的老师对那些古建筑太熟悉了，当时系里的外建史课，几乎处于停顿状态，请外建史的老师带队，或许是一件使老师和学生都会感兴趣的事情。

这次考察，与后来莫先生带我们78级研究生进行古建筑考察的路线很接近，先是坐火车到大同，参观云冈石窟，大同上、下华严寺，善化寺，接着乘长途汽车，一路到应县木塔，再乘火车到原平，转长途车进五台山台怀镇，在台怀地区待了几日，总算搭了一辆部队的卡车，去了朝思暮想的豆村佛光寺。记得当时去佛光寺的山路还正在修，都是土路，卡车在高山上盘旋，吴老师和我们都站在卡车的车斗内，还不时有车扬起的尘土扑面而来。

无论如何，到达佛光寺的感觉都是令人激动的。因为来之前刚刚读过梁思成先生考察佛光寺的文章，梁先生文字中描述的他们那一路风尘还似乎在眼前，我们坐卡车盘山而来的感觉，尽管也充满了辛苦与风险，却似乎比梁先生一行的考察之路方便多了。

因为卡车是顺路办事，当晚还要赶回来，我们返回台怀镇驻地时，天已经渐渐黑下来了，路又不好走，车有时几乎是沿着山边陡峻的峭壁走的，从卡车车厢向驾驶室偷望，还看得见司机同志一手拿着烟，一手扶方向盘，一副蛮不在乎的样子。我们几位学生紧张得有些心跳。这时，大家又提起了吴老师给大家讲过的日本小说《送遗书的人》，然后彼此打趣说，大家快些写“遗书”吧。

之后的考察，我们又去了太原晋祠、平遥镇国寺，接着坐火车到石家庄，又去了正定隆兴寺、开元寺。回到北京，我们又先后去了蓟县、承德，考察了独乐寺、避暑山庄与外八庙。在当时那个年代，这真是一次极其难得的古建筑考察。更为难得的是，由于那个特殊时代的原因，我们去的所有古建筑点上，几乎都没有游人。我们是在最为单纯安静的环境中，体验了这些国之珍宝，这些数百年、上千年的古建筑遗构。这在当时那个年代，几乎是一种令人感到奢侈的享受。

当然，这样的学习，仅仅只有几个月的短暂时光。但这毕竟是我进入建筑史之门的重要过程。回想起来，这一切都起因于半年多前的那次建筑史学术会议，也起因于莫先生引导我参加写作的那篇稿子。若不是那样一个机缘，系里未必会给建筑历史教研组一个专门的开门办学机会，请几位老师为我们这些懵懵懂懂的学生们开小灶。也就更没有后来的一系列古建筑考察。而没有这些学习与考察，那我对建筑史的了解与兴趣，至多不过是几座建筑的名称与建造地点，至多不过是一大堆书中的一两本曾经读过的书而已。是这个机缘，也是莫宗江先生、吴焕加先生、徐伯安先生，将我引进了建筑史之门。

1978年是恢复高考的第二年，同时，也是恢复研究生全国统考的第一年。已经在设计部门趴了三年图板的我，毫不犹豫地选择了报考清华大学建筑历史方向的研究生。因为这是我有可能再次回到母校，回到我曾经熟悉和景仰的各位老师，特别是莫宗江先生身边的唯一途径。经过初试、复试、面试这一系列严格而细密的考研过程，我终于如愿开始了清华建筑历史方向研究生的学习，也再一次开始了追随莫先生的求学之路。

图1 先生率领78级研究生考察云冈石窟

图2 先生率领78级研究生考察应县木塔

研究生学习阶段，才是进入建筑史学习与研究的开始。当学生的时候，主要是参加那次有关《营造法式》研究写作的过程中，虽然听过先生一些讲解，在后来的开门办学中，也听过先生和其他几位老师的侃侃而谈，但真正听先生系统的建筑史教学，还是第一次。莫先生给研究生讲中国建筑史专题课，为我们将中国建筑史上的一些人物、事件，一一拆解开来，加以剖析。比较多的时候，是讲历史，如李诫，如俞皓，如沈括，还谈到了丁谓，还有诸如宋代的工官制度，宋代发达的文化。更多的是宋代建筑的成熟特征，为什么中国建筑会有反宇，中国建筑的翼角是怎么形成的，为什么中国建筑要有翼角。

记得当时系里还为建筑历史的研究生开了宋《营造法式》和《清式营造则例》的课。主讲老师分别是郭黛姮与张静娴两位老师，两位老师不仅给我们讲课，还给我们安排了一系列与宋式法式或清式则例有关的图样绘制，以帮助我们熟悉宋、清建筑的构造与名词。莫先生的课是研究生全班的大课，在莫先生的课上，也常常给我们讲一些法式与则例的内容。结合两位老师的课和莫先生的课，我相信我们几位建筑史的研究生，都打下了一个十分坚实的宋式法式与清式则例的基础。

在莫先生课结束的时候，按照系里的课程安排，莫先生亲自带领全体研究生，开始了对重要古建筑的实地考察活动。（图1、图2）这次考察与几年前吴焕加先生带领我们走过的路差不太多。主要是山西、河北的辽、宋、金代的古建筑。五台山的台怀反而没有去，莫先生认为北京有那么多清式建筑，五台山的那些清代建筑没有那么值得去看。

尽管我们的初衷是希望通过古建筑考察，对《营造法式》中学到的种种建筑构件与做法加以印证，但是，跟莫先生的古建筑考察，收获更大的却是他对建筑和艺术的独特见解与感觉。他会问你对不同时代的雕塑的感觉，对大同下华严寺的辽代雕塑他赞不绝口。对太原晋祠中的侍女雕塑，他略有微词，觉得其人物形象的神秘韵味已经开始变得过于世俗化，在艺术品位上显得不尽如人意。他一路上批评清代寺院中的雕塑，认为那被服装裹得严严实实的呆板木讷的形体，已经算不上是什么艺术品，只是纯粹的偶像而已。

对于一些建筑上的附属性雕刻，如石头勾栏上的雕刻，或佛座上的雕刻，先生也会要求我们仔细观察，并评头论足。他要求我们用手去触摸那雕刻线条的起伏感，去感悟古人对线条的把握，对形体的把握，对浮雕表面的凹凸把握。他让我们体会不同时代雕刻在艺术韵味上的差异。可惜在这一路上，我们没有机会看到太多的古代壁画，否则，先生对不同时代壁画的评论，也会让我们获益匪浅。

除了山西、河北一线的古建筑考察之外，先生还曾带着我们几位建筑史的研究生，对北京周围，特别是蓟县独乐寺进行了考察。这其实是先生为我们专门开设的现场教学。在蓟县独乐寺观音阁，先生带我钻进了阁顶的天花之内，去看梁架。记得在观音阁屋顶梁架内，莫先生敏锐地注意到一块被用作梁架间支垫的旧拱的局部，他用尺量了这个旧拱的断面高度（材高），发现明显比观音阁上下檐所用拱的材分值高。先生兴奋地推测说，这一定是观音阁在重建之前曾经用过的斗拱用材的高度值，说不定还是唐代观音阁初创时所用的旧拱材高值呢。这件事令我深深地体会到，先生对一座建筑的观察视角，比起我们这些晚生弟子之辈，更具历史的眼光。

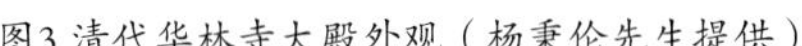

图3 清代华林寺大殿外观（杨秉伦先生提供）

图4 福州华林寺大殿（被去掉清代所加前后下檐的外观）

莫先生这种对于古代建筑敏锐的历史感，更体现在他后来带我们开展的对于福州华林寺大殿的研究上。1980年我们已经进入论文开题阶段。我和莫先生的另外一位研究生钟晓青选的课题，是开展对福州华林寺大殿的系统研究。这其实是莫先生早已关注的课题。先生对这座建筑的观察与思考已经有一段时间了。借着我们的开题，先生带领我们这两位弟子，远赴福州，与福州文管会的工作人员共同合作，开展对这座福州古代木构建筑的详细测绘与研究。

在福州的这段时间，是我们跟先生接触最为频繁的一段时间。每天一早，我们一起步行到距离我们住所大约几里外远的华林寺。寺里仅存一座大殿，且位于福州城屏山下的省委大院内。大殿上原有清代添加的副阶周围廊檐，其外观原为一座重檐屋顶的单层大殿（图3），但因为是在省委大院内，影响了省委领导过往车辆的通行，其下檐的前后廊檐已经被生硬地锯掉了，清代前后檐柱也被拔除。（图4）好在，被锯掉及拆除的部分，是清代后加上去的，其主体的部分，尤其是主要的柱子与梁架、早期斗拱等，都基本上保持了原状。我们的研究目标，就是确定这尚存的主要部分究竟始创于什么年代？其原初的建筑样貌是怎样的？现存状况如何，以及如何更好地保护与延续这座古老建筑的寿命？等等。

当然，首要的任务是对这座古代建筑进行详细的测绘。而这就是莫先生指导我们所做工作的第一步。测绘的过程是烦琐而细致的，莫先生根据他多年的经验，为我们制定了详细的测绘过程与要求，并且与我们一起开始了爬上爬下的绘制测稿、测量与搜集数据的工作。在整个测绘过程中，先生一直处于十分兴奋的状态。因为这座大殿的木结构形态，与莫先生所熟悉的北方辽宋金时代的大木结构很不相同。其柱子略显上下收分的梭形，其拱断面高度，即所谓材高，一般都在32 cm，比著名的唐代佛光寺大殿用材（30 cm）都要大，而其个别特殊位置的拱断面高度，最高者甚至达到了34 cm。而且华林寺斗拱中，其斗的底部，周围略向外凸，多少有一点类似于南北朝时期习惯使用的皿斗的遗痕。这一切都令先生兴奋不已，先生以他敏锐的眼光，直觉认为这是一座比保国寺大殿更为古老的木构殿堂，他甚至猜测，这座大殿中，很可能保存了晚唐时代木结构形制的某种遗存。先生的这种心情也影响了我们两位弟子。师生几人几乎每天都是在极度兴奋的状态下忙碌工作着。

正是抱着这样一种心态，我们一边仔细地测量、绘图，寻找大殿梁柱、斗拱间与历史有关的点点滴滴，不放过一点蛛丝马迹，一边急切地阅读地方志等文献，希望从中找到一点可以突破的历史依据。先生每日几乎和我们一样劳累，白天在梁架上盘桓一整天，晚上散步结束后，先生又和我们一起查资料，还要帮我们看图，及时挑出图上的毛病。

这座大殿在我们测绘研究之前，被认定为南宋建筑。其原因可能有两个，一是，华林寺大殿木结构与北方辽、宋结构差别比较大，难以借鉴辽宋建筑资料确定其年代；二是，当时已知的南方古代木构建筑，除了宁波保国寺大殿外，多数都已是元代以后的遗构了。人们很难想象在南方，还有比宁波保国寺大殿更为古老的木构建筑实例能够保存下来。宁波保国寺大殿，在诸多的梁架与斗拱做法上，与华林寺大殿都有明显差别，但依据当时的判断，人们很难将华林寺大殿的年代，判断为比保国寺大殿更早。

但是，又如何解释这些似乎显得更为古老的木构建筑特征，如更高的材高，有上下收分的梭柱，保存皿斗遗痕的做法，等等。这些都成了那段时间莫先生思考的核心。我们在先生的引导下，也不停地搜寻资料，整理数据，绘制测图。从史料爬梳中，我们知道了，在五代末吴越王统治福州的那段时间，这座当时被称为越山吉祥禅院的佛寺，是在吴越时福州郡守鲍修让的主持下，为吴越王祈福而修建的。史料中记载的这座吉祥禅院的建造年代是吴越王钱弘俶十八年，这已经是北宋乾德二年（964年）。这可能是华林寺始创的最早年代。

当然，莫先生的初衷是希望找到这座建筑可能是建造于晚唐或五代的依据。但遗憾的是，我们能够发现的史料只有一条，就是这座越山吉祥禅院所在的位置是五代时闽王的王宫所在地。在吴越国统治福州地区之后，王宫的主要建筑遭到破坏，但有一座大殿仍然存留。当时的守臣，担心有僭越行为，不敢使用这座大殿，只是将其作为接待吴越王派来福州使臣的专用场所。最初，我们希望找到这座闽王宫殿遗构与越山吉祥禅院之间的关联，虽然遍查地方史籍，却一无所获。尽管先生十分希望将华林寺大殿与这座闽王宫殿建筑遗构联系在一起，但先生也坚持一个基本

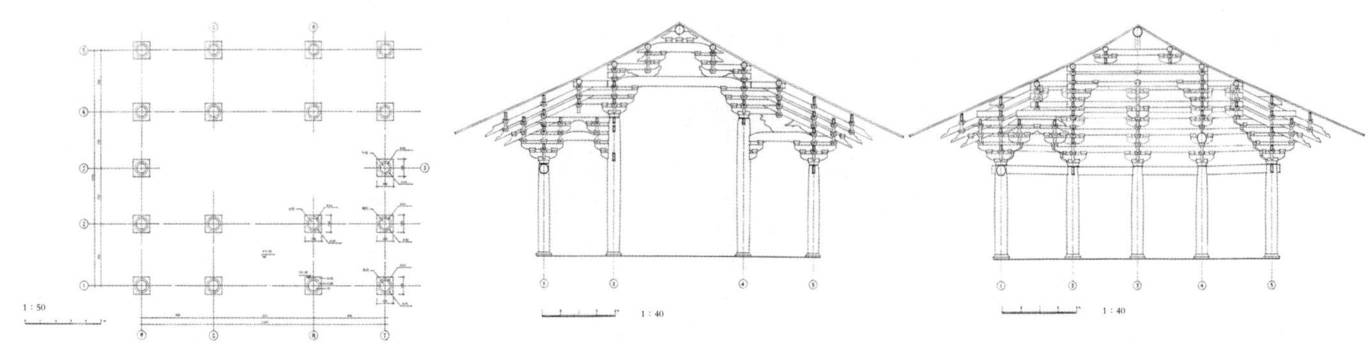

图5 福州华林寺大殿柱础平面

图6 福州华林寺大殿横剖面Ⅰ

图7 测图3福州华林寺大殿横剖面Ⅱ及内立面007

图8 华林寺大殿原构外观透视草图

图9 福州华林寺大殿殿内透视

图10 前檐补间铺作里转承平綦方

点，没有直接的证据，我们宁可认可其有证据的较晚的时代，也不能轻易地断言其为更早的时代。遗憾的是，最终无论从文献中，还是从大殿遗迹中，我们都没有找到现存遗构与闽王旧宫建筑遗存的关联。

几乎是进行了地毯式的搜寻，仔细地观察大殿木结构构件的每一处细部，也没有发现什么与闽王旧宫相关联的文字痕迹。殿内的梁下题字，多为明清两代历次修葺时所留。好在我们在大殿寺内最高处东西两根平梁的底部，发现了两句早期墨写的祈福吉祥语，西为“法轮常转”，东为“国界安宁”。字迹已经十分模糊了，其上还有后世涂抹的表面涂饰。从“国界安宁”一语推测，这显然是偏安一隅之割据政权所可能使用的吉祥语，在没有办法证明这一吉祥语与闽王旧宫有任何关联的前提下，这样的吉祥语，最大的可能，似乎只有吴越国时创建的吉祥禅院才可能出现。据此，至少可以使我们将这座木构大殿的建造年代，与吴越守臣鲍修让建立越山吉祥禅院的乾德二年（964年）联系在一起。

先生的态度很明确，即使我们有再多的猜度，也必须以史料文献及木构上能够发现的确凿年代证据为依据。也就是说，尽管这座建筑有诸多早期建筑的遗痕，但一切都必须以现有的资料为依据，进行研究与判断。因此，我们只能将这座建筑的始创年代，判断为五代吴越王钱弘俶十八年，即北宋初乾德二年（964年）。先生的分析，先生对待学术问题的严谨态度，最终打消了我在最初希望将这座建筑与闽王王宫建筑联系在一起的冲动。现在看来，这种严谨科学的态度，是正确的。若没有板上钉钉的证据，假如我们将其定义为就是那座没有遭到破坏的闽王宫殿建筑，那么，将会引起多少不必要的质疑与争论呢？

其实，包括我的硕士论文中对华林寺大殿的测绘图，也多少反映了先生的要求。我没绘制华林寺大殿的立面图，只画了保留早期建筑平面与结构特征的柱础平面（图5）与剖面图（图6、图7），甚至剖面图也只画到屋顶椽望部分，图显得不那么完整。这当时使我也很苦恼，因此，我自作主张地绘制了一张想象的原状图（图8）。如果为了图面的效果，绘出完整的剖面，如泥背、瓦垄、屋脊等，图面看起来要好很多，然而，这座大殿当时屋顶望板以上的泥背、屋瓦，都是晚近时代所遗存的，而后世添加了下檐的外立面，已经因被锯掉前后檐而变得面目全非，清代的立面，我们没有充分的数据来绘制，初创原构的准确立面，只能留待从事复原研究的钟晓青去完成。因而，先生要求我们把五代末的原有结构充分弄清楚、画准确，将此作为主要目标。既然清代添加部分的外立面无法描绘出来，那其上的后世所覆盖的瓦与屋脊，即使全部推测绘制出来，也与屋瓦下的大木结构不相匹配，那就留给复原研究去做吧。反而，先生要求我对室内的结构（图9）与斗拱的细部表现绘制得比较细致和完整（图10、图11）。这其实也反映了一种严肃认真的态度，没有充分依据的建筑细节，不要以自己的理解去凭空杜撰。

在福州的日子，或许是我们与先生接触最为密切的一个时期。这段时间，我们工作在一起，生活在一起，每天忙碌的间隙，我们还会陪着先生在福州古城的大街小巷中遛弯儿。20世纪80年代初的福州，还基本上保持着传统街区的大致样貌。我们边走边聊。先生会不时地发问。例如，偶然会在小巷中经过一个略为宽敞的小空间，先生就会问，为什么会在狭长的小巷中，留出这么一个“凹”字形小空间，其中还有石制的小

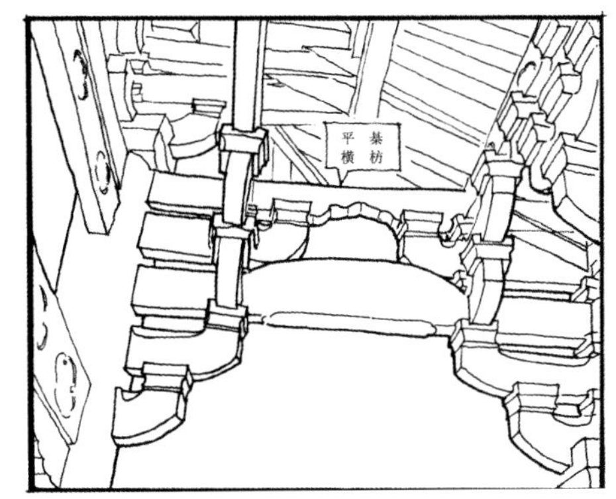

图11 前檐月梁乳栿

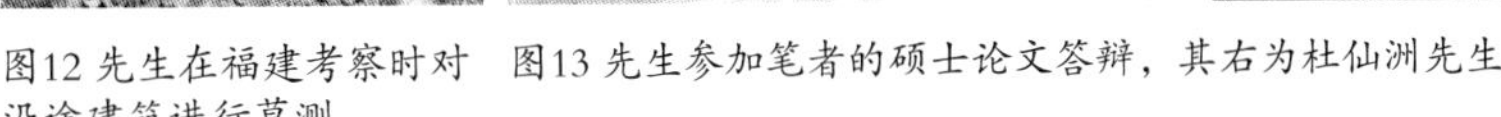

图12 先生在福建考察时对沿途建筑进行草测

图13 先生参加笔者的硕士论文答辩，其右为杜仙洲先生

图14 先生在苏州园林

桌、小凳。显然，这是古人在街巷中刻意留出的休憩空间，也使小巷因狭长而造成的闷郁感减少了许多。这小空间，就是这些老街巷在规划上的巧妙之笔。

在福州西湖的水岸边散步，先生又问，为什么弯曲的湖岸，会出现一些狭窄如渠道的延伸，而这些延伸段，虽然有些弯曲，却也并不会与其他的水系连通？接着，在闲聊中，看我们一时回答不上来，先生又会解释：古人的巧思就在这里，这样就可以使人产生联想，会觉得这一泓池水，与四面八方的河湾连在一起。同样的道理，那弯曲湖岸的叠石岸，有时会向前悬凸，也是为了造成湖水似乎从地下的什么河道中涌流出来的感觉。这样游人就觉得不仅这湖水是流动的活水，更会感觉自己身处的湖面空间是深广幽邃的，这样，中国园林小中见大的意境不就出来了吗。说到这里，我们都会有一种豁然的会心感。

先生对福建的山水、景观与民居，似乎有着特别亲切的感觉。我们有时在小巷中走，偶然会看到一些当地人新贴的诸如布告之类的文字，先生会驻足观看，不仅对布告中那儒雅的文言文语气颇感有味道，也会对布告的书法啧啧称赞。先生常常说，福州的文化深厚，街头那些随意张贴的通知、告示之类，书法都很有功力。有一次，我们在三坊五巷中的一户院子前，看到层叠的院落很深，禁不住就想进去看一下。先生带我们与院门附近的一户人家交谈了一下，得到允许后向院落深处走，走到一个过厅，见到一些铺摆在过道木架上的习字，先生忽然驻足观赏，然后赞不绝口。他说这位先生的颜体字功夫真是很深。一打听才知道这座大宅是清代名人林则徐女婿的老宅。这位习字的老先生，是林则徐女婿的后代。老先生也闻声出来，与莫先生会面，两人寒暄起来，如见故知。

莫先生书法功力很深，对中国书法艺术情有独钟。除了这些趣谈外，在后来先生带我们到福州郊区及福建其他地区参观考察时，对福建地区民居中那些封火山墙的曲线常常表示了欣赏。不像浙江、徽州等地区民居封火山墙那种挺直的线条，福建民居中，常常用一条遒劲而富有弹性的曲线。先生常常说，福建地区文化深厚，平民百姓中藏龙卧虎，许多人的书法功夫都很深，这些民居建筑的曲线，很有书法线条的优雅与力度感。

在后来的考察中（图12），先生还对福建的山水表现出欣赏。无论在福州鼓山的摩崖石刻前，还是在厦门南普陀寺庙的园林中，他都会称赞福建地区突兀嶙峋的山石，有如国画般苍劲有力。这些巨大石头构成的景观效果，比起苏州私家园林中那些故作姿态的假山石，更显得大气。因而，他觉得福建的这些巨石景观，有古代中国文化的磅礴气概，与文人画中的山石效果更为接近，而苏州园林中的假山石，则更像是小家碧玉，多少显得有些拘泥局促。当我们来到泉州开元寺时，面对左右对峙的南宋双石塔，以及寺内的大殿和大殿前的左右连廊，先生驻足凝望了许久，赞叹说这大殿虽是明代重建的，但这双塔、回廊，一定保存了开元寺唐代时的旧有格局。唯有这样的空间布局，才会显出唐代寺院的宏大气势。

当然，先生也会对一些失于俗陋的建筑或景观处理，包括对一些晚清寺观中那些由晚近工匠雕塑的包裹得严严实实的佛造像的艺术品位提出批评。回想起来，先生是一位朴实、本真的人，也是一位单纯、豁达的人，他那几乎不带任何先入为主之偏见的随兴所致的赞叹与批评，几乎都是他醇厚艺术修养的即时发挥。而先生那不时发自内心的感叹、赞美与批评，恰恰是我们跟随先生学习考察过程中最感受益的地方。

在短短的纪念活动期间，我们似乎又回到了与先生朝夕相处的那些日子，那些点点滴滴的往事，在脑海中不停地浮现，怀念的思绪，不时涌上心头。虽然感慨日月如梭，斯人已逝，然而，先生那矍铄的精神，和蔼的音容，舒朗的笑声，侃侃的话语，坦率的为人态度，诚挚的行事风格，似乎时时都与我们同在。（图13、图14）

2016年10月29日

于清华园荷清苑寓中

Lessons Learned from Mr. Mo Zongjiang

受教于莫宗江先生的点点滴滴

钟晓青*（Zhong Xiaoqing）

图1 作者钟晓青研究员

摘要：莫宗江先生是著名的建筑史学家和建筑教育家，将一生贡献给了中国古代建筑史研究事业。他用丰厚的中国古代建筑、古典园林及其他古代艺术方面的学养，哺育了历届学子，影响了一代学人。

关键词：莫宗江，中国建筑历史研究与教学

Abstract: As a famous architectural historian and educator, Mr. Mo Zongjiang devoted his lifetime to the research on ancient Chinese architectural history. With rich academic accumulations in ancient Chinese architecture, classical Chinese gardens and other ancient arts, Mr. Mo has cultivated successive students and influenced a generation of scholars.

Keywords: Mo Zongjiang; Research and teaching on Chinese architectural history

今年（2016年）是我的导师莫宗江先生诞辰100周年。（图1）

先生是著名的建筑史学家和建筑教育家，将一生贡献给了中国古代建筑史研究事业。从1931年（先生当时年仅15岁）进入营造学社起，至1999年离开我们，先生从事这项事业概68年。其中前20年，作为中国营造学社成员，梁思成先生的助手，先生调查、测绘并研究了大量古代建筑实例，为中国古代建筑史学科的拓荒开基、殿堂初建作出了重要贡献；在接下来大约15年的时间里，作为清华大学建筑系教授，先生用他丰厚的中国古代建筑、古典园林及其他古代艺术方面的学养，哺育了历届学子，影响了一代学人；“文革”十年中，先生在建筑史方面的思考探索、与挚友之间的学术交流，从未间断停歇；1978年恢复研究生招考，先生作为清华大学建筑学专业建筑历史研究方向唯一的研究生导师，开始担负为中国古代建筑史学科培养专门人才的任务。我也正是在这时，有幸得入师门。

1966年“文革”开始时，我在北京景山学校就读八年级。按十年一贯制的学制，已经进入高中阶段，但实际年龄却只相当于初二，于是折中，定为66届初中毕业。1968年下乡插队，两年后转入建设兵团，1974年回到北京。兵团期间在地方设计院建筑专业培训两年，返京后又在北京市建筑设计研究院工作了四年。1976年参加毛主席纪念堂工程设计，起初跟随吴良镛先生做总体规划，后来到设计组，又有幸得识徐伯安先生。1978年恢复研究生招考时，得到徐先生的鼓励与帮助，以同等学力应考，被录取。当时莫门子弟共有三人：大师兄萧默，来自敦煌石窟研究所；二师兄王贵祥，来自青海格尔木，都是清华学子回归师门，萧默更是学业有成，抱着专著前来读研。三人中唯有我缺乏学业基础，估计当时先生对我也是最不摸底，最没信心。

读研头一年与先生接触并不多，印象比较深刻的是1979年冬天，先生带领我们全班约20人一行去山西现场教学，考察云冈石窟、应县木塔和净土寺等处古代建筑实例。那时大家簇拥着先生，我只是跟在大家后面。

直接受教于先生，是从1980年上半年开始。先生确定以福州华林寺大殿的研究作为师兄王贵祥和我的毕业论文题目，于是带领我们前往福州，对华林寺大殿进行考察测绘。福州市文管会的接待热情优渥，

* 中国建筑设计研究院研究员。

图2 1980年在福州随莫公参加华林寺大殿座谈

图3 与莫公等在福建考察途中的合影

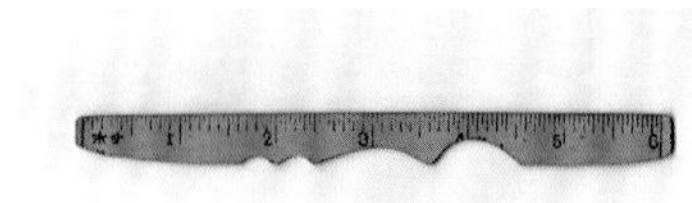

图4 莫公改制的华林寺大殿绘图木尺

图5 莫公使用过的高倍放大镜

安排我们住在西湖宾馆，距华林寺（原址，现已搬迁）仅约十分钟步行路程，每日往返两次。完成测绘数据和历史资料的收集之后，文管会同志又陪同我们南下考察福建的古代建筑实例，一路从福州到闽侯、福清、长乐、莆田、泉州，厦门；然后折返北上，经天台、杭州、苏州回京。1980年下半年完成华林寺大殿测绘图之后，我即开始毕业论文的写作。先生给我拟定的题目是《福州华林寺大殿复原》。文稿初就，交先生过目，先生只说：画图来看。至年底完成全部图文，得先生首肯。（图2、图3）

1981年上半年我通过了毕业答辩，下半年即往中国建筑技术发展中心（现中国建筑设计研究院前身）历史所报到上班，2006年退休，2010年离开，前后计29年。其间绝大部分时间从事中国古代建筑历史研究以及相关的工程设计工作，一直徜徉于先生领我进入的这座美不胜收、深广无量的学术殿堂，也可以说是一直在先生为我打下的学业基础上不断垒砌搭建，从一而终，不作他想。

十年前，《建筑创作》为先生发行纪念专刊，我曾撰文寄托思念感恩之情。今值先生百年，又想起受教于先生的点点滴滴和对先生精神风范学养品格的种种感悟，特为记述，与大家分享。

今天的纪念，先从两件小物件说起。

这两样东西虽非先生所赠，却因先生而得。从1980年到现在，已经珍藏了36年。

一件是小木尺，就是过去小学生所用最普通的那种。长20厘米，宽2厘米，一面的刻度是厘米，另一面的刻度是市寸，当时售价2分。这把尺子的特别之处，在于沿尺子的边缘削刻出了柱身、拱头、椽头的卷杀曲线，还有栌斗和小斗的欹幽以及驼峰的两肩。这是当年画华林寺大殿测绘图时先生教我们制作的，其用途相当于绘图模板，用来画1：20的大样。记得20世纪70年代国内才开始有通用的建筑绘图模板，而先生既然教我们，他自己肯定做过用过，会是在何时何处呢？会不会是在营造学社时期呢？那时测绘工作量大，木尺易得，制作方便，画一座建筑做一把，有它就可以事半功倍。如果真是这样，那先生这招可实在是很超前呢！（图4）

另一件是个小放大镜。只有三五厘米大小，但放大倍数挺高，而且可以折叠，携带方便。这种放大镜本是纺织厂里用于查检次布的，不知怎的被先生发现，用来看照片和线图，特别好用，平时不易发现的东西用它可以看得清清楚楚。从福州回到北京后我就开始寻找，记得最后是在王府井百货大楼的文具柜台买到的。一直留在手边，时不时用得到。（图5）

现在想想，这两件东西真成了先生留给我的珍贵纪念。看到木尺就想到先生的巧思妙想和动手精神，看到放大镜则记起先生观察事物的细致入微，勤于琢磨，善于发现。

在清华建筑学院参加先生百年纪念会之后，左川大姐又特地对我提到，先生还有一件宝贝令她印象深刻，那是在先生带领他们去山西现场教学考察云冈石窟时，胸前挂着的一个大大的望远镜。先生对他们说，如果没有这个，怎么看得清高处的石窟和造像呢？是呀，放大镜只能近观细小，望远镜才能详察高远，古建、石窟体量往往巨大，要在考察中获取尽可能多的信息资料，这个宝贝也是绝对不能少的！

先生一生，似乎一直在做三件事：一是用眼睛看，二是用脑子想，三是动手做。

先生对艺术的痴迷和激情，谁也比不了。一见到他认为有艺术价值的好东西，他就两眼放光，兴奋不已。建筑、雕塑、绘画、书法以及所有门类的艺术品、工艺品，或实物，或资料，先生皆视之为生命中一日不可或缺的养分。即使晚年卧病在床，仍然如饥似渴地看这看那，不停思索。在他毕生的学术追求和教学实践中，随时随地地发现美，思考事物之间的联系、不同历史时期的特点、相关的社会因素等。看得多，想得多，眼光自然就“毒”，每看到一样东西，瞬间就能判断其年代性质、特点、价值，分辨技能水平高下，迅捷准确，令人折服。这让我明白一点，做建筑史研究，一则必须严谨，不能胡想乱说；另则需要广为关注，艺术门类各各相通，需要把方方面面甚至有时貌似互不关联的知识连缀起来，织就一张足够大、足够密实的网，才能罩得住自己那一亩三分地。

先生的动手能力，同样无与伦比。好像什么都玩过，什么都会做。大家经常听说先生这方面的趣闻，包括自制茶饮雪茄，自制小提琴，自制大棉袍，等等。我体会，这一方面是出于奇思妙想，灵感驱动，另外有时也受限于外界条件，买不到，或者不满意，那就自己动手做。大家都知道先生的水彩画得很棒，但我猜想他一定也做过雕塑（此事我在纪念会上发言提到时，获先生次子莫涛点头认可）。为什么呢，因为先生对巩县石窟造像特点的分析很有独到之处，他发现只需简单的一条下睑线，就能够对佛像眼神作出充分表现，这不是单靠观察就能够看得出来的。于是我又明白一点，搞建筑史，眼光很重要，动手也很重要。只有涉猎宽广，才能有敏锐的眼光；只有亲历操作，才更能体会匠心之所在，捕捉常人视而不见的精美！

先生对事物的观察入微，对细节的注重，则影响了我一辈子。建筑史研究的对象往往直观。时代和地域特点，设计制作水平高下，往往反映在细节之中。特别是古代建筑实例或遗址的研究，关注细节对于认知事物非常重要。先生带我们测绘华林寺大殿时，就指导我们从细节观察中获得很多发现。之后我完成毕业论文《福州华林寺大殿复原》，除了参考资料之外，基本上靠的就是这些对细节的分析。比如根据柱身上的卯口遗迹以及梁枋上团窠的分布情况，判断大殿平面原来有前廊，柱身之间有腰串地袱。根据上下枋子之间对应的卯口和斜槽，得知枋子之间原来有编竹抹泥之类做法，等等。仔细观察细节对知识深化也往往有很大的帮助，比如发现上下枋之间小斗两侧斗耳的高度不同，表明小斗实际具有类似垫木的调节作用，于是对斗的出现及作用就有了进一步的理解。

后来我自己感兴趣的东西也多与建筑细部有关，始终觉得关注细部处理，分辨细微的不同和变化，是建筑史研究中最具趣味的一个部分。比如对克孜尔石窟建筑空间意向的探讨，就是从第38窟壁画中所表现的天宫楼阁下的牛腿开始的；还有围绕火珠柱头和字体风格的异同，对河南登封嵩岳寺塔和安阳灵泉寺双石塔所做的年代探讨等，都是从极微小处入手展开的。

先生的影响是有魔力的，一旦沾染就会上瘾。从此一门心思，很难改变。退休前那些年，我们所里承接的项目大都是文物保护规划，每次出去考察，按说首先需要关注的应该是那些对文物可能产生危害的情况，如各种自然病害和人为损坏等等。可我的脑子就总也转不过来，不论看木构，看石窟，看遗址，总是习惯性地盯着自己感兴趣的东西看，唯恐遗漏那些“好东西”，结果往往顾此失彼，甚至闹出笑话。记得有一次在天水看民居，光盯着看门头门簪上的雕刻图案，就没注意其他。回到所里给大家放幻灯，别人问这是不是保护民居啊？我说不知道，结果放大一看，保护牌就钉在门板上！想来先生若知此事，一定会摇头微笑吧！

今天纪念先生，不仅仅是为了表达对先生的怀念，更是为了承续发展先生所献身的事业。

先生最大的功绩在于教化育人，在于传承了营造学社时期梁、刘二位先生开创的中国古代建筑史研究事业，将衣钵传到了我们这一代手里。先生之于我们，一如梁先生之于先生。从先生身上领受到的前辈学人高尚风范，对学术孜孜不倦的追求精神，以及先生留下的学术财富，我们都只有尽力将之再传后人，令薪火相传，代代光大。（图6）

图6 与莫公等在福建考察途中的留影

因此，还有一部分先生尚未来得及传授于我们的宝贵遗产，需要我们通过努力去继承，那就是先生的遗稿。前面说到先生的眼光很“毒”，对在外看到的东西时有挑剔，但先生对自己的东西则更是一贯严苛，若不满意，绝不出手。也正因如此，先生正式发表的文章不多。可实际上，除了王建墓、颐和园那两部遗失了的手稿之外，先生的大量思考和学识智慧，都融会在与学术挚友的交流探讨中，抛洒在对学生弟子的指教点拨中，以及留存在他平时的随手记撰之中。他发现的问题，对事物的看法，对后学都必有启发指引。当年考察华林寺大殿时，发现大殿用材规格很高。史料记载此寺为吴越守臣鲍修让所建，先生便马上联想到寺院的建造是否与当时闽地归属吴越，闽王宫殿必遭废弃有关，有没有可能是移用了闽王宫殿中的构材？虽然只是设想，但先生眼光之敏锐，思考之迅捷，令我们深感敬佩，终生难忘！所以先生的随笔手记若能整理出版，则先生对中国古代建筑史研究的学术贡献将更加全面，更加完整。这是我们莫门弟子多年的心愿，也希望能为此尽一份义务和心意。

我以能够成为先生的学生为荣，以终生从事建筑史研究为幸。如果说有遗憾，有不足，一是事情做得太少，二是缺少接续传承。今后除了争取在有生之年再多做些研究之外，更要积极地间接发散先生的影响力，争取能有更多的人像我们一样“痴迷上瘾”，投身到中国古代建筑史研究这个事业中来！

（此文由先生百年纪念会发言稿改写而成，2016年10月14日改定。）

Centennial Commemoration of the Birth of Architect Mo Zongjiang

—Discussions on Mo Zongjiang's Research Achievements of Ancient Architectural Art and Their Characteristics

建筑学家莫宗江100周年诞辰纪念

——兼论莫宗江古建筑艺术研究成就及其特色

崔 勇* (Cui Yong)

摘要：莫宗江在古建筑学术研究上留给人的印象是著述不多，但其敏锐的目光以及超常的艺术奇思妙想常常给人留下深刻印象，其艺术创新意识与敏锐每每给人以生动的启示，特别是他的建筑制图和建筑画几乎都生发出集科学精神与艺术情趣为一体的美的质感。这种美的质感如赋诗，不关书籍与理性，而是一种对艺术的直感与省悟的直观表达。

关键词：莫宗江，建筑制图，建筑画，科学精神与艺术情趣

Abstract: Although Mo Zongjiang did not leave many writings on the academic research on ancient architecture, his sensitive views and supreme ingenious artistic ideas often left deep impression on people. His awareness of art innovation and acuity always enlightens people vividly, especially his architectural drawings and pictures that almost emit the texture of beauty where scientific spirit and art temperament integrate with each other. Such texture of beauty, like poetry, is a direct expression of the intuition and disillusion of art, rather than books or rationality.

Keywords: Mo Zongjiang; Architectural drawings; Architectural pictures; Scientific spirit and art temperament

2016年是清华大学著名建筑学家莫宗江先生100周年诞辰纪念的日子，笔者谨以此文以纪念莫宗江先生。何以纪念之？莫宗江先生是开拓中国古代建筑研究的中国营造学社主要成员之一，我想还是从中国营造学社时期和1949年后清华大学时期的莫宗江分别予以论述。

莫宗江在中国营造学社时期摸索古建筑学术研究的门径（1931—1949年）

莫宗江（1916—1999），广东新会人。莫宗江幼年丧母，10岁时父亲因经商失败而弃家出走不知所向。莫宗江及其兄弟姐妹被安置在北京宣武门外的新会会馆居住，依靠哥哥的微薄收入生活，并因此而辍学。当时的北平图书馆在宣武门内有一个分馆，馆藏有不少字帖。莫宗江从上小学时起，每天上下课经过琉璃厂到图书馆临摹字帖，因此而练就了一笔好字。可以说，莫宗江上的是社会大学，因而明白了许多大道理。1931年底，经梁思成介绍，莫宗江到中国营造学社工作，被分到法式部当梁思成的助理。梁思成见莫宗江颇有艺术气质，就常常叫莫宗江看一些优秀的建筑书籍，还把弗莱切尔的建筑史给莫宗江仔细琢

* 中国文化遗产研究院研究员

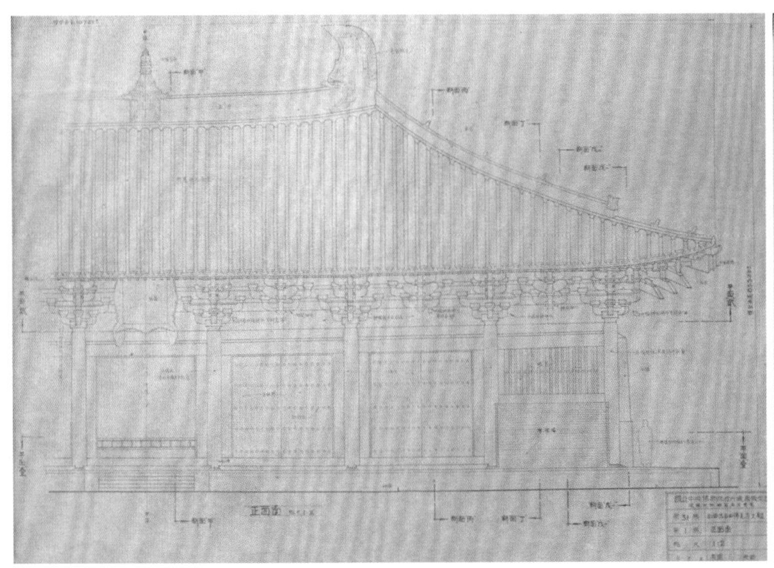
图1 抗战期间莫宗江绘佛光寺模型图1

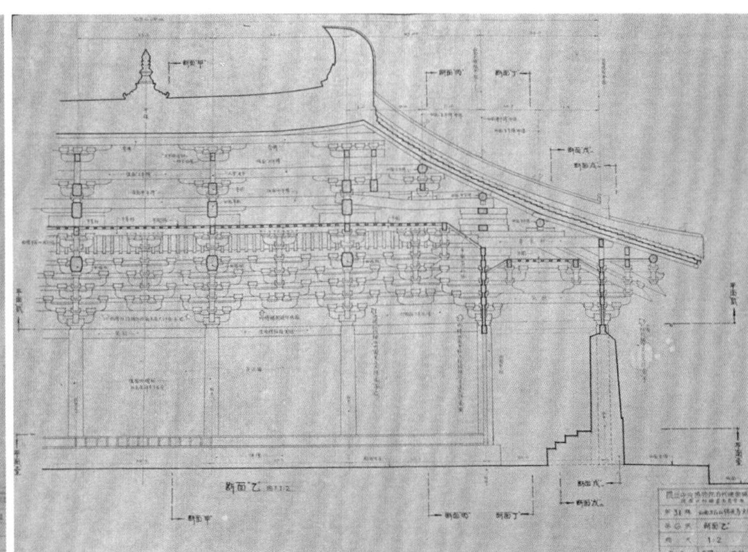
图2 抗战期间莫宗江绘佛光寺模型图2

磨，并告诉莫宗江这本建筑史的所有插图全部是由弗莱切尔的助手所绘制，希望莫宗江好好学习之，将来也为他写的中国建筑史画一套插图。梁思成还示意莫宗江“我们出的成果一定要达到世界的最高新水平”。莫宗江听取了梁思成的教导，并为中国学术研究达到世界水平勤勉了一生。（图1至图3）

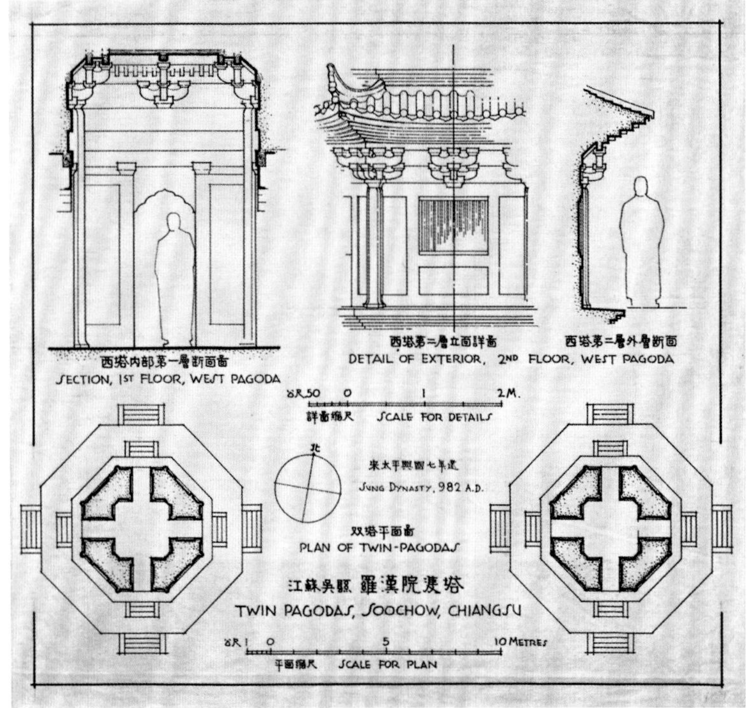

图3 莫宗江为梁思成《图像中国建筑史》所作插图之一

在中国营造学社伊始，莫宗江主要是在梁思成的指导下学习并练习绘图以及学习与中国建筑相关的文化历史基础知识，如先后学习《二十四史》《水经注》《梦溪笔谈》《支那文化史迹》《支那佛教史迹》《清国皇城图》《正仓院御物图录》《东洋美术史》《支那名画宝鉴》《印度阿干达石窟图录》《故宫周刊》《世界美术全集》《世界建筑史》《威尼斯》《罗马公园》①等等图文并茂的与古建筑相关的文化历史参考书籍。同时协助工程师邵力工为梁思成绘制《清工部工程做法则例》中的建筑图。这时的梁思成正在研究清式营造法式问题，而且每天都把学习成果以工程图的形式整理出来。莫宗江也因此每天都可以到梁思成跟前读图，明白了清式营造则例之堂奥。抗日战争前，莫宗江跟随梁思成外出调研，遍及山西、河北的各县市及山东、河南、陕西的部分地区。1935年，莫宗江的学业在中国营造学社的实践工作中有显著的进步，因此与同入中国营造学社的陈明达同时被提升为研究生。抗日战争时又随梁思成、刘敦桢及陈明达对西南地区40多个县进行了大量的古建考察与测绘。

1942年抗日战争期间，中国营造学社派莫宗江参加国民政府中央研究院组织的对王建墓室的考古、发掘工作，莫宗江在这项工作所承担的田野考察、资料搜集与整理及建筑与墓室壁画绘图等具体事项中凸显出了较显著的才能。因此莫宗江得以被提升为副研究员。抗日战争胜利后，莫宗江随梁思成到清华大学创办营建系，担任讲师、副教授、教授，先后担任了中国建筑史、美术、建筑设计基础等课程的教学与研究工作，直至离休。20世纪上半叶的北京大学校长蔡元培秉承兼容并取不拘一格降人才聘用英才的策略而每每破格聘任没有学历的梁漱溟、陈独秀等知名学者当教授，开一代学术建校之新风尚。但在当时的清华大学堂里，没有受到正规的国内外高等教育而被聘为副教授、教授的，除王国维之外恐怕就只有莫宗江了。莫宗江因在中国古建筑研究与制图学业上突出的成就而被破格晋升为副教授乃至教授，令其亲友难以置

① 陶宗震：《莫宗江先生》，载《南方建筑》，1995年第5期。

信，以至于莫宗江的一位亲友以“清华大学工友莫宗江”为通信收受人写信到清华大学收发室转交，众人也误以为清华大学校园里有一位同名同姓工友莫宗江，而殊不知此“莫宗江工友”就是莫宗江教授。此信耽搁在收发室多时才最后才辗转递送到莫宗江手中。从一个没有学历的普通从业者转变成堂堂学府清华大学营建系的建筑教授，莫宗江身手不凡。

在中国营造学社期间的莫宗江在古建筑学术研究上留给人的印象是著述不多，但其敏锐的目光以及超常的艺术奇思妙想常常给人留下深刻的印象。莫宗江的艺术创新意识与敏锐每每给人以生动的启示，特别是他的建筑制图和建筑画几乎都生发出集科学精神与艺术情趣为一体的美的质感。这种美的质感如赋诗，不关书籍与理性，而是一种对艺术的直感与省悟的直观表达。这在当时的中国营造学社同事乃至国内同人中所达到的绘图艺术水平与境地堪称一绝。正因为如此，梁思成的《中国建筑史》和《图像中国建筑史》专著中的建筑制图几乎均出自莫宗江神奇的妙笔。关于这一点，笔者在拜访与莫宗江生前共事过的刘叙杰、林洙、郭黛姮的时候，他们与笔者都有同感。林洙说：“莫宗江先生是一个特例，他的学术研究成果不多见，但他非常善于建筑绘画，他的画很有表现力和艺术感，可以说是当时中国的一流建筑画水平。”郭黛姮说：“我和莫宗江先生虽然处事多年，做过他的助教，但对他的学术思想谈不上有什么见解，或者说我不太能够理解他的学术境界，只能说是谈谈感受。之所以这么说，因为莫宗江先生与其他几位先生一个明显的不同之处是，他写的学术文章和著作不多见，甚至可以说很难得见。古人说：‘大象无形，大音稀声。’莫宗江先生著述虽然不多，但我觉得他的艺术感觉非常之好，他对建筑艺术的观察与欣赏有独到之处。比如说，他的建筑画画得非常出色。”傅熹年谈到莫宗江时也说过：“据我所知，莫宗江先生的学术著作虽然不多（共有3~5篇），不善于写文章，但他的艺术感觉很好，在与陈明达先生的交谈中，莫宗江先生常常是妙语联珠，闪烁着智慧的光芒，这些光芒每每能够点燃陈明达先生的创作之火，陈明达先生的不少研究成果都在一定程度上受到莫宗江先生的启发。”（本节中的引言均见拙著《中国营造学社研究》）。

莫宗江在中国营造学社期间发表的学术研究著作能见到公开发表的主要有《宜宾旧州白塔宋墓》《山西榆次永寿寺雨花宫》《来源阁寺文殊院》[①]三篇。另外，根据有关资料介绍，莫宗江1944年在成都发现前蜀永陵墓穴时，对王建墓的形式、结构以及墓内的雕像均作了详细的调查与测绘以及学术笔记，特别是对其中活灵活现的古乐器及其表演者的浮雕像，莫宗江作了惟妙惟肖的绘制与临摹以作为珍贵的历史资料备案，以期事后再结合相关历史资料写出专门的学术研究论文[②]。遗憾的是，这篇很有价值的学术论文也不知去向何方，唯有优雅的古乐器描绘图尚存。透过这些活灵活现的绘图，我们可以感觉到莫宗江气韵生动的艺术笔法给人以美的享受。建筑学者陶宗震曾将莫宗江“七七”事变前后在《中国营造学社汇刊》上发表的建筑制图作了一个汇总[③]。其中的一笔一画均显示出了莫宗江的聪明才智和对近代中国建筑史学研究的独到贡献。（图4至图6）

①前两篇分别见《中国营造学社汇刊》1944年10月第七卷第1期，1945年10月第七卷第2期，后一篇《中国营造学社研究》附录2000年9月29日《傅熹年访谈录》提及，但学术界至今未见得此文的原稿。

②莫宗江：《成都前蜀永陵研究图录》，清华大学建筑学术丛书《建筑史研究论文集》第24－31页，中国建筑工业出版社1996年9月版。

③陶宗震：《莫宗江先生》，载《南方建筑》，1995年第5期。

图4 莫宗江首次调查五台山所绘水彩画

图5 莫宗江抗战前考察榆次雨花宫

笔者这里根据陶宗震的汇总特制表格一份供读者参阅。

图6 抗战期间莫先生工作的李庄绘图室

莫宗江在《中国营造学社汇刊》上发表的建筑制图一览

建筑图名称	制作者	期刊卷期
上下华严寺总平面图	莫宗江	第四卷第3、4期
下华严寺海会殿实测图	莫宗江	第四卷第3、4期
下华严寺薄伽教藏殿壁藏、天宫楼阁（其中建筑结构由刘敦桢绘制；殿内佛像由梁思成绘制）	莫宗江	第四卷第3、4期
善化寺大雄宝殿测绘图（普贤阁三圣殿山门测绘图由陈明达绘制；大殿和普贤阁的水彩渲染由林徽因绘制）	莫宗江	第四卷第3、4期
赵县大石桥测绘图	莫宗江	第五卷第1期
“汉代建筑样式与装饰”部分插图	莫宗江	第五卷第2期
易县清西陵照片120张（插图由陈明达绘制）	莫宗江	第五卷第3期
《中国营造学社汇刊》第六卷孔庙专刊的全部绘图、插图及照片（大成宝殿照片由梁思成摄制；孔庙总平面图由山东省建设厅测量队测绘；图中建筑平面细部由莫宗江绘制）	莫宗江	第六卷第1期
清故宫文渊阁实测图	莫宗江	第六卷第2期
正定专刊：阳和楼、关帝庙实测图、隆兴寺转轮藏实测图、摩尼殿实测图	莫宗江	第五、六卷古建筑专刊
应县释迦塔专刊实测图及全部插图	莫宗江	第五、六卷古建筑专刊
太原晋祠专刊圣母殿实测图	莫宗江	第五、六卷古建筑专刊

莫宗江在中华人民共和国成立后清华大学时期的建筑学教研成就（1949—1999年）

1946年，中国营造学社在抗战胜利之后从四川宜宾李庄迁回到北平清华大学，并继续中国古代建筑研究工作，同时开展对中国近代建筑及中国古典园林的研究工作。1949年中华人民共和国成立后，随着中国营造学社和清华大学合办的中国建筑历史研究室停办，莫宗江继续留在清华大学营建系担任教学与研究工作，具体担任的教学课程是中国建筑史、中国艺术史、中国园林史、中国古代建筑技术史，此外还应著名画家、中央美术学院院长徐悲鸿大师之邀在中央工艺美院教授中国古代建筑史课程。研究工作主要是圆明园、颐和园以及北海调查研究，替梁思成上园林课，解决教学中的问题，也是梁思成在清华大学油印本《中国建筑史》教程主要编写者及制图者。此外，莫宗江以主要成员身份随梁思成、林徽因参与中华人民共和国国徽设计工作。至1958年，中国建筑科学院建筑理论历史研究室决定编写《中国古代建筑史稿》，由南京工学院建筑学家刘敦桢负责主编，莫宗江负责撰写其中的隋、唐、元时期的城市与建筑发展状况以及“总结”一章中的“城市”一节。该书到1959年完成，作为中国建筑院校建筑学教学内部参考教材。此时由于莫宗江对中国古代建筑史和传统古典园林有较深的思考和较具体的调研，因此他在颐和园、王建墓、中国城市史等方面都做过专题研究，并有着十分精辟而又独到的学术见解。遗憾的是，莫宗江的这些研究都未能最终成书示众。加之随之而来的十几年的政治运动冲击，莫宗江这些准研究成果随之消失。

20世纪五六十年代期间，作为建筑学教授的莫宗江在清华大学建筑系的教学与研究工作之余，有时应国家之急需和建设部门工作需要而积极参与过邯郸大地震科学考察工作，为确立地震级别与预防预测提出过真知灼见。此外还兴致勃勃地参与过白沙墓的考古发掘与调查研究工作，应聘重点负责白沙墓室的建筑与艺术的调查研究及临摹绘制工作，并结合实地考察而搜集相关历史资料着手写研究报告，因故而丢失调查材料未果。并对敦煌进行过调查（包括壁画、雕塑、建筑）并进行建筑绘画，后因运动丢失材料，也没有结果。

笔者在研究莫宗江的过程中发现曾昭奋曾写有《莫宗江教授谈〈华夏意匠〉》一文[①]。窃以为在该文中素来不苟言谈的莫宗江披露了他的有关中国建筑史学研究的学术思想，这些建筑学术思想是莫宗江自中国营造学社时就一贯坚持的，对于我们今天从事中国建筑史学研究的同人们来说仍不乏参考价值，现根据曾

①曾昭奋：《莫宗江教授谈〈华夏意匠〉》，载《新建筑》，1983年第1期。

图7 莫宗江1947年绘清华西门外

文将莫宗江的主要学术思想观点概括如下，以飨读者。

首先，莫宗江谈到了他对中国建筑史学研究的看法。他认为中国建筑史是由世世代代的匠人们陆陆续续写成的。中国古代传统建筑作为一种技艺只在匠人中流传，匠人的流传方式是散漫的，加之天灾人祸都会使世代匠人们所积累的建筑技艺失传，这无疑增加了研究中国建筑史的难度。建筑有自身的规律，中国的建筑史如果都按照朝代的更替来写，实质上没有太多的道理。一部中国建筑史，借用通史的体例，分成一个朝代又一个朝代地写那些实例，而在现有的条件下能发掘与考证出的建筑历史遗迹与遗构不一定就能代表当时的建筑水平，并不能充分反映中国建筑发展的特点。正是在这种意义上说，《华夏意匠》不是建筑史，而是一部建筑理论著作，是一本"用现代建筑的观点和理论来分析中国古典建筑设计问题的书"。在莫宗江看来，历代匠人的心血、构思和技艺都凝聚在遗存下来的建筑物中，它们已经上升为艺术。这是需要去发掘、探索其中的本质的。而《华夏意匠》能够在现有的资料和实物的基础上，把中国古代建筑作为中华民族整体文化的一部分来研究"意匠"，是一种科学的态度。莫宗江对中国建筑史研究的这一感悟虽然没有出版系统研究中国建筑原理与技术特征方面的学术成果，但对侯幼彬的《中国建筑美学》与张家骥《中国建筑论》有关中国建筑美学与中国建筑园林理论的创新发展有直接或间接影响，并因此而将中国建筑史学研究推向深入。

其次，莫宗江还就《华夏意匠》的编写特色谈到如何撰写中国建筑史学著作的问题。《华夏意匠》是用现代建筑的观点和设计手法来分析中国古典建筑设计与方法的，其专业的建筑思路对读者很有启发。莫宗江认为现有的中国建筑史研究的撰写受欧美学院派的影响很深，继而又被动地接受前苏联学院派及西方现代派的影响。按照原始社会、奴隶社会、封建社会、资本主义社会、社会主义社会这一马克思列宁主义的社会学发展规律抒写中国建筑史以及依据欧美学院艺术派的风格类型阐释中国建筑均不得要领。自中国营造学社开启中国建筑史研究以来，中国学者在研究中国古代建筑史时主要有两种值得注意的倾向，一是在外国优秀古典建筑和现代建筑面前极力贬低中国古典建筑的成就而数典忘祖；二是把中国古代建筑抬到不适当高度，以至于一提"装配式"就说中国古代建筑斗拱就是"装配式"，以为中国文化里面已经包含许多现代的因素。这实际上不利于对中国古代建筑进行真切实在的深入研究，也有碍于学者正确地研究外国的经验，不利于中国建筑在新历史情形下的创新发展。借《华夏意匠》的著者话来说："如果我们真正打开中国建筑‘意匠’的宝库的话，它珍贵的历史经验肯定会对整个建筑的未来产生更多的贡献。”这样的学术思想贡献既是应对中国的，也是面向世界的。

再者是莫宗江培养了萧默、钟晓青、王贵祥等为数不多但在行业中举足轻重的研究生，为中国建筑史学研究提供新生力量赓续中国建筑历史与理论研究的发展进步。这三位研究生分别在中国古代建筑保护与研究、中国古代建筑工程技术及建筑历史与理论、中国古代建筑艺术史论等领域各有专长并在国内学界担当中流砥柱，延续其学术道统，不负众望而均有建树。

朱自清说过：“文艺理论研究寓于一端而不求汇通是难以有卓见的。”莫宗江对建筑艺术历史与理论研究的感悟与认知也持如是观，因此他与同辈学人一个明显的不同之处即是始终试图将音乐、建筑、城市、绘画等相关联的东西综合起来考虑研究建筑园林。莫宗江总是时不时地生发出别具一格的奇思妙想的建筑思想火花而为他人所拾慧。在莫宗江看来四川高颐阙是以几何空间关系图来实现建筑园林设计构想的创新思路的，这一独辟蹊径的研究思路与着意建筑专业的材份角度考虑古建筑技术操作研究不同。莫宗江的诸多建筑思想火花在课堂上传输引发青取于蓝而胜于蓝之境，以至很多创意落实在陈明达的著作中而得以言传。莫宗江从来不认为建筑是单纯的艺术，因为建筑首先是要有经济基础的工程技术，艺术是建筑设计创新的自然结果。像仅留下片言只语的“外师造化中得心源”的张璪以及“美不自美因人而彰”的柳宗元一样，莫宗江系统深入的思想理论不多 ，但觉悟隽永。此乃其特色也。（图7至图9）

图8 莫宗江1994年绘圆明园遗址

图9 莫宗江与林徽因合作设计景泰蓝之草图之一

Missing
—in Memory of Architectural Historian Mr. Mo Zongjiang
错过
——纪念建筑史学家莫宗江先生

徐怡涛[*] （Xu Yitao）

图1 作者在莫宗江先生百年纪念会上发言

图2 作者的父亲徐伯安教授

图3 已故清华大学教授徐伯安先生考察民居建筑

摘要：古建不是书斋能盛下的学问，带领学生进行广泛的测绘之后，我对莫先生过人的测绘能力有了直接的感受。走近梁先生、莫先生、徐先生，向他们汇报最新的成果，他们是了解人生、熟悉专业的智者，他们是传递学术薪火的长者。

关键词：莫宗江，梁思成，古建筑测绘

Abstract: Since the knowledge of ancient architecture cannot be fully learned only in the classroom, I guided my students in extensive surveying and mapping, after which I have gained direct perception of Mr. Mo's extraordinary ability of surveying and mapping. When approaching Mr. Liang, Mr. Mo and Mr. Xu, and reporting the latest achievements to them, I knew that they were wise men who understood life and their profession. They were the seniors passing the academic torches.

Keywords: Mo Zongjiang; Liang Sicheng; Surveying and mapping of ancient buildings

图4 2005年北京大学考古系陵川礼义镇测绘1

首先，感谢主办方，在莫宗江先生诞辰100周年纪念会上给我发言的机会，让我得以抒发晚辈对先辈的情怀。（图1）

清华，对于大多数人来说，是耳熟能详、享誉中外、人才辈出的学府，但对我来说，始终是充满回忆的家园。这回忆不仅有温馨，也有苦涩，甚至忧伤。

作为家属，我在清华园前后生活了近四十年，小时候，我熟悉清华园每一片草坪、池塘，知道哪里是蜻蜓最喜欢落脚的地方。我也时常跑进建筑系所在的主楼，在大人们中间玩着坐电梯、藏猫猫的游戏。我还记得，在建筑历史教研室，当年被称为小廖、小李的阿姨，时常会塞给我几张清华自制汽水的水票，那是孩子们最喜欢的饮料，我们会兴高采烈地去打上满满的几大壶。

但是，如果时光能够倒回，再到当年的历史组，我会做些什么呢？我想，我应该弥补我的错过。设想在一个充满阳光的午后，安静地站在那里，等那些值得尊敬的先生们到来，如果见到莫先生，我或许会请教些问题，或许只是呆呆地望着，心中想象着莫先生徒手攀援斗拱，站上应县木塔之巅的神采，那将是多么幸福的时刻。然而，童年的烂漫竟让我错过了与先生的交集。

作为历史组的子弟，时常会听到父母说起莫先生，但深入了解莫先生，是在系统学习建筑历史，有了大木作研究经验之后。1999年，我进入北京大学考古系，师从宿白先生，宿白先生曾亲自安排我去实地考察并研究涞源阁院寺文殊殿，并吩咐道，“一定要读莫先生的文章”，这是我深入研读莫先生作品的开

* 北京大学考古文博学院副教授

图5 2005年北京大学考古系陵川礼义镇测绘2

图7 2011年5月14日作者在万荣稷王庙大殿发现北宋天圣题记现场照片

图6 2005年北京大学考古系陵川礼义镇测绘3

图8 2011年5月万荣稷王庙测绘现场读碑的北大学生

图9 2011年5月北大师生在万荣稷王庙测绘合影

端，其后，对《营造学社汇刊》《白沙宋墓》等研究文献的反复研读，更加深了我对莫宗江先生学术成就的认知。（图2、3）

古建不是书斋能盛下的学问，带领学生进行广泛的测绘之后，我对莫先生过人的测绘能力有了直接的感受。北大文物建筑专业白手起家，从零做起，虽历经艰苦，但也颇能让我们与营造学社筚路蓝缕的前辈们建立某种情感上的契合，例如，2005年，当不少学校已使用全站仪、三维扫描仪测绘古建时，我们仍只能依靠最基本甚至简陋的手工测绘工具，为了测量古建筑屋顶的举折、翼角的冲翘，在礼仪镇崔府君庙北宋山门，那残破而高挑的楼阁屋面之上，我和学生们小心翼翼地经历着各种风险。相似的经历使我想起，梁先生和莫先生在测绘应县木塔时那过人的勇气和矫健的身姿，相比之下，深感吾辈不及前辈者远矣，他们的身影竟是那样难以企及。（图4~6）

时光荏苒，一瞬百年，古建或仍健在，斯人却已不存，当人们赞叹壮美的古建筑，感受历史文化的魅力时，又有几人能想到，那些为研究和保存古建筑而付出艰辛乃至生命的人呢？斯人斯事，或埋藏于故纸之间，或遗忘于后代心头，人们习惯为捐资者勒石，但有谁，为那些踏遍千山的捐心人立碑？他们应该被遗忘吗？有了他们，尚不免雨花宫之哀，若没了他们，中华大地又将是何等景象？

1999年冬，在我完成涞源阁院寺现场调查后不久，听到莫宗江先生去世的噩耗。本来，曾计划着向先生当面请教阁院寺的问题，但造化弄人，天人已隔，这又一次的错过，就是宿命的安排吧。

古建之路上的宿命，就是这样无奈。2011年5月，当我带队完成万荣稷王庙测绘，准备启程返京，计划将发现北宋天圣题记，验证既往研究的消息，向一直鼓励我的徐苹芳先生汇报时，收到了徐苹芳先生辞世的通报。而我自己的父亲徐伯安先生呢，2001年秋冬，我带领北大第一届古建本科生在山西平顺测绘，当我站上父亲曾经测绘研究过的平顺龙门寺大殿屋顶时，父亲正在北医三院的病榻上与病魔做着最后的抗争。这次测绘实习，新生的北大文物建筑专业取得了专业创建以来的首个田野发现，一座宋末金初的三开间悬山建筑——平顺回龙寺大殿，但是，曾积极建设北大文物建筑专业的父亲，却在我们取得这一发现后不久即离开了我们。1年半后，我执笔的平顺回龙寺测绘研究报告得以发表，我想知道，父亲在天堂能看到吗？（图7~9）

古建研究之路上，一次一次获得，又一次一次错过。多么渴望有一个时空，能让我走近梁先生、莫先生、徐先生，向他们汇报最新的成果，或叙说行路的艰难，在他们慈祥的目光里，沐浴久违的春风，在那里，坦诚而自然，不会因异见而受打击，更不会因成就而遭忌惮，因为他们是了解人生、熟悉专业的智者，因为他们是传递学术薪火的长者，或许还因为，在他们的眼里，我永远是那个在清华园里追逐蜻蜓的少年。

但我知道，这是不可及的奢望，在我们的时空里，探寻历史真相的人，注定要承受孤单。因为，历史的真相沉寂于黑暗，拒绝一切世俗的手段，谁能买回一寸光阴？谁又能命令时光回转？只有发愿者的诚心可以进入历史的宫墙，用内心的光明，照亮真相的殿堂，而宿命，始终在设计着最残酷的境遇，激发出我们内心最大的光明。

身处黑暗，心存光明，在建筑历史之路上，承担宿命。这是梁先生、莫先生、徐先生和我们，共同的宿命。

在此，借用本人在《山西万荣稷王庙建筑考古研究》一书后记中的一段话与同道共勉：

“这世界上有种高贵的精神在人间传承，如丝如缕，但从未断绝，那是在鲁班挥动雷霆之斧之时，那是在司马迁落下如椽之笔之时，那是在我们凝望着古建筑而为之泪流满面之时。”

最后，再次感谢清华大学建筑学院，让身处暗夜的我，重拾故乡的温情。

成稿于北京大学燕北园

2016年9月4日凌晨

Study of Ancient Building Surveying and Mapping Drawings by Mr. Mo Zongjiang (I)
—Centennial Commemoration of the Birth of Mr. Mo Zongjiang

莫宗江先生古建筑测绘图考（上）
——为纪念莫宗江先生百年华诞而作

殷力欣*（Yin Lixin）　耿 威**（Geng Wei）

摘要：依据古建筑实例调查所获取的资料（测稿、草图、照片等）绘制古建筑测绘图（含足尺模型图）是中国营造学社的一项重要的工作，在某段时期内甚至是学社的核心工作，因为这项工作不仅仅是古建筑基础性资料的储备，其绘制过程本身就是研究的过程，许多问题的发现、许多研究成果的取得，都是在绘图过程中实现的。辨析营造学社古建筑测绘图中莫宗江先生的作品及风格，对研究中国建筑史学史有着重要意义。

关键词：中国营造学社，莫宗江，古建筑测绘图

Abstract: Preparing ancient building surveying and mapping drawings (including full-scale model diagrams) in accordance with data (survey drafts, sketches, photos and others) obtained from the practical investigations of ancient buildings is an important work of the SSCA and was even the core work of the Society at a certain period, because it's not only the reserve of basic data of ancient buildings but also the process of research, during which many problems may be found and many research achievements may be attained. The analysis of Mr. Mo Zongjiang's ancient building surveying and mapping drawings from the SSCA and the style of his works is substantially significant to the research of the Chinese historiography of architecture.

Keywords: Society for the Study of Chinese Architecture; Mo Zongjiang; Ancient building surveying and mapping drawings

缘起

"中国古代建筑史学术研讨会暨莫宗江先生100周年诞辰纪念会"于2016年9月10日在清华大学建筑学院举行。这次纪念会上，主办方向与会者赠送了一份特殊的礼物——《读库》杂志社编辑印行的线装本《梁思成〈图像中国建筑史〉手绘图》①。此书收录梁思成《图像中国建筑史》（"A Pictorial History of Chinese Architecture/Liang Ssu-ch'eng/edited by Wilma Fairbank"）文稿之原配测绘墨线图稿59帧（不含水彩渲染图稿和摄影稿），并由王南撰写前言《画栋描梁 图解营造》，以说明这批手绘图稿的来龙去脉。其图稿印刷甚为精美，几可乱真，受赠者莫不爱不释手，视其为研究中国建筑史学史的珍贵资料。不过，此书除署名梁思成著外，所收录各图的绘制者却并没有注明，这不能不说是一个不小的遗憾。当然，有关中国营造学社1932至1946年间的测绘图，现存原图稿大多没有绘制者署名（这批图稿中有若干张上留梁思成钤章，系收藏章而非署名），故编辑者作此举也似乎出于无奈。

笔者认为：中国营造学社对古代建筑进行研究，其中绘制测绘图的工作不仅仅是事务性的，其本身具

* 《中国建筑文化遗产》副总编辑。
** 《中国建筑文化遗产》编委。

①礼品用书，非正式出版物。

有研究方法、着眼点和审美趣味等的充分表现，独立性地体现了营造学社研究建筑史的阶段性成果，故甄别这些未明确（部分）署名的绘图作者，应是后学所应着手的一项梳理中国建筑史学史的研究工作。

适逢莫宗江先生百年华诞，笔者对中国营造学社历年测绘图（不包括测稿）作初步的梳理，重点辨析出自莫宗江先生手笔的图作，以此略表后学对前辈的纪念。

也正是在“中国古代建筑史学术研讨会暨莫宗江先生诞辰100周年纪念会”上，原河南省文物研究所所长杨焕成先生倡议：“请清华大学建筑学院和中国文化遗产研究院等单位能够把这些营造学社调查古建石刻等不可移动文物的弥足珍贵的资料和研究成果整理出版。我也反复考虑了，这项工作既是抢救文化遗产，也将使沉睡在档案资料室里的这部分资料活起来。”清华大学建筑学院教授郑光中也具体提议：“我们现在歌颂莫先生不计名、不计利，一辈子任劳任怨，隐姓埋名，这是一个好的品德，我们应该歌颂，应该向他学习。但是，反过来说，我们不应该剥夺了莫先生的知识产权。营造学社那些图，画了这么多，这么艰辛，这么不容易，趁我们这些老人还没死绝的时候赶快抢救，能够回忆的尽量回忆，哪怕不准确。我认为把不准确的意见写上，也总比全死光以后，后人想考据都没法考据要好。”笔者的这篇“考略”算是对二位长者的响应。不当之处，敬请指正。

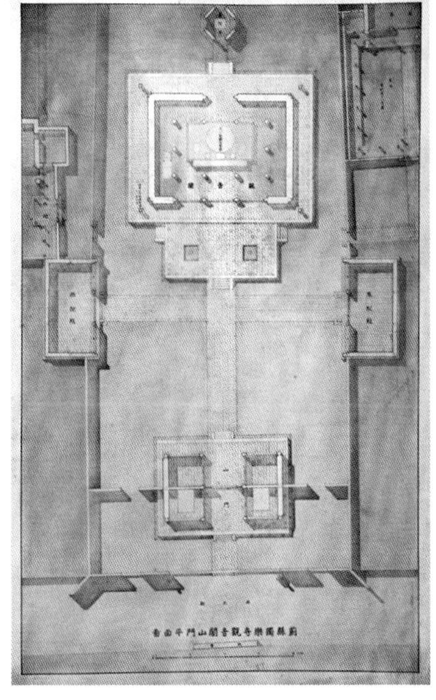

图1-1 独乐寺平面图——梁思成绘

一、《图像中国建筑史》中的莫宗江绘图

依据古建筑实例调查所获取的资料（测稿、草图、照片等）绘制古建筑测绘图（含足尺模型图）是中国营造学社的一项重要的工作，在某段时期内甚至是学社的核心工作，因为这项工作不仅仅是古建筑基础性资料的储备，其绘制过程本身就是研究的过程，许多问题的发现、许多研究成果的取得，都是在绘图过程中实现的。学社成员梁思成、刘敦桢、刘致平、陈明达、莫宗江、邵力工、赵正之、王璧文、卢绳、叶仲玑、王世襄、罗哲文等都曾参与过这项工作，而以梁思成、刘敦桢、莫宗江、陈明达、刘致平等五人为主要从事者，尤以莫宗江、陈明达二人出力最多（二人绘图数量合计约占全社绘图量的70%以上）。不过，辨析中国营造学社古建筑测绘图的具体绘制者是一件具有相当难度的工作。原因有三：其一，除梁思成、刘敦桢和陈明达三人有部分署名图纸外，大部分绘图均无署名；其二，当时学社要求正式出图要有大致相同的“学社风格”，甚至要求工程字选用汉隶字体；其三，刘致平、莫宗江、陈明达、赵正之、邵力工、王璧文等学习绘图的启蒙老师均是梁思成先生，也都受到过刘敦桢先生的指导和具体的制图要求，故师生之间、同门弟子之间，在绘图手法上共同点很多而差异微妙。

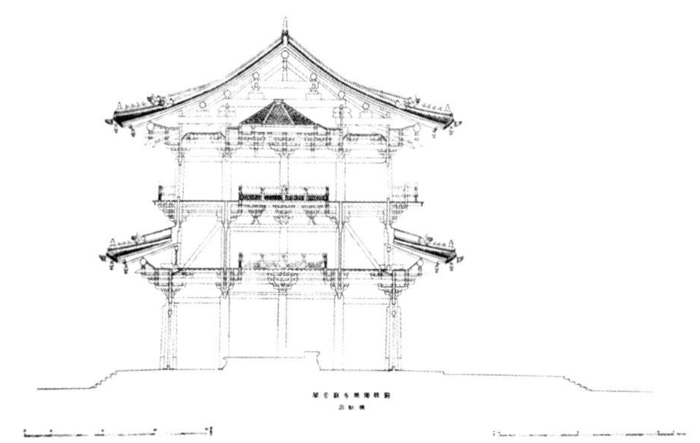

图1-2 梁思成绘独乐寺观音阁1

尽管如此，这项辨析工作也不是完全没有头绪。首先,每个人的文化修养还是有差异的，突出的一点，是表现在各自笔迹上的书写习惯，如：梁思成先生的书法似乎以赵体正楷为根基，行书方面则偏好苏轼等宋人笔墨；刘敦桢书法以颜真卿为根基，取颜体之端正大方，行书方面兼采宋明诸家，表现在绘图上以严谨见长；陈明达同样以颜体正楷起家，行草亦宗颜氏，但趣味上更偏好颜字之厚重，以至于其汉隶风格的工程字也趋于朴拙沉郁；莫宗江则从东晋二王入手，无论魏碑、唐宋名家、直至明代文徵明，博采众家之长，但基本趣味犹如魏晋名士之潇洒通脱……其次，在绘制古建筑测绘图的着眼点上，则每个人因研究方向的差异，在表现内容方面也存在着侧重、取舍等方面的差异。为此，笔者在本文中选取可以确认的各家的部分绘图，暂列如下，作为甄别其余的标本。

1. 梁思成著《蓟县独乐寺观音阁山门考》《宝坻县广济寺三大士殿》二文中所附插图，基本可以确定为梁思成先生1932年绘制。此二文初刊于《中国营造学社汇刊》第三卷第一、三期。此时，莫宗江、陈明达等在学习阶段，尚未正式绘制测图。（图1-1~图1-5：《蓟县独乐寺观音阁山门平面图》等，梁思成绘）

2. 刘敦桢先生绘图较少，可确认者散见《中国营造学社汇刊》所载《河北定兴石柱村北齐石柱》《河南北部古建筑调查记》等文所附若干插图。基本可以确定为刘

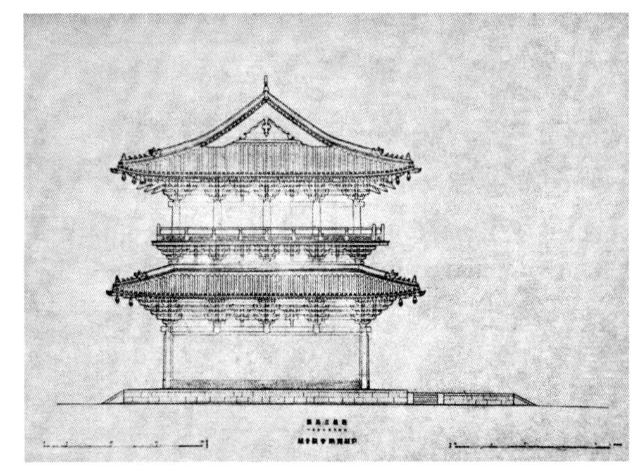

图1-3 梁思成绘独乐寺观音阁2

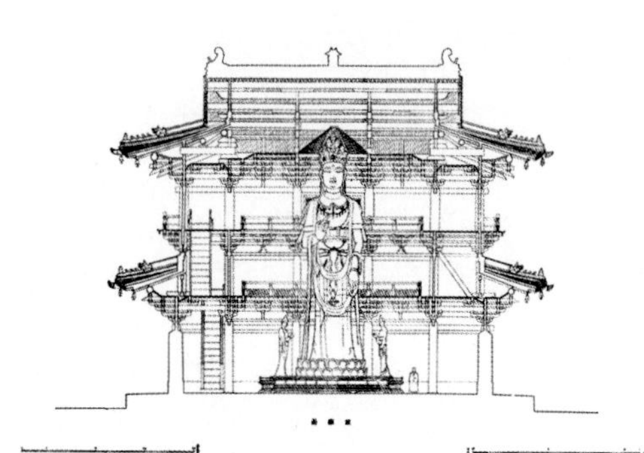
图1-4 梁思成绘独乐寺观音阁3

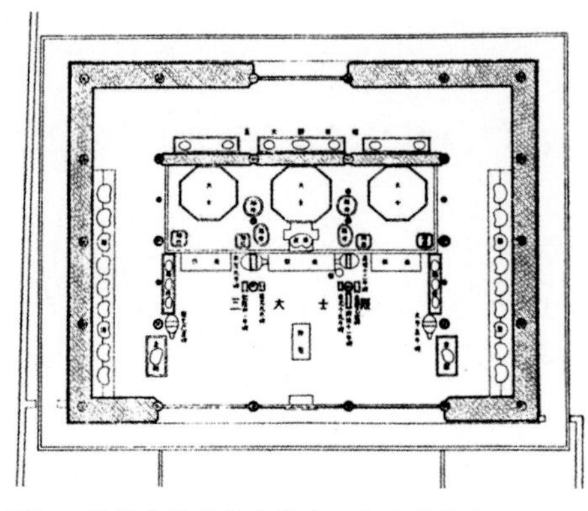
图1-5 梁思成绘宝坻广济寺三大士殿平面

敦桢先生1932—1937年间绘制的测图计有：《北齐石柱》《郭巨墓石室》《曲阳北岳庙德宁殿》《告成镇测景台》等，其中《告成镇测景台》可能是刘敦桢与陈明达合作绘制（图中墙体肌理之表现为刘敦桢惯用手法，而数码字则为陈明达惯用风格）。（图2-1~图2-5：《河北定兴石柱村北齐石柱》等，刘敦桢绘）

3.《中国营造学社汇刊》第七卷第二期《成都清真寺》所附插图，亦可确认为刘致平手笔。

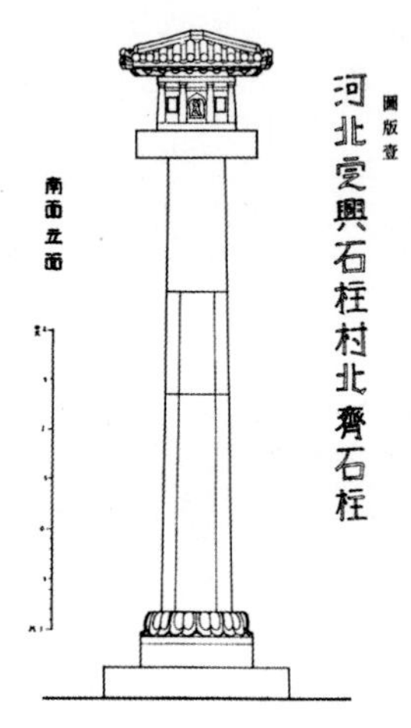

图2-1 刘敦桢绘北齐石柱1

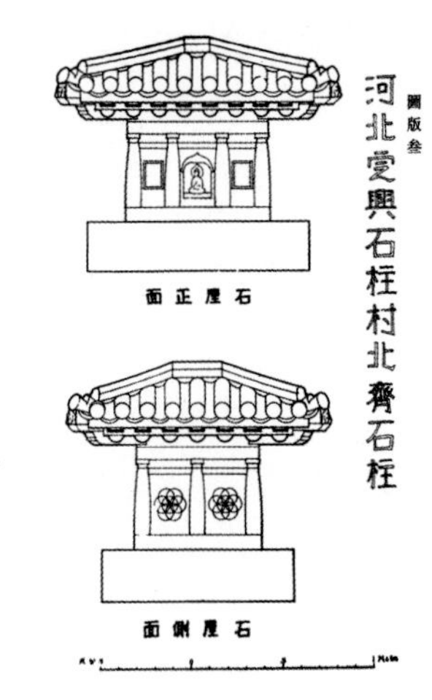

图2-2 刘敦桢绘北齐石柱2

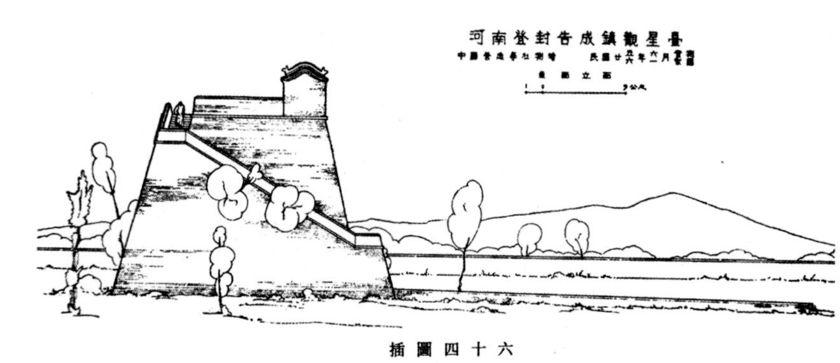

图2-3 刘敦桢、陈明达绘——登封测景台1

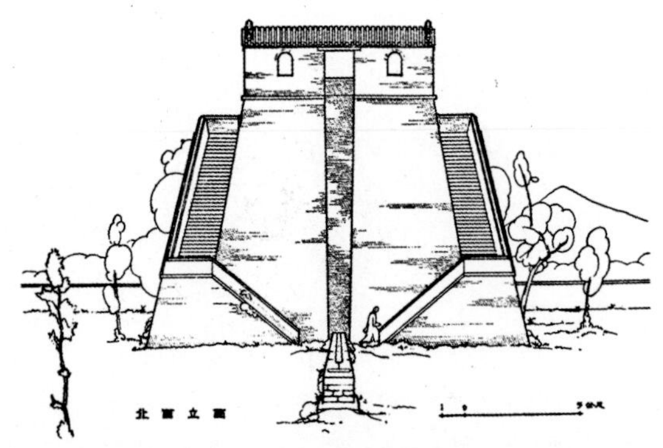

图2-4 刘敦桢、陈明达绘——登封测景台2

而“云南麦地村民居图”等图，基本可以确定为刘致平先生1939年绘制于云南昆明，原图藏于清华大学建筑学院资料室，刊载于《未完成的测绘图》。（图3-1~图3-4：《《云南麦地村民居图》等，刘致平绘）

4.《应县木塔模型图》共62张，有明确的陈明达署名，1942年绘制于四川宜宾

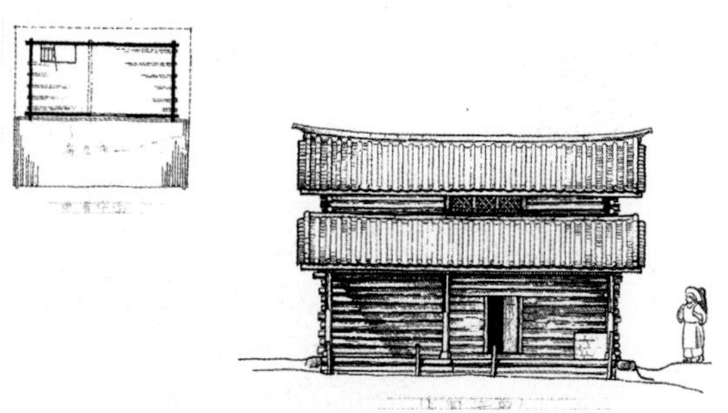
图2-5 刘敦桢云南马鞍山民居图稿

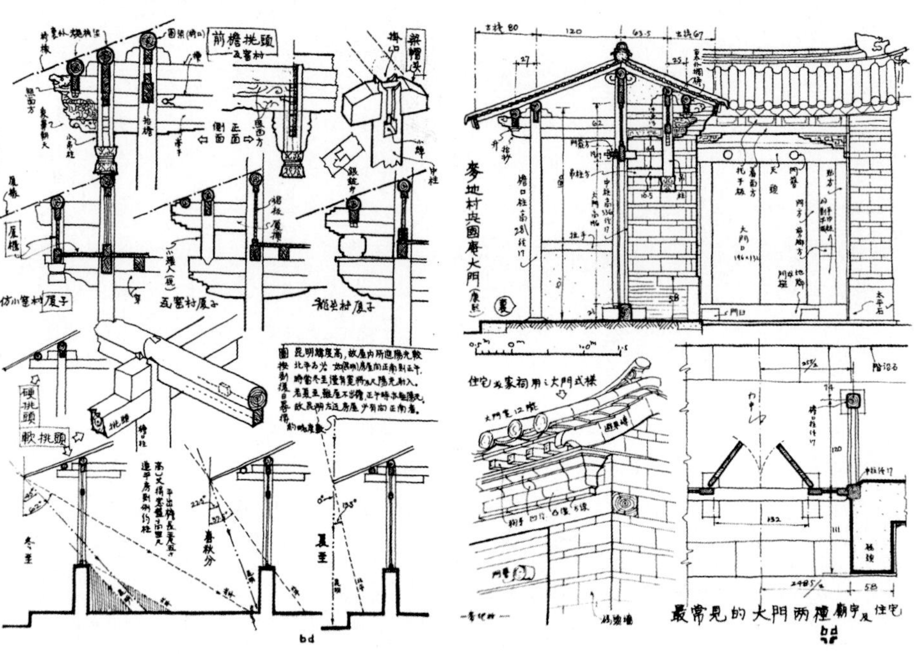

图3-1 刘致平测绘图1

图3-2 刘致平测绘图2

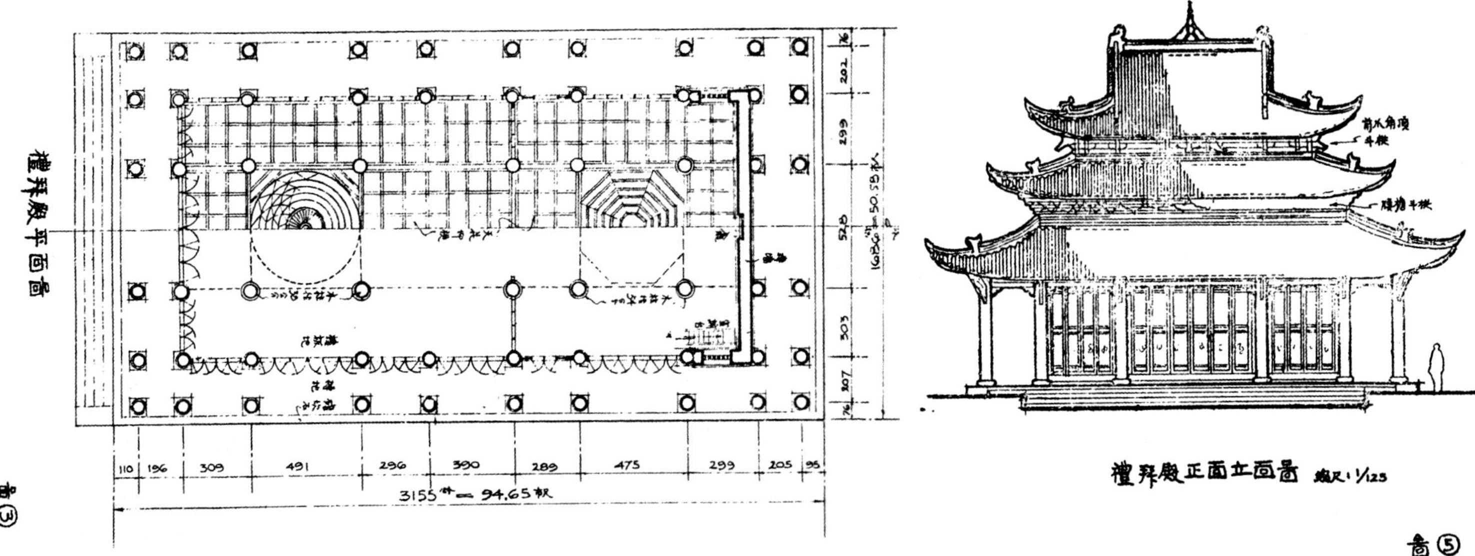

图3-3 刘致平绘——成都清真寺1

图3-4 刘致平绘——成都清真寺2

李庄，原图藏南京博物院，中国文化遗产研究院藏晒蓝图副本。另有《彭山崖墓》图稿，系陈明达先生1942年参加彭山崖墓考古发掘期间所作（今由笔者捐献至重庆三峡博物馆），与陈明达代表作《应县木塔》风格一致，甚至工程字、数码字等，都可见其独特运笔。（图4-1~图4-5：应县木塔模型图等，陈明达绘）

5.《山西榆次永寿寺雨花宫》，基本可以确定为梁思成、莫宗江等于1937年测量，莫宗江于1942年绘制，初刊于《中国营造学社汇刊》第七卷第二期；而成都王建墓测绘图部分原图稿现在仍存于莫先生子女家中，出自其手笔更无疑义。此外，现存应县木塔斗拱图等，可做参考（图5-1~图5-6：雨花宫模型图等，莫宗江绘）

比较上述五人的绘图范本，参照各自的运笔习惯，大致可初步区分彼此之间的差异。（图6-1~图6-5：梁刘等五人图稿中的工程字与数码字范例）据此对照此次

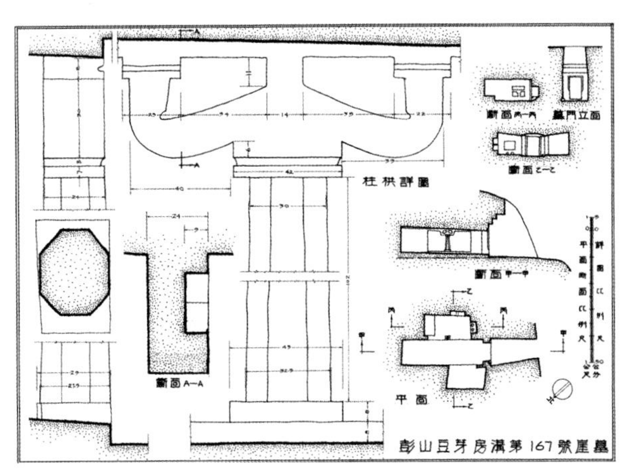

图4-1 陈明达绘——彭山崖墓第167号崖墓

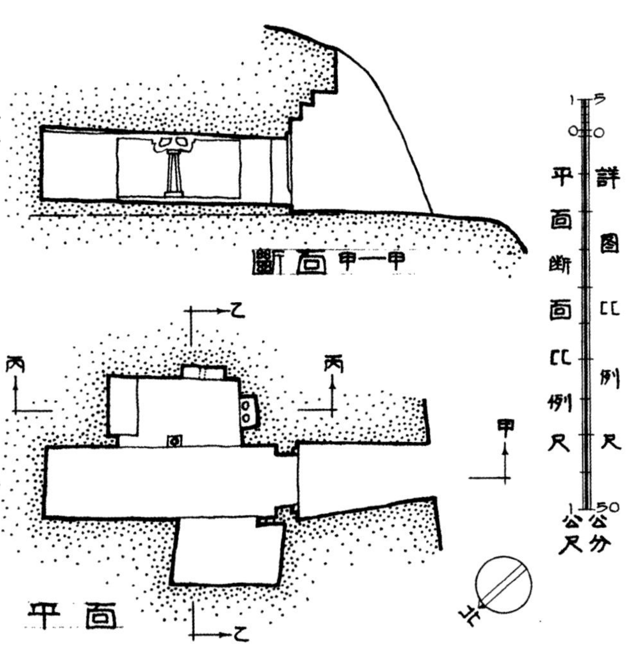

图4-2 陈明达绘——彭山崖墓第167号崖墓——细部

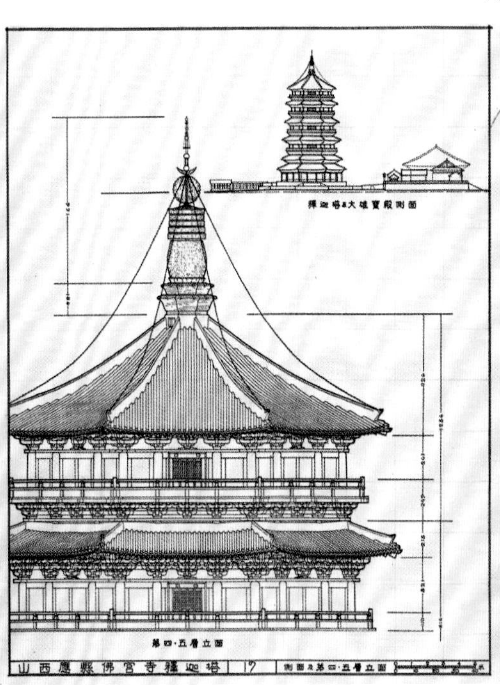

图4-3 陈明达绘——应县木塔测绘图之一

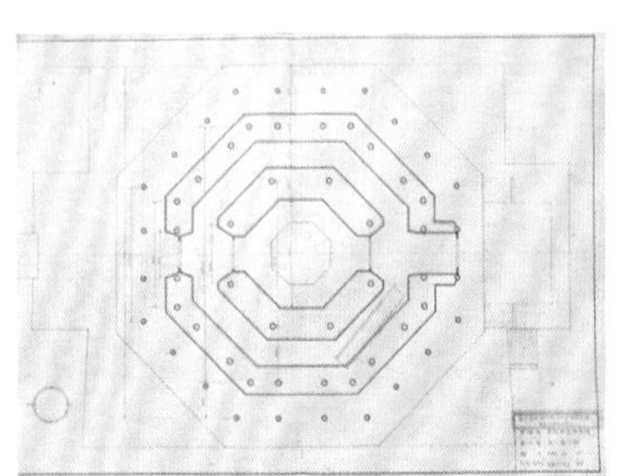

图4-4 陈明达绘——应县木塔模型图第一层平面

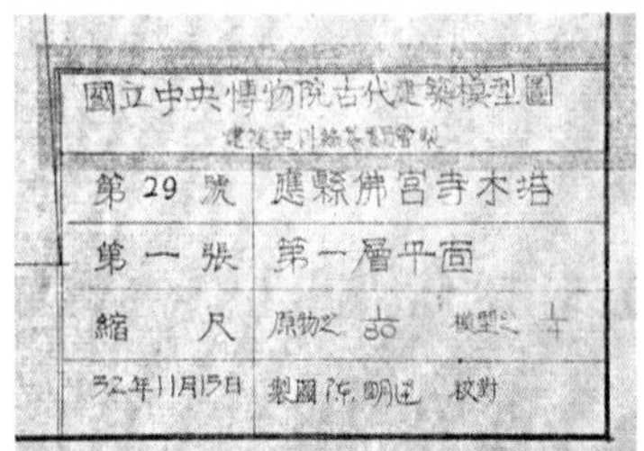

图4-5 陈明达绘——应县木塔模型图第一层平面——署名

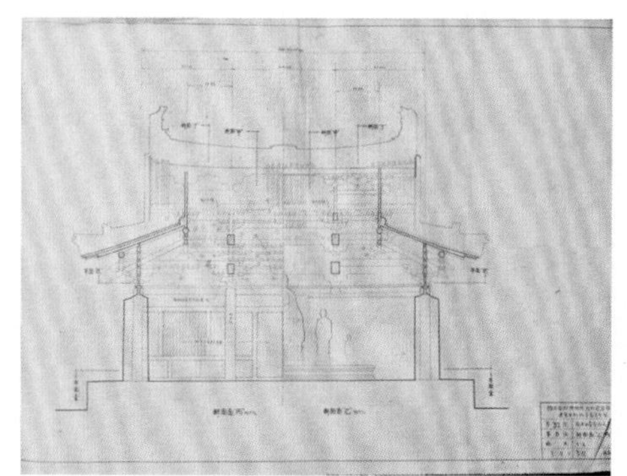
图5-1 莫宗江绘——雨华宫断面图乙丙

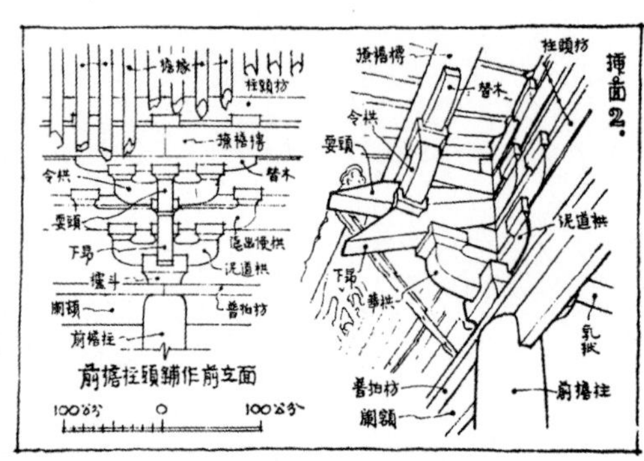
图5-2 莫宗江绘——雨华宫插图

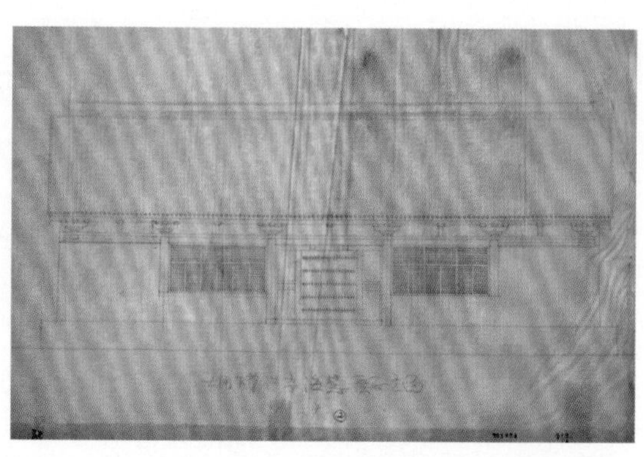
图5-3 莫宗江绘——海会殿图1

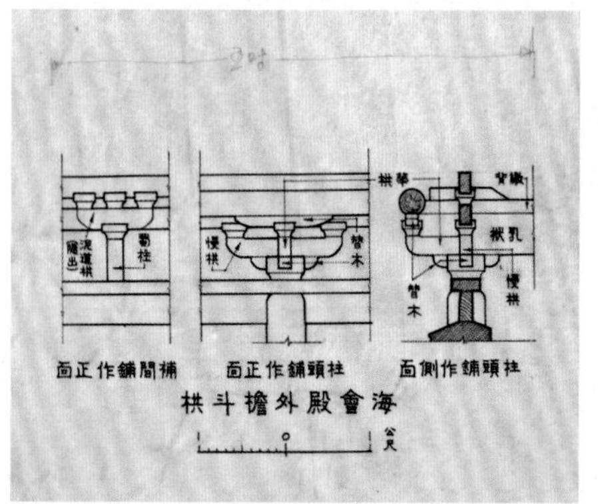

图5-4 莫宗江绘——海会殿图2

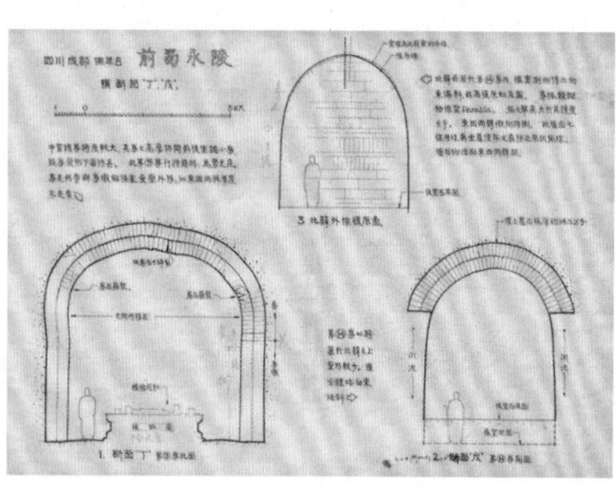

图5-5 莫宗江绘——王健墓1

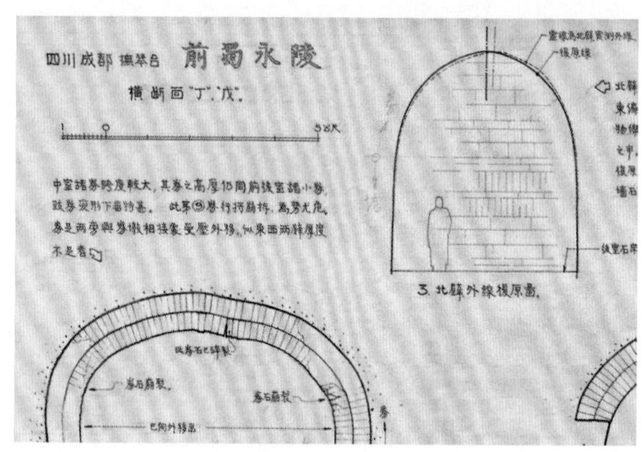

图5-6 莫宗江绘——王健墓2——细部

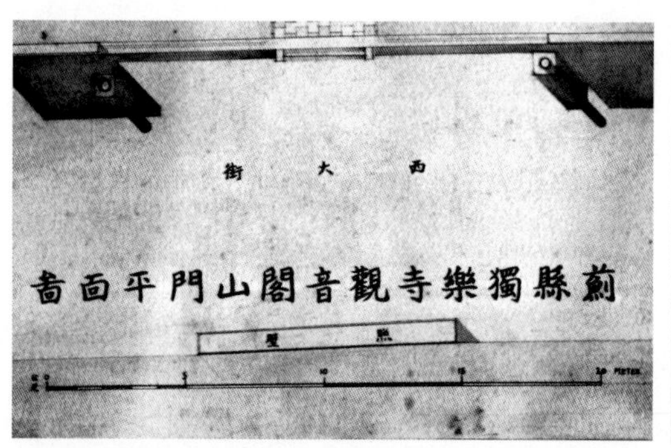

图6-1 梁思成工程字数码字范例

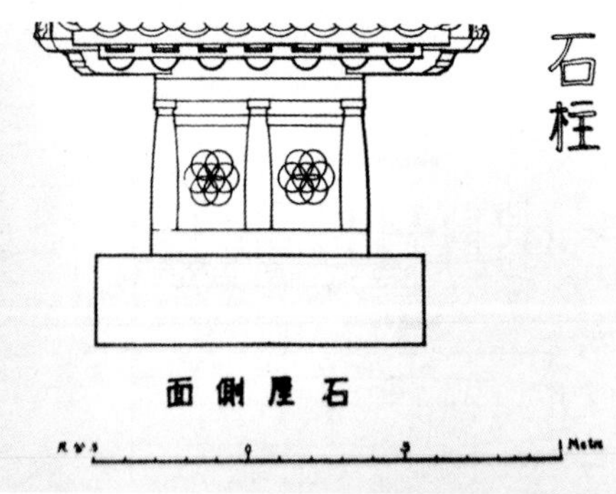

图6-2 刘敦桢工程字数码字范例

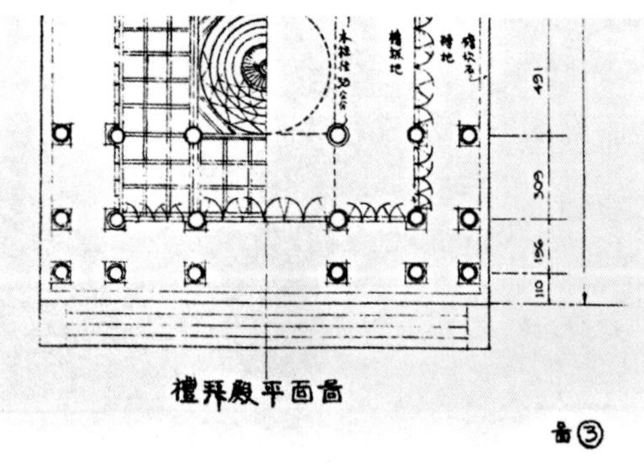

图6-3 刘致平工程字数码字范例

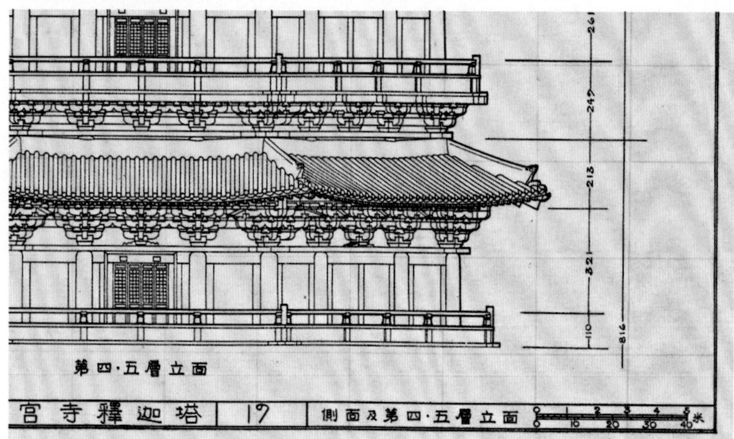

图6-4 陈明达绘——应县木塔测绘图之一——副本

印行的《〈图像中国建筑史〉手稿图》，笔者初步判断如下：总共59张手绘图稿均出自梁思成、莫宗江二人手笔，其中出自梁思成先生手笔者8张，计有原绘图稿6张、摹绘古代绘画者2张；可确认为莫宗江手笔者51张，计有原绘图稿29张、据学社其他人原图稿重绘或摹绘古代绘画者22张。具体到每张图稿的性质，又可分为三种情况。

1．梁莫二人各自的原创性图稿。如梁思成绘《历代佛塔型类演变图》，莫宗江绘《中国建筑主要部分名称图》《佛光寺文殊殿平面断面》等。

2．对古代绘画（汉画像砖石、敦煌壁画、古建筑装饰线刻等）的摹写图稿。如莫宗江摹绘《探桑猎钫拓本宫室图》、梁思成摹绘《唐代佛殿图》等。

3．据学社其他成员原图稿所作的重绘图稿。如：《汉墓石室》《齐隋建筑遗则》《云南镇南县井干构民居》《登封告成镇测景台》等图稿上署名“刘敦桢测绘”，而工程字、数码字等似乎是莫宗江风格；《汉崖墓建筑及雕饰》注明“陈明达未刊稿”，而工程字、数码字等与陈明达的笔迹有差别，大致可知这几幅图稿是莫宗江据刘、陈原图重绘。

而之所以有重绘图稿，原因有二：《图像中国建筑史》系英文书稿，所附图稿也须有英文说明；更重要的是，借此撰写建筑通史之机，对学社历年绘图作一次通览性的修订（其中也包括对梁莫之前绘图的自我修订，如莫宗江对梁思成原绘蓟县独乐寺、宝坻三大士殿等图稿的修订）。

兹列表如下。

基本上出自莫宗江手笔者在80%以上（含原绘、重绘和摹绘）。故梁思成《图像中国建筑史·前言》中说：“我也要对我的同事、营造

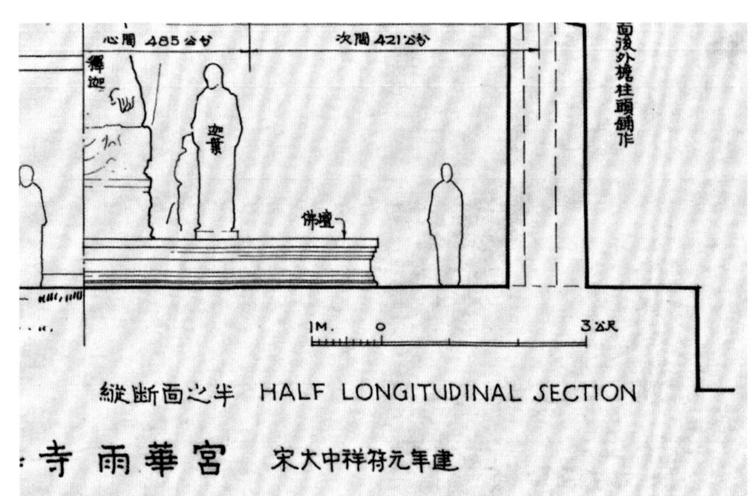

图6-5 莫宗江工程字数码字范例

读库新版《〈图像中国建筑史〉手绘图》目录

序号	图名	绘图者	绘图背景说明
1	中国建筑主要部分名称图	莫宗江绘	
2	中国建筑之ORDER	莫宗江绘	
3	宋营造法式大木作制度图样要略	莫宗江绘	
4	清工程做法则例图样要略	莫宗江重绘	《清式营造则例》有梁思成初绘图
5	安阳殷墟宫殿遗址平面图	梁思成摹绘	
6	探桑猎钫拓本宫室图	莫宗江摹绘	
7	汉崖墓建筑及雕饰	陈明达原图，莫宗江重绘	1942年，陈明达参加中央博物院彭山崖墓考古发掘。陈明达1943年著《崖墓建筑》有类似绘图
8	汉石阙数种	陈明达等原图，莫宗江重绘	1936年刘敦桢、陈明达、赵正之考察河南登封汉代石阙；1939年9月刘敦桢、梁思成、陈明达、莫宗江等考察四川汉阙 营造学社为中央博物院绘制《中国古建筑模型图》中，有陈明达署名绘制汉阙图，风格相近，而工程字、数码字有差异（此图之构图似陈明达署名所绘模型图，而笔迹似莫宗江）
9	汉墓石室	刘敦桢原图，莫宗江重绘	1936年10月，刘敦桢、陈明达、赵正之等考察山东肥城孝堂山郭巨祠，有类似绘图，此图署名刘敦桢，而笔迹则似莫宗江
10	汉明器建筑物数种	陈明达原图，莫宗江重绘	陈明达作《崖墓建筑》曾绘类似图纸。此图中四阿顶之瓦屋，系彭山考古出土文物
11	汉画像石中建筑物数种	莫宗江摹绘	
12	云冈石窟所表现之北魏建筑	莫宗江绘	1933年9月，梁思成、刘敦桢、林徽因、莫宗江等考察
13	齐隋建筑遗则	刘敦桢原图，莫宗江摹绘	1934年9月，刘敦桢、莫宗江、陈明达考察河北定兴北齐石柱，有类似绘图，此图署名刘敦桢，而笔迹则似莫宗江
14	历代木构建筑外观演变图	莫宗江绘	
15	历代殿堂平面及列柱位置比较图	莫宗江绘	
16	唐代佛殿图	梁思成摹绘	
17	敦煌石室画卷中唐代建筑部分详图	莫宗江绘	
18	山西五台山佛光寺大殿纵断面——西立面	莫宗江绘	1937年6月发现，梁思成、林徽因、莫宗江、纪玉堂等测绘
19	山西五台山佛光寺大殿横断面	莫宗江绘	图右下角有“梁思成等测绘”字样。按笔迹看，绘制者是莫宗江
20	蓟县独乐寺观音阁平面断面	梁思成原图，莫宗江重绘	可参阅梁思成《蓟县独乐寺观音阁山门考》附图与本土之差异
21	蓟县独乐寺山门平面断面	梁思成原图，莫宗江重绘	可参阅梁思成《蓟县独乐寺观音阁山门考》附图与本土之差异
22	宝坻三大士殿平面断面	梁思成原图，莫宗江重绘	可参阅梁思成《蓟县独乐寺观音阁山门考》附图与本土之差异
23	大同善化寺总平面	梁思成绘	1933年9月，梁思成、刘敦桢、林徽因、莫宗江、陈明达等初次考察
24	善化寺大雄宝殿平面断面	莫宗江绘	同上
25	历代斗拱演变图	莫宗江绘	
26	雨华宫立面纵断面	莫宗江绘	1937年6月，梁思成、林徽因、莫宗江、纪玉堂等考察

序号	图名	绘图者	绘图背景说明
27	雨华宫平面断面	莫宗江绘	同上
28	隆兴寺转轮藏殿平面断面	莫宗江绘	1933—1936年，梁思成、莫宗江、林徽因、刘敦桢、陈明达、赵正之、王璧文等先后多次考察河北正定等地古建筑，隆兴寺为重点项目之一
29	少林寺初祖庵平面及铺作	刘敦桢原图，莫宗江重绘	1936年5月，刘敦桢、陈明达、赵正之等考察河南登封少林寺初祖庵等，有类似绘图，笔迹似刘敦桢，而此图笔迹则似莫宗江
30	历代耍头（梁头）演变图	梁思成绘	
31	历代普拍方演变图	梁思成绘	
32	佛光寺文殊殿平面断面	莫宗江绘	1937年6月发现，梁思成、林徽因、莫宗江、纪玉堂等测绘
33	善化寺山门平面断面	莫宗江绘	1933年9月，梁思成、刘敦桢、林徽因、莫宗江等初次考察
34	曲阜孔庙碑亭平面断面	莫宗江绘	1935年梁思成、莫宗江测绘，梁思成拟修缮计划
35	正定阳和楼横断面	梁思成绘	1933年，梁思成、莫宗江等首次考察河北正定等地古建筑
36	曲阳北岳庙德宁殿平面	刘敦桢原图，莫宗江重绘	1935年5月，刘敦桢、陈明达、赵正之考察
37	明长陵祾恩殿平面断面	北平市政工务局原图，莫宗江重绘	1934年前后，莫宗江、陈明达、王璧文等在北平市政工务局兼职从事北平地区古建筑测绘
38	曲阜孔庙奎文阁平面断面	莫宗江绘	1935年梁思成、莫宗江测绘，梁思成拟修缮计划
39	曲阜孔庙大成殿平面断面	莫宗江绘	同上
40	曲阜至圣庙平面	莫宗江绘	同上
41	清故宫三殿总平面	莫宗江绘	同上
42	清故宫文渊阁平面断面	梁思成原图，莫宗江重绘	1932年蔡方荫、刘敦桢、梁思成等拟文渊阁修缮计划
43	云南镇南县井干构民居	刘敦桢原图，莫宗江重绘	1938年11月，刘敦桢、陈明达、莫宗江考察滇西北古建筑
44	历代佛塔型类演变图	梁思成绘	
45	佛光寺祖师塔	莫宗江绘	1937年6月发现，梁思成、林徽因、莫宗江、纪玉堂等测绘
46	嵩岳寺塔平面	陈明达原图，莫宗江重绘	1936年5月，刘敦桢、陈明达、赵正之等考察
47	吴县罗汉寺双塔	刘敦桢原图，莫宗江重绘	1935年8月，刘敦桢考察苏州古建筑
48	宜宾旧州坝白塔	莫宗江绘	1943年，莫宗江、卢绳测绘
49	佛光寺晚唐两经幢	梁思成绘	1937年6月发现，梁思成、林徽因、莫宗江、纪玉堂等测绘
50	北平碧云寺金刚宝座塔	莫宗江绘	1934—1936年，陈明达、莫宗江、王璧文等陆续测绘北平古建筑
51	宜宾无名宋墓	莫宗江绘	1944年，莫宗江、王世襄、罗哲文考察
52	明长陵总平面	北平市政工务局原图，莫宗江重绘	1934—1936年，陈明达、莫宗江、王璧文等陆续测绘北平古建筑
53	清昌陵地宫断面及平面	样式房雷氏原图，莫宗江重绘	
54	太原永祚寺砖殿平面	莫宗江绘	1934年8月，梁思成、林徽因考察
55	赵县安济桥	莫宗江绘	1933年11月，梁思成、莫宗江考察
56	赵县永通桥	莫宗江绘	同上
57	清官式三孔石桥做法要略	梁思成绘	
58	四川灌县安澜桥	莫宗江绘	1939年9月至1940年2月，刘敦桢、梁思成、陈明达、莫宗江等考察四川古建筑
59	登封告成镇测景台	刘敦桢、陈明达原图，莫宗江重绘	1936年5月，刘敦桢、陈明达、赵正之等考察

学社副研究员莫宗江先生致谢。我的各次实地考察几乎都有他同行；他还为本书绘制了大部分图版”，所言不虚。

又，梁思成《图像中国建筑史》作于1940至1945年左右，今流行版本有二：其一，英文版“A Pictorial History of Chinese Architecture/Liang Ssu-ch'eng/edited by Wilma Fairbank”，初版于1984年，系费慰梅在原稿原附手绘图的基础上，与当时尚健在的莫宗江、陈明达等人商议，酌情添加了一些照片，共计插图80种229张；其二，梁从诫据英文版之汉译本，收录于《梁思成全集》第八卷[①]。（图7-1~图7-3：书影之英文版、中文版、手绘本）两版本选用插图一致，现完整统计并加简要说明，如下表。

①《梁思成全集》第八卷，北京，中国建筑工业出版社，2001年。

图7-1 1984年英文版《图像中国建筑史》

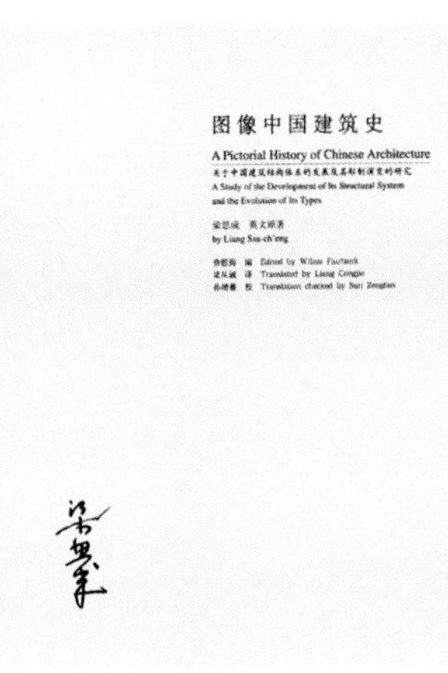

图7-2 2001年中文版《图像中国建筑史》

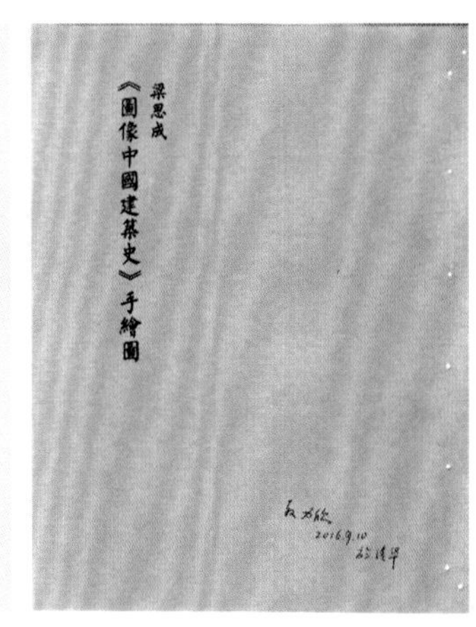

图7-3 2016年版《<图像中国建筑史>手绘图》

《图像中国建筑史》（中英文版）插图目录

序号	总张数	图名	英文版页码	中文版页码	备注
图1	1	中国建筑主要部分名称图	9	22	墨线图。莫宗江绘
图2	2	中国建筑之ORDER	10	23	墨线图。莫宗江绘
图3	3	屋顶的五种类型	11	24	墨线图。绘者不详
图4	4	断面图，表现出灵活的梁柱框架支撑着曲面屋顶	13	25	墨线图。绘者不详
图5	5	基本的托架装置（斗拱）	13	26	墨线图。绘者不详
图6	6	断面图，表现出斗拱和昂	13	26	墨线图。莫宗江绘
图7	7	宋营造法式大木作制度图样要略	16	30	墨线图。莫宗江绘
图8	8	清工程做法则例图样要略	19	32	墨线图。莫宗江绘
图9	9	探桑猟钫拓本宫室图	22	37	墨线图。莫宗江摹绘
图10	10	安阳殷墟宫殿遗址平面图	23	38	墨线图。梁思成摹绘
图11a	11	四川彭山江口镇附近汉崖墓建筑及雕饰——平面及详图	29	39	墨线图。陈明达原图，莫宗江摹绘
图11b	12	四川彭山江口镇附近汉崖墓建筑及雕饰——崖墓外景	29	40	照片。陈明达摄
图12	13	汉石阙	30	41	陈明达原图，莫宗江重绘
图13	14	独立式汉墓石室	30	42	刘敦桢原图，莫宗江摹绘
图14	15	汉明器建筑物数种	31	43	陈明达原图，莫宗江重绘
图15	16	汉画像石中建筑物数种	32	44	墨线图。莫宗江摹绘
图16	17	汉代陶制明器 纳尔逊-阿特金斯博物馆藏	32	45	照片
图17	18	云冈石窟中一座门的饰纹细部	34	46	照片
图18	19	云冈石窟所表现之北魏建筑	34	47	墨线图。莫宗江摹绘
图19	20	齐隋建筑遗则	35	48	墨线图。刘敦桢原图，莫宗江重绘
图20	21	历代木构建筑外观演变图	38	55	墨线图。莫宗江绘
图21	22	历代殿堂平面及列柱位置比较图	39	56	墨线图。莫宗江绘
图22	23	陕西长安大雁塔西门门楣石画像	41	57	墨线图。梁思成摹绘
图23	24	敦煌石室画卷中唐代建筑部分详图	42	58	墨线图。莫宗江绘
图24a	25	山西五台山佛光寺全景	44	59	照片。中国营造学社梁思成、莫宗江等摄①
图24b	26	山西五台山佛光寺大殿立面	45	60	同上
图24c	27	大殿外檐斗拱	45	61	同上
图24d	28	大殿前廊	46	61	同上
图24e	29	大殿内槽斗拱及梁	46	61	同上
图24f	30	大殿内槽斗拱及唐代壁画	47	61	同上

①摄影作者不确定时，注明中国营造学社摄或中国营造学社某某人等摄。下同。

序号	总张数	图名	英文版页码	中文版页码	备注
图24g	31	大殿屋顶构架	47	62	同上
图24h	32	大殿女施主宁公遇像	47	62	同上
图24i	33	大殿愿诚和尚像	47	62	同上
图24j	34	山西五台山佛光寺大殿纵断面——西立面	48	63	墨线图。莫宗江绘
图24k	35	山西五台山佛光寺大殿横断面	49	63	墨线图。莫宗江绘（图左下角有“梁思成等测绘”字样）
图25a	36	蓟县独乐寺观音阁立面	50	64	照片。梁思成等摄
图25b	37	独乐寺观音模型	51	65	照片
图25c	38	独乐寺观音阁外檐斗拱	51	65	照片。梁思成等摄
图25d	39	独乐寺观音阁内部斗拱	51	65	照片。梁思成等摄
图25e	40	独乐寺观音阁观音像仰视	52	66	照片。梁思成等摄
图25f	41	独乐寺观音阁第三层内景	52	66	照片。梁思成等摄
图25g	42	独乐寺观音阁平面断面	53	67	墨线图。梁思成原图，莫宗江重绘
图26a	43	独乐寺山门——院内所见山门全景	54	68	照片。梁思成等摄
图26b	44	独乐寺山门正脊鸱吻细部	55	69	照片。梁思成等摄
图26c	45	独乐寺山门平面断面	55	69	墨线图。梁思成原图重绘，莫宗江重绘
图27a	46	辽宁义县奉国寺大殿全景	56	70	照片。中国营造学社征集
图27b	47	辽宁义县奉国寺大殿外檐斗拱	56	70	照片。中国营造学社征集
图28a	48	宝坻三大士殿外观面	57	71	照片。中国营造学社征集
图28b	49	宝坻三大士殿平面断面	57	71	墨线图。梁思成原图，莫宗江重绘
图29a	50	大同华严寺薄伽教藏殿正立面图	59	72	墨线图。莫宗江绘
图29b	51	大同华严寺薄伽教藏殿壁藏图	60	73	墨线图。莫宗江绘
图29c	52	大同华严寺薄伽教藏殿壁藏圜桥细部	61	74	照片。中国营造学社摄
图29d	53	大同华严寺薄伽教藏殿壁藏细部	61	74	照片。中国营造学社摄
图29e	54	大同华严寺薄伽教藏殿配殿斗拱中替木	61	74	墨线图
图30a	55	大同善化寺全景	62	75	照片。中国营造学社摄
图30b	56	大同善化寺总平面	63	76	墨线图。梁思成绘
图30c	57	大同善化寺大殿立面渲染图	64	77	水彩渲染图。莫宗江绘
图30d	58	大同善化寺大殿内梁架及斗拱	65	78	照片。中国营造学社摄
图30e	59	大同善化寺大殿平面及断面	65	78	水彩渲染图。莫宗江绘
图30f	60	大同善化寺普贤阁	66	79	照片。中国营造学社摄
图30g	61	大同善化寺普贤阁立面渲染图	66	79	墨线图。莫宗江绘
图30h	62	大同善化寺普贤阁断面图	67	79	墨线图。莫宗江绘
图30i	63	大同善化寺普贤阁断面图	67	79	墨线图。莫宗江绘
图31a	64	山西应县木塔底层斗拱（图中人像为莫宗江）	68	80	照片。梁思成摄
图31b	65	山西应县木塔全景	69	80	照片。中国营造学社梁思成、莫宗江、刘敦桢等摄
图31c	66	山西应县木塔渲染图	70	80	水彩渲染图。莫宗江绘
图31d	67	山西应县木塔断面图	71	80	墨线图。莫宗江绘
图32	68	历代斗拱演变图	73	85	墨线图。莫宗江绘
图33a	69	山西榆次永寿寺雨华宫全景	74	86	照片。莫宗江摄
图33b	70	雨华宫外廊上部构架	74	87	照片。莫宗江摄
图33c	71	雨华宫半立面半纵断面	75	87	墨线图。莫宗江绘
图33d	72	雨华宫平面断面	76	88	墨线图。莫宗江绘
图34a	73	河北正定隆兴寺摩尼殿平面图	77	89	墨线图。莫宗江绘
图34b	74	隆兴寺摩尼殿全景	77	89	照片。莫宗江摄
图34c	75	隆兴寺转轮藏殿	78	90	照片。中国营造学社摄
图34d	76	隆兴寺转轮藏殿平面断面	79	91	墨线图。莫宗江绘
图34e	77	隆兴寺转轮藏殿屋顶下结构	80	92	照片。中国营造学社摄

序号	总张数	图名	英文版页码	中文版页码	备注
图34f	78	隆兴寺转轮藏殿内部转角铺作	80	92	照片。中国营造学社摄
图34g	79	隆兴寺转轮藏殿转轮藏	80	92	照片。中国营造学社摄
图35a	80	山西太原晋祠大殿全景	82	94	照片。中国营造学社摄
图35b	81	山西太原晋祠大殿正面细部	82	94	照片。中国营造学社摄
图35c	82	山西太原晋祠大殿前廊内景	83	95	照片。中国营造学社摄
图35d	83	山西太原晋祠献殿	83	95	照片。中国营造学社摄
图36	84	昂嘴的变化	83	95	墨线图。绘者不详
图37	85	历代耍头（梁头）演变图	84	96	墨线图。莫宗江绘
图38	86	历代普拍方演变图	85	97	墨线图。莫宗江绘
图39a	87	佛光寺文殊殿全景	86	98	照片。中国营造学社梁思成、莫宗江等摄
图39b	88	佛光寺文殊殿内景	86	99	照片。中国营造学社梁思成、莫宗江等摄
图39c	89	佛光寺文殊殿平面断面	87	99	墨线图。莫宗江绘
图40a	90	河南登封少林寺初祖庵全景	89	100	照片。中国营造学社刘敦桢、陈明达、赵正之等摄
图40b	91	少林寺初祖庵正面细部	89	100	照片。中国营造学社刘敦桢、陈明达、赵正之等摄
图40c	92	少林寺初祖庵平面及铺作	89	101	陈明达原图，莫宗江重绘
图41a	93	山西应县净土寺正面	90	101	照片。中国营造学社梁思成、莫宗江等摄
图41b	94	山西应县净土寺藻井	90	102	照片。中国营造学社梁思成、莫宗江等摄
图42a	95	善化寺三圣殿全景	91	102	照片。中国营造学社摄
图42b	96	善化寺三圣殿正面细部	91	103	照片。中国营造学社摄
图42c	97	善化寺三圣殿纵断面	92	103	墨线图。莫宗江绘
图42c	98	善化寺三圣殿纵断面	93	104	墨线图。莫宗江绘
图42c	99	善化寺三圣殿纵断面	94	104	墨线图。莫宗江绘
图43	100	善化寺山门全景	95	105	照片。中国营造学社摄
图43	101	善化寺山门平面及断面	95	105	墨线图。莫宗江绘
图44a	102	河北正定阳和楼全景	96	106	照片。中国营造学社摄
图44b	103	正定阳和楼平面及横断面	97	107	墨线图。梁思成绘
图45	104	河北曲阳北岳庙德宁殿全景	98	107	照片
图45	105	曲阳北岳庙德宁殿下檐斗拱	98	108	照片
图45	106	曲阳北岳庙德宁殿平面	98	108	刘敦桢原图，莫宗江重绘
图46	107	山西赵城洪洞广胜寺明应王殿	99	109	照片。梁思成摄
图47a	108	山西赵城洪洞广胜寺山门	100	110	照片。梁思成摄
图47b	109	山西赵城洪洞广胜寺下寺前殿	101	111	照片。梁思成摄
图47c	110	山西赵城洪洞广胜寺下寺前殿梁架	101	111	照片。梁思成摄
图47d	111	山西赵城洪洞广胜寺上寺前殿	101	112	照片。梁思成摄
图47d	112	山西赵城洪洞广胜寺上寺前殿梁架	101	112	照片。梁思成摄
图48a	113	浙江宣平延福寺大殿全景	102	113	照片。梁思成摄
图48b	114	浙江宣平延福寺大殿梁架	102	113	照片。梁思成摄
图49a	115	河北昌平明长陵祾恩殿全景	104	114	照片。刘敦桢摄
图49b	116	河北昌平明长陵祾恩殿藻井及梁架细部	105	115	照片。刘敦桢摄
图49c	117	河北昌平明长陵祾恩殿平面断面	105	116	北平市政工务局原图，莫宗江重绘
图50	118	北京皇城内社稷坛享殿	106	117	照片。中国营造学社摄
图51	119	北京皇城内太庙	107	118	照片。中国营造学社摄
图52	120	北京故宫保和殿	108	118	照片。中国营造学社摄
图53a	121	曲阜孔庙奎文阁全景	108	119	照片。梁思成摄
图53b	122	曲阜孔庙奎文阁平面及断面	109	119	墨线图。莫宗江绘
图54	123	北京故宫西华门	110	120	照片。中国营造学社摄
图55a	124	北京故宫角楼全景	111	121	照片。中国营造学社摄

序号	总张数	图名	英文版页码	中文版页码	备注
图55b	125	北京故宫角楼外檐斗拱	111	120	照片。中国营造学社摄
图56a	126	北京故宫文渊阁正面细部	112	122	照片。中国营造学社摄
图56b	127	北京故宫文渊阁平面及断面	112	122	梁思成原图，莫宗江重绘
图57	128	北京故宫三大殿总平面	113	123	墨线图。莫宗江绘
图58a	129	北京故宫太和殿全景	114	124	照片。中国营造学社摄
图58b	130	北京故宫太和殿白石台阶	115	125	照片。中国营造学社摄
图58c	131	北京故宫太和殿藻井	115	125	照片。中国营造学社摄
图59	132	北京天坛祈年殿	116	126	照片。中国营造学社摄
图60a	133	曲阜孔庙大成殿正面	117	127	照片。中国营造学社梁思成、莫宗江等摄
图60b	134	曲阜孔庙大成殿平面及断面	118	128	墨线图。莫宗江绘
图60c	135	曲阜至圣庙平面	118	128	墨线图。莫宗江绘
图60d	136	曲阜孔庙碑亭平面及断面	119	129	墨线图。莫宗江绘
图61	137	浙江武夷山区民居	121	130	照片。中国营造学社征集
图62	138	云南镇南县井干构民居	121	131	墨线图。刘敦桢原图，莫宗江摹绘
图63	139	历代佛塔型类演变图	125	137	梁思成绘
图64a	140	单层塔——山东济南神通寺四门塔	127	138	照片。梁思成摄
图64b	141	单层塔——山东长清灵岩寺惠崇禅师塔	128	139	照片。梁思成摄
图64c	142	单层塔——河南嵩山少林寺同光禅师塔	128	139	照片。刘敦桢摄
图64d	143	单层塔——河南登封会善寺净藏禅师塔	129	139	照片。刘敦桢摄
图64e	144	单层塔——河南登封会善寺净藏禅师塔平面	129	140	陈明达原图，莫宗江重绘
图64f	145	单层塔——少林寺行钧禅师塔	129	140	照片。陈明达摄
图65a	146	多层塔——西安大雁塔全景	131	142	照片。中国营造学社摄
图65b	147	多层塔——西安大雁塔平面	131	142	墨线图。莫宗江绘
图65c	148	多层塔——西安香积寺塔	132	143	照片。中国营造学社摄
图65d	149	多层塔——西安兴教寺玄奘塔	132	143	照片。中国营造学社摄
图65e	150	多层塔——五台山佛光寺祖师塔	132	143	照片。中国营造学社梁思成、莫宗江等摄
图65f	151	多层塔——五台山佛光寺祖师塔平面及立面	133	144	墨线图。莫宗江绘
图65g	152	多层塔——五台山佛光寺祖师塔二层窗上所绘斗拱	133	144	照片。中国营造学社梁思成、莫宗江等摄
图66a	153	密檐塔——河南嵩山嵩岳寺塔平面	134	145	刘敦桢原图，莫宗江重绘
图66b	154	密檐塔——嵩岳寺塔平面全景	135	146	照片。陈明达摄
图66c	155	窣堵波——河南登封永泰寺塔	136	147	照片。中国营造学社刘敦桢、陈明达、赵正之等摄
图66d	156	窣堵波——河南登封法王寺塔	136	147	照片。中国营造学社刘敦桢、陈明达、赵正之等摄
图66e	157	窣堵波——西安小雁塔	137	148	照片。中国营造学社摄
图66f	158	窣堵波——西安小雁塔平面	137	148	墨线图。莫宗江绘
图66g	159	窣堵波——云南大理佛图寺塔	137	148	照片
图66h	160	窣堵波——云南大理佛图寺塔平面	137	148	墨线图。莫宗江绘
图66i	161	窣堵波——云南大理千寻寺塔	138	149	照片。中国营造学社刘敦桢、陈明达、莫宗江等摄
图66j	162	窣堵波——云南大理崇圣寺三塔总平面	139	150	墨线图。莫宗江绘
图66k	163	窣堵波——北京房山云居寺石塔	139	150	照片。陈明达摄
图66l	164	窣堵波——北京房山云居寺唐代小石塔细部	139	150	照片。陈明达摄
图67a	165	北方仿木结构多层塔——河北易县千佛塔（毁于抗战时期）	141	152	照片。中国营造学社刘敦桢等摄
图67b	图166	北方仿木结构多层塔——河北涿县云居寺塔细部	142	152	照片。中国营造学社刘敦桢等摄
图67c	167	北方仿木结构多层塔——河北涿县云居寺塔	142	152	照片。中国营造学社刘敦桢等摄
图67c	168	北方仿木结构多层塔——河北正定广惠寺华塔	143	153	照片。中国营造学社摄
图67c	169	北方仿木结构多层塔——河北正定广惠寺华塔平面图	143	153	墨线图。莫宗江绘

序号	总张数	图名	英文版页码	中文版页码	备注
图67c	170	北方仿木结构多层塔——河北房山云居寺北塔	143	153	照片。中国营造学社刘敦桢等摄
图68a	171	南方仿木结构多层塔——浙江杭州灵隐寺双石塔	144	154	照片。梁思成摄
图68b	172	南方仿木结构多层塔——杭州灵隐寺双石塔细部	145	154	照片。刘敦桢摄
图68c	173	南方仿木结构多层塔——江苏吴县罗汉院双塔	145	154	水彩渲染图，刘敦桢原图
图68d	174	南方仿木结构多层塔——-吴县罗汉院双塔平面断面及详图	146	155	刘敦桢原图，莫宗江重绘
图68e	175	南方仿木结构多层塔——吴县罗汉院双塔之一细部	146	155	照片
图68f	176	南方仿木结构多层塔——吴县虎丘塔	147	155	照片。刘敦桢摄
图68g	177	南方仿木结构多层塔——吴县虎丘塔细部	147	155	照片。刘敦桢摄
图69a	178	无柱式多层塔——山东长清灵岩寺辟支塔	148	156	照片。梁思成摄
图69b	179	无柱式多层塔——河北定县开元寺料敌塔	148	156	照片。刘敦桢摄
图69c	180	无柱式多层塔——开元寺料敌塔西北侧（应为东北侧）	149	156	照片。陈明达摄
图69d	181	无柱式多层塔——河南开封佑国寺铁塔	149	157	照片。中国营造学社刘敦桢等摄
图69e	182	无柱式多层塔——佑国寺铁塔平面图	149	157	赵正之原图，莫宗江重绘
图70a	183	密檐塔——北京天宁寺塔	150	158	照片。莫宗江摄
图70b	184	密檐塔——河北赵县柏林寺真际禅师塔	151	158	照片。中国营造学社刘敦桢等摄
图70c	185	密檐塔——河南洛阳白马寺塔	151	159	照片。中国营造学社刘敦桢等摄
图70d	186	密檐塔——四川宜宾旧州坝白塔平面及立面图	151	159	墨线图。莫宗江绘
图71a	187	经幢——山西五台山佛光寺晚唐两经幢立面图	152	160	墨线图。莫宗江绘
图71b	188	经幢——河北赵县经幢	153	160	照片。莫宗江摄
图72a	189	杂变时期密檐塔——山西太原永祚寺双塔	155	161	照片。中国营造学社摄
图72b	190	杂变时期密檐塔——山西洪洞县广胜寺飞鸿塔	156	162	照片。梁思成摄
图72c	191	杂变时期密檐塔——广胜寺飞鸿塔梯级断面图	156	162	墨线图。梁思成绘
图72d	192	杂变时期密檐塔——山西临汾大云寺方塔	157	163	照片。中国营造学社摄
图72e	193	杂变时期密檐塔——山西太原晋祠奉圣寺塔	157	163	照片。中国营造学社摄
图72f	194	杂变时期密檐塔——浙江金华北塔	157	163	照片。梁思成摄
图73a	195	杂变时期密檐塔——北京八里庄慈寿寺塔（原文误作河南安阳天宁寺塔）	159	164	照片。梁思成摄
图73b	196	杂变时期密檐塔——河北邢台虚照墓塔	160	164	照片。中国营造学社摄
图73c	197	杂变时期密檐塔——河南安阳天宁寺塔（原文误作北京八里庄慈寿寺塔）	160	164	照片。中国营造学社摄
图74a	198	杂变时期藏传佛教僧侣塔——北京妙应寺白塔	162	165	照片。中国营造学社摄
图74b	199	杂变时期藏传佛教僧侣塔——山西五台山塔院寺塔	162	166	照片。中国营造学社摄
图74c	200	杂变时期藏传佛教僧侣塔——北京北海公园白塔	162	167	照片。中国营造学社摄
图75a	201	杂变时期的五塔合一——北京大觉寺即五塔寺塔	164	168	照片。中国营造学社摄
图75b	202	杂变时期的五塔合一——北京碧云寺金刚宝座塔	164	168	照片。中国营造学社摄
图75c	203	杂变时期的五塔合一——北平碧云寺金刚宝座塔平面及立面图	165	169	墨线图。莫宗江绘
图76a	204	陵墓——四川宜宾无名宋墓	169	173	墨线图。莫宗江绘
图76b	205	陵墓——北京明长陵方城及明楼	170	174	照片。中国营造学社摄
图76c	206	陵墓——明长陵总平面	170	174	北平市政工务局原图，莫宗江重绘
图76d	207	陵墓——河北易县清昌陵地宫断面及平面	171	175	样式房雷氏原图，莫宗江重绘
图77a	208	无梁殿——山西太原永祚寺砖殿	173	176	照片。中国营造学社摄
图77b	209	无梁殿——永祚寺砖殿平面	173	176	墨线图。莫宗江绘
图77c	210	无梁殿——江苏苏州开元寺无梁殿	174	177	照片。刘敦桢摄
图77d	211	无梁殿——苏州开元寺无梁殿藻井	174	177	照片。刘敦桢摄
图77e	212	无梁殿——北京西山无梁殿	174	177	照片。中国营造学社摄

序号	总张数	图名	英文版页码	中文版页码	备注
图78a	213	桥——河北赵县安济桥	176	178	照片。中国营造学社梁思成或莫宗江摄
图78b	214	桥——赵县安济桥立面平面及断面图	177	179	墨线图。莫宗江绘
图78c	215	桥——河北赵县永通桥立面图	177	179	墨线图。莫宗江绘
图78d	216	桥——清官式三孔石桥做法要略	178	180	墨线图。莫宗江绘
图78e	217	桥——北平卢沟桥	179	181	照片。中国营造学社征集
图78f	218	桥——浙江金华十三空桥	179	181	照片。梁思成摄
图78g	219	桥——陕西长安灞河桥断面及侧面图	180	182	墨线图。莫宗江绘
图78h	220	桥——灞河桥细部	180	182	照片。中国营造学社摄
图78i	221	桥——四川灌县竹索桥（安澜桥）	181	182	照片。中国营造学社摄
图78j	222	桥——灌县竹索桥（安澜桥）断面立面及平面图	181	183	墨线图。莫宗江绘
图79a	223	台——北京天坛圜丘	183	184	照片。中国营造学社征集
图79b	224	台——登封告成镇测景台	184	185	刘敦桢原图，莫宗江摹绘
图80a	225	牌楼——河北昌平明十三陵入口处牌楼	185	187	照片。中国营造学社摄
图80b	226	牌楼——四川广汉五座牌楼	185	187	照片。中国营造学社摄
图80c	227	牌楼——北京街道上的牌楼	186	187	照片。中国营造学社征集
图80d	228	牌楼——北京颐和园湖前牌楼	186	187	照片。中国营造学社征集
图80e	229	牌楼——北京国子监牌楼	186	187	照片。中国营造学社征集

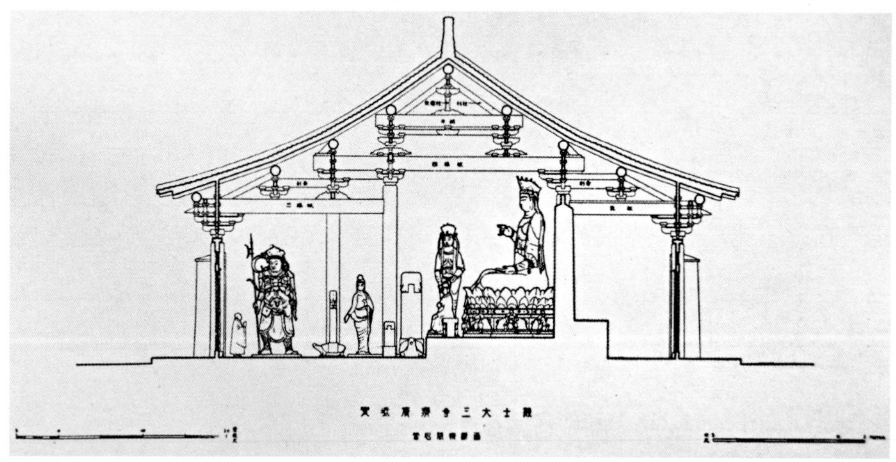

图8-1 梁思成原绘三大士殿剖面

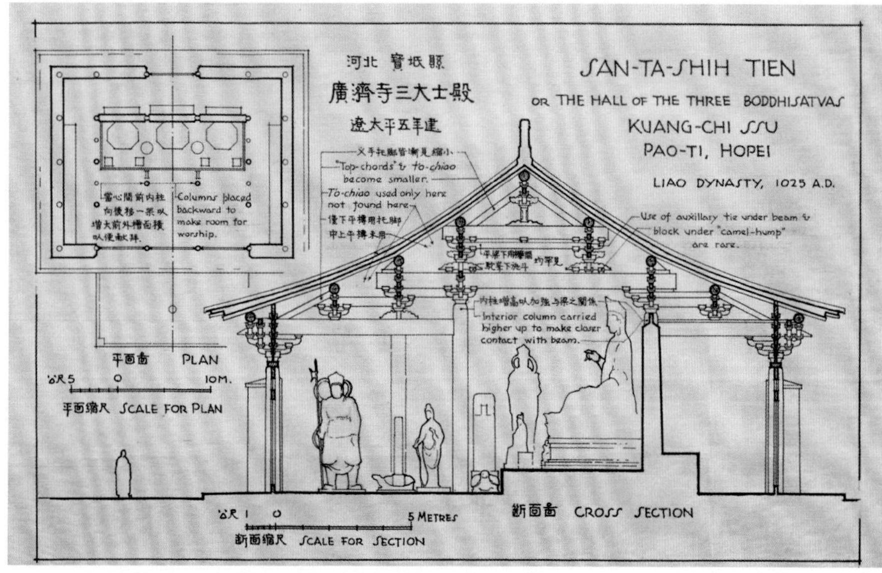

图8-2 莫宗江重绘三大士殿平面断面

由此80种229张插图可知，《图像中国建筑史》一书反映了梁思成先生的主要学术思想，而学社其他成员莫宗江、刘敦桢、陈明达、赵正之等所提供的绘图、摄影资料，也为此书的立论成功构成了坚实的基础，更客观反映了当年中国营造学社先贤们为求学术进展而无私奉献、通力合作的良好学风。

需要说明的是，这些多人参与（以莫宗江为主）的测图，在此书中的作用是建筑通史性质的例证，但每幅图如果单拿出来，则又可表现出各自不同的学术目标和美学趣味。例如，同是“三大士殿剖面图”，梁思成1932年原图将大殿中的佛陀、胁侍菩萨、力士等均作写实性的描绘，而李庄时代莫宗江先生重绘此图，却作写意性的概略表现。究莫宗江之所作，原因在于突出建筑结构主题，而此殿塑像大体为经过清代改妆的辽塑或明清重塑作品，作概略式的艺术处理，实际上更接近于辽代的艺术氛围。可以说，其取舍构思是非常巧妙的，展示了莫宗江先生独具慧眼的艺术功力。（图8-1~图8-2：梁思成绘“三大士殿剖面”与莫宗江绘“三大士殿剖面”比较）

以下将初步确认的《〈图像中国建筑史〉手绘图》中莫宗江原创性图稿（不含摹绘、据他人原图重绘部分）陈列如下，以飨读者。（图9-1~图9-29：莫宗江绘《图像中国建筑史》手绘图稿（29张））

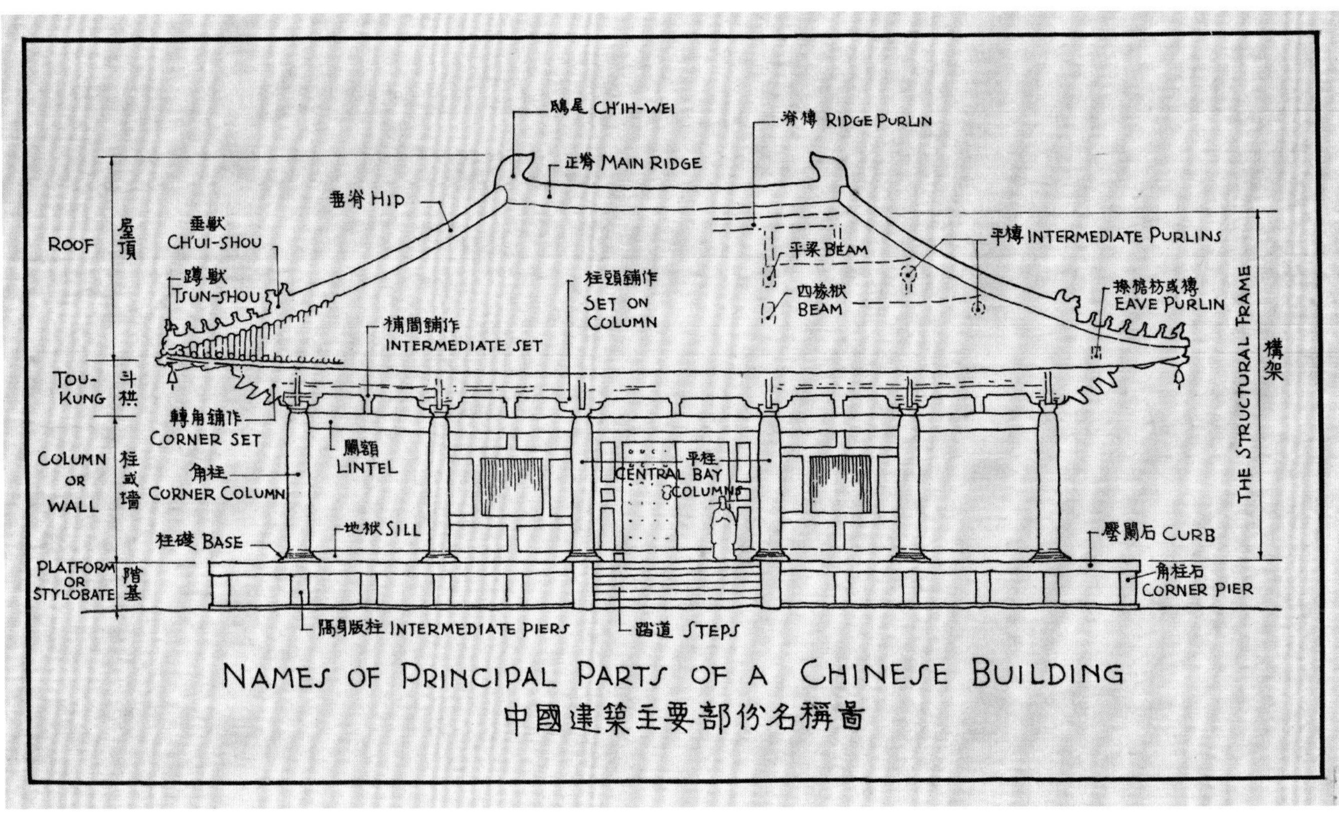

图9-1 莫宗江绘——中国建筑主要部分名称图

图9-2 莫宗江绘——中国建筑之ORDER

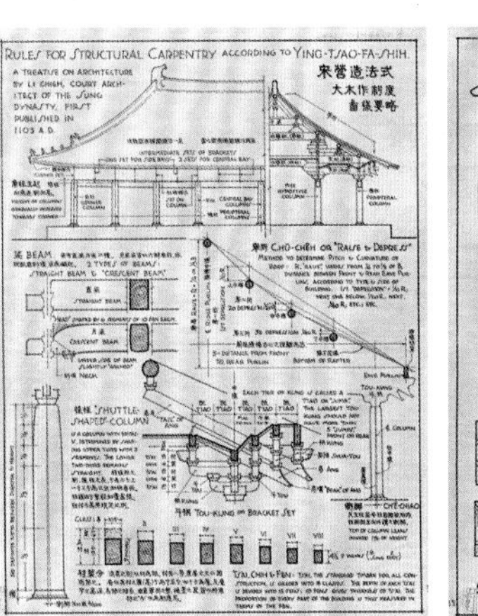

图9-3 莫宗江绘——宋营造法式大木作制度图样要略

图9-4 莫宗江绘——云冈石窟所表现之北魏建筑

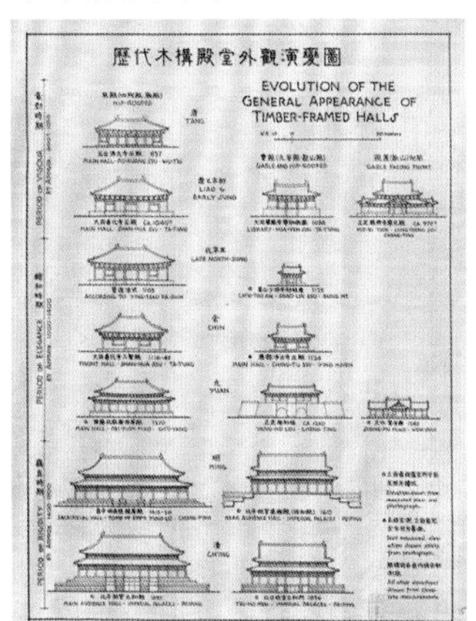

图9-5 莫宗江绘——历代木构建筑外观演变图

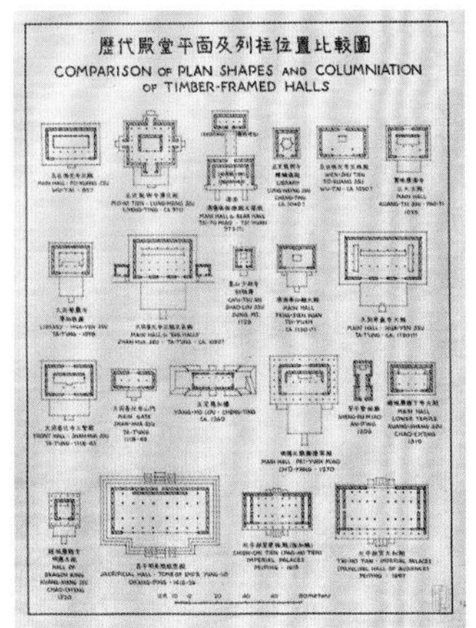

图9-6 莫宗江绘——历代殿堂平面及列柱位置比较图

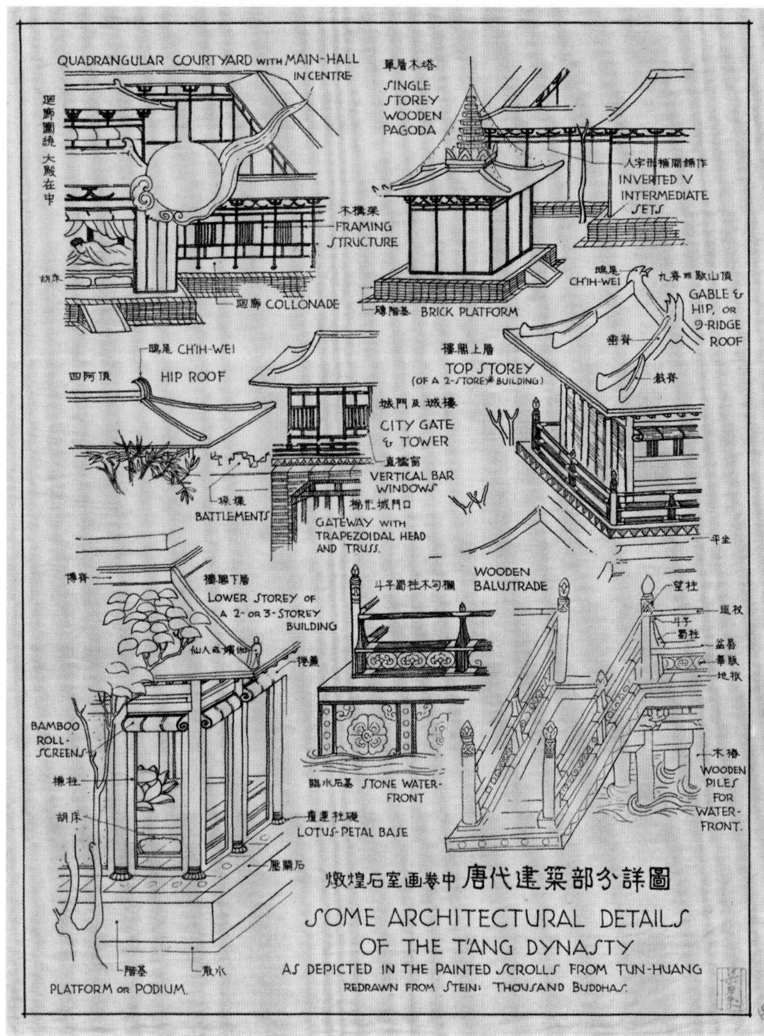

图9-7 莫宗江绘——敦煌石室画卷中唐代建筑部分详图

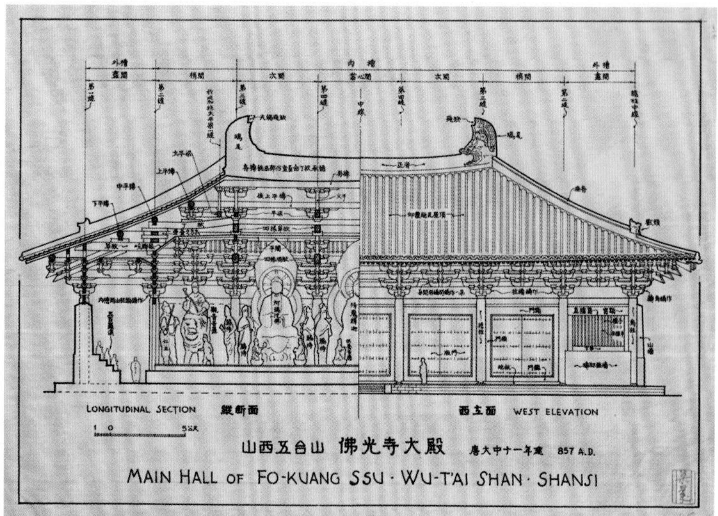

图9-8 莫宗江绘——山西五台山佛光寺大殿纵断面——西立面

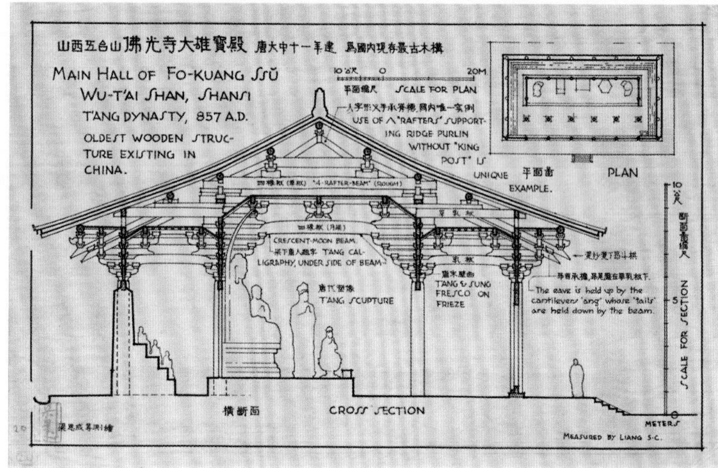

图9-9 莫宗江绘——山西五台山佛光寺大殿横断面

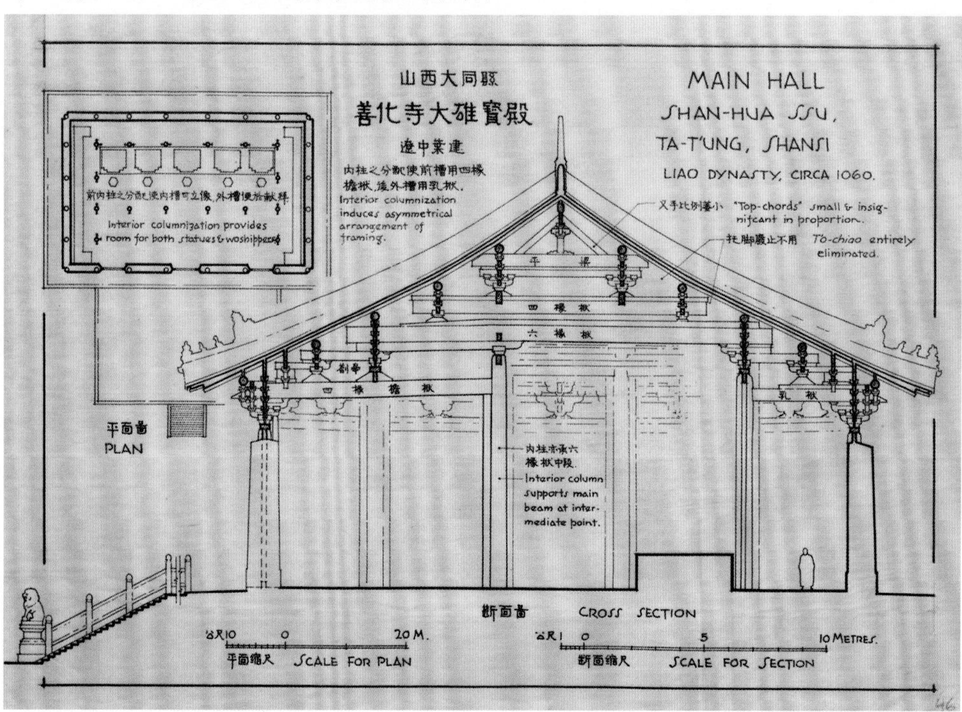

图9-10 莫宗江绘——善化寺大雄宝殿平面断面

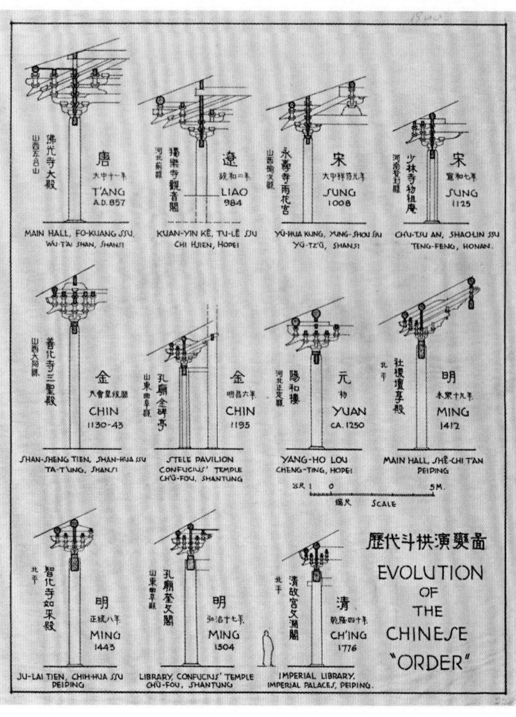

图9-11 莫宗江绘——历代斗拱演变图

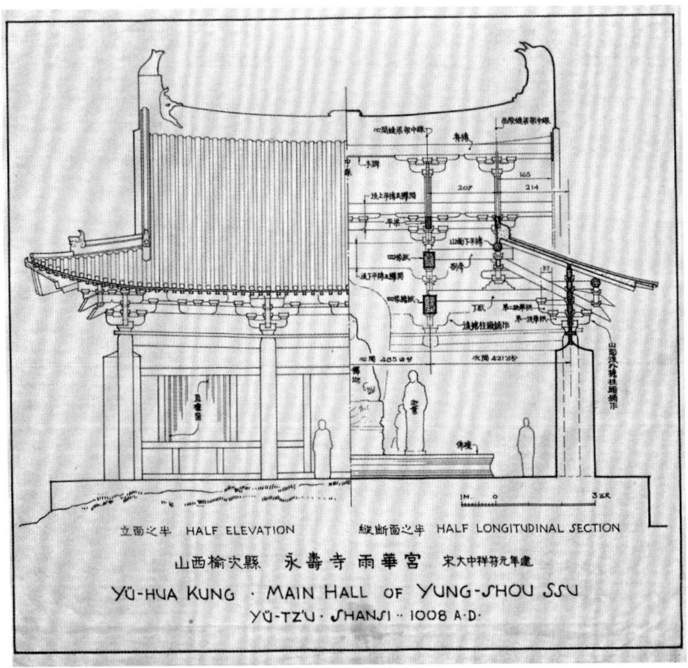

图9-12 莫宗江绘——雨华宫立面纵断面

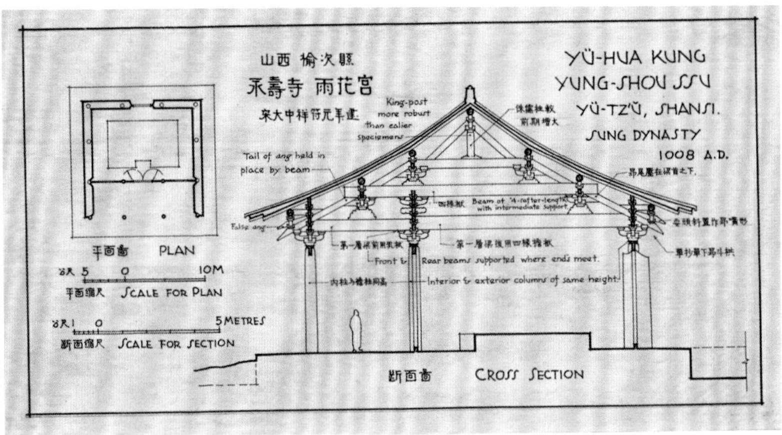

图9-13 莫宗江绘——雨华宫平面断面

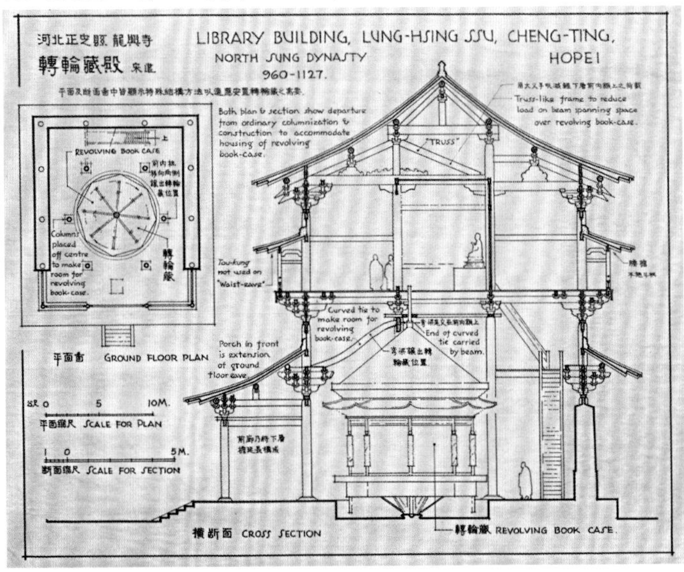

图9-14 莫宗江绘——隆兴寺转轮藏殿平面断面

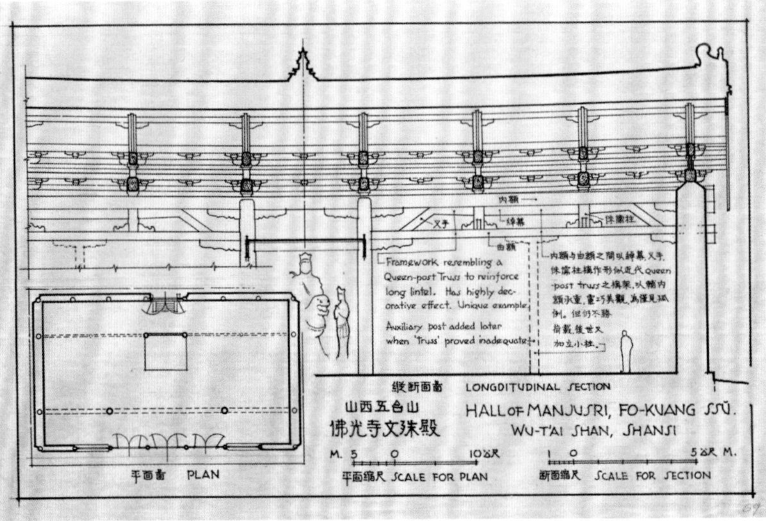

图9-15 莫宗江绘——佛光寺文殊殿

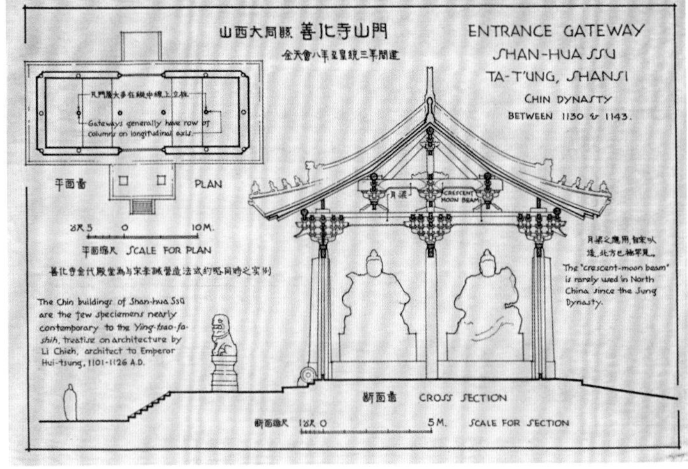

图9-16 莫宗江绘——善化寺山门平面断面

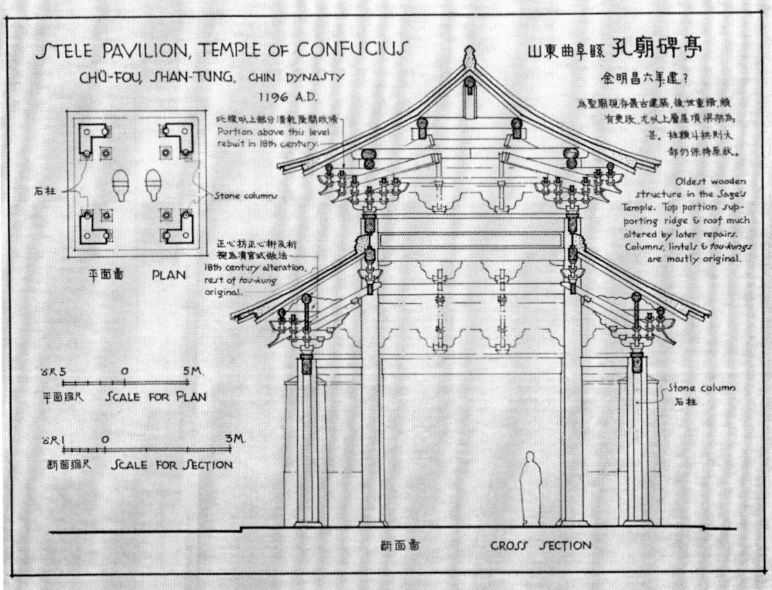

图9-17 莫宗江绘——曲阜孔庙碑亭平面断面

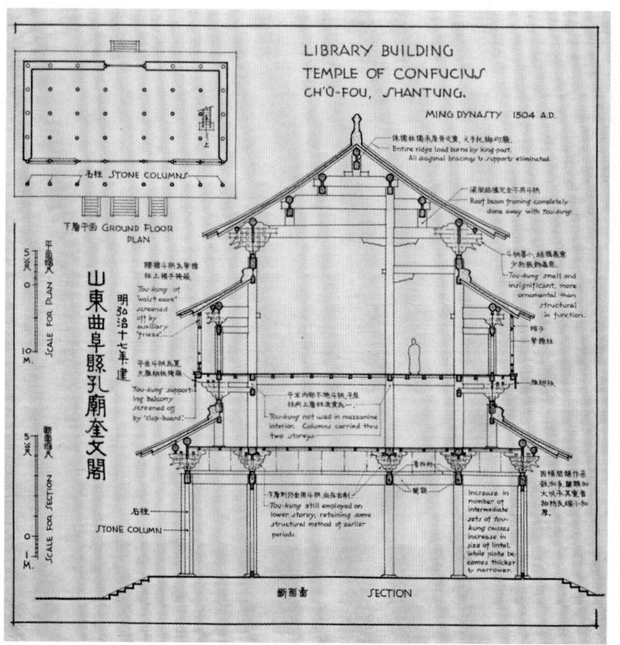

图9-18 莫宗江绘——曲阜孔庙奎文阁平面断面

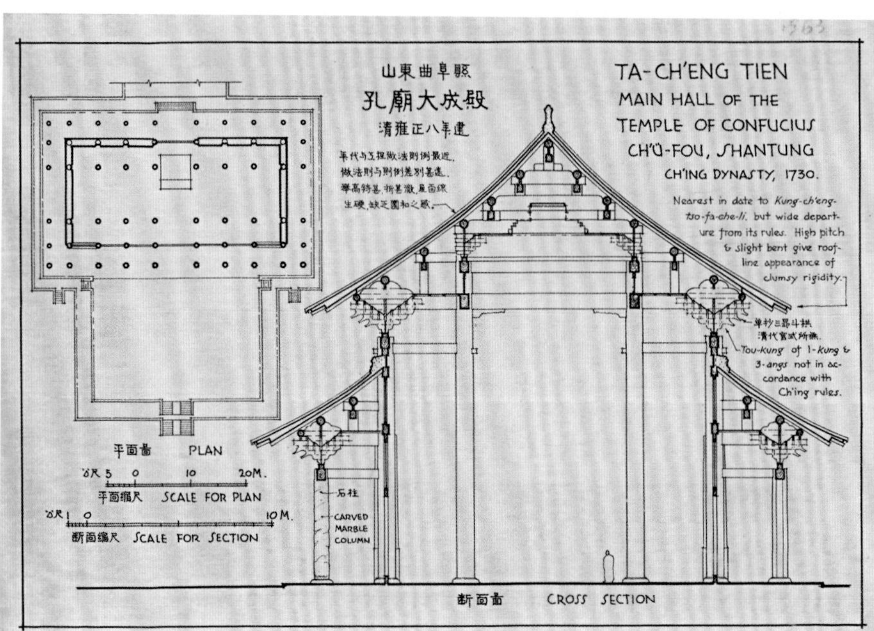

图9-19 莫宗江绘——曲阜孔庙大成殿平面断面

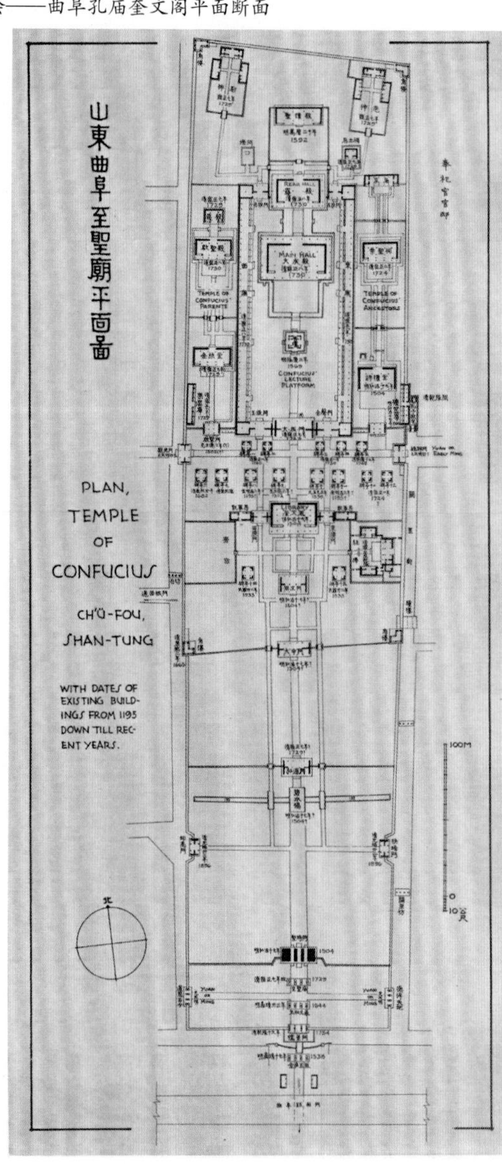

图9-20 莫宗江绘——曲阜至圣庙平面

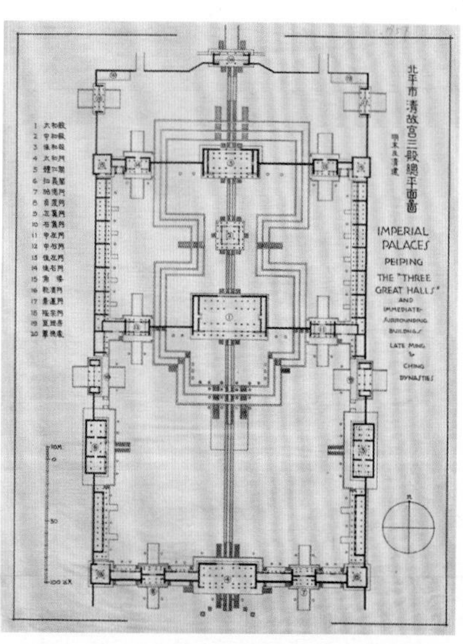

图9-21 莫宗江绘——清故宫三殿总平面

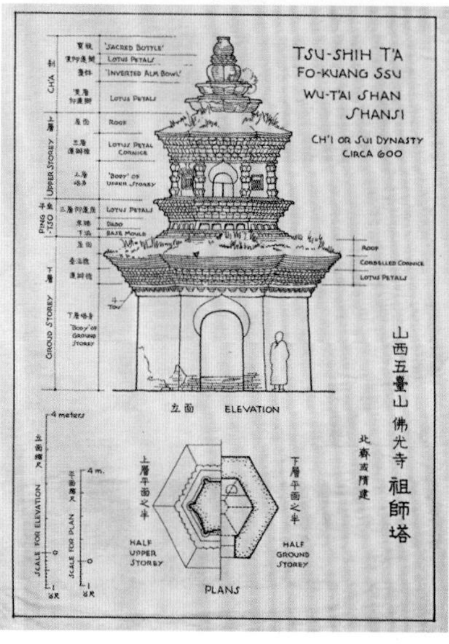

图9-22 莫宗江绘——佛光寺祖师塔

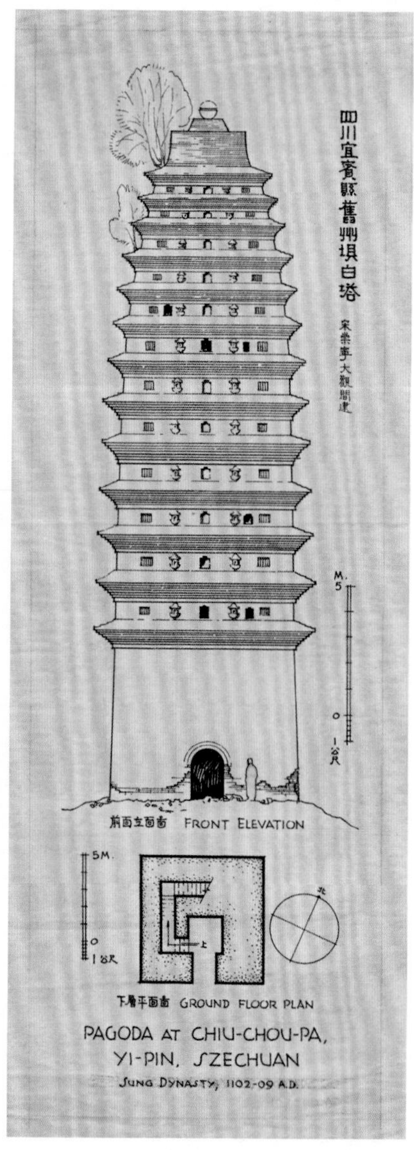

图9-23 莫宗江绘——宜宾旧州坝白塔

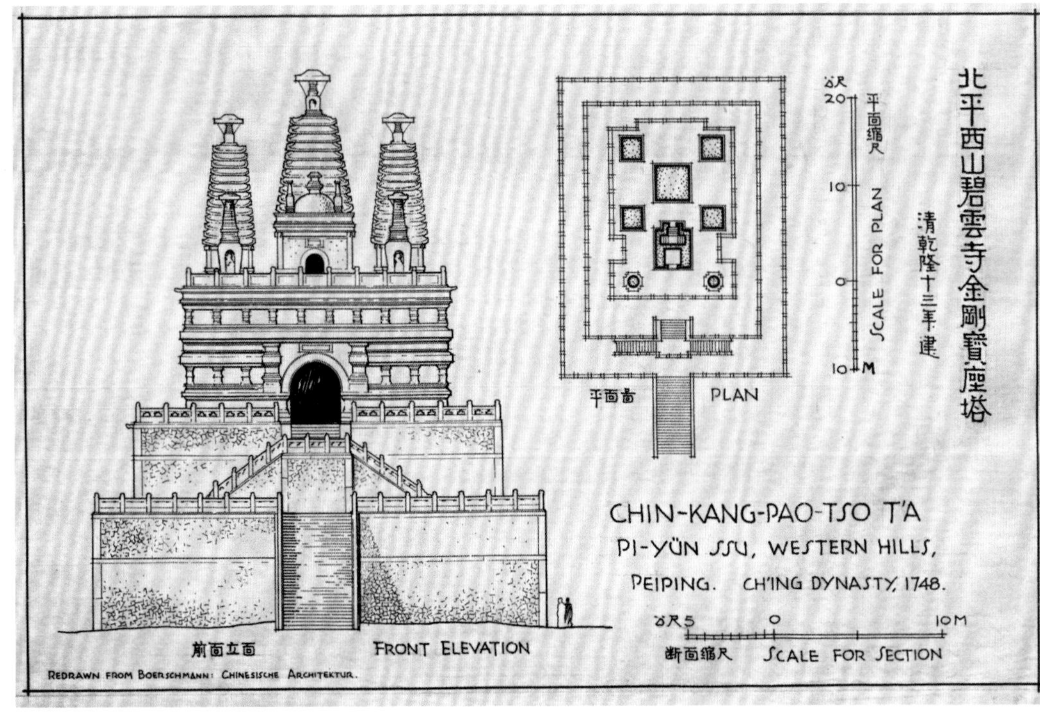

图9-24 莫宗江绘——北平碧云寺金刚宝座塔

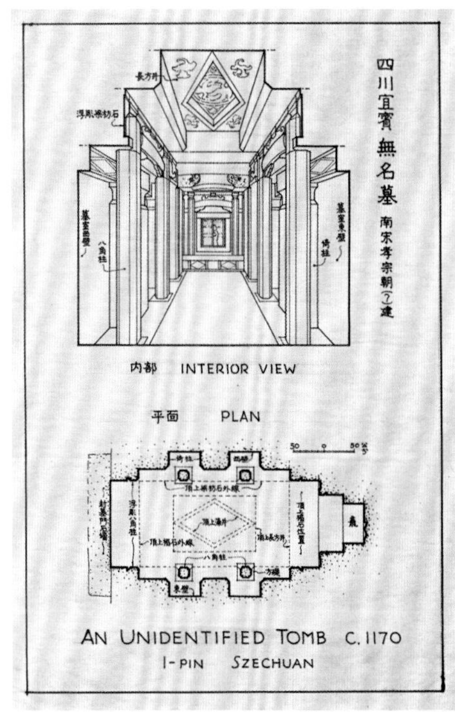

图9-25 莫宗江绘——宜宾无名宋墓

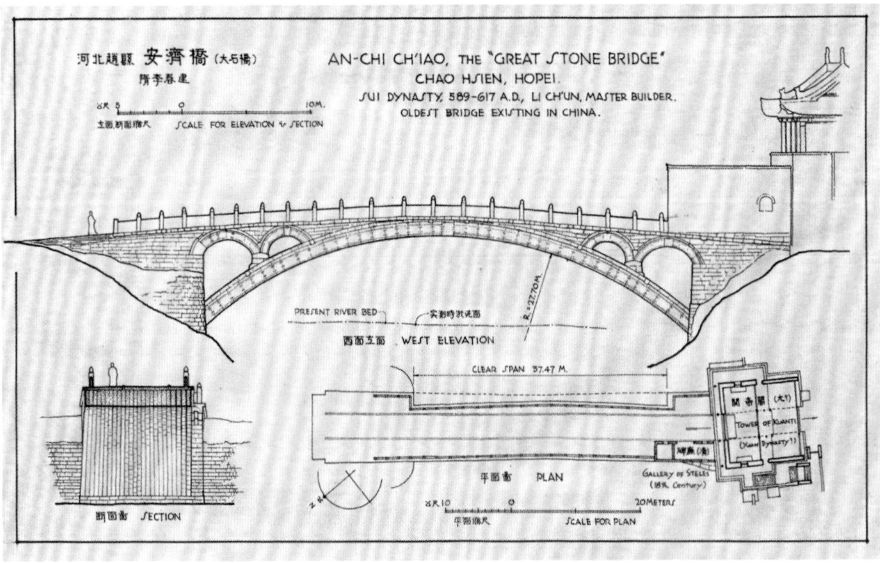

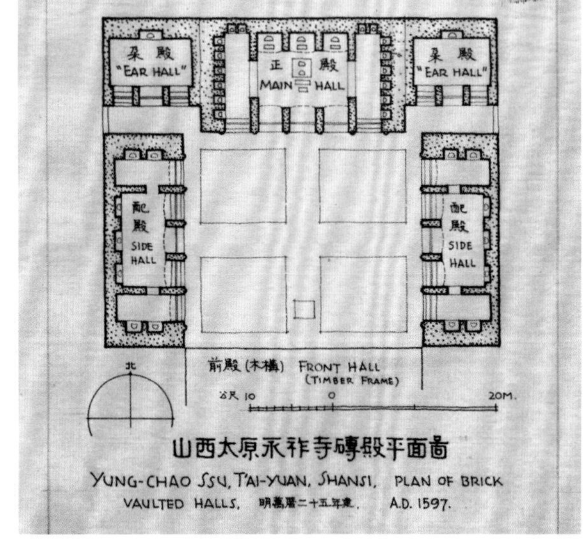

图9-26 莫宗江绘——太原永祚寺砖殿平面

图9-27 莫宗江绘——赵县安济桥

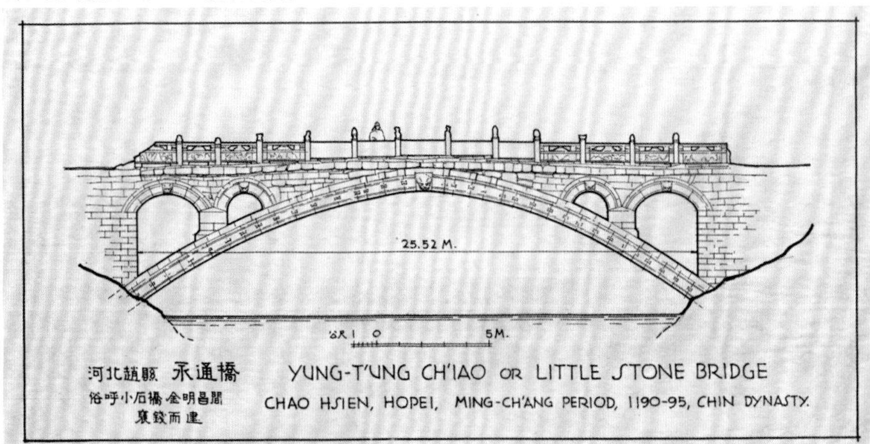

图9-28 莫宗江绘——赵县永通桥

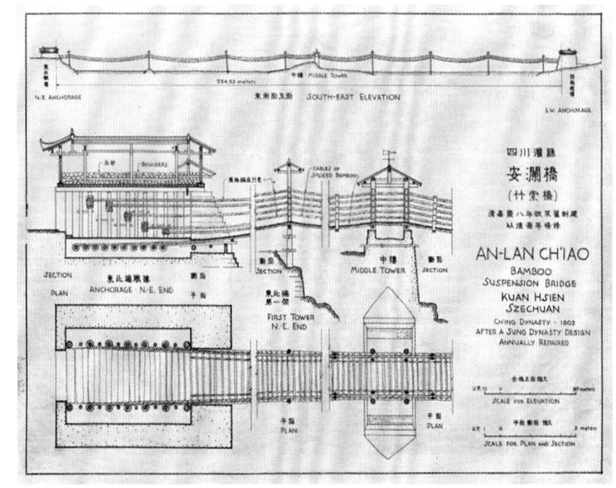

图9-29 莫宗江绘——四川灌县安澜桥

A Wise Man Has Gone, but the Likeness of the Deceased Will Never Be Forgotten by the Ancient Town —"Memorial Service of Mr. Zheng Xiaoxie" Held in the Palace Museum

先贤已逝 古城永记音容
——“郑孝燮先生系列追思活动”举行

图1 郑孝燮先生肖像

2017年1月24日,我国著名的古建筑保护专家、城市规划专家、中国城市规划设计研究院高级顾问、住房和城乡建设部教授级高级工程师郑孝燮先生因病辞世，享年101岁。（图1）

2月23日，为深切缅怀郑孝燮先生在中国建筑、规划、文化遗产保护等方面作出的突出贡献，由中国文物学会发起，中国文物学会、中国城市规划学会、中国建筑学会、中国紫禁城学会四家学术团体共同主办的“郑孝燮先生追思会”在故宫博物院建福宫花园召开。资深文博专家谢辰生，中国文物学会会长、故宫博物院院长单霁翔，中国建筑学会理事长修龙，中国城市规划学会顾问陈为邦、赵士修，中国紫禁城学会副会长阎崇年，中国紫禁城学会会长晋宏逵，中国文物学会副会长黄元，全国工程勘察设计大师张宇，中国文物学会传统建筑园林委员会会长付清远、副会长刘若梅，中国文物学会20世纪建筑遗产委员会副会长金磊等有关方面领导、专家等40余位生前亲友出席了追思会。素有“文保三套车”之称的郑孝燮先生、罗哲文先生、单士元先生三家后人也共同出席了追思会，追忆了三位老人生前共同的事业与追求。会议由晋宏逵会长主持。（图2-9）

（本刊编辑部）

图2 郑孝燮遗体告别会1

图3 郑孝燮遗体告别会2

图4 郑孝燮遗体告别会3

图5 郑孝燮遗体告别会4

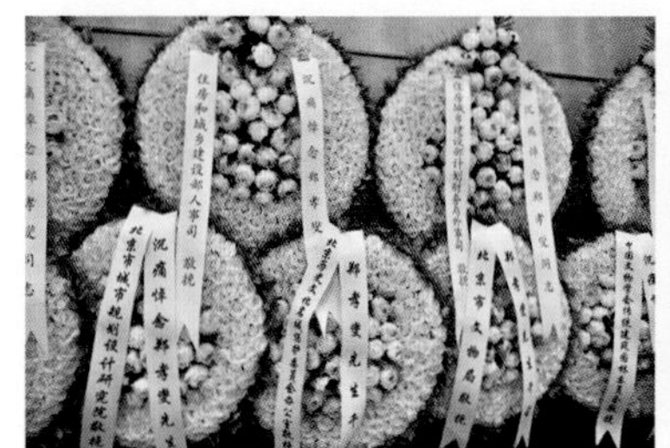
图6 郑孝燮遗体告别会5

图7 郑孝燮遗体告别会6

图8 刘若梅副会长在追思会上发言

图9 在郑孝燮送别仪式上合影

郑孝燮先生生平

图10 郑孝燮先生画像

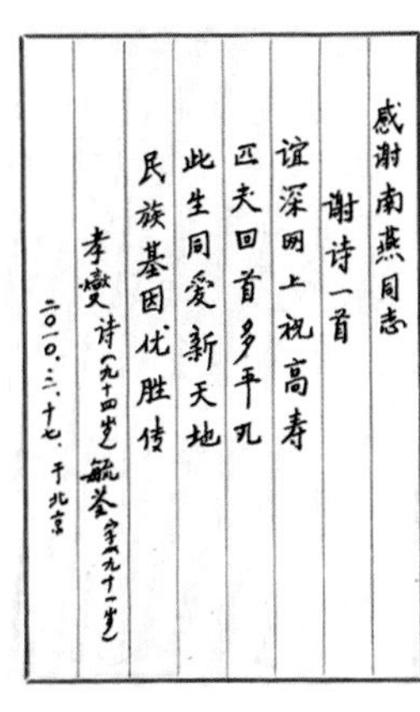

图11 郑孝燮手迹

图12 郑孝燮先生与罗哲文先生考察四川

图13 郑孝燮先生在家中

我国著名的古建筑保护专家、城市规划专家、住房和城乡建设部教授级高级工程师、中国城市规划设计研究院高级顾问郑孝燮先生因病医治无效，于2017年1月24日18时05分在北京逝世，享年101岁。

郑孝燮先生1916年2月2日出生于辽宁省沈阳市。1935年毕业于江苏省立上海中学。1935年—1937年就读于交通大学唐山工程学院。1937年卢沟桥“七七”事变后，从唐山南下辗转至重庆。1938年至1942年在重庆中央大学建筑系学习，因成绩优异获中国营造学社颁发的“桂莘奖学金”。1942年至1945年在重庆、兰州两地从事建筑设计工作。1945年至1949年在武汉的建筑事务所任建筑师，并任职于武汉区域规划委员会，开始参与和研究城市规划问题。

1949年8月受梁思成先生之邀来到清华大学建筑系任教，讲授建筑设计等课程。1951年7月起任建筑系副教授，除授课外还协助梁思成先生办理系务，并参与了中南海怀仁堂会场的改建设计与工程监督，以及为保护西直门瓮城及城楼古建筑而拓宽城楼两侧门洞的设计与监修工作。

1952年至1957年先后在重工业部基建局设计处和二机部设计处任副处长、建筑师。1954年参加并主持了太原市河西居住区详细规划和市中心规划的评审工作。1957年至1965年，历任城市建设部城市规划局、建筑工程部城市规划局、国家建委城市规划局、国家计委城市规划局、国家经委城市规划局建筑师。1959年参加并协助主持上海市改建的总体规划工作，研究解决旧的大城市的改建规划问题。1964年12月当选为第三届全国人民代表大会代表。1965年至1966年任《建筑学报》主编。1971年至1980年任中国建筑科学研究院建筑师，城市建设研究所顾问。1979年起任中国建筑学会城市规划委员会副主任委员。1980年之后任国家城市建设总局城市规划局、城乡建设环境保护部城市规划局、建设部城市规划司顾问，高级城市规划师。

1978年至1982年任全国政协第五届委员会委员，兼任城市建设组副组长。1983年至1987年任全国政协第六届委员会委员，兼任经济建设组副组长。1988年至1993年任全国政协第七届委员会委员，兼任提案委员会副主任。

自1978年起，在担任第五、六、七届全国政协委员期间，郑孝燮先生积极参与保护古建筑和历史文化名城的工作。他多次参加由全国政协组织的调查团赴各省市实地调查文物保护情况，并对所到之处的古建筑及文物遗址被毁坏的情况提出了调查报告和提案。他时刻关注北京古城的保护和城市规划问题。1979年2月，他及时上书，保住了即将被拆除的德胜门箭楼。他积极倡议对整区整片整街整巷的文化建筑遗产进行保护，呼吁出台《历史文化名城保护条例》，是设置中国历史文化名城的主要倡议者之一。1986年由于他和其他全国政协委员的紧急呼吁上书，使在近代和现代史上有过重要影响的上海市被纳入了历史文化名城行列。此后，他作为全国历史文化名城保护专家委员会副主任委员，为保护历史文化名城在理论和实践方面做了大量工作。

1985年，郑孝燮先生担任全国政协委员期间，是中国加入《保护世界文化和自然遗产公约》组织的提案人之一，为促成中国的自然与文化遗产在联合国的框架中成为全人类共同遗产的一部分作出了重要贡献。郑孝燮先生1994年退休后仍长期致力于城市规划和古建筑保护事业。1995年6月，由于他和其他专家的共同努力，使得体现明清时代城市特点的平遥古城被列入世界文化遗产推荐名单并得以申报，最终被列入世界文化遗产名录。

郑孝燮先生长期致力于中国建筑、城市规划、历史文化名城保护等方面的研究，在研究探讨中国城市规划的历史和理论，保护城市历史风貌等方面有很高造诣，为我国城市规划、设计、名城保护付出了巨大努力，特别是在支持培养年轻人才，形成团队方面作出了重要贡献。

郑孝燮先生为人正直，淡泊名利，胸怀坦荡，平易近人。在多年的工作生涯中，他无论从事教学还是从事研究，始终以国家的建设事业为重。他具有强烈的事业心和责任感，对待工作勤勤恳恳，一丝不苟，刻苦钻研，为我国的城市规划、古建筑和历史文化名城的保护事业呕心沥血，无私奉献，作出了重要的历史性贡献。（图10-13）

郑孝燮先生热爱祖国，他的一生是鞠躬尽瘁为祖国的建设事业奋斗的一生。他的高尚品德和锲而不舍的精神永远值得我们学习。

郑孝燮先生安息吧！

中国城市规划设计研究院提供

2017年2月23日，郑孝燮先生追思会于故宫博物院建福宫花园举行

Memorizing Cultural Relics Protection Expert Mr. Zheng Xiaoxie

怀念文物保护专家——郑孝燮先生

单霁翔*（Shan Jixiang）

郑孝燮先生走了。我想他一定是了无遗憾的！长命百岁，自古以来就是人们的美好祝愿。而他的百年，是有质量的百年。对国家、对事业、对亲人，有眷念，没有遗憾！

2017年春节前夕，我像往年一样，做好了看望郑孝燮先生的打算，但是他却提前离开了我们。20多年来，难以计数多少次向先生请教，而每次感觉都是那么轻松愉快，没有交流障碍。我想这种感觉，一方面来自于先生的谦和儒雅、奖掖后学的品格，另一方面来自于共同的专业背景，同样毕业于建筑学科，同样长期从事城市规划实践和理论研究，同样热爱文物和历史文化名城保护事业，因此在向先生请教的过程中，总是获益匪浅。

郑孝燮先生是我国建筑和城市规划领域的前辈学者，拥有很高的学术声誉，作出过突出的历史贡献。同时，先生也是名副其实的文物保护专家。他的丰富经验和学术思想，长期以来对于我都产生了深刻影响。实际上，在我的眼中，郑孝燮先生更是促进建筑、城市规划和文物保护三者学科融合、创新实践的先行者和引领者。

* 中国文物学会会长、故宫博物院院长

郑孝燮先生长期生活在北京，对这座文化古都充满感情，对于北京文物古迹的抢救性保护更是竭尽全力。人们记忆犹新，在他的呼吁下，北京德胜门箭楼得以免遭拆除，卢沟桥得以实现机动车禁行。实际上，20世纪80年代、90年代，直至21世纪初，北京地区开展的每一项文物保护的重要行动，都可以看到他和多位专家学者奔走的身影，凝结着他们的心血，记录着他们的艰辛。例如当看到天坛内坛中轴线的旁边，由于长期倾倒弃土，形成了又高又大的土山，严重破坏了天坛的原有面貌和意境，他为此大声疾呼搬掉土山，使天坛恢复了庄严景观和生态环境。再如当看到400多条污水管向故宫筒子河排放废水，造成环境污染，他为此大声疾呼开展清淤，使故宫角楼的倒影再次映照在筒子河水面。

2002年9月，郑孝燮先生和侯仁之、吴良镛、宿白等25位专家、学者致信国家领导，题为《紧急呼吁——北京历史文化名城保护告急》，建议“立即停止二环路以内所有成片的拆迁工作，迅速按照保护北京城区总体规划格局和风格的要求，修改北京历史文化名城保护规划”。针对北京城市建筑，郑孝燮先生认为创新与传统不可分割，“中而新”应是首都建设风貌的总基调。指出“所谓‘中而新’，包括两个基本特征：一是城市建设现代化对传统要有所继承和发扬，同时把外来营养化为自己的血液；二是创新应导致北京建设风貌的多样化，形成比较丰富的、完美的、有机的整体特色”。2002年10月，郑孝燮先生又积极呼吁整体保护北京皇城，提出皇城保护的“三低原则”，即“低人口密度、低建筑高度、低交通流量”。

郑孝燮先生自1978年开始担任全国政协委员，连任三届。在此期间，他把大量精力投入到文物保护、历史文化名城保护，以及此后的世界文化遗产保护事业之中。例如1981年6月，针对当时外贸部门经常深入各地收购文物，客观上助长了文物偷盗、古墓盗掘及投机倒把，直至最后大批文物外流，郑孝燮先生提出“今后应发展文物复制品出口，并禁止文物原件出口。建议国务院组织有关领导、专家、教授研究，提出意见，慎重决策”。这一建议影响深远，奠定了此后流散文物保护政策的基础。

1985年，在全国政协会议上，侯仁之、阳含熙、郑孝燮、罗哲文联名提交政协提案，呼吁中国加入世界遗产公约，“以利于我国重大文化和自然遗产的保存和保护，加强我国在国际文化合作事业中的地位”。这一提案引起高度关注，同年11月全国人大常委会批准我国加入《保护世界文化和自然遗产公约》，从此拉开了中国申报世界遗产的序幕。经过30年努力，如今中国已经成为拥有世界遗产最多的国家之一。也正是有郑孝燮先生等前辈政协委员树立的榜样，此后历届全国政协都有不少为保护文物而深入调查，奔走呼吁，联名提案的委员群体，使文物保护成为政协委员义不容辞的责任。

1989年，我在北京市规划局工作期间，探索设立历史文化保护区的工作。对于这一以往没有开展过的保护规划目标，当时并未引起人们关注。但是，当我请教郑孝燮先生时，得到了热情鼓励和指导，经过报批北京市政府确定了25片历史文化保护区。2000年，我回到北京城市规划部门工作后，又开始组织编制25片历史文化保护区保护规划，再次获得了郑孝燮先生的积极支持。2001年8月，郑孝燮先生撰写了《赶快规划历史文化名城的历史保护区》一文，指出“这是个化整为零，分散成片，相对集中保护古都历史风貌的重要规划方案”，并强调“北京旧城的25片保护区的决策和经验在当前也是其他历史文化名城应该借鉴的”。

早在1993年1月，郑孝燮先生就写信给当时的建设部副部长周干峙和储传亨总规划师，建议研究改进“旧城改建”的提法。指出“旧城改建”的提法，虽然沿用已久，但是毕竟不够完善，有很大的片面性，特别对于历史文化名城而言，“旧城改建”的提法很危险，会误导公众，建议改为“旧城改建与保护”。这一建议经过建设部领导批示后，刊登于《城市规划通讯》，引起全国城市规划系统的重视。20世纪90年代以来，郑孝燮先生在不同场合多次提出城市文态环境保护的概念，指出“在我国，除生态环境保护外，我认为还存在另一种环境保护——即城市的文态环境保护”。什么是城市的文态环境？简而言之，就是以建筑整体布局形象为主导而形成的贯穿着“美的秩序”的城市环境文明。

图1 看望郑孝燮先生（2006年6月8日）

图2 春节看望郑孝燮先生（2012年1月26日）

图3 看望郑孝燮先生（2013年2月13日）

图4 看望郑孝燮先生（2013年2月13日）

图5 春节看望郑孝燮先生（2015年2月22日）

在文物系统，提起“三驾马车”人尽皆知。面对一些地区出现破坏文物的情况，郑孝燮先生会同单士元先生、罗哲文先生，马不停蹄地奔赴当地，及时开展文物保护状况调查，呼吁对处于险境的文物古迹实施抢救，树立起挺身而出保护文化遗产的不朽形象。“三驾马车”的足迹遍及全国各地的历史文化名城和文物保护单位，河南、河北、陕西、山西等文物大省更是经常留下他们的足迹。从承德避暑山庄和外八庙，到山西晋祠、大同华严寺；从云冈石窟，到龙门石窟、敦煌石窟；从邙山古墓群，到秦始皇陵、汉魏洛阳故城遗址，从定海古城，到丽江古城、平遥古城。数万公里的忘我奔走，二十余年的大声疾呼，使一处处文物古迹、一片片历史街区、一座座文化名城得以依法保护，如今许多已成为全国重点文物保护单位，甚至列入《世界遗产名录》。

1998年5月，单士元先生病逝，郑孝燮先生曾深情回忆道：“史无前例摧文明，七十余年紫禁城，祸起萧墙拨乱后，匹夫老马三人行。三驾马车二十年，金刚护法叟为先，鞠躬尽瘁魂归去，洒泪追思悼国贤。”昔日的“三驾马车”不知疲倦地奔驰在祖国大地，今天三位先生相继离开了我们。但是他们的精神永存，激励一代代文物保护者坚定前行。实际上，郑孝燮先生和侯仁之、吴良镛、谢辰生、傅熹年等专家学者们拥有的深厚友谊，也都堪称典范。人们经常看到他们一起赴文物保护现场调研，共同出席文物保护论证会议，联合签名上书呼吁抢救性保护。长期以来，专家学者们之间的友谊，成为推动文物保护事业发展的重要力量，也赢得了全国文物保护人士的普遍尊敬。

十几年来，我多次收到郑孝燮先生关于加强文物保护建议的来信。例如2003年他不顾年近90岁高龄，参加了甘肃、新疆等地文物保护考察，自敦煌出发，西出玉门关，穿越被称为“死亡之海”的罗布泊，考察了楼兰、龟兹、交河等处考古遗址保护状况。回京以后，郑孝燮先生会同谢辰生、罗哲文、徐苹芳等几位专家，给我写了一封长信，反映沿途所见文物保护存在问题，特别是对古楼兰国遗址保护状况“极为忧虑”，希望国家文物局给予关注，加大支持和投入力度。对此国家文物局通过深入调研，将情况及时上报国务院，引起高度重视，批准设立新疆大遗址保护专项资金，随后启动了全国大遗址保护行动计划。近年来，实施大遗址保护，建设国家考古遗址公园，得以推广至全国各地，得益于郑孝燮先生和专家们的呼吁。

2005年7月，郑孝燮先生与吴良镛、谢辰生、傅熹年等11名专家学者联名致信国家主要领导，倡议我国设立“文化遗产日”，希望通过设立“文化遗产日”使广大民众更多地了解祖国文化遗产的丰富内涵，自觉参与文化遗产保护与传承的行动。仅仅几天之后，来信得到回复。当年12月，国务院决定从2006年起，每年6月的第二个星期六，为我国“文化遗产日”。为了表彰专家学者对设立我国“文化遗产日”所作出的重要贡献，在第一个“文化遗产日”前夕，国家文物局决定授予郑孝燮先生等11名专家学者“文物保护特别奖”。当我把“文物保护特别奖”证书送到郑孝燮先生家中时，先生露出了欣慰的笑容。如今每年的“文化遗产日”，已经成为亿万民众共同的文化节日，文化遗产保护的理念愈来愈深入人心。

郑孝燮先生无比热爱祖国的文化遗产，为我国文物古迹和历史文化名城保护研究倾注了毕生心血。退休以后，先生本来可以选择优裕、安定的生活，但是他却凭着对祖国文化传统的热爱，选择了文物保护这一在当下极其艰苦的事业，并作为长期奋斗的目标。郑孝燮先生一直强调，文物保护不仅仅是文物部门的事，而应该是综合的、全面的事业，通过多学科广泛参与，才能实现更加有效的保护。文物保护是全民的事业，不论其年老与年少，不论在职与离退，也不论业内与业外，都可以加入保护的行列。他是这么说的，也是这么做的。2009年6月，在第四个中国“文化遗产日”到来时，为了表彰对文物事业作出的突出贡献，文化部、国家文物局授予郑孝燮先生“中国文物博物馆事业杰出人物”的荣誉称号。

图6 看望郑孝燮先生（2016年2月11日）

故宫是郑孝燮先生毕生关注、研究的对象。在他的专著和讲话中，故宫是他永远的话题，特别是对于故宫整体保护有着独到见解。1995年9月，他在《紫禁城的布局规划》的文章中提出“保护紫禁城决不能独善其身，决不能失去外围——即皇城及内城——的整体保护关系。就是说，要由内而外和谐地过渡，取得渐变的协调风貌关系”。10年以后，2005年5月郑孝燮先生又撰写了《古都北京皇城的历史功能和传统风貌与紫禁城的“整体性”分不开——迎接故宫博物院八十华诞》一文，进一步强调“对故宫古建筑的研究与保护，除对它本身的‘真实性’外，必须连同它的外围‘整体性’在内”。“所以，紫禁城的保护不可以独善其身，而要结合皇城的保护，达到整体性的统一和谐”。

2002年，国务院决定启动“故宫古建筑整体维修保护工程”，为了保证工程顺利实施，文化部成立了专家咨询委员会，郑孝燮先生成为成员并积极参加咨询会议，提出不少具有建设性的意见。2012年初，我从国家文物局局长岗位，调任故宫博物院院长。对此，郑孝燮先生再次给予了积极鼓励。他不但向我讲述这一岗位的重要性，而且谈到了其独特性和艰巨性，鼓励我努力做一名称职的故宫博物院院长。他饱含深情地讲道：“紫禁城是人类文明的瑰宝，我们应该世世代代把它保护好，并完好地传给子孙后代。”每当想起先生的这番话，都令我心潮澎湃。郑孝燮先生对故宫，对中华文化的真情挚爱，激励我们努力推动故宫博物院事业发展。

十几年来，每年春节期间，我都要到郑孝燮先生家中看望。由于正月初三是清华大学“老同学”们看望先生的固定日期，那么正月初四的上午，就成为我拜访郑孝燮先生的时间，他总是把这一时间留给我。近些年来，由于老伴“看得紧”，先生参加各项活动的场合越来越少，春节也就成为我每年向郑孝燮先生当面请教的难得机会。

眼看着夫人去世以后，先生的身体一年不如一年。但是2013年春节，我去看望郑孝燮先生时，他居然在认真地做起手工模型，房间里还摆放着十几件已经完成的模型，全部是各国世界文化遗产的题材。郑孝燮先生高兴地向我介绍这些成果，并执意要将一件世界文化遗产“圣彼得教堂”送给我留作纪念。几年来，郑孝燮先生制作的这件模型一直摆放在我的办公室计算机旁。每天开始工作时，我都会看到这件模型，仿佛看到郑孝燮先生勤奋工作的身影，感受一位学者顽强的生命力，激励我满怀信心地投入新的一天工作。

今年，春节前夕，我再次来到郑孝燮先生家中，面对的却是郑孝燮先生的遗像，回忆和思念就像潮水般涌出，心绪难平，感想颇多。2005年3月，郑孝燮先生获知我获得美国规划协会“2005年规划事业杰出人物奖”的消息后，曾作诗一首加以鼓励：“有识之官有识士，图今用古献人民，城规‘杰出’知音远、文物千秋民族魂。”2007年12月，郑孝燮先生不顾91岁高龄，参加了我的清华大学博士论文答辩。两天之后，先生又寄来了一首诗予以祝贺：“水木清华点状元，德才兼备栋梁官，业余五载思公志，流水高山青出蓝。”2010年3月，郑孝燮先生电话询问我参加全国政协会议的情况，听我汇报所提交的22份政协提案全部是关于文物保护的内容后，94岁高龄的郑孝燮先生再次赋诗一首：“谊深网上祝高寿，匹夫回首多平凡，此生同爱新天地，民族基因优胜传。”如今，重温这些充满真情实感的诗句，深切缅怀郑孝燮先生的培养之恩。

郑孝燮先生是建筑、城市规划领域德高望重的学者，也是历史文化名城保护的先驱和文物保护领域的专家，以学贯中西的远见卓识和博大精深的历史情怀，在建筑教育、城市规划、文物保护等诸多方面均有开创性的建树，成为一座历史丰碑，永远令后人崇敬与追思。今天，无论是国家还是社会，对文化遗产的保护都提出了更高的标准和更加严格的要求，文化遗产的内涵和外延也在不断丰富和拓展，文物保护工作任重而道远，需要不断与时俱进，面对不断发展变化的形势，创造性地开展工作。

对我们这些后辈而言，郑孝燮先生留下的不仅仅是他的研究成果、他的学术文章，更重要的是他留给我们的精神财富，一种开拓奠基、恪尽职守的品格，一种百折不饶、不懈奋斗的情操，一种笃实严谨、尊重科学的风范，一种呕心沥血、无私奉献的境界。我认为，这是先生留下的丰厚遗产，需要我们倍加珍惜，努力加以研究、实践和传承。

日前，经过数年努力，《故宫保护总体规划》已经由北京市人民政府正式公布。我想，这也是对长期以来为故宫保护倾注大量心力，也与故宫结下不解之缘的郑孝燮先生最好的纪念，以此表达“故宫人”深深的敬意和思念。

His Body Has Gone, but His Spirit Never Dies
—Memorizing Mr. Zheng Xiaoxie

容颜虽逝，精神永存
——追思郑孝燮先生

修龙*（Xiu Long）

图1 郑孝燮先生晚年

图2 郑孝燮先生与罗哲文先生

图3 郑孝燮著作书影1

图4 郑孝燮著作书影2

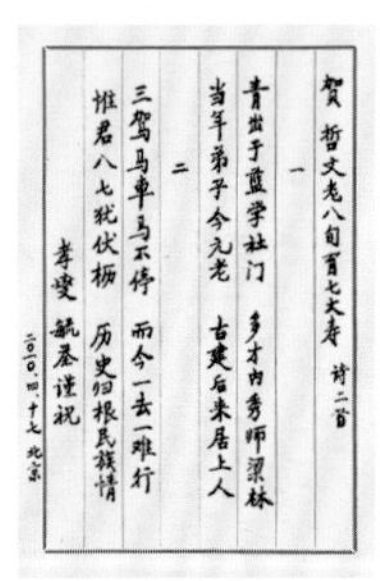
图5 郑孝燮手迹

图6 郑孝燮呼吁保护的乡土建筑

尊敬的各位领导、各位专家、各位来宾：

今天我们在这里举行郑孝燮先生的追思会，这是中国建筑界、规划界、文化遗产保护界的一件大事，这也是中国建筑学会的一件大事。首先请允许我代表中国建筑学会，对郑老先生的逝世表示深切哀悼，对这位睿智、谦和、有担当的“古城守望者”表示无限的追思，对郑老先生的家属表示诚挚的慰问。

回顾郑老一生，他长期致力于城市规划、建筑设计的实践、教育和科学研究，全心投入于中国城市规划的历史和理论、保护城市历史风貌和文化古迹等方面的研究探讨，对于中国历史文化名城的倡建及其规划和建设，以及建筑领域学术水平的发展与提高都作出了突出的贡献。作为后生晚辈，每每提起郑老，我的内心都充满了敬意。

追忆郑老，我们应该学习的是他对于建筑历史的担当。他曾说过这样一句话：“一个民族不能失落自己的历史，没有了历史，没有了文化，就没有了自己的根，历史千万不能被割断。”郑老不仅是这样说的，更是身体力行坚持这样做的。

我们都知道，郑老是一位中国城市规划历史理论的研究者、实践者。他热衷于古代建筑保护工作，从承德避暑山庄到北京卢沟桥，从德胜门到八达岭长城再到十三陵，足迹遍布长城内外，他一直履行着保护古建、古迹的责任。正是由于他的敬业和执着，使得祖先给我们留下的古代建筑至今仍然焕发着青春的气息。北京德胜门箭楼，就是最典型的代表。德胜门始建于明洪武元年，是明清两代正面迎击北方军事入侵最重要的城防阵地。

这样一个重要的古代建筑，在20世纪60年代到70年代，曾先后两次面对了“留”还是“拆”的生死抉择。郑老当时身为全国政协委员和国家建委城市建设总局总建筑师，得知箭楼要拆的消息后，连夜给时任中共中央副主席的陈云同志写信，提出迅速制止拆除德胜门的“紧急建议”，他在信中写道：“德胜门箭楼是现在除前门箭楼外，沿新环路（原城墙址）仅存的明朝建筑”，“德胜门箭楼位于来自十三陵等风景区公路的尽端，是这条游览路上唯一的、重要的对景。同时它又是南面什刹海的借景，并且是东南面与鼓楼、钟楼遥相呼应的重要景点”，“像德胜门箭楼的拆留问题，可以请有关单位组织旅游、文物、建筑、园林、交通、城市规划等方面的领导、专家、教授座谈，听听他们是什么意见”。这些建议，晓之以理，动之以情，受到国家领导的高度重视，并很快被采纳落实，德胜门箭楼才得以保住。如今，德胜门箭楼已被国务院公布为全国重点文物保护单位，可以说，今天，我们仍然有机会看到德胜门巍峨的身影，仍然有机会向子孙后代讲述这段历史，与郑老对古建的热爱和对历史的担当是分不开的。

追忆郑老，我们应该记住的是他对于建筑文化的传承。“历史是根，文化是灵魂，中华儿女的文化认

* 中国建筑学会理事长、中国建筑科技集团股份有限公司董事长

同等于最坚固的国防。”这是郑老在其著作《留住我国建筑文化的记忆》开篇提到的。他认为：“在世界文化史中，唯独建筑是人类一切造型艺术创造中最大、最复杂、最耐久的一类。”

郑老是一位杰出城市历史风貌遗产的保护者，他一直秉持这样的观点，文物保护不是孤立的，不是“独善其身”的，而是要连同文物周围的环境统一地加以保护，要把城市规划和文物古迹的保护有机地结合起来。正因为他的这种执着与坚持，平遥古城这样拥有2700多年历史，拥有我国现存历史较早、规模最大的砖砌县城城墙的中国汉民族城市在明清时期的杰出范例，被列入联合国教科文世界遗产公约的《世界遗产名册》的历史名城。今天，这座古城在郑老的关怀下，重新焕发出巨大的魅力与活力。目前，平遥古城已经成为中国仅有的以整座古城申报世界文化遗产获得成功的两座古城市之一，被世界纪录协会评为中国现存最完整的古代县城。正因为他的这种执着与坚持，上海、天津、武汉等在近代和现代史上有过重要影响，反映不同历史阶段城市社会性质和环境风貌的城市被纳入历史文化名城的行列。这些都离不开郑老先生的辛勤付出。在这里我要说一声“谢谢”，谢谢您对古代建筑，对文化遗产的付出与坚持。

追忆郑老，我们应该记住的是他对于中国建筑事业发展的帮助与支持。回顾中国建筑学会的发展历程，郑老自1966年3月起当选为我会第四届理事会理事，第五届、第六届理事会常务理事，第七届至第十二届名誉理事，在长达近五十年的学会发展历程中，郑老亲眼目睹了我会兴衰起伏变化的发展过程，怀着对学会特有的、深厚的情感，一直把学会的工作视为自己份内的职责，把提升学会的影响力作为己任，始终把学会的工作挂在心上，无论事情再多，工作再繁忙，也要抽出一定的时间和精力参加学会的会议，过问学会的建设，为我会事业的发展和各项学术活动的顺利开展作出了重要贡献。

以《建筑学报》为例，《建筑学报》是中国建筑学会主办的学术刊物，创刊于1954年，同时也是中华人民共和国出版的第一本建筑专业杂志。然而在1965年至1966年国家大形势的影响下，《建筑学报》的发展同样遇到了前所未有的挑战，出现了种种未曾预料到的问题。在这样的关键时刻，郑老欣然接受我会的邀请，担任了学术刊物《建筑学报》主编一职。在郑老的悉心指导下，今天的《建筑学报》不但涵盖了国内建筑学专业高水平理论研究论文和重要建筑实践，还记录了新中国建筑创作发展的历程，更成长为国内建筑学领域具有极高权威和文献价值的专业性杂志，发行量一直在同类期刊中居前位。说到这里，作为中国建筑学会的代表，我还想对郑老再道一声辛苦，说一句感谢。

最后，我想说，古建、古迹是中华民族的一个象征，是祖先留给我们的无价之宝。多少年风风雨雨，多少年拆拆建建，流传至今的文物估计相对来说已经不多了，随着时间的推移，能够留下来的可能会越来越少。它不像手机这样的电子产品，过时了还可以再生产，丢了还可以再买。古建和古迹丢了，中华文明几千年历史就失去了它的风采和内涵，是花再多金钱也买不到的，所以值得我们和我们的子孙去珍惜、去爱护。

今天，我们在这里追忆郑老对中华历史和文化的担当与坚持，追忆郑老先生对古代建筑、对文物古迹的执着与热爱，追忆郑老先生陪伴中国古建筑和文化遗产的百年风雨，就是希望记住先辈们的光辉形象，继续他们的未竟事业，做好古代建筑和历史名城的保护工作；用我们的语言去述说文物古迹对于历史的意义；用我们的行动去引导人们重视古代建筑、保护历史名城的重视；用我们的精神去激励更多的人，为保护和利用好物质文化遗产，为传承和弘扬好中华民族的历史文化继续努力，用实际行动和工作业绩来告慰郑老在天之灵。（图1~6）

Looking Back to the Memory Deep in Time
—Mourn for Mr. Zheng Xiaoxie

回望时光深处的记忆
——沉痛悼念郑孝燮老

丹青*（Dan Qing）

图1 作者陪同郑孝燮、罗哲文等先生考察新疆

图2 作者陪同郑孝燮、罗哲文等先生参加第二届“兰亭”叙谈会

图3 郑孝燮先生与单士元等在第二届“兰亭”叙谈会

图4 作者与郑孝燮、罗哲文等先生留影纪念

前天下午，我突然接到谢老的电话，当时心想：老爷子又拨错号码了吧！因为我在新疆看望慰问基层文博工作者刚回到苏州家里准备过年，在那里天天都通话，他让我忙完直接回家静心过节，他那里过节一切都安排好了，不要我多烦心。近年来，他常常是电话打过来了，你一接他在那里高谈阔论，任你怎么叫，他还是不接听，我一看手机打的，就回座机，他接听了反而觉得奇怪，没有打呀！经常这样。不过这个电话确是他打的，接通第一句就是：郑老走了！你赶快安排，我想要马上去他家！我说绝对不行，我不在身边陪伴你哪里都不许去！不要烦我行不行？你去那里只能给人家添乱！最后说服他一切等待我和郑老家人联系后再决定怎么办！他这才同意。我挂了电话，首先想到我的师姐，原建设部风景园林处处长曹南燕就住在郑老家的大院里，马上给师姐电话，师姐听闻大吃一惊，她让我放心，一切由她代表我和谢老去办理！我接着拨打郑老家的座机，都是在通话之中，过了好一会儿电话通了！方知道师姐和她们联系上了，并讲明由她全权代表谢老和我26日一早登门吊唁。

我这一生和众多专家学者的因缘均聚合在文物保护工作中，和郑老一家的交往已有30余年，师母健在时每年这个季节贺岁的信件均为师母蝇头小楷所书，内容包括家庭生活、孩子的教育、我个人的业务工作，许多时候郑老即兴写的诗，师母手抄后，郑老还得再亲笔写上几句请我斧正一类的话寄给我。每次看望老人吃饭时，师母就会把自己藏起来的好酒找出来，郑老就大笑说师母偏心，有时他想喝两口老太婆都说没有了，你小子一来好酒就变出来了！多来，多来陪我喝上几杯！师母、郑老特别爱我画的梅、兰、竹、菊！虽然许多大名头的书画名家精品，他们不是要不到，但就偏爱我画的东西，至今客厅里我的四君子写意水墨还挂在墙上。因师母是苏州人，我每次看望郑老其实和师母最投缘，师母会用地道的苏州话和我聊天，郑老就笑话我们母子。逢年过节我如果实再抽不出时间看望老人了，都想尽办法寄一些新鲜蔬菜过去！春天茶叶上市了，你不记住，郑老从不爱打电话的人都会打电话提醒我，茶叶、茶叶，我就明白了。秋天大闸蟹上市了，多数时候我放在周干峙会长那里，他再代我送上楼。那些年里，中国文物学会年底开会，一般都会给老专家们备些年货，每年都是我代表学会送去周干峙、郑老家，然后再名正言顺地蹭一餐饭。周部长经常笑话我，有时候赶上他们正在吃饭，周部长怎么讲我都不在他家吃，因为一上楼就有酒喝！有时候不想走了，就住下，第二天醒来郑师母亲自给我做的早餐特别好吃！两个老人吃得早，我吃时，两个老人还把我当孩子一样看着我吃，一扫而光，他们最高兴！

记得有一年师姐曹南燕部里分配了新房，装修期间，她们夫妻忙，就让我去照看，那么多天都是跑到郑老家蹭饭，有时候帮装修工买材料回家晚了，师母一定会打电话问情况，有时郑老也训我：这么大人了，吃饭都让别人操心！我反正脸皮厚陪他两杯酒下肚，他立马就开心了。2015年3月26日那天去看望郑

* 中国文物学会传统建筑园林委员会副会长

图5 1996年第二届“兰亭”叙谈会暨《古建园林技术》三届四次编委会合影

老，打电话预约时讲明晚上在家里吃饭，因北京的交通状况，一直到晚上七点多才到他家，他儿媳刚从国外回来可能不太清楚我和老人的关系，一直等我不来，就想让老人早点吃，老人就是不吃，非得等我一起吃，自己饿了吃两个蛋糕先垫一下，也得等！我一到拿起筷子就准备吃饭，老人不高兴了，筷子往桌上一拍道：没有规矩，不看看师母去？我一吓，放下筷子赶紧去卫生间洗手，然后进师母房间在师母的遗像前上了香，老老实实跪下磕了三个头，这才陪伴郑老喝酒。他对我说：你师母走了，我现在每天的红烧肉瘦的多肥的少真难吃！我只能对他笑笑，他儿媳一听也偷笑，赶紧到一边去了，就留下我俩在那里喝酒吃肉！和他什么都可以说，最不能提周干峙和师母，一提他就伤感，有时候大哭起来！你还得像哄孩子一样他才能平静下来。

我俩吃完晚饭，我看到一本墙上挂历，是郑老和师母的照片集锦，我就想要一本留着纪念，他儿媳告诉我，这是他们的儿女为爷爷在美国做的一本纪念册，这是最后一本家里收藏的，郑老一听不乐意了，他大声地说：“我和丹青三十多年的老朋友，拿下来我要签名送给他！”儿媳妇赶快找笔给老人签名，他写道：“赠送三十多年的老朋友丹青留念！百岁老人郑孝燮，2015年3月26日。”

他老人家对我的女儿最疼爱，记得我女儿才两岁时，他和罗公（哲文）等专家参加全国政协的调研活动来苏州，那天我一到宾馆看望他们，就被他赶出来，他非得让我回家把女儿带过来！我本来想带过来的，怕孩子小添麻烦，他一发火我只能照办，小家伙一进房间就扑到郑爷爷怀里撒娇耍赖，郑爷爷开心大笑。女儿玩累了也不下来，躺在郑爷爷的怀里就睡着了，一放床上就醒，非得让郑爷爷抱着才睡。老人开心透了，就抱着她和苏州来看望他的领导们轻声地谈名城的保护工作。女儿一直睡了近两个小时才睡醒，郑老对我说：“当年我的孩子小的时候，我经常一边改方案，一边看孩子，你师母要为我们做饭、洗衣、干杂活！当爸爸就要承担责任。”

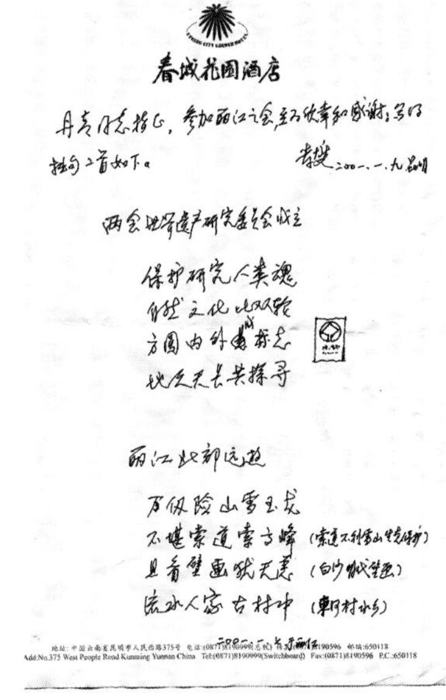
春城花园酒店

地址：中国云南省昆明市人民西路375号 电话：(0871)8190999(总机) 传真：(0871)8190596 邮编：650118
Add:No.375 West People Road Kunming Yunnan China Tel:(0871)8190999(Switchboard) Fax:(0871)8190596 P.C.:650118

图6 郑孝燮先生手迹

2015年9月14日下午，我陪谢辰生老专程从安贞里家里去看他，电话一联系好我们就动身去了，在路上我俩就讲好，到郑老家绝对不能提周干峙及师母，怕又引起他的伤感。那天郑老见到谢老特别高兴，他俩谈得热闹，我插不了话，就走进师母原来的房间在遗像前上了一柱香，默默地和师母讲了一些心里话，一会儿郑老闻到香的味道了，就说：丹青你给师母上香啦？我只能答应，是我上的香。我刚出房间门，谢老用眼睛的余光狠狠瞪了我一眼，他忙用其他话把郑老的思维引开。回来的路上谢老还是批评了我。真的没有想到这一别成了永别！昨天下午谢老在电话里伤感地说：走了！走了！都走了！单老走了（单士元）、干峙走了（周干峙）、苹芳走了（徐苹芳）、罗公走了（罗哲文），今天郑老也走了！原来积极参与历史文化名城保护的只存下我们几个人了！我只能在电话中安慰他，千万不要胡思乱想，保持平静恬淡的生活状态活出底气、活出骨气、活出勇气、活出博学、活出清醒才是最重要的。他没有反驳我，只是无奈地长叹一声。后来曹南燕师姐打电话来，告诉我已按照谢老的要求，她全部协调好了，我马上转告他，这才平静下来。

文字写到这里，眼含热泪，凝神眺望窗外的风景，那深冬中几近透明的苍穹仿佛与现实总是隔着一层厚玻璃。时光荏苒，流年飞逝。而岁月虽掩盖了太多牵强的微笑，却掩盖不了秋冬落叶留下思念的痕迹。我真的写不下去了，只能沿着落叶的瘢痕，把一缕思念寄予稿笺尽情再吐出那些曾经经历的往事：流年是一场戏吗？不然，怎么走过之后，总会留下那么多记忆呢？是戏，但又不是戏。说是戏，是因为在那里有着高潮迭出的鲜活生命，有着一幕幕绝美的风景，让我们时时回望，时时惦念。说不是戏，是因为在那里只能有一个主角，那就是我们自己。那里的悲欢离合都需要我们自己去演绎，去品味，去斟酌。它们只能沉淀在我们的心底，这也是生命中最耀眼的冰封一角。这一角让我们觉得昨天比今天美好，其实这不难理解，失去的往往都是最美好的东西，这些失去的画面往往在不经意间唤醒心底深处的记忆，让你泪流满面，让你刻骨铭心。它将激励人继续奋斗、有助人生下一轮的作为。

三十余年的岁月中，前二十年，我随郑老、罗公、干峙会长跑的地方最多、最美。记得1996年6月6日，由我任组委会常务副主任兼秘书长、罗哲文任组委会主任委员的中国当代古建学人第二届“兰亭”叙谈会暨《古建园林技术》三届四次编委会，在江苏常州市近园召开，江苏省建委主任严伟，省文化厅厅长季根章百忙中出席我们的会议。在会议安排的考察中，专家们走进青果巷那古老而完好的明清民居建筑群，那些建筑虽墙壁早已斑驳陆离，却更给人增添几分历史的纵深感。许多古宅展示出我们东方人的精巧和聪明才智，也诉说着我们祖先艰难或崎岖的生命历程和艰辛的创业诗篇。那天，每个专家学者都拍了许多照片。郑老在考察后就对我讲：你可以代我转常州市的领导，青果巷一定要保护好，这条古街坊不仅出了众多名人，最重要的是许多建筑很有江南水乡的特点。在一个经济高度发达、以轻纺工业举世闻名的古城中，能够保存这么多明、清时代的古建筑实为可贵。我和罗公（罗哲文）等专家、学者今天拍了许多照片，这就是我们讲话的依据。青果巷的许多民居，最大特点，整个建筑配置合理，布局之工、结构之巧，装饰之美，营造之精，当属江南古代民居建筑艺术之精品——我们要现代化，但绝对不能以毁掉历史文化遗产为代价，也没有必要以毁掉历史文化遗产为代价。对青果巷历史文化保护区的规划，城建部门一定要协同市文管部门，采取强有力的宏观调控措施坚决制止在房地产开发中破坏历史文化遗产。要坚决执行《城市规划法》和《文物保护法》，以两法中的有关规定为准绳，加强协同作战的力度，做到城市建设与历史文化遗存保护两不误。郑老对青果巷的评价是科学合理的，也是有一定的历史依据的。

就在那次会议上，以单士元、郑孝燮、罗哲文、张开济、严星华、郭湖生、周治良、杜仙洲等几十位我国历史文化名城及古建筑界著名的规划、建筑大师和专家学者端座桌前，经4个小时的认真评议，大师们一致支持常州市申报国家级历史文化名城并出台了一份倡议书，当年80多岁的郑孝燮老以全国历史文化名城保护专家委员会副主任委员的身份向大会代表宣布：“此倡议书可作为常州市向江苏省及国务院申报历史文化名城的国家专家组的终审意见。”最终因常州市政府班子领导层的换届，大拆大建的狼烟再起，常州市的名城之梦一拖又是十多年。

记得2001年1月6日至8日，中国文物学会世界遗产研究委员会成立大会暨第一届年会在云南省丽江召开，会议前期准备工作中我在郑老家吃饭，随便提出，这次会议期间让师母一起去丽江看看，这是难得的机会！师母也希望一起去看看，郑老不同意，他说：我们去那里开会，又不是旅游，别人看到会怎么想？我当场表态：师母去一可以在高原地区照顾你身体，二不占任何接待费用（反正郑老的身份是安排一个套房，也不会另外安排房间）来回机票不要丽江会议上报，全部由我筹备工作委员会承担（这个筹备委员会1998年12月20日至22日由中国文物学会、中国风景园林学会联合在苏州召开，当时参加会议的建设部、国家文物局专家领导有：周干峙、赵宝江、王景慧、郑淑玲、曹南燕、李如生、罗哲文、谢辰生、黄景略、郭旃等，还有当时全国19处列入《世界遗产名录》的管理机构的代表以及中国文物、古建筑、风景园林界的资深专家学者90余人，周干峙任筹备工作委员会主任，苏州园林局长兼职执行副主任，我任筹备委员会秘书长，全面负责研究委员会成立前期的一切筹备工作。当时因为是全国唯一的国家级专家组成的世界遗产研究机构，委员会的前期筹备部门，在经费上还是有一定保证的）。我告诉郑老，这次安排我已向周干峙汇报了，是周部长这样定的，除了郑师母，这次罗（哲文）师母也同去。郑老听到是干峙同志定的也就没有多说什么。现在想想，那次活动，不是师母在身边照顾他，我们可真的遇到大麻烦了。会议后期在丽江古城木府由丽江政府举办的晚会上，郑老突然感到胸闷气短，当时把我吓坏了，好在会议上有专门负责医疗保健的医护人员跟在身边，经及时抢救后，护送回房间，挂了一夜水，人总算平安了！就在前一天的考察中，郑老陪伴夫人在束河古镇的大石桥栏上休息，他对我说：丽江的未来虽然充满希望，但古城的建筑密度和街巷肌理真的值得我们好好研究，水是丽江的魂，一旦发生什么可怕的变故，一定要保持水源的鲜活和充足，这里所有的建筑无论风格、用材都和内地有很大的区别，防火意识一刻都不能放松警惕。请

图7 郑孝燮寓所留影。左起：谢辰生、丹青、郑孝燮

你方便的时候代我转告丽江的领导，无论在任何情况下，束河现在的风貌、建筑肌理、整体布局都不要随便动！今天陪伴老太婆转了一天发现，这里不比古城区差，只有保持这原有的乡土气息、历史风貌，严格环境整治，不得在控制地带内乱建、乱搭构建物。更不应该把这些乡村街巷打造成杂货铺，束河要的是清纯、安静、宜居、宜耕、宜生活的乡土风情。

郑老曾和我聊天说：地方政府领导当以文化战略的眼光审视城市规划发展，消减政绩冲动，如果一个城市的主管领导对文化不热爱，或者更多的兴趣在GDP（国内生产总值），你说什么也没有用。现实中，常常是一个主要领导干部决定了一个地区的文化品质、文化走向。一个城市的文化发育越成熟，历史文化积淀越深厚，城市的个性就越强。保护文化遗产不仅要保护原有生态环境、历史风貌，更应该注意文态环境的改善和整治。如何能把城市的“根”留住，他认为毁弃旧城是城市建设中最大的败笔。首都北京当年就开了一个非常坏的头，老北京的历史记忆、建筑风貌成为碎片。许多文章中说我保护德胜门箭楼的事，这是事实，但我给陈云同志致函其实也是出于无奈，我并非想当英雄，当年的背景下敢这样上书我也是作了最坏的打算。最终保存下来，也绝对不是我一个人的功劳，没有大家的支持、关注，没有领导及时组织相关专家慎重评议，就不可能成功。现在我最怕上街，原本历史文化无比丰厚的千年古都，这才多少年，一下拥进那么多“奇丑” “怪异”，说不清道不明的洋建筑，这些所谓的“建筑文化”一下子改变了古都的城市形象，使得北京的城市面貌变得生硬、浅薄无知和单调。这是中国城市文化发展最为悲哀的闹剧！我所讲的这一切，在我活着的时候千万不要到处宣扬，这仅仅是我个人的观点，许多东西不是我们这一代人坚持不懈地努力就能改变的，这需要时间去检验！

谈到中国历史文化名城的保护问题，他说：你讲的这一切我都明白，你以为我们心里不急吗？现在除了名城，名村、名镇的保护问题也一样遭遇不幸与挫折！你以为我们看不到吗？看到了又能怎么样?前几年有位专家，在电视台都敢自称自己是保护平遥古城的恩人，让他吹去吧，我们现在的城市规划界这种人不少，假的一经他们嘴就被吹成真的，有时候比真的还要真。你不得不佩服这也是本事。1948年我就带学生去那里搞规划，后因战乱，中间停顿了下来，但也积累了许多珍贵的资料。说实话对平遥古城我是有感情的，否则也不会有1995年国家文物局在推荐世界遗产预备名单立项的会议上，我发了火，我认为对平遥古城不公平！现在想想也没意思，但有时候一味地忍耐也成不了大气候，后来相关部门的领导还是采纳了我的意见，平遥古城进入世界遗产，这是我分内事，根本谈不上功劳。如果真有什么功劳谁愿意争就让他争去，我从来把这一切都看得很淡！何为恩人？住在城里的老百姓是古城的保护神、守护神，他们才是真正的恩人！搞了一些捞钱的规划，就变成恩人了？他们搞规划时也确实请我去过！但我心中明白不愿和这种人混在一起。记得后来他弟弟也来找过我，想搞名城可能是画册一类的，能帮忙还是应该帮一下，做人糊涂一点好！成人之美在于心胸豁达。

今天，当我坐在书案前，翻阅这些年来郑老的诗作和师母寄来的信函，再次深深地感动。中国传统的哲学思想追求天人合一。置身当下纷繁复杂的文化遗产保护环境里，郑老始终保持清醒的头脑。用东方人的眼光看世界，以东方人的睿智和独特的视觉、思维方式解读世间万物，实在令人感动。郑孝燮老是我国不可多得，对祖国文化遗产保护忠诚、忠心、忠贞的大专家，是学问渊博、诲人不倦的师长！他一生待人诚恳，和蔼可亲，在他身上你永远找不到任何做人的瑕疵！真理、使命、信念、责任、奉献，这些人生日常的永恒主题伴随他一生！我们今天怀念他，这对于当今社会当是一种善良的警悟与引领。虽然，或许我们的这个社会已然热病缠身，许多人早就麻木了，即使无力唤醒他们，倘能给社会人心一个善良的提示也好！“知白守黑”是老子文化的精髓之一，我且不念其有何高深莫测，只是俗而化之：“知白守白”。守白，何尝不是守住自己的纯真，守住自己的纯朴，守住自己的纯一。在当今这个浮躁喧嚣的社会环境里，留下一道这样靓丽的风景线岂不更好?

郑老没有听到雄鸡报晓的鸣唱，就这样急着奔向天国和师母相会去了！作为郑氏家族的子孙和我们这些后学晚辈，应借助中华民族古老的新春佳节的吉祥平安之夜把感恩之心捧献最为尊敬的郑孝燮老！每个人都应该走好自己的一生，留下闪光的足迹，为人类的文明发展、共同的美好梦想多作贡献！使人生有更多的慰藉、满足和自豪而没有抱愧和遗恨。

How to Inherit Mr. Zheng Xiaoxie's Philosophy for Cultural Environment Protection

如何传承郑孝燮先生文态环境保护的理念

顾孟潮*（Gu Mengchao）

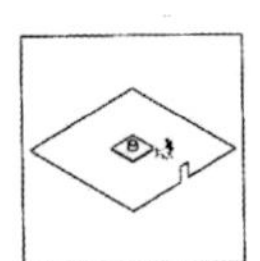

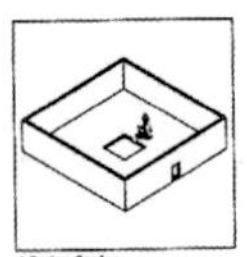

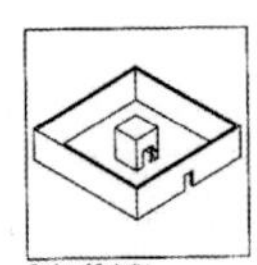

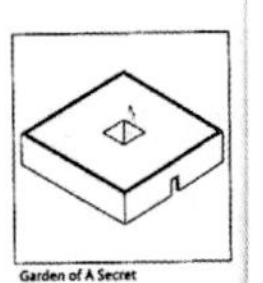

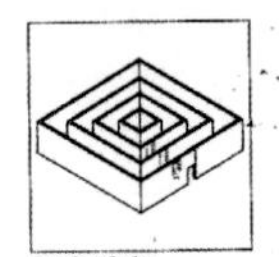

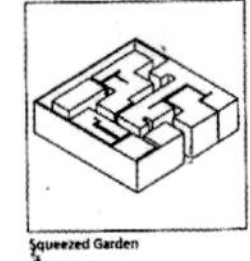

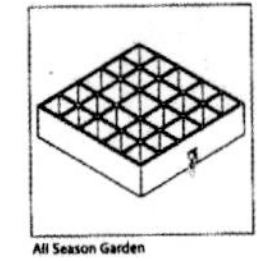

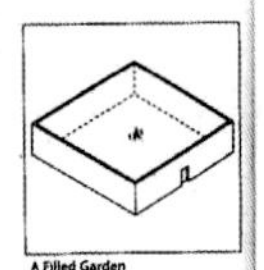

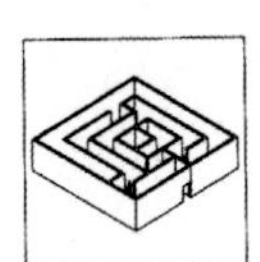

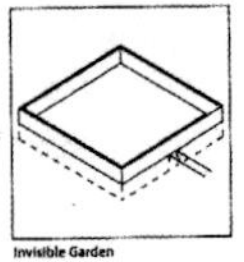

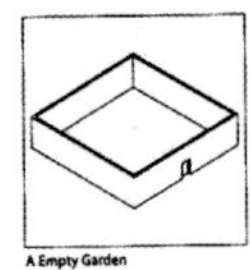

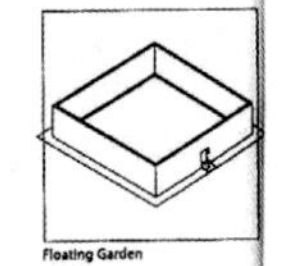

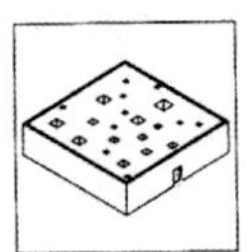

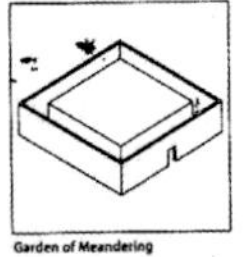

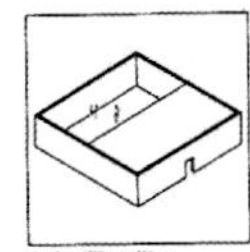

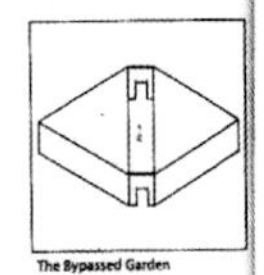

"She herself is a garden. Like a Matryoshika, the Russian nesting doll, she does not have a secret within her. What is inside her is still her," says the maid as she bows deeply.

- from the story of *Walls vs. Gardens*

一座中国园林的生与死，图中各“园”自左上角开始，按顺时针螺旋形顺序排列　唐克扬，计算机建模制图，2004

图1

郑孝燮先生是文态环境保护与建设的首倡者。这一理念是1993年2月27日在“山水城市讨论会”上发出的。20多年来，国内外尚未闻有第二人提出。

今年春节前，中国文物保护先贤郑孝燮先生仙逝。

郑老是继被称为名城、文物保护“三驾马车”的单士元、罗哲文二位先生之后逝世的，三位“国宝级” 文保专家的故去，是我国名城、文物保护事业的重大损失。

近日，我查阅了报刊和网上有关郑老的信息，深受教育。

1993年2月27日，根据钱学森的倡议召开了“山水城市讨论会”，有50多位城市科学、城市规划、园林、地理、旅游、建筑、美术、雕塑方面的专家学者出席了座谈会，27位专家发了言。

郑老以《山水城市的文态环境》为题发言，他发言的内容引起与会专家学者的广泛关注。

其所以能引起广泛的关注，主要是郑老在会上首次提出了他的关于保护与建设文态环境的理念。（图1、2）

他原话是这样说的：“山水城市首先在于把握‘中国特色’这个灵魂；同时既需要达到良好的生态环境，又要塑造（包括创造与保护）完美的文态环境。生态环境与文态环境共同关系着人类文明发展的现状和前途。建‘山水城市’应当对这两大文明环境并重，而走在全国的前头。”

他进一步解释说：“城市文态环境这个概念，重点指的是静态的人文环境，即那些经过规划设计后建的，以建筑群体为主，以山、水、林、园密切烘托的，位于城区和郊区的某些新城市环境等。例如北京的故宫和三海为中心的皇城保护区；以香山、颐和园为主，包括临边若干单位的西郊风景区，新建的亚运体育中心等，均属于文态环境。”

结合山水城市的特点，郑老提出五条文态环境保护与建设的理念。

（一）“山水城市”一般宜小不宜大，人口、用地及建筑高度、建筑密度都要严格控制。

（二）“山水城市”城区的绿地、空地应多以利用塑造宽松、疏朗、幽雅的文态环境空间和气质。

（三）保护自然与历史文化遗产，包括保护自然风景与文物古迹本身及它们的保护范围和建设控制地带；也包括重点历史地区、地段的保护。

（四）对山水城市环境风貌的要求应高过一般城市。环境的整体协调，达到自然、美观、有文气，并且巧于“借景”，相得益彰。

（五）少数民族地区的山水城市的文态环境有其独立系统的文脉，个性特色要非常突出，民族色彩要格外浓厚。

郑老的诗文包含着对文保事业的思考和深情，如郑老曾写过关于武夷山的五言诗：

“奇峰环碧水/九曲绕千山/轻泛七根竹/仰看一丈棺。

山房宜淡抹/书院忌时颜/已是层林少/愚公当远迁。”

* 教授级高级建筑师、编审

诗的内涵和他的文态环境理念一脉相通。

笔者认为，郑老关于保护和建设文态环境的理念，对于我国城市规划、建设有着长久的生命力。故宫单霁翔院长在《怀念文物保护专家郑孝燮先生》的长文中，从古都卫士、文保委员、三驾马车、两大倡议、故宫情怀、培养之恩、历史丰碑七个方面，全面论述了郑老参与文保事业的贡献，对郑老的定位是十分准确的。（图3）

1981年国际建筑师协会第14次建筑师大会上发出的《建筑师华沙宣言》指出，建筑学是为人类建立生活环境的综合艺术和科学。建筑师的责任是把已有的和新建的、自然的和人造的因素结合起来，通过设计符合人类尺度的空间来提高城市面貌的质量。建筑师应保护和发展社会的遗产，为社会创造新的形式并保持文化发展的连续性。（见《建筑师学术、职业、信息手册》第747页）。

为了实现建筑师这一历史责任，我认为：在保护城镇、建设城镇的过程中我们仍需贯彻“保存、保护、发展”的原则,包括妥善保存城镇历史文化遗产；科学保护城镇自然生态资源；发展协调城镇高品质的人居环境。

这三个原则中，城镇发展是硬道理，是终极目标，城镇的保存和保护是发展的基础。没有发展，保存和保护便失去存在的价值，没有保存和保护，就不可能保证城镇的可持续发展，就不能保证城镇传统文脉的延续，不能保证自然生态资源的平衡。因此，保存、保护、发展这三个方面是辩证统一的，又是缺一不可的。

用这一理念审视郑孝燮先生关于文态环境保护与建设的理论，可以看出郑老在保存和保护城镇历史文化中作出的重要贡献，希望有更多的后来者为此继续努力。

图2 前排右起 郑孝燮、陈占祥、吴良镛、廉仲、储传亨、罗哲文、周干峙（摄于建设部会议室）

图3 居中年长者为单士元老先生（摄于齐齐哈尔）

参考文献：

[1] 单霁翔. 怀念文保专家郑孝燮先生[Z].

[2] 顾孟潮. 城镇建筑文化风貌的理想与现实[J]. 重庆建筑, 2017(1)：58-60.

[3] 顾孟潮. 钱学森论建筑科学[M]. 北京：中国建筑工业出版社, 2014.

[4] 鲍世行, 顾孟潮. 城市学与山水城市[M]. 北京：中国建筑工业出版社, 1996.

[5] 徐尚志. 意匠集：中国建筑师诗文选[M] 北京：机械工业出版社, 2006.

[6] 中国建筑学会手册编委会. 建筑师学术、职业、信息手册 [M]郑州：河南科学技术出版社, 1993.

Yi-Houses in Liangshan
凉山彝族民居

茨威格·克劳斯[*]（Klaus Zwerger）著 钟明芳[**]（Zhong Mingfang）译

摘要：多年来我总时不时地想起在中国的文献中曾引起我注意的一系列图样。这些图样是一体的。它们展现的是一种非同寻常的用以覆盖简单农舍的屋顶构造。图纸总是那张。图的说明文字描述了图纸绘制的地区，并提到了建造这些建筑的少数民族，另外图纸还在1963年的一次会议中被展现过。各种解释性文字都评论到如果能去对这些建筑进行调研将会十分有趣。在两位中国青年研究者的陪同下，我于2014年去到了四川凉山。我想一探究竟这样的实例是否真的存在。
中国经济不可思议的快速增长导致历史建筑尤其是乡土建筑在以同样的速度消失。地方政府和中央政府都支持那些过于诱人的以混凝土块为主的新建筑项目。防火性、耐久性和现代性是其有说服力的论据。因此找到那些独树一帜的建筑的成功率不高。这些建筑很可能只建在很小的一块区域内。况且那些真正壮观的构造在建筑内部，从外观上或许只能通过特定的檐口设计来识别。
我们幸运地、毫不夸张地说在最后一刻找到了少数实例。有些马上就要被拆毁，有一栋就在被我们找到的几天前被滑坡撞到，被毁坏得相当严重，屋主甚至没有想过要修复。然而让我们既惊喜又高兴的是我们也找到了新建的类似建筑。
对于老房子更具体的调查揭示了结构上的改变。虽然不是特别引人注目，但变化是非常大的。必须看到这一特定地区构造的特色之一在于其对于联系梁的减免。不仅因为这一事实，我认为这一结构发展的背后是希望不依赖于粗壮的树木，我即将这一构造解读为应对材料短缺的一种节约。只要屋顶被板材覆盖，就没有必要把相对而立的那些定义檐墙的柱子系到一起。而在我们看到的一些实例中，很可能在后来添加了一些联系梁，用以抵抗由于使用瓦片而导致的显著增加的屋顶载荷。调查中呈现出更多。这启发了我们对于起初提到的图纸的认知与解读。原来一方面图纸反映了一个更广范围内的不同形状，正如我在经常性的仓促一瞥之后所假设的。不同的山墙构件在空间和结构上以不同的方式组织着建筑。
另一方面，那些图样并没有体现特别有趣的细节。它们是一种设计原则的简略表达。当你越深入到这一构造便有越多的问题出现，有些仍然没有答案。其中一个问题是关于屋顶的纵向加固。近年建造的房屋中这一特殊构造的重现显然证明木匠们意识到了老结构的弱点或不足。在一次采访中，一个木匠还声称一套整体的纵向加固体系是由他研发的。近期新建的房屋首先通过它们巨大的尺寸吸引人们的注意。它们被设计成名望的载体。能负担得起这样一座建筑项目的人是有意要让他或者她的邻居印象深刻的。这些房屋展示着财富。一套本着节省建筑木材而产生的构造超越了它的初衷。木材成了一种真正昂贵的资源。然而，让人印象深刻的尺寸会让观察者太快地忘记在对比历史和当代案例时所体现出的在实施中发生的显著变化。
作者2015年在长沙的一次学术会议中介绍过这一主题的缩减版本。

关键词：彝族，传统建筑，木结构，凉山

Abstract: In the course of the years now and then I came across a small series of drawings in Chinese literature that caught my attention. The drawings belonged together. They showed a highly unusual roof construction covering simple farm houses. The drawing was always the same. The caption described the area where the drawings had been produced, it mentioned the minority that had erected the buildings and additionally that the drawings had been presented during a conference in 1963. One or the other

* 维也纳工业大学(Vienna University of Technology)教授
** 湖南大学建筑学院讲师

explanatory text added the remark that it would be interesting to investigate these buildings. Accompanied by two young Chinese researchers I travelled to Liangshan in Sichuan province in 2014. I wanted to find out whether such examples still existed at all.

The incredibly rapid economic upswing in China has the consequence that historic architectures notably the so called vernacular architectures vanish at the same speed. Regional governments as well as the central government support too enticing offers to erect new buildings using concrete blocks primarily. Fire prevention, longevity, modernity are convincing arguments. For this reason the probability to succeed in looking for such unparalleled buildings was not high. The buildings in question most probably were only built within a narrowly limited area. Beyond that the really spectacular construction appears inside the houses. Seen from the outside the construction only may be sensed by specific eaves designs.

We were lucky in finding only a few examples at literally the very last minute. Some houses were imminent to be demolished and one house had been hit by a landslide just few days before we found it. It was damaged so badly that the owner could not even think of repair. Yet to our surprise and to our delight we could also find newly constructed buildings.

A more detailed investigation of the old houses revealed structural changes. Not particularly spectacular the changes are serious nevertheless. A characteristic of this specific local construction must be seen in the waiving of tie beams. Not least due to this factI assume behind this structural development the wish to stay independent of solid tree cross-sections. That means I interpret this construction as a way to economize shortage of material. As long as the roofs were covered with boards it was not necessary to tie together those pillars defining the eaves walls that stand pairwise opposite each other. Some of the examples we could see presumably had introduced tie beams subsequently in order to deal with the significantly higher roof load caused by roofing with tiles. The investigation presented more. It led to illuminating recognitions concerning the interpretation of the initially mentioned drawings. It turned out that on the one hand the drawings reflected a wider range of different shapes as I had assumed after apparently always too cursory glances on them. The different depicted gable elements organise the buildings spatially and structurally in different ways.

On the other hand it turned out that the drawings do not show particularly interesting details. They are schematic representations of a design principle. The deeper you plunge into the construction the more questions arise. Some stay unanswered. One question concerns the matter of the roof's longitudinal reinforcement. Houses erected in recent years that recreate this specific construction clearly demonstrate that the carpenters are aware of the old construction's deficit or weakness. During an interview one of them claimed the development of an integrated longitudinal reinforcement for himself. The recently newly erected houses attract attention by their enormous size primarily. They are designed as objects of prestige. A person able to afford the commission to erect such a building intends to impress his or her neighbours. These houses demonstrate wealth. A construction developped to economize the building material wood has lived out its former background. Wood has become a really expensive ressource. However, the impressing size causes an observer to forget too fast a significant change in execution comparing historic and contemporary examples.

The author introduced the topic in an abbreviated version during a symposium in Changsha in 2015.

Keywords: Yi-minority; Traditional building; Wood construction; Liangshan

图1 彝族宅院，丽江宁蒗彝族自治县永宁乡河边村

图2 普米族宅院，丽江宁蒗彝族自治县永宁乡三家村

图3 摩梭人井干式民居细节，四川木里藏族自治县利家咀

序言

我在中国西南部各地的旅程中经常碰到彝族人。我总是被他们充满自豪与自信的魅力所吸引。以往通过人们穿着的传统服饰就能从较远的距离很容易地判断不同的民族。而很多人现在已不再穿着传统服装了。很多彝族人倒是依然延续这一传统。他们鲜艳夺目的裙子和通常尤其是女人的巨大头饰凸显了他们自信的外表。然而光凭这一点是不能概括彝族人和他们丰富多样的文化表达的。彝族人主要分散居住在贵州、云南和四川省，他们的习俗和服饰相应也是多种多样的。我希望我这片面的描述能够作为一种修辞上的夸张来强调他们的房子与之令人难以置信的差别，随着我不断深入地了解。

当我第一次看到他们的房子时，我很难相信那是彝族人的房子。它们与我看到的彝族人，应该说与我所认知的彝族人是不相称的。这些房子看上去很落后。不单跟少数民族民居在很多汉族人眼里的一样，他们的民居确实与他们邻近的房子截然不同。我必须强调的是我看到的并不是特别多，所以我的认知是颇为局限的。但是就我看到的我可以用照片证明。（图1）当其他民族的人们居住在井干式住宅中，他们附近的彝族人也居住在井干式的房屋中。（图2）但是在同一区域内，彝族民居看起来要相对贫寒得多。（图3）当某区域内建筑中的木材横截面被修整得很仔细，我可以立即将之与彝族村落区别开来。（图4）彝族人的井干式房屋使用的是未精制的木材。

研究对原材料的加工方式可以清晰地看出最后的木材资源是如何消失的。当人们意识到他们的建筑材料不足时的第一反应就是尽量利用已有的材料。如果所有的原木都是保持在它们被砍伐时候的原本形状而不做进一步的加工，那么一面井干式墙体的高度就能省下两到三根木料。而围着整栋房子计算下来，节省的量就十分可观了。（图5）在普遍使用未经过精加工的原木的地区，彝族民居看起来就像是由落叶树木堆积而成的。你可以将手臂伸进他们井干式墙体的缝隙中。

而可见的应对木材资源稀缺的下一步则体现在用土墙代替原木墙上。这一步对于那些早已经习惯了框架式结构和木板填充墙的人们要容易得多，例如纳西族。当他们缺乏木材时便使用土来封闭墙体。（图6）整个骨架结构常常消失在土墙内部。而对于那些习惯了井干式建筑的人们来说这却不是那么容易，例如普

图4 一宅院内的彝族房屋，丽江宁蒗彝族自治县永宁乡拉别落

图5 从外部看拉别落的另一彝族房屋

米族或是摩梭人。并不是所有，但是很多他们的井干式墙体承载着屋顶结构。土是一种用来封闭墙体的好材料，但是用它来承载屋顶结构却不是很合适。但是人们被迫改进技术来应对局面。（图7）他们甚至能够从这被迫的材料转变中获利。但这并不是本文的主题。我们又再次面临同样的局面，（图8）彝族民居看上去要显得贫寒很多。

我的结论是，我所到过地区的彝族人比其邻近的族群贫穷很多。从典型的房屋外观来看，他们完全比不上他们的邻居们。我听到过不少关于彝族人的故事，尤其是当他们与其他少数民族杂居时。从社会学意义上，把我个人所观察到的彝族人溢于言表的自豪和关于他们的那些故事放在一起看是十分有趣的。

图6 部分损坏的上墙显露出这一普米族民居是一个普通的木架结构，丽江玉龙纳西族自治县拉卡洞村

图7 由于传统建筑用材的匮乏不断加剧，很多人被迫以土代替木材。在利家咀这一摩梭人宅院内甚至连祖母房的部分建设都使用了替换的材料

图8 拉别落一个彝族宅院内的一幢传统井干式建筑和一幢夯土建筑

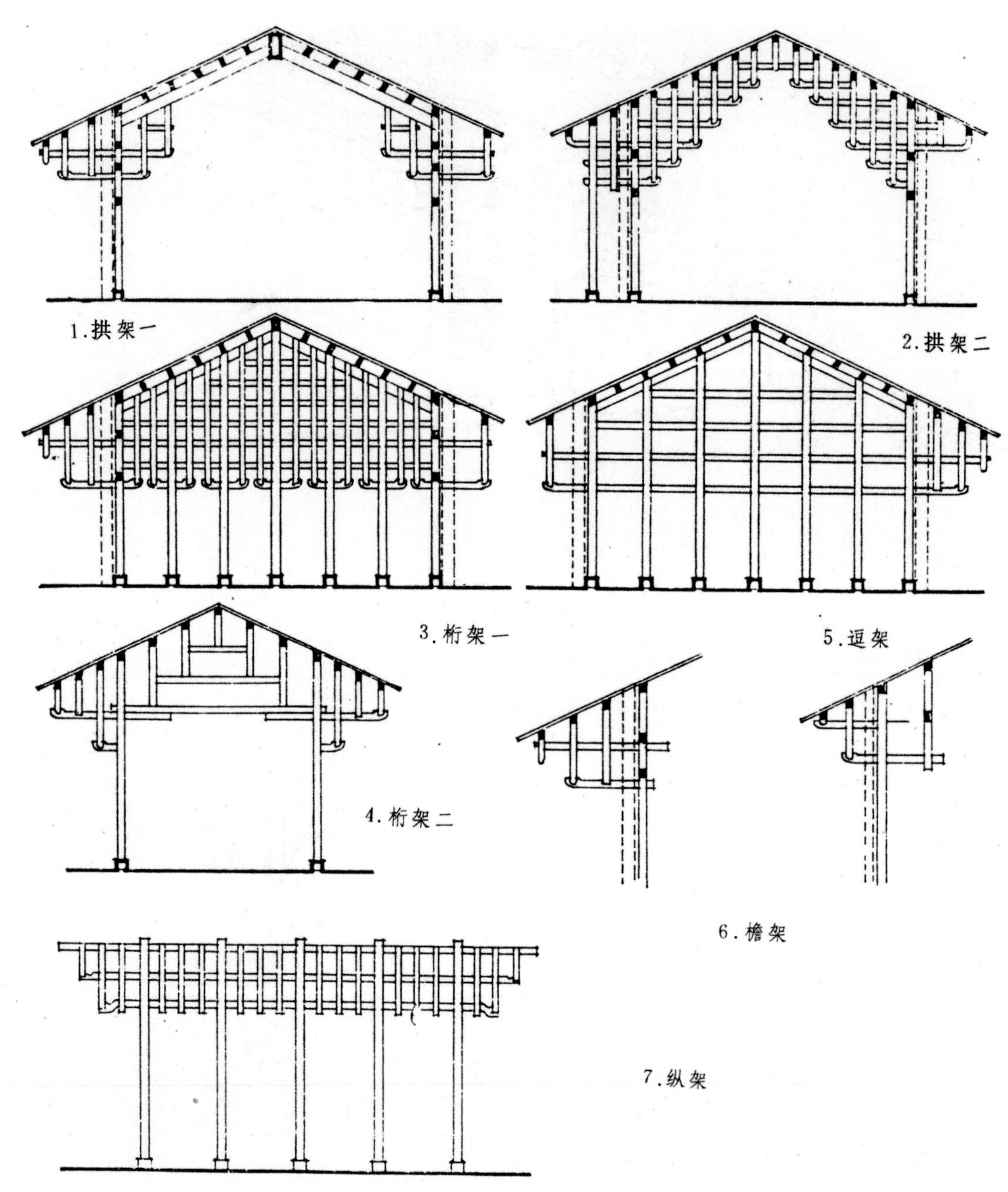

图9 陈1990之图7所示四川凉山彝族住宅建筑调查报告所绘制的凉山地区典型彝族建筑剖面分析

关于一张图的思考

很多年前陈明达先生撰写的一本书中的一张图引发了我的兴趣。在他的《中国古代木结构建筑技术（战国—北宋）》[①]一书中，他展示了四川彝族人的屋顶构造。（图9）与我刚刚所展示的那些实例相比较，很难令人相信这些构造是彝族人建造的。陈所出版的是来自中国工业建筑设计研究所的图纸。它们在1963年的一次名为“四川凉山彝族住宅建筑调查报告”[②]的会议报告中又被展示。因此从现在开始我将要讲述关于彝族住宅的图纸。陈再版了那些图纸之后，它们时常出现在更多不同刊物中[③]。我2014年夏天在四川看到了那样的建筑构造。在两位年轻的中国研究者[④]的陪同下，我有机会探访了位于凉山美姑小镇和古拖村、洛觉村和四季吉村的一些即将被拆除的和刚刚新建的住宅。

陈明达书中这些图第一眼看上去相互很相似，像是一个结构概念下的几种变化。从我的文化背景出发，我甚至联想到了斗拱。但是仔细观察发现斗拱里是完全没有竖向构件的。其高度来自于斗升和简单或复杂的倾斜装饰性支架。而图中所示的彝族结构构件是完全不同的，由竖向和横向的构件相交组成。

①陈明达：中国古代木结构建筑技术（战国—北宋）.北京：文物出版社，1990，图7、图8。

②西南工业建筑设计院：四川凉山彝族住宅建筑调查报告. 1963,西南工业建筑设计院。（参见陈明达《中国古代木结构建筑技术（战国—北宋)》，16页）。

③斯心直：西南民族建筑研究.云南,1992, 161页，图4-10及图4-11.西南民族建筑研究。孙大章:中国民居研究.北京：中国建筑工业出版社，2004，310页，图5-14及图5-15。

④董书音和刘妍目前是留欧的博士生。

图10 一个开敞桁架由两个闭合桁架围合。闭合桁架定义起居室空间。中间的桁架主要用以通过斜梁支撑檩条。这些斜梁放置于两个外侧柱子上并由纵向的水平梁支撑。用开敞桁架作为空间分隔并不现实。洛觉村这栋住宅的一片檐墙在一次滑坡中被摧毁

图11 闭合桁架中的第二、四、六根柱子担负着支撑开敞桁架中斜梁的纵向梁的作用。（洛觉民居1，已毁）

图12 除了枋，洛觉另一民居中的开敞桁架中还有更多细节显示出这一结构为后来加建。（洛觉民居2，很可能已毁）

这个排除法是简单的。而研究这些图时，会发现很难去描述它们的统一特性。各图的排列顺序有什么特定含义吗？在展示若干图样时需要留出一定的距离，而这也会让读者误认为是按时间先后排序。考虑到结构上的细节，这是不可能的。三种类型用到了斜梁来作为支撑檩的结构。有趣的是斜梁的一端止于定义墙面的柱子，并不穿透四周的土墙。可以看到它也不与墙外侧支撑檩的柱子相交。这些斜梁承担了所有屋顶荷载。它们由很多立于地面的柱子支撑，屋顶荷载被直接传到这些柱子上。

我们可以在第二排看到这种构造。（参见图9）左侧的图和右侧的图看起来不一样，但是结构上并没有差别。水平梁的横截面被加工成可以伸进柱子上的洞中。相邻柱子上的洞被开在同一高度上以便用一根横梁来连接这些柱子。每隔一段距离就这样重复一次。如果现有的材料长度不够，可以通过延长另一根梁来解决，这甚至可以在柱子处观察得到。这种考虑反映了一个现实问题。木匠是怎么把有两个弯曲形端头的横梁插进去的？如此多的节点组合产生了足够的摩擦阻力来抵抗横向推力或者拉力，但这要仅当洞口大小正好适合梁的直径时。如果开很大的洞使得弯曲的梁端可以通过柱子，那么将没有任何摩擦阻力了。左侧的图，我姑且认为，只能被解释为那种更简单构架的装饰性版本。梁柱相交的网格因为有了更多的横梁和整合的短柱而变得更为密集。而这些增加的梁柱却并没有带来结构上的改进。它们表明屋主能够负担得起更多的木料和木工双倍的报酬。这样的做法能够显示社会地位。我重复：这是我的第一印象。

当我们看第一排的图时我们面对的是十分不同的情况。（参见图9）这些构造的主要意图是要为住宅室内留出尽可能高的没有结构构件的自由空间。彝族木匠发展出了两种方法来达到这一目的。左侧的结构又一次由一根斜梁主导来支撑檩条。但是现在屋顶荷载的推力不是被传到地表。在这一结构中推力完全由定义墙面的柱子独自承担。这意味着它们是被向外推的，而并没有很大的阻力来抵抗这一推力。柱子上端的脆弱结构是不足以有效抵抗这一推力的。少数的节点只有很少的摩擦阻力。这个屋架可以独自站立，但是不能作为承重结构。它需要有连系梁。

唯一能想象到的可能性是与下面那一排的其中一个屋架形成组合。（参见图9）如果我可以用欧洲的表述类似外形的词汇来描述的话，我会说闭合的和开敞的桁架①。闭合桁架防止屋檐下的墙壁被推离开，而开敞桁架则反映了要减少建筑材料用量的愿望。（图10）我看到过的 一些老的实例正好展示了这种桁架分布。这些斜梁基础部位的支撑比那些彝族图样里所示的还要少。（图11）结构上这只有一种可能性，就是在纵向上用三根横梁作为辅助支撑榫接入第二、四、六根闭合桁架的柱子上。这三根梁位于檩条的正下方支撑起开敞桁架中的斜梁。与檩条相反，这些辅助梁严格地依附于柱子。它们正好是所需的长度——即从一个闭合桁架到另一个闭合桁架的长度。

这些在纵向支撑横向斜梁的水平梁的重要性与必需性在另外一种解决方法中是可见的。在不少住宅中，后来添加了一根枋。（图12）这可以从横剖面上推断出来。当所有原先的构件都是圆形的柱子和方形的板，后来添加的却是一根圆形的枋和被切成方形的柱子。在这假设的加建中，柱子不是开叉地骑在枋上的，而仅被放置在枋之上。

①术语闭合桁架和开敞桁架描述的是桁架屋顶的特征。闭合桁架的特征是加入了一根连系梁。开敞桁架没有或者只有断开的连系梁。有时剪式桁架也被称为开敞桁架。开敞桁架形成一个拱顶区域。这并不是这两个术语的唯一释义。用天花限制了屋架可视性的屋顶体系也被称为闭合桁架。相应地，暴露于视线之内，不用天花遮挡的屋顶框架被称为开敞桁架。本文只限于第一种含义。

图13 像这些古拖的建筑一样，房屋一直以来都是被木板覆盖。（古拖民居 1，很可能已毁）

① 孙大章：中国古代建筑史（第五卷），清代建筑.北京：中国建筑工业出版社，2009，233页。
② 孙大章：《中国古代建筑史（第五卷）》，同上。

为什么需要添加一根枋呢？为什么纵向连系梁是必需的呢？两者都与那些彝族住宅的图纸相矛盾。我的答案是一种假设但是显得很合乎逻辑。我们碰到了一个对于所有历史木建筑技术都很重要的问题。当可以使用瓦片盖顶以后，那些原先覆盖彝族建筑屋顶的树皮或者木板[①]被这种更好的材料所取代。瓦片更加耐久，却要重很多。（图13）为轻屋面而设计的屋顶结构不适用于这种新的情况。讽刺的是，我们可以说那些彝族住宅图纸里所描绘的老结构已经经受不起当代负担的挑战。

现存实例对照

住宅横向被分为空间上的三个部分，结构上的四个或更多开间。结构上是由两个闭合桁架和一个中间的开敞桁架分隔的。空间上看，闭合桁架将两侧部分与中部空间分隔开来。（图14）中部空间包括起居、餐饮功能、一个典型的床隔间和厨房功能。厨房就是主房间一角的一个开敞的火塘，由三块半拱形石头围成一个圆形来承放烹锅。（图15）另一角建的一个隔间被用作卧室。（图16）

在闭合桁架和两侧土制山墙中间的空间主要用作饲养牲畜以及储藏室。（图17）据孙大章所说这也曾是“奴隶们”居住的地方[②]。这

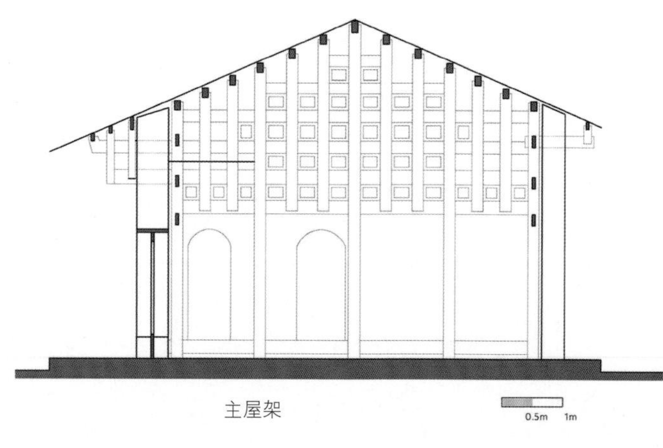

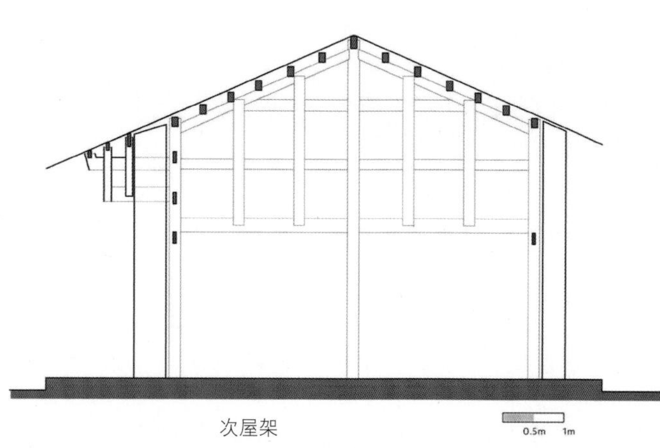

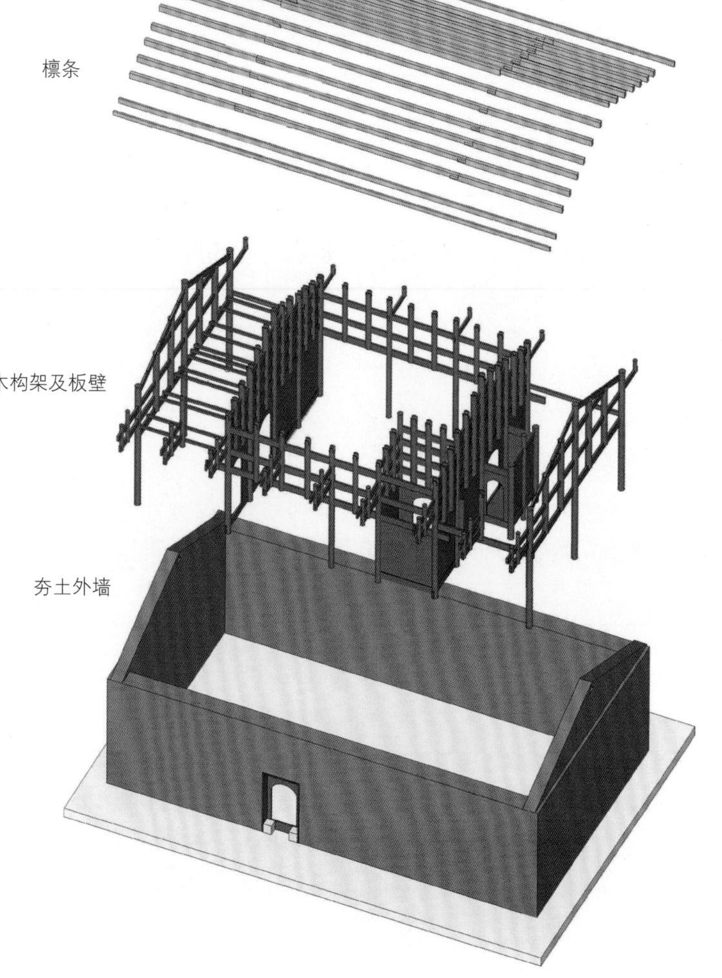

图14 美姑一栋老民居的三维模型和两个剖面（董书音绘制）

图15 洛觉一民居中的火塘。（洛觉民居2，很可能已毁）

图16 火塘对面一角的一个空间上分开的隔间成为很多民居的特色。（洛觉民居2，很可能已毁）

图17 在洛觉这一废弃民居中我们发现了闭合桁架后面被土墙与室外隔离的空间。（洛觉民居1，已毁）

一空间可以也经常被进行水平向分隔。因为整个构架是纯木构的，在山墙的内部需要有一个定义墙面的结束部分。（图18）檩条伸出墙面很多。所以它们需要有结构来支撑那些悬挑出屋顶很远的部分。（图19）当我研究美姑的一栋住宅里这样一种横向桁架时，我只需要转半圈然后将其与分隔核心使用空间的桁架相比较。（图20）我立刻就可以为我之前解读为一种结构的两种形状的那两个图作出解释。独特的内侧屋架用来限定内部起居空间，这一空间位于两个闭合桁架之间并且结构上还可能被一个或更多的开敞桁架分隔。而更简单的外侧屋架界定了用来分隔室内与室外的承重结构。

值得注意的是闭合桁架中的填充板。它的主要作用是其静力学的

图18 美姑被夯土围墙围合的老民居山墙。（美姑民居 1，已毁）

图19 紧临土墙背后的屋架结构支撑着悬挑深远的檩条。（美姑民居 1，已毁）

图20 我们站在与最外侧屋架相对的一榀闭合桁架前。后面便是起居空间。屋架之间的差别十分显著。闭合桁架的特点在于其密集得多的网格及其填充板。楼梯引导到第一层的功能空间，在这一住宅中以前被用作牲口棚。上面一层目前被用作附近建筑工地雇佣的工人的床铺。（美姑民居 1，已毁）

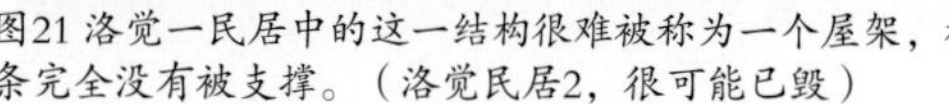

图21 洛觉一民居中的这一结构很难被称为一个屋架，檩条完全没有被支撑。（洛觉民居2，很可能已毁）

图22 支撑檐口的悬臂支架伸出墙面越远越能更好地保护墙面以防潮湿。（古拖民居2）

功能。在以前的实例中板子是被填充在头顶之上的框架内或者整个框架范围内的，而当代的实例中只有下部是被填充了的。这个可以部分地解释为位于内部和外部屋架之间的空间的功能转变。这一空间在当代建筑中被用作壁橱或衣橱。但是这还必须部分地解释为是想强调隔墙网格的尺度。如果这些像网格一样的结构是开敞的，那么更容易让人去数梁的数量。而这正是为什么会这样做的原因所在。横向和竖向的结构元素多，则意味着屋主是个富人。

图23 在美姑一栋新建的民居里这个位于闭合桁架前的开敞桁架比洛觉的那些简单实例（参见图10和12）更像图9中所示的结构。（美姑民居2）

洛觉和古拖村的小住宅好像完全或极大地省去了尽端屋架。（图21）问题是三根柱子和一根大约在2米高处的连系横梁还能否被称为屋架。柱子与闭合桁架没有连接。连接闭合桁架和土墙的横梁终止于此墙，但是并没有与尽端屋架接触。看上去这个屋架的唯一作用就是承放用以支撑挑檐的悬臂支架的。连接柱子的横梁用以抵消挑檐向内的压力。（图22）我们只能认为省去一个真正的尽端屋架是为了节约。联系到我们之前关于尽端屋架功能的论述，这一种情况只会在两侧土制山墙与内部承担檩条的屋架之间的距离小于2米时才有可能。不然土墙将承担檩条的重量，这绝不是令人满意的方法。

让我们再次转到那些彝族住宅图的第一行。（参见图9）我已经解释了上面两排的三个图有承担檩条的斜梁。檩条的摆放在结构上是独立于柱子的。然而有时为了视觉的原因它们会对齐，当然，把一个载荷直接放置在一个支撑构件上总是合乎情理的。第四个图从结构组成上看是完全不同的。首先让人联想到的是穿斗。每根檩条都由一根柱子支撑。柱子立于地上或横梁上。在穿斗结构中这些梁的梁端是固定的。它们至少会有两侧插入立柱中。但是也有伸出最外侧柱子出挑的悬臂梁。图中所描述的结构与支撑屋檐的挑木极为相似①。在我看来从内侧看图中这些参差的悬臂与从外侧看挑木没有什么明显的区别。

然而我对于二者是否相同并不那么感兴趣。我们会发现，这里又没有用以抵抗拉力的结构构件。这个屋架的摩擦阻力虽然远比它旁边那个的好，但是仍然太弱而不足以独自站立。它最有可能和图中它旁边那个一样也是作为闭合桁架之间的开敞桁架。我在老房子里没有看到这样的例子，但是在新房子里看到过一

① 孙大章：《中国民居研究》，355页。

图24 美姑的这一仍在建设中的民居展现了有趣的细节。两排纵向柱列为后面的隐蔽储藏室和卧室隔间提供了空间（参见图40和42）。四开间的起居室由位于两榀闭合桁架间的三榀开敞桁架定义。（美姑民居3）

些。（图23）这里我们找到了明显的证据表明这个屋架替代了有斜梁的那个。在图中所示的例子中我们没有看到任何斜梁，无论是在开敞还是闭合桁架中都没有。所有的檩条都是直接由竖向构件支撑。当我们仔细分析这个开敞桁架时，我们发现木匠插入了一根水平枋作为穿枋。它连接着立于地面两侧的两根柱子。因为这根穿枋，这个桁架从结构上看比那图中相应的那个构架更为有利。木匠[①]显然对构造上潜在的弱点做了相应的处理。

在一栋还未完工的房子里我们可以看得更清楚。（图24）两个闭合桁架之间有三个开敞桁架。它们看上去像是一个拱形构造，或是帐篷构造。被切断的水平枋加强了这一意象。闭合桁架和纵向加固结构，我们将在后面详细介绍这一结构，定义了核心空间。从纵向来看在两个闭合桁架之前和之后有两个功能空间。并且，从这一骨架结构中可以看出，横向上在定义屋架的柱子和外墙之间还有剩余空间。

长期以来我认为开敞桁架的目的是为了节省材料。仅有的长木材是那些主要的柱子。极有可能是欧洲的一种为了利用短木材而发展出来的屋顶结构导致了这一观念。在欧洲，英国木匠设计出了一种正是基于这种想法的屋顶结构。（图25）所谓悬垂梁屋顶可以省去所有的长木材，尤其是连枋。这种屋顶结构在横剖面上看非常相似。然而有一个全面决定性的因素使之不同。英国的构造是建立在刚性的三角形

图25 乍一看那些被称为悬锤梁屋顶中的交错结构似乎与我们彝族民居中的开敞桁架相类似。英格兰塔兰特克劳福德的这一马厩最直观地揭示了区别。水平和竖直的木构件总是依赖于斜向的支架。同样用到了这种构造的教堂屋顶则没这么易懂，因为离观察者的距离太远

① 阿西拉颇是一个当地有名的木匠，他有机会建造一些大型的传统风格外观的房屋。

图26 仍然不满意于檐口支架的显著外观，四季吉村这一民居的主人用彩色油漆强调这一构件的重要性。（四季吉民居1）

图27 美姑一栋新建的房子揭示出早在建设过程中就存在的当代构造缺陷。最前面的悬臂支架在其黏合的地方已损坏。而在后面的构架中被胶合的添加部分已经整个不见了。（美姑民居4）

图28 竖向木构件上的孔洞是为了容纳像旁边悬臂复合支架中那样的水平向构件而预留的。（美姑民居4）

图29 已在一端粘有曲形添加部分的水平构件正被装入预留的孔洞。（美姑民居4）

图30 只有当装到位了以后，另一端第二个曲形的添加部分才能被粘到木板上。（美姑民居4）

基础上的。在彝族结构里却没有一个这样的稳定性三角形。

当我转到那些彝族住宅图的第三排时（参见图9），这里有一个外侧没有被土墙围合遮挡的屋架。我从没见过这样的建筑。根据图示这个屋架好像跨度不大。图中的这种情况让我不禁问自己：为什么木匠不用一根枋来支撑所有的柱子呢？我只能就我从图中所意识到的来解释。如果用了一根不被打断的穿枋，那么就不能用使外立面很有特色的特别形状的梁尾了。

难以理解的是，作为穿枋这么重要的一个结构构件，会为一个纯装饰性构件让位。（图26）另一方面，当我们考虑到这一装饰在当代房屋中所具有的重要性时，这也不是不可能的。这一装饰细节最初的形态具有极强的承重能力，因为它是取自冷杉树弯曲生长的树根部分①。来自中国工业建筑设计研究所的另五张有着十分不同细节的图早已展示了其在以前也有除了结构重要性之外的视觉上的重要性②。今天，木板是胶合在一起的，并且切成曲线的形状来模仿传统的形象。这加速了生产，允许预先切割所有的木料并使所有的梁端看起来都一样。木匠的工作变得更为合理，但却有不好的意义。以前只有可溶于水的胶水使得木

① 孙大章：《中国民居研究》，355页。

② 孙大章：《中国古代建筑史（第五卷）》，414页，图8-43。

图31 日本高山市的西冈家住宅展示了自然弯曲树木的用处和其无可匹敌的力量

图32 图14中所示的美姑老民居的一个立面。围墙的右侧转角是一个瞭望塔。（美姑民居 1，已毁）

图33 这栋民居的剖面展示出一个闭合桁架和一个紧贴在山墙之后的尽端屋架。右手边的轴测图解释了建造中不同屋架的分布（董书音绘制，见图14）。（美姑民居 1，已毁）

匠们不可能像现在一样这么做，必须得一根根去处理有弯曲端部的树木。

我们前面提到过的关于弯曲梁端的问题又再次出现。有弯曲根部的树木在一定条件下是可以预期其生长的。但是却从来没有根部和顶部都长弯的树木。为了充分理解这一问题，最好是看看木匠们制作这一细部的过程。（图28~图30）木匠用不适当的手法去仿制传统形式。当我们观察木匠们是如何安装那些弯曲的板端时，我们立刻明白了为什么他们不能用连续的穿枋连接一个屋架中相对站立的两根柱子。支撑屋檐的垂直构件上的洞口是用以容纳中间部分的尺寸。一侧装饰性的端部只能在木板穿过洞口之后再加上去。而这仍未安装的延长部分是在木板到位了以后胶合在木板上的。这样的黏合是不能永久的。没有螺丝夹紧，黏合的表面上是没有压力的。那小小的雕刻的柱子开叉处比胶水更好地固定着这两块木板。

毫无疑问，利用弯曲的树木端头是为了尽量利用比同样长度的直木材更廉价的不规则形状材料。有意利用材料本身特性反映了木匠们的知识与经验。多少日本民居因为使用了曲木而使其外观特色鲜明？（图31）木匠们知道如何从屋主的利益出发来整合使用不规则生长的材料。我们寻找不规则形状的自然材料，不论是石头还是木头，把它们作为意趣来展示，而当我们可以买得起规则形状材料的时候，却很难将它们进行实用的整合利用了，这不令人惊讶吗？更为甚者，我们还通过破坏材料独特的肌理来生产外观上规则的材料！

在彝族住宅图的第三排屋架旁边我们看到有两个檐架。关于两个伸出土墙外的细节，难以得出有充分根据的判断。但是，我们可以看出柱子作为悬臂支撑的重要性。右边的图看起来是平衡得很好的。室外屋顶的荷载在室内有其平衡力。左边的例子则完全依靠众多木节点中的摩擦阻力。当水平构件都真正紧固地插在卯眼中时，这样是十分有效的。

我用一栋美姑的房子来说明这些悬臂梁的难点（图32）。我们调查了一栋几乎完全被建得离它很近的高围墙遮挡的房子。围墙一角的瞭望塔使人可以确定这是防御性墙体。一些相关的文献描述也能证实这一点[①]。董书音的绘图里清晰地展示了这种院落。（参见图14）正面的悬臂梁是屋架中水平梁枋的延伸悬挑部分。这个在闭合桁架图和尽端桁架图中可以清晰地看到（图33）。从一旁的三维模型中可以看出正面的悬

① Lin, Yueh-hua: The Lolo of Liang shan， New Haven, 1961, p. 16-17。防御结构被描述为抵抗彝族人的堡垒。

图34 同一栋房子的后部则处理得尽可能简单。围墙和房屋墙壁之间一条几乎不可进入的狭窄通道只需要稍微伸出的檐口。6组悬臂支架足够了。它们由于缺乏足够的支撑而需要临时性的加固措施。（美姑民居 1，已毁）

图35 仅通过榫接入柱子支撑的这些悬臂支架在任何檐口覆盖材料的压力下都是十分脆弱的。洛觉民居1，已毁

图36 感谢滑开的右侧柱子和因此而导致的弯曲木板的倾斜，我们认识到施加于其上的压力。古拖民居3，很可能已毁

图37 洛觉的这一民居展示了土墙内侧典型而十分简单的纵向加固柱列。上下共三道梁由短柱支撑到位，而短柱则增设在立于地面定义屋架的柱子之间。（洛觉民居2，很可能已毁）

图38 在富裕的住宅里，不仅横向屋架展示更多的用材，纵向加固构件也有同样的功效。（美姑民居5）

臂支架比背面多。正面一侧只有四个完整的屋架和一个凹进的床间提供用以支撑悬臂的柱子。（参见图14）然而伸出的檐架却有9组。有4组悬臂仅由很短的竖向构件支撑。它们并不像那5根立柱一样在土墙内侧落地。在这一美姑的实例中，这些竖向构件是纵向加固构件的一部分。它们本身也是由那5根立柱支撑的。我们一会儿再讨论这点。很明显4个半屋架的支撑已经足够可以负担另外4个悬臂上的荷载了。

当我们看到房屋的背面，情况就大为不同了。（图34）伸出土墙外的悬臂并不是屋架中水平梁枋的延伸部分。它们只是在需要的高度被简单地榫接在墙内侧的柱子上。与正立面不同的是背面只有六根伸出的悬臂。（图35）除了一根之外其余所有这些悬臂都有一个临时的保护性支撑来防止其下垂。被短短的悬臂所穿透的土墙并不适合提供很好的支撑。之所以将正面和背面的结构在对比中描述得这么详细，是为了进一步指出它们的制作方法不同。我们意识到那弯曲的悬臂梁端作为正立面上的表现性元素是多么的重要，只要它能被看到时。

我们匆匆冒险地得出了那些弯曲的悬臂是纯装饰的结论。这栋房子后侧的实际出檐可以很小。它旁边防御围墙上的屋檐离它非常近，所以两个檐口之间的间隙不足以使土墙受到伤害。在这难以到达的后部，这一元素完全不需要任何瞩目。但是，我们不要忽视了这些悬臂在功能上的重要性，它们支撑着负责保护土墙的屋檐。（图36）只有在其失效时我们才意识到这一情况。

下面来讨论结构上的纵向加固构件。我想不出在那些彝族图纸第四排的纵架中左右两侧伸出的两端有何用途。（参见图9）在目前所见过的实例中，都是由墙壁将结构构架围合在内部。在纵向上只有檩条穿透了山墙。山墙内侧是由尽端屋架和闭合桁架所界定的储藏空间。这种在纵架上错列的装饰性端部让人费解。

目前所看到的所有构件都保证了房屋横向上的稳固。纵向上我们唯一提到过的构件是檩条。显然它们不能提供足够的稳定性。这个任务是由纵向上被穿成一排的柱子来完成的。这些柱子位于室内、与檐墙平行，被水平的枋连接起来，与横向屋架相似。（图38）通常由低到高有三根这样的枋，形成格栅状的结构。在立于地上的柱子之间按一定的间隔插入竖向的短柱来加固这一排列。（图38）根据房屋的大小，加固枋的数量可以更多。大型的住宅能更好地利用横向上的空间。（图39）它们将纵向加固用的柱列放置在室内离墙很远，使柱列和土墙之间的空间可以用来做床隔间或者储藏间，甚至有上下两层。

有些住宅还不满足于这样的加固。（图40）它们还会在中央纵轴上增加加固措施。

图39 在四季吉的这一民居中有足够的空间来将主要的柱子移到更加靠近内部以扩大位于起居室和土墙之间的空间。在布满装饰的木板后面柱子之间的下层是床隔间，上层是储藏间。（四季吉民居 2）

图40 美姑的这一新建房屋（参见图27–30）尽管尺度较小，但在中轴线上也设置了纵向加固。（美姑民居4）

图41 这样的富人家住宅无论如何都是需要中央纵向加固的。（美姑民居6）

图42 露明的屋顶构造让主人得以展示他的财力。（美姑民居6）

图43 古拖这一衰败的民居让人深入了解到木结构在周边土墙的何处伸出。（古拖民居4，已毁）

图44 屋面的两坡没有相交在一条屋脊上。在它们的上部留下了一道相当大的缝隙。（古拖民居5）

非常大型的房屋中无论如何必须要有这样的加固。（图41）但是在这样的房子中，让我们感觉更多的是表现性的大厅而不再是一般的民居了。（图42）

未解决的疑问

对于我们所见所闻的疑问比我们预想的要多得多。我归纳主要的待回答的问题如下。房子是如何建立起来的？（图43）骨架结构是被土墙包围起来还是等土墙干了以后再建？房子建造顺序的问题对当代建筑来说已经过时了。砖或者混凝土墙不需要干燥多年。刘妍通过对木匠阿西拉颇的采访可以证实这一观点。砖墙还有另一个优势。烧制过的土比未经烧制的土抗压能力更强。这意味着所有那些关于悬臂支撑下沉的问题都大大缩减了。因此传统的屋檐支撑方法变成了纯装饰。它被用来作为一种强调归属于这一特定地区少数民族的身份标记。结构上看，它已没有任何意义。我们前面已经提到过，这可以从那些弯曲梁端的当代做法中推断出来。

第二个问题是关于分离的屋脊的。（图44）我所说的分离的屋脊指的是两个坡屋面不在同一高度相交。在屋脊之下有一道很大的缝隙。这种现象有时出现在老房子里，但有时也出现在新房子里，与房子的大小无关。（图45）从逻辑上判断我们找不到一个解释。一方面一个开敞的屋脊是排烟的最有效方法。我们看到了火炉，所以这可以是一个有力的理由。一个分离的屋脊还可以为一个没有窗户的结构带来光照。否则光就只能来

图45 在四季吉的这一更大型的房屋上部我们也找到了这样的屋顶做法。（四季吉民居2）

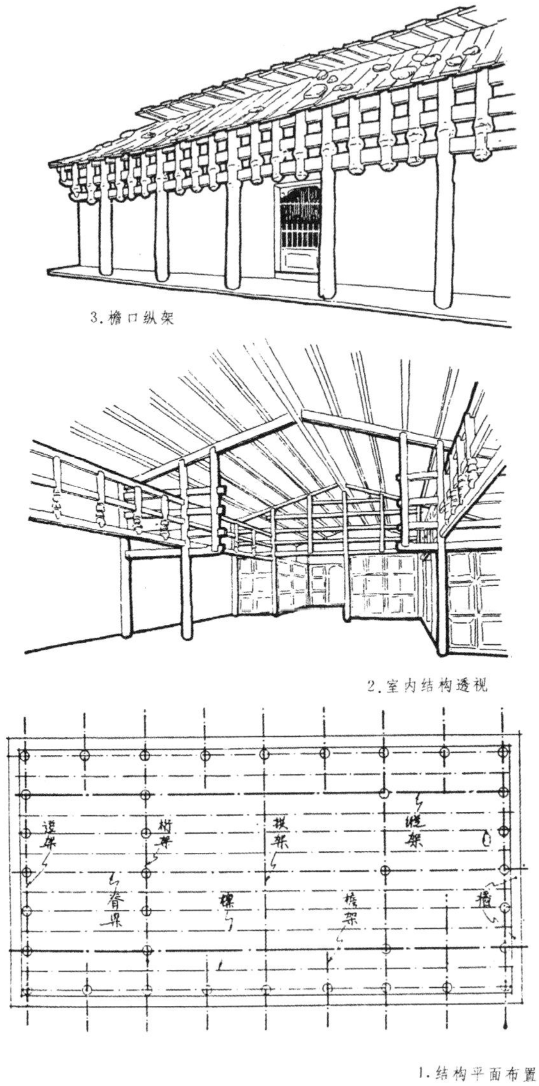

自明火或者开敞的大门了。另一方面，在2到3米的高度将屋顶如此地开敞是有问题的。这一地区可不是碰巧叫做凉山。刘妍2015年再次去到这一地区进行了更深入的调研，并且从一个木匠那里得到了一个令人满意且言之有理的答案①。在某些情况下，当盖板因为缺少在檩条上的固定而下滑导致了缝隙的出现。

第三个问题是关于陈的图纸中最下排所展示的纵向加固构件两侧延伸部分的。在大部分老建筑中，尽端屋架与闭合桁架之间的纵向连接是很少的。最下面那根横梁的装饰性拱形尾端有什么特别的好处呢？除开功能性的考虑，我们又遇到了与我们在讨论横向屋架中弯曲的梁端时碰到的同样的问题。逻辑上看，它们只能至少由两个部分建造而成。

我们没有机会找到哪怕一个能够帮助找到答案的实例。也许这最后一个问题的答案比想象的要容易。陈明达展示了另外一幅图纸②。（图46）一张正立面的透视图正好展示了这样一个由竖直和水平构件组成的格栅作为屋檐的支撑结构在檐墙之前与其平行安建。这是最上面一张图。中间那幅图则展示了室内纵向加劲的一种解决方式。而最下面一张展示檩条分布的图里还有另一有趣的细节。闭合桁架外侧的空间有2个开间长，这已十分可观了。右侧的闭合桁架只用了5根柱子，而紧邻土墙的尽端屋架却有7根柱子。别忘了这一屋架通常是被遮挡于视线之外的。

当我们回到最上面那张图，我们发现所有梁端都是直的！有趣的是这种纵向的檐部支撑与我们之前看到过的实际情况或者其他图纸中所描绘的都完全不同。（图47）不仅穷人家使用与檐檩垂直伸出的悬臂支撑，富人家也完全依赖伸出的悬臂支撑。在出挑很远的情况下，这些悬臂复合支架间会选择性地在纵向连接。但是我们从来没有遇见过像是在室内和图中所示的那样一排支撑檐檩的柱列。

3. 檐口纵架

2. 室内结构透视

1. 结构平面布置

图46 此图说明了在20世纪60年代找到的纵向加固措施。（图源自陈1990：图8）

图47 这一制作相对复杂的檐架完全支撑檐部却没有落地的柱列。（美姑民居5）

结论

我们只能找到很少的大多为十分贫寒的老房子。它们可以部分地与20世纪60年代绘制的那些图纸相对照。这些房子有的很快要被拆除，有的可能撑不过过去的这一年半载

① 刘妍在2015年12月的一次会面中好心为我提供了这一深刻见解。

② 陈明达《中国古代木结构建筑技术（战国—北宋）》，图8。

图48 木匠们很幸运地能找到渴望展示财力的业主。（美姑民居5）

图49 同一房屋中闭合桁架后的尽端屋架却相对而言异乎寻常的简化。（美姑民居6）

了。很少有人建的新房子与以前的看起来十分相似了。这些房子看起来像是历史建筑技术的后继运输工具，它们遵循传统的模式，然而如前面所示，我们可以观察到明显的区别。早在30年前伊西科维茨就说道："如今在大部分国家都上演着快速的社会变化。这如何影响着住宅的形式和用途？是否会有在使用新材料的同时保持传统式样的趋势？"①他主要是针对东南亚住宅说的。但是在过去的15到20年里，我们可以观察到无数与他所说的相应的实例。变化的第一步总是以坚持传统形式为特征。然而新的材料势必带来新的建造方法，也因此创造出新的面貌，无论是在细节上还是整体上，接受这一点是需要时间的。

我们展示过的近期的一些仿建似乎就能详细地证实这一观点。我们试图去阐释这些近期建造的豪华"宫殿"背后的信息。主人特意通过呈现极大数量的材料来给他的客人留下深刻印象。为什么又怎样做呢？木材变得如此稀缺，所以人们都为这个人的财富而感到震撼。不是因为杰出的做工或新鲜的想法，而更像是一个名利场。（图48）当你进入到一栋房子，而主人直接把你带到那些闭合桁架前帮你数横梁的数量，你便知道他为什么而花了那么多钱。

① Izikowitz, K. G.; Introduction; in: Izikowitz and Sørensen (ed.); The House in East and Southeast Asia; London and Malmö; 1982; p. 5.

图50 四季吉建于闭合桁架外侧延伸部分的床隔间。（四季吉民居3，很可能已毁）

图51 美姑一个类似的实例。（美姑民居 1，已毁）

我们惊讶地发现在遥远的村子里一些贫穷的住宅里尽端屋架制作粗劣。人们的穿着、发型和女人们的妆容都表现了希望能够看上去是我们认为好看的样子的愿望。我们看到住宅的入口立面上比后部有更多的悬臂支架。这个，除开其功能因素以外，可以解释为穷人“试图加深印象”。我展示过一个富人住宅的内部立面。屋主也明显地在通常没有人看到的闭合桁架后面节省钱财。（图49）这一简化了的尽端桁架让他可以在闭合桁架里装13道横梁，而不是9道或者11道[1]。这栋房子是砖砌建筑，不需要为山墙减轻檩条的荷载。但是与那些图纸比较，闭合桁架和开敞桁架的区别则揭示出了真相。

为了解释我容许质疑的观点，我将两个延续未中断的建筑传统的老建筑实例与两个新建的实例进行对比。（图50、图51）你喜不喜欢这些表现了大量设计相关经验的装饰性雕刻和精细木工是个品位上的问题，而它也是生长在一个文化上成熟不变的环境里的问题。抛开实际上的贫穷面貌不谈，两个实例都展现了小的普通住宅中的细节。看着貌似传统风格的新建建筑，（图52、图53）人们必须知道的是，风格不仅只是对于某些吸引眼球的特色的复制。你可以让一个木匠去建最大的房子，但是你买不到文化知识。文化是一个教育的过程。“房屋是政治和文化身份的重要标识。”[2]房屋反映连续性也体现转变。历史的车轮是不会倒退的，建筑历史的也是。当所有土生土长的传统建筑技术都在以20年前无法预料的速度消失时，我们仍然要为还有能够用传统方式使用传统工具的工匠而高兴。不出几年他们将成为最后的见证者。一旦他们不能再靠他们的所知生存时，这一历史篇章就可以永远地结束了。(图54）

① 我们听说在以前9根横梁是最高数目了。（2014年9月3日在美姑的个人交流）

② Sparkes, Stephen; Introduction. The changing domain of the house in Southeast Asia; in: Sparkes, Stephen and Howell, Signe (ed.); The House in Southeast Asia. A changing social, economic and political domain; London, New York; 2003; p. 13.

图52 仍是一个建于闭合桁架外侧延伸部分的床隔间，这次是在美姑村的一所新房内。（美姑民居5）

图53 建于隔开起居室和檐墙的纵向柱列之间空间内的床隔间。在四季吉的这一新建住宅中的每个开间都有。（四季吉民居 2）

图54 茨威格教授考察洛觉彝族民居

附录：作者介绍

Klaus Zwerger (茨威格·克劳斯), born in 1956, studied design theory and textile design at the University of Applied Arts in Vienna (Austria). During the studies and few years afterwards he worked as freelance joiner, carpenter and artist. This experience of practical woodworking laid the foundations for his later research work. In 1991 he started to work as an university assistant at the University of Technology in Vienna at the Institute of Art and Design. In 1993 and 1999 he was granted a long term scholarship by the JSPS (Japan Society for the Promotion of Science) to work as a guest researcher at the Todai (Tokyo University). In 2001 he was assigned to the Institute of Architecture and Design at Vienna University of Technology. In 2005 he was invited once more to do research at the Unversity of Tokyo. After the approvement of his habilitation thesis Zwerger was appointed Associate Professor bestowed with the venia docendi for Historic Timber Building in 2012. He is lecturer at master courses and held a guest professorship at Hosei University in Tokyo in 2015. In 2016 he was invited as guest lecturer at Xiamen University.

In search of his research objects Zwerger travelled extensively in most European countries and in East and Southeast Asia at least two months every year since 1991. Having visited China in 2000 for the first time since then he has been there nearly every year, sometimes twice a year. The outcome of his research are several monographs, articles, conference contributions and exhibitions. Among the monographs are „Wood and Wood Joints: Building Traditions in Europe, Japan and China“, „Vanishing Tradition: Architecture and Carpentry of the Dong Minority in China“, „Die Architektur der Dong“ (The Architecture of the Dong people), “ヨ - ロッパ文化とカラマツ / The Larch in European Culture” (bilingual) and “Die Getreideharfe in Europa und Ostasien: Bautypologie, kulturhistorische Bedeutung und wirtschaftshistorische Wurzeln” (Cereal drying racks in Europe and East Asia: building typology, historico-cultural significance and historical economical roots).

图55 茨威格教授与名木匠阿西拉颇——美姑1——董书音摄

茨威格·克劳斯（Klaus Zwerger），生于1956年，大学就读于奥地利维也纳应用艺术大学的设计理论与纺织设计专业。在学习期间和之后的几年里他做过自由职业的细木工、木工和艺术家。这些实践经验为他以后的研究工作奠定了基础。1991年他开始在维也纳技术大学的艺术与设计学院担任大学助理。1993年和1999年他被JSPS（日本科学促进协会）授予长期奖学金并在东京大学担任客座研究员。2001年他被委派到维也纳技术大学建筑与设计学院。2005年他再次受邀赴东京大学进行研究。2012年，在他的特许任教资格论文获得通过后，茨威格出任副教授并被授予在历史性木构建筑领域的特许任教衔位。2015年他在东京法政大学讲授研究生课程并被授予客座教授。2016年他受邀在厦门大学进行客座讲授。

出于科研目的，茨威格游历过欧洲大部分国家，并且自1991年以来每年至少有两个月出访东亚和东南亚。自2000年首次到访中国以来，此后几乎每年他都来访一到两次。他的科研成果包括有专著、论文、参与学术会议与展览等。

专著包括：“Wood and Wood Joints: Building Traditions in Europe, Japan and China（木与木节点：欧洲、日本和中国的建造传统）”、“Vanishing Tradition: Architecture and Carpentry of the Dong Minority in China（消逝的传统：中国侗族建筑与木工艺）”、“Die Architektur der Dong （侗族建筑）”、“ヨ - ロッパ文化とカラマツ / The Larch in European Culture”（欧洲文化中的落叶松）（双语）以及“Die Getreideharfe in Europa und Ostasien: Bautypologie, kulturhistorische Bedeutung und wirtschaftshistorische Wurzeln（欧洲与东亚的谷物晾晒架：建造类型学、历史文化意义及历史经济根源）”等。

编者后记

本编辑部收到这篇由一位西方学者撰写的关于我国少数民族民居的学术报告后，有三点感言：其一，作者茨威格·克劳斯（Klaus Zwerger）教授文中提到，其之所以有兴趣研究中国民居建筑，起因是偶然读到我国著名建筑历史学家陈明达先生的专著《中国古代木结构建筑技术（战国—北宋)》中关于凉山彝族建筑的述论和测图，而一旦按这条线索投入研究，就不辞辛苦，年年来华作实地调研。其实，陈明达先生的那部著作即使在国内，也因其研究艰深而读者无多，而且陈先生也仅是通过彝族建筑旁证更古老的建筑技术源流。由此，我们深感茨威格教授敏于发见、孜孜以求的探索精神之难能可贵。其二，本文不仅资料翔实、论证严密，更随处可见作者在建筑设计方面的实际经验和深厚造诣，这很值得我国建筑史学界同人借鉴。其三，作为一位西方学者，茨威格教授在冷静分析的同时，随处流露着对中国文化遗产的热爱，他真情为这些文化遗产的未来命运担忧。基于上述三点，本编辑部特将此报告向国内同行推荐，也希望日后与国内外学者有更多的交流。

Origin of "Wu-Style Architecture" and Its Existence Value

"婺派建筑"的由来及其存在价值

洪铁城*(Hong Tiecheng)

摘要："婺派建筑"以东阳木雕装饰为主要特征，是不同于"徽派建筑"的一个独立的建筑文化体系。确立"婺派建筑"概念，有助于认识我国儒家传人生存空间环境的存在特征及其保护价值，有助于继承我国儒家传人生存空间环境蕴藏的品质精华，同时是研究村落、集镇形成过程及其结构形态科学性、艺术性之所需。

关键词：两大体系，五个方面，比较研究，基本单元，伟大创举

Abstract: Characterized by Dongyang woodcarving decoration, "Wu-Style Architecture" is an independent architectural culture system, which is different from "Hui-Style Architecture". Defining the concept of "Buildings of Wu School" is helpful for recognizing the existence characteristics and the protection value of Chinese Confucian descendants' survival space environment, and inheriting the quality essence of Chinese Confucian descendants' survival space environment. It's also required for studying the forming process of villages and towns and the scientificity and artistry of their structural morphology.

Keywords: Two systems; Five aspects; Comparative study; Basic unit; Great initiatives

引言

1996年，很多人说金华古代留下的房屋属"徽派建筑"，笔者特持异议，相对应地提出了应该是"婺派建筑"的概念。

严格地说，"婺派建筑"作为文化派系，尚末在学界正式确立。但是连续二十年来，这个概念已经慢慢地被金华很多领导、专家认同，并开始在社会上流行。

需要说明，所谓"徽派建筑"其实指的是徽派民居；相对而言，"婺派建筑"也以金华各县市的古代民居为所指。

因为"建筑"两个字作为名词是广义的，包括民居建筑，也包括厅堂、祠庙、宫殿、衙署、学校、医院、剧场、车站、码头、桥梁、陵墓和园林中的亭、台、楼、阁，还包括风水塔、文昌塔等等建筑。"民居"指的仅仅是供常人居住的房屋，具体一点说，指的只是住宅。《中国大百科全书——建筑 园林 城市规划》卷327页注：民居(domestic house) 中国在先秦时代，"帝居"或"民舍"都称为宫室，而"第宅"专指贵族的住宅。汉代规定列侯公卿食禄万户以上、门当大道的住宅称"第"，食禄不满万户、出入里门的称"舍"。近代将宫殿、官署以外的居住建筑统称为民居。

那么，为什么笔者不赞成把金华地区的古民居称之为"徽派建筑"呢?

因为"婺派建筑"与"徽派建筑"，有着各自的存在特征和文化属性。本文一对建筑作为硬件的物理性进行分析，一对与之有关软件的文化性进行分析，进之对"婺派建筑"与"徽派建筑"产生的文化背景进行分析，最后说明"婺派建筑"概念确立的必要性与重要性。

*建筑学博士、教授，浙江仙客来旅游规划设计研究院院长

一、作为硬件的物理性对比

形成“徽派建筑”的徽州，作为地理单元，在安徽省南部地区，古称新安。自秦朝置郡县以来，已有2200多年历史，宋徽宗宣和三年（公元1121年）改称徽州，历元、明、清三代，统“一府六县”（歙县、休宁、婺源、祁门、黟县、绩溪）——婺源今属江西省，行政版属相对稳定。总面积约9807平方公里，总人口约147万。

出现“婺派建筑”的金华古称婺州，作为地理单元，位于浙江省中部。秦、汉属会稽郡，三国吴宝鼎元年(266)置郡名东阳，隋开皇十三年（593）改置婺州，后多次更改郡号。金华领金华、兰溪、东阳（包括磐安）、义乌、永康、武义、浦江、汤溪八县,故有"八婺"之称。总面积约10918平方公里，总人口有540万之多。然而婺文化涉及衢州、丽水和诸暨、嵊州等地，这些县市也有“婺派建筑”存在。

下面，将两地明清时期留下来的量大面广的民居，先作硬件方面的对比。

1. 建筑外形对比：一是马头墙，一是屏风墙

粗观建筑外形，婺州、徽州两大民居的粉墙黛瓦极为相似——都是白石灰粉刷的外墙，小青瓦盖的坡屋顶。但其实外形有极大的不同：金华是“五花马头墙”（虽然《营造法源》称其为“五山屏风墙”），徽州是“屏风墙”（虽然当地又称“马头墙”）。

金华地区古民居（包括祠堂），其山墙一般做成五个台阶跌落的、高出瓦屋顶的墙体，似马头昂起，所以俗称“五花马头墙”。有防火功能和造型功能。为什么取“五”？史料无载，估计与“三山五岳”“九五之尊”以及“五行八卦”“五谷丰登”“五子登科”之类文字吉祥意义有关。

徽州地区古民居（包括男祠、女祠）的山墙，似乎没有固定模式，多见前后不对称的台阶式处理，故也有“马头墙”之谓，视建筑进深不同，或将最顶上一级拉得较长，或将前方最下面一级拉得较长，长得与房子前檐持同一高度、同一形式，好像一面展开的屏风，所以地方上有“屏风墙”的俗称。

但是马头墙、屏风墙都是白灰粉刷的，都是盖小青瓦的，所以粗看一个样。区别在于：一个像马头高昂似飞如跃壮志凌云，像头戴乌纱志满意得；一个像屏风舒展宽松有余源流长远，像平头百姓敦实厚道，其风格、气质、内涵，是不同的。

2. 院落规模对比：一是大院落，一是小天井

“婺派建筑”是大院落。因为，金华地区明清时期留下的民居，多为三合院或四合院，例如东阳夏里墅村的瑞芝堂（现已搬到横店影视城）、湖溪马上桥村的一经堂、怀鲁史家庄村的一经堂花厅、义乌黄山村的八面厅、永康城的徐震二公祠等，其院落面积多在120平方米左右，方方正正，很宽敞，很亮堂，很气派。更有甚之，全国重点文物保护单位——卢宅肃雍堂的院落，面积达400多平方米，是中国传统民居建筑中最大的院落。

“徽派建筑”是小天井。院落面积很小，只有20多平方米左右，所从当地叫天井。例如歙县棠樾村的程遂林宅，天井为26.49平方米，存爱堂天井为25.72平方米。这些数据采自东南大学建筑系师生实测成果，真实不二。

金华的大院落，俗称“门堂”“明堂”，风水学中又称之“天气”，是整个住宅采光、通风、取暖、纳凉的地方。用建筑学理论分析，金华明清民居的院落还是消防作业区——失火时在此处置放“水龙”，面积宽敞有余，可供数十人参加救援，很科学很合理，可以向三个方向喷水救火。

徽州的小天井，俗称也叫“明堂”， 是整个宅子采光、通风的口子。汇雨水（财水）于天井而后流出，所以还有“四水归堂”之说。但是取暖不佳，因面积太小，而且也不可能作为消防作业区，失火救援会有诸多不便。

婺派建筑马头墙

徽派建筑屏风墙

图1 两大派系外形对比

婺派建筑大院落

徽派建筑小天井

图2 两大派系院落规模对比

3. 基本单元对比：一是大户型，一是小户型

两者第三个区别，是作为住宅“基本单元”的单幢建筑户型不一样。

“婺派建筑”的单幢三合院，是明清朝最规范、最时尚、最流行的平面形式，由十三间房屋组合而成——即院落上方房屋三间，加上院落两侧厢房各三间，然后加上房、厢房交接形成的角隅区各两间房屋（俗称“洞头屋”），一共十三间，是单家独院的住宅套型，民间俗称“十三间头”，还有按形状叫“两头钩”的。

民间匠人还称十三间头为“三明两暗”宅院。因为上房三间和左右各三间厢房前是大院落，太阳可以直接照到廊下，照到门窗，能够直接采光取暖，所以称之“三明”，即三个三间明亮的房间。两个位于上房左右角隅区的各两间“洞头屋”，因为太阳不能直接照到廊下，照到门窗，不能够直接采光，所以谓之“两暗”。其实，这里面还藏着阴阳相当的玄机，即有明，有暗，阴阳和谐。

十三间房屋，上房三间加之两侧厢房各三间，共九间，其中三间明间各为大小堂屋，供祭祀、会客、宴席之用，其中六间次间分别作爷爷奶奶、父亲母亲、大小儿子卧室（有女儿住二层，故有楼上小姐之说），另四间“洞头屋”安排厨房、厕所和猪舍及堆放农具之用。按当今商品房结构行话，可称之六室、三厅、一厨、一卫、二贮，加一院。如此内部使用功能安排，一是合得拢，分得开，二是功能齐备，一应俱全，三可谓之祖孙三辈互相照应，其乐融融。

“十三间头”占地面积一般在350平方米左右，其特征是房间多，院落大，中轴线左右对称，规整而严谨。当然，大概念的“十三间头”，内部结构变化很多，本文不作详述。就单幢而言，当前后两个十三间拼接时便成为“廿四间头”大宅院，如果多个“十三间头”拼接，就可以形成一个气势恢宏的大建筑群。

因为单幢“十三间头”有相当的独立性、规范性和灵活性，所以笔者给予理论定位，名之“十三间头基本单元”。所谓“基本单元”，相当于现在住宅楼由“三室两厅一厨二卫”或“两室一厅一厨一卫”等户型构成“一梯两户”或“ 一梯三户” 住宅单元的意思。

徽派民居其“建筑单元”最小规模者仅上房三间，例如潜口明代方观田宅。其中明间作堂屋，左右次间为卧室，左厢廊设楼梯，右厢廊尽为对称而设，合起来单家独院只有四间房子，占地面积在100平方米左右，不到“婺派建筑”的三分之一。大一点的单元体例子，如婺源（原为徽州“一府六县”的一个县）延村金桂熊宅，上房三间加两弄，左右厢房，然后其后按前克隆，面积160平方米，也不到“婺派建筑”基本单元“十三间头”的二分之一。按当今商品房行话，徽派民居“建筑单元”只能称之两室一厅户型，如此很难有宽敞的空间，很难有齐全的功能，很难安排祖孙三代同灶而居。就拿大一点的金宅而言，虽然是六室、两厅、一厨、一卫，但还是由于天井偏小，让人感到眉毛眼睛鼻子嘴巴挤在一起，不舒服。

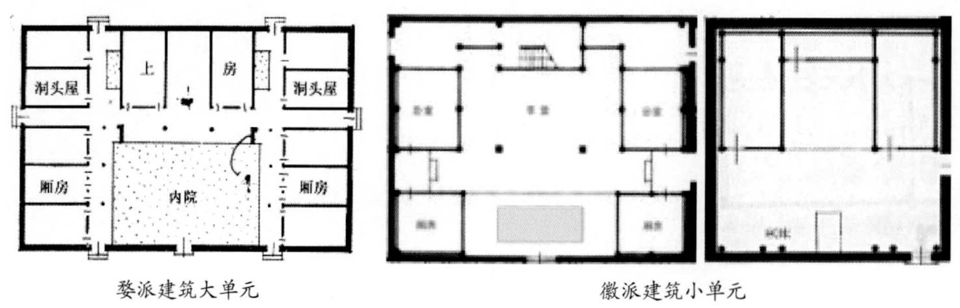

图3 两大派系基本单元对比

4. 内外装饰对比：一是典雅大方，一是富庶小康

“婺派建筑”“徽派建筑”两者室内外装饰所长不同。其总体格调，前者显得落落大方，后者显得富庶有余。

就外墙而言，婺派建筑马头墙白灰粉刷，檐下多出墨画抛坊，徽派建筑屏风墙白灰粉刷，檐下一般无墨画抛坊。

说到外墙砖雕，两者风格各异。其一，徽州民居砖雕多是门罩式的，分冠冕式和垂花门式两种，仅像

人的额头部分，不是整个脸面，所以规模较小。婺派民居砖雕门面是牌楼式的，有一间一楼、一间三楼、三间一楼甚至三间五楼，面积巨大无比，气势恢宏非常。次之，婺派民居砖雕门面是全砖作的，因此显得纯净、严谨，整体感强，技术含量高；徽州民居门罩，有的砖雕石雕结合，有的砖雕抹灰结合，因此在整个装饰面上显得有点碎，有点杂。再之，婺派民居砖雕门面书画并茂，大门匾额文字也是砖作成活的，因此色彩质感上有浑然一体的艺术效果；徽派民居门罩有的无书法匾额，有的有匾额但文字是墨笔写的，因此，质感色彩上稍显别扭。还有一点，婺派民居砖雕是泥坯雕，表面光洁，显得神采奕奕。泥胚雕需要高超的干湿度把握，高超的烧窑温度控制，而且还要事先整体的精准尺寸设计来支撑，任何一道工序出问题，比如出窑发现构件变形、开裂、起翘、色差不匀或缺棱掉角，都会成为废品；徽州民居砖雕则反之，是用烧好经过加水打磨的砖坯——俗称"青金石"来描样雕刻，其表面磨砂，没有光洁度，因之烧窑、雕刻工序也不一样。

当然两者也有相同之处，如画面题材都有人物走兽、飞鸟鱼虫和山水花木、房屋桥梁等等；雕刻技法都有圆雕、半圆雕、深浮雕、浅浮雕、镂空雕等等。

其实，婺派建筑最主要的特征是用东阳木雕作室内装饰。

说到东阳木雕，其排在全国四大木雕（东阳木雕、潮州木雕、福建龙眼木雕、黄杨木雕）之首，闻名古今。而四大木雕中，唯东阳木雕、潮州木雕与建筑结合。但是这两大木雕，又因前者白胚清水成活、后者施朱红金漆而风格各异。由于木雕之乡东阳属婺州，所以婺州地区保存至今的明清建筑，几乎无一不在梁架、门窗、隔断、家具以及特大型堂灯等施以木雕，有典雅大方、精美绝伦的美学效果，被国内外专家学者誉为"具有国际水准的文化艺术遗产"。徽州不是木雕之乡，但也在梁架、门窗、隔断等部位做木雕。因为有记载多为东阳匠师所做，所以风格特色大致相同。可是由于徽派民居空间太过局促，所以没有婺派民居做得大气，做得恰到好处，做得简繁有度。徽派建筑中很少见到特大型堂灯和前轩顶棚木雕。但为了表现有钱，徽人会把门肚板（学界称裙板）雕满花饰，甚至刷上油漆，流露出暴发户的痕迹。

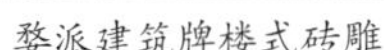
婺派建筑牌楼式砖雕

徽派建筑冠冕式砖雕

图4 两大派系木雕砖雕对比

婺派建筑大敞口厅

徽派建筑小敞口厅

图5 两大派系厅堂做法对比

5. 厅堂做法比较：一是大敞口厅，一是小敞口厅

两地宅院一般都有厅堂，供议事、祭祀、庆典、会客之用，不同处表现在空间规模与空间形式上。

婺派建筑的“十三间头”，有把上房两层合一、三间一统为“大敞口厅”者，有把两层上房取其底层三间一统做楼下厅者。三间面宽十多米，进深八九米，建筑面积在100平方米左右，空间容积达700立方米之多，非常宽敞明亮，气势恢宏，故民间俗称“大厅”。当然也有仅取上房明间一层作小厅堂者，常见于“十三间头”单幢使用者。

但徽派建筑（祠堂除外）民居中，不见上房三间两层一统的“大敞口厅”做法，也不见上房底层三间一统的“大敞口厅”做法。徽州民居有敞口厅，仅安在明间前半间，只有十多平方米建筑面积，很小，相当于当今住宅的客厅。如果要举行大型祭祀等活动，有富裕户把二楼三间合为一个大空间使用，俗称“楼上厅”，在木楼板上铺黏土方砖作防火层，这在婺派建筑中是极为罕见的。

二、作为软件的文化性对比

十五六年前，笔者在同济大学出版社出版了40万字的专著《东阳明清住宅》。书里面有专门章节论述文化流派不同所产生的建筑体系差别。得出结论：什么样的业主，创造什么样的生存空间与环境，创造什么样的历史和文化。

1. 婺派建筑是儒家传人的生存空间与环境

婺派建筑最优秀最杰出的代表作是明清住宅。特色别具的明清住宅在东阳、义乌、浦江、武义、磐安、永康和婺城区、金东区保存较多。婺文化流布的外地区也有，本文不作赘述。

金华明清住宅中的三合院、四合院、“十三间头”、“廿四间头”以及“千柱落地”等等，为什么会出现中轴线左右对称布局，为什么会出现大院落，为什么会出现“十三间头”基本单元，为什么会出现大组群呢？

笔者回答：因为多出于皇亲国戚名门望族——儒家传人之手。这是儒家传人为自己营造的生存空间，是儒家传人为自己创造的居住文化。

那么，为什么儒家传人为自己营造的生存空间会有如此这般讲究？

笔者回答：因为儒家传人的共性是尊师重教，遵纪守法，循轨踏道，他们把思想、品质、操守、精神物化为空间造出房屋，显现着独特的文化印记——中轴发展，代代相传；左右对称，阴阳和谐；大空间、大院落，胸怀大志；室内外木雕、石雕、墨画，寓教于乐；等等。归纳起来，就是让人看到事事处处讲礼义、讲法制、讲中庸、讲和谐的举止言行；让人看到木质结构构件白胚不施油彩，院落不莳花植树，显示着朴素与自然的性格特征。这是读书有知识的儒家传人对自己居所宅院文化品质的定位，即所谓“布衣白屋”者。

因此在书中笔者推出一个结论：东阳明清木雕住宅，是儒家传人为自己创造的生存空间与环境。故此，婺派建筑在某种意义上讲，是最能代表中国儒家居住文化模式的典范之作。

这是不同于徽派民居最本质的区别之处。

2. 徽派建筑是商贾裔孙的生存空间与环境

笔者认为，徽州民居是商贾文化范畴的一种遗存，也是很经典的。徽州人经商甚为不易，他们从山区走到码头，走到集镇，走到商埠，人生地不熟，首先要找到立足安身之处，然后开始做小生意，然后一个子儿一个子儿赚，一文铜板一文铜板积，如果讲排场，大手大脚，无度挥霍，不精打细算，斤斤计较，就不可能带钱回故乡买地皮、造房子。所以我认为，徽州民居讲究经济实惠，是职业使然；由而导致建筑规模不大、天井狭小、没有大厅等等的最终效果，是职业使然，是不可磨灭的文化印记。

然而徽商因为有钱，因为跑码头见多识广，所以有意无意之间培养了一定的欣赏能力，所以会不惜重金地搞雕砖、木雕装饰。因为他们知道，这不仅仅有现实的居住空间效果，可以显摆显摆不被人鄙视、欺辱，而且还对子孙后代培养有着特别重要的意义。徽州民居这类徽商文化遗存，其实可以从中看到房屋业主的人生观、世界观、经济观、艺术观在影响、左右、制约着空间的尺度、比例和气质、品位。而且这种影响是极为深远的，徽州潜口有幢明中期住宅，五开间、小天井、小尺度、小规模，出自满腹经纶、曾任浙江桐庐知县的胡永基之手，非常说明问题。说明书读得再多，也很难跳出大文化背景的影响、左右和制约。

这是一个很有趣也很有意思的、关系到文化类型生成的研究课题。

3. 两个建筑体系并非孤立存在

两个建筑体系，两种文化，由于这样那样的原因而有所碰撞，有所交融，有所借鉴，故，不会孤立存在。有很多时候、不少地方，会让人看到你中有我、我中有你的现象。有几处实物遗存，可以雄辩地佐证徽人、徽商、徽文化在金华的存在。

一是金华城北雅堂街原有很多民居，小天井、屏风墙、砖雕，扑面而来的多是徽派建筑符号的影子和语言的色彩，可惜在两街改造时拆掉了。

二是八咏路东段，现存福建漳州移民建的清代住宅，采用了婺派建筑与徽派建筑交融的手法。

三是寺平村人祖祖辈辈与徽州毫无瓜葛，但至今保留的大量民居，其小天井、屏风墙显而易见，虽然砖雕自有特色和气势，但不能不说是徽派民居对用地对空间精打细算的缘故。

四是婺城区秋滨镇的进士第，三进，第二进为两层合一、三间一统的敞口大厅，外形也为马头墙，是典型的婺派建筑特色，但内部采用了徽派建筑的小天井。

五是金华所属的兰溪，小天井、屏风墙的民居更为多见。估计原因在于兰溪是名气很大的商埠，经商的徽州人居留较多。

1997年笔者奉命设计黄宾虹公园，其艺术馆的外墙，采用了马头墙与屏风墙的结合的形式。为什么？因为大画家黄宾虹出生成长在“马头墙”的金华，而他祖先原籍是“屏风墙”的徽州。所以不偏不倚，我把两种建筑风格融为一体，来喻示大画家的文化基因。

至此要说，在金华地区古建筑中看到徽派建筑的东西，反之在徽州地区古建筑特别是男祠、女祠当中看到对婺派建筑的模仿，都是十分理所当然的事情——需要特别说明的不是谁生了谁，更不存在谁先谁后的问题。这是两大独立存在的文化体系。从这样的角度出发来认识问题，文章开始提到很多人说金华建筑是徽派特色并非完全错误。需要在这里特别强调的是，金华自己的婺派特色——难能可贵的中国儒家文化特质，千万千万不能在集体无意识的疏忽中丢失、遗忘！

三、婺派建筑形成的文化经济背景

1. 宋时金华是了不起的大都市

南宋朝时金华是不是“陪都”，没有史料明文显示。但金华作为宋朝的大都市，绝对地是历史上的存在事实。

理由之一，因为宋室南渡，很多皇亲国戚、名门望族被朝廷赐居金华；之二，因为金华距京城临安（杭州）不远；之三，因为金华四季分明，气候宜人，山川优美，物产丰富。

当时金华是经济社会文化十分发达、思想观念十分前卫的城市。因为金华为宋朝理学中心，是吕祖谦、陈亮、唐仲友等大理学家、大教育家的故乡，当时的丽泽书院是讲学、聚会、培养生徒的大本营；因为《中国通史》有载，金华是全国四大造船基地之一，是全国四大雕版印书中心之一。

作为宋朝大都市，从地格上进行分析，金华处于浙江心腹之地，被誉为“浙江之心”。因为水陆交通条件优越，东阳江、武义江与婺江交汇于金华城市中心区，可以直通兰江、衢江、富春江、钱塘江，直抵首都汴京。这在古代是非常了不起的快速交通系统。要不，怎么可能成为全国四大造船基地之一呢?

金华几个县市历史上出过沈约、骆宾王、冯宿、贯休、张志和、王象之、乔行简、胡应麟、李渔等等大名人，李白、陆游、朱熹等等大名人过往甚多，包括李清照晚年选择定居金华等例子，可以说明金华是十分宜居、宜学、宜商、宜游之处。

因此，金华城市文化实际上是一个本地文化和移民文化的大融合。

2. 大金华位于多种文化交界地区

人所共知，浙江北部是吴越文化区，浙江南部是瓯越文化区，金华地处浙江中部，正好是吴越文化区与瓯越文化区的交接区。金华之西是徽文化区与赣文化区，金华之东是海洋文化区，金华地处浙江中部，故此又是徽文化区、赣文化区与海洋文化区的交接区。然而金华人大胆，敢于别开生面，既不陷于纯粹的吴越、瓯越、徽、赣、海洋文化，又能或多或少接纳、融会相邻文化区的长处，从而形成了别具特色的婺文化区。金华地方戏——婺剧为什么有六大声腔? 就因为地处多种文化交接地区，接纳、融会了相邻文化区的精华。为什么“婺派建筑”自成风格、独树一帜? 其原由也在其中。

3. 金华是外地人喜欢卜居的好地方

金华人为什么不被人家同化而独树自我呢?

因为金华人多是北方移民，多出自人格品质较为独立的名门望族、皇亲国戚。以东阳为例，110多个姓氏中，80多个姓氏是北方移民，其中有赵匡胤弟弟赵匡美的裔孙，有郭子仪的裔孙。再如金东区，有严子陵的裔孙，有范仲淹裔孙，例子俯拾即是。

外来姓氏多是形成金华文化特色的另一大原因。除了朝廷指令迁居金华，地方志上记载，还有因为战乱时逃到金华卜居的，还有因为到金华经营商业而定居下来的，还有因为遁世隐居到金华的，还有因为在金华任官秩满而住下的，还有因为爱慕金华山川秀丽而不走的，还有因为到金华游学拜师住下的，还有因为逃荒谋生到金华的，等等，都认为金华适于居住，适于发展，有利于家族繁衍。金东区有个小小的白溪村，古时为什么有六七十个姓氏人聚居呢? 家谱上写着，因为不但“可居、可田”，而且还可以经商做生意，是“可启后，可开先”的、真正的“不拔之基”。

故此可以这样说，金华人的祖先大多是外地人，多是读书人、儒家传人，见识广，手眼高，所以创造了极具儒家气质、儒家精神的文化。表现在生存空间环境上面，便是“婺派建筑”。

四、“十三间头”是人类文明史上的伟大创举

关于“婺派建筑”的基本单元“十三间头”，笔者有专著《“十三间头”拆零研究》一书对其优长作详细论述。简言之，归纳为以下几点。

其一，土地利用强度极高。“十三间头”建筑适于居住区低层高密度的布局模式，虽然是农耕时代珍惜土地的产物，但蕴含着邻里关系和谐、祖孙三代同居互相照应、建设成本低廉等等优点，数百年来的活态存在，可以佐证其合理性、科学性的存在。

其二，平面布局对称、均衡，冬暖夏凉，四季皆宜，自成完整的阴阳和谐的小单元，小宇宙，巽、震、坎、离、乾、坤、艮、兑八卦齐全，能供不同命卦人聚居，而且极为不容易地做到了每个门多不骑卦。

其三，有大小客厅三间、卧室六间、厨房一间、厕所一间和贮藏室两间，使用功能齐全，动静搭配，布局甚为严正、合理。

其四，“三明两暗”的院落式结构，上接天气、下接地气，通风采光效果俱佳。

其五，外廊、内廊纵横安排，既是室内外的过渡空间，又具有良好的交通性，而且能够符合消防救援与疏散的要求。

其六，由于“十三间头”结构极为规范，因此不但有利于对梁柱、门窗以及木作、石作、瓦作等大小构配件进行预制加工，而且有利于工口材料预算、筹备和营建过程管理，其科学性、艺术性和文化性发挥得淋漓尽致，预示着建筑标准化、工业化开始走进一个较为成熟的阶段。

其七，梁架、门窗等部位的木雕装饰，不多不少，恰到好处，白胚成活不施油彩，而且画面有教育意义，可以说非常雅致和大气，极为成功地构筑了性格品位别具风采的、儒家传人的生存空间与环境。这在北京、徽州、福建、陕西、云南、西藏、四川等地民居中，很难找到可以与之媲美的例子。

其八，“十三间头”作为基本单元，可以利用中轴线设计原理往后不断扩建，如是形成一个规模较大的建筑群——例如东阳的卢宅、白坦等村庄，都是几百年保存下来的实证，可谓真正可持续发展的规划手法。而几个建筑群出现，就变成一个聚落，变成一个村庄，久而久之，便成为一个集镇。

以上几大优长兼备，这在中国古代住宅建筑史上是罕见的。因此笔者说，十三间头”不但是研究住宅空间结构、形态、功能等等方面的基本单元，同时也是研究村落、集镇形成的基本单元。

于是可以这样下结论：“十三间头”既是住宅建筑史的伟大创举，同时也是城市史、人类史的伟大成就。

五、几个重要问题的说明

1. “婺派建筑”的代表作尚存何处

“婺派建筑”，如果从市区角度说，因为城市变化太大、太快，已经所存无几。市区现存的天宁寺、侍王府、城隍庙、通济桥等古建筑，是南方省份较为常见的形式，是多种文化交融的结晶，因此反过来也可以说不具备特别明显的地方建筑特色。所以，如果真要叫响“婺派建筑”这个品牌，那应该以东阳卢宅肃雍堂、白坦务本堂、横店瑞霭堂、瑞芝堂，怀鲁史家庄花厅、下石塘润德堂，南马上安恬懋德堂等，义乌黄山八面厅、佛堂吴棋记宅等，浦江郑氏义门、白马镇进士第等，磐安榉溪十八门堂等，永康徐震二公

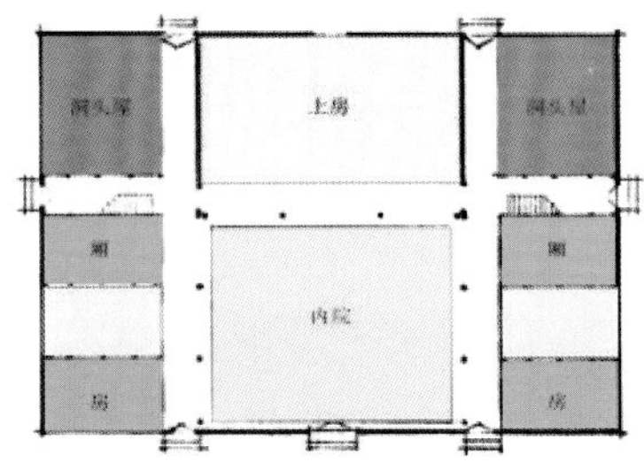

十三间头基本单元功能结构分析图

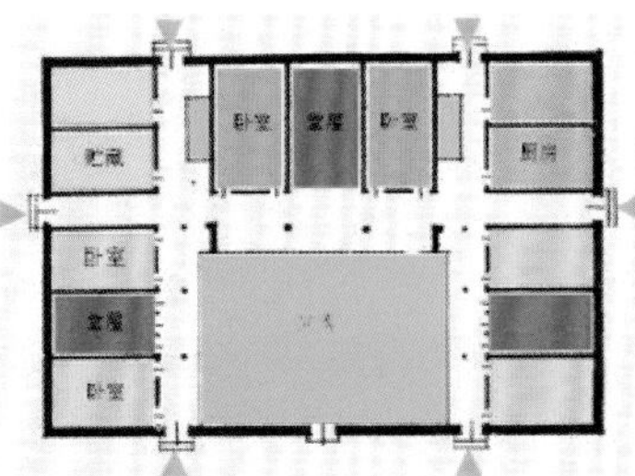

十三间头基本单元房间使用分析图

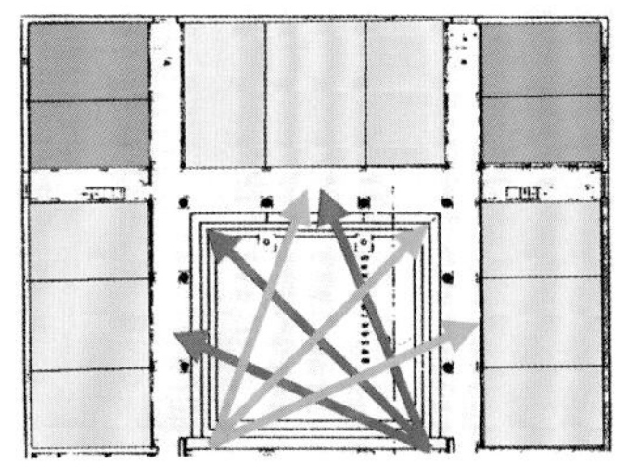

十三间头基本单元“三明两暗”日照分析图

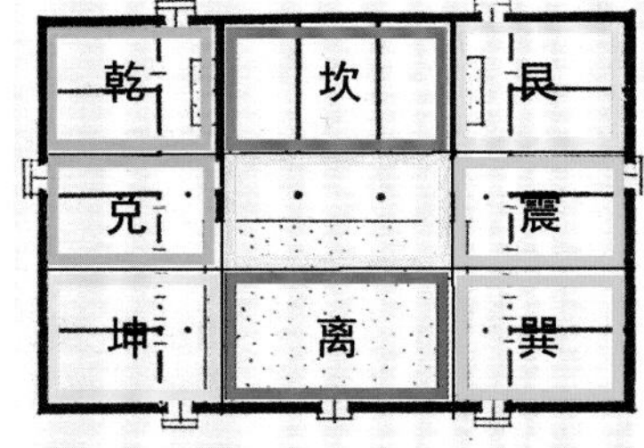

十三间头基本单元八卦卦性分析图

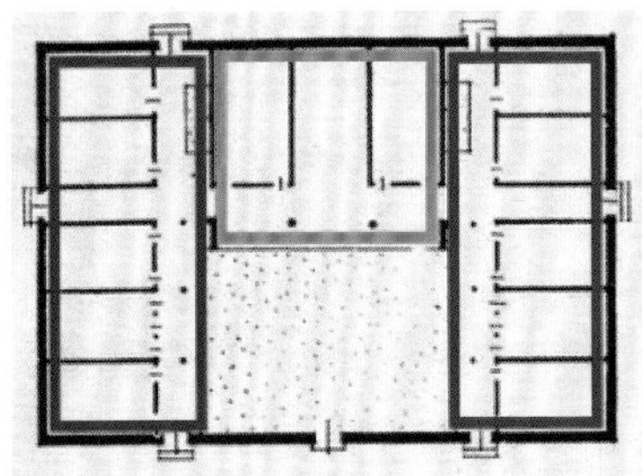

十三间头基本单元消防分区图之一

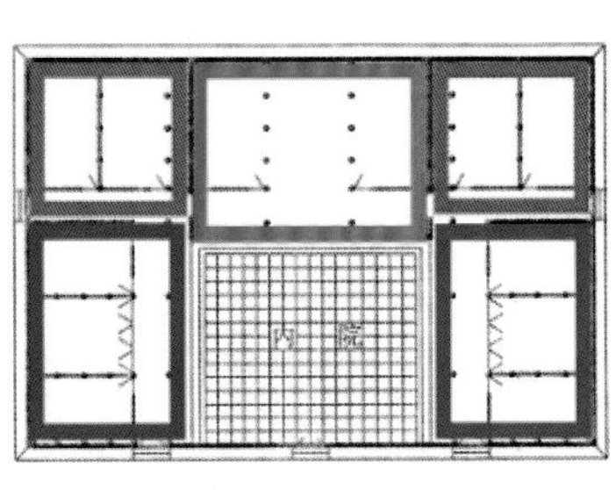

十三间头基本单元消防分区图之二

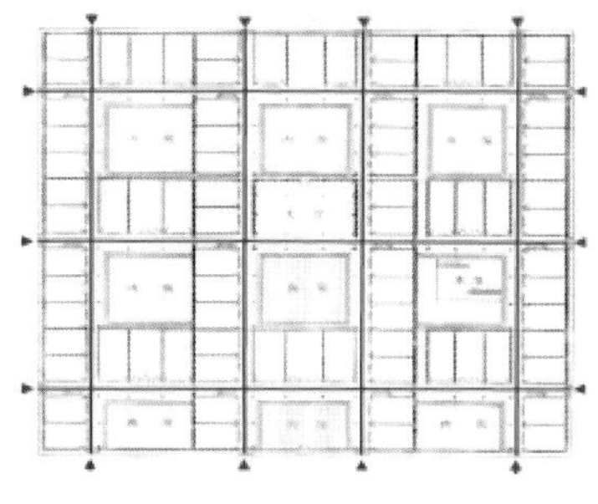

十三间头纵横双向扩建形成大建筑群消防通道分析图

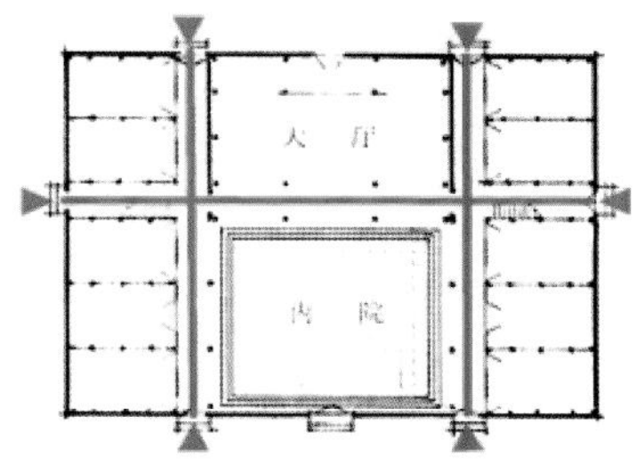

十三间头基本单元消防通道分析图

图6 十三间头基本单元多方面优长分析图

东阳卢宅肃雍堂

东阳卢宅石牌坊

东阳南马让德堂

东阳卢宅树德堂

图7 气势恢宏的“婺派建筑”装饰艺术

祠等，以及武义郭洞、俞源村古民居为拳头产品。这几个县市都是古婺州的成员，今天都在金华市管辖的范围之内，保留下来的明清时期单元式经典住宅数量很多，结构很完整，形制很规范，特别具有历史价值、科学价值、艺术价值、文化价值和社会价值，把它们冠之为“婺派建筑”或“婺州民居”的代表作，很恰当。

除了金华地区，其实“婺派建筑”在绍兴地区的嵊州、诸暨，衢州地区的龙游、江山，丽水地区的松阳、遂昌等地，都有实例存在，本文点到为止了。

2. “婺派建筑”最具中国儒家气质与特色

作为一个独立的文化艺术体系“婺派建筑”，前面说了，其主要体现在民居当中。其存在特征主要是符合礼制与规范，具体表现在中轴对称、空间敞亮、功能齐全、装饰寓教于乐等方面。20世纪八九十年代很多专家赞同笔者观点——它们是最具中国儒家精神气质、中国儒家文化特色的住宅，所以被列为与北京四合院民居、徽州民居、福建客家土楼民居、陕西窑洞民居、云南傣族干栏式民居、藏族碉楼式民居、蒙古包民居、嘉陵江吊脚楼民居等等齐名的“中国十二大民居”列行。1992年笔者参加一次国际会议陪代表们参观，海内外专家学者一致认为，东阳明清木雕民居是“具有国际水平的文化艺术遗产”。

故此还要加一句：“婺派建筑”是可以代表中国儒家居住文化特色的活标本。

3. 研究“婺派建筑”的意义所在

其一，如果大家随笔者走进村庄、走进明清朝某个三合院，四合院，可以看到冬天人们在院落里晒太阳，夏天人们在走廊里乘凉，大厅的太阳从早上八九点钟一直照到下午三四点钟，绝对明亮……这一切说明什么？说明这些居住空间冬暖夏凉，很亲切，很温暖，很宜人。

其二，如果大家随笔者走进村庄、走进明清朝某个三合院、四合院，可以看到孩子们在廊下写作业，妇女们在廊下做针线，老人们在廊下闭目养神，或者抽烟、聊天……这一切说明什么？说明这些居住空间安静舒适，宜休，宜学，还宜工。

其三，如果大家随笔者走进村庄、走进明清朝某个三合院、四合院，可以闻到某家房间飘出蒸鸡的香味，炒霉干菜的香味，甜酒酿发酵的香味，还有某家婴儿入睡的呼呼声，母鸡下蛋的咯咯声，踩缝纫机的哒哒声……这一切说明什么？说明同院而居的兄弟妯娌相处很和睦，同院而居的邻里相处很和睦。

横店瑞霭堂轩顶

南马下安恬懋德堂轩顶

卢宅肃雍堂大堂灯

李宅祠堂大堂灯

图8 婺派建筑有徽派建筑中没有的木雕装饰

其四，如果大家随笔者走进村庄、走进明清朝某个三合院、四合院，可以看到上房、厢房、洞头屋、走廊、院落等等空间井然有序，功能分区明确，设计极高超；可以看到柱列、梁架、门窗以及局部细部装修很整齐、很规则，在整齐与规则中求其丰富多彩的变化，显现着设计的艺术性所在和制作的标准化、工厂化端倪……这一切说明什么？说明遵守礼制、则例、典法存在的合理性和优越性，说明遵守礼制、则例、典法存在的重要性和必要性。

其五，如果大家随笔者走进村庄、走进明清朝某个三合院、四合院，可以发现“十三间头”不但是一个大建筑群的“基本单元”，而且是一个村庄居住区的“基本单元”， 是形成整个村庄建筑风貌、风格的“基本单元”……这一切说明什么？说明村庄乃至集镇乃至城市，可以套用、沿用“基本单元”设计手法。

因此，可以说这一切对于我们研究村庄、集镇乃至城市规划，研究建筑风貌、风格，有着教课书般的意义。

4. 兰溪是两种文化交融而产生的佳例

金华的兰溪，古代文化遗存很多也很精彩，古城墙、古堤堰、古民居、古店铺、古寺庙、古街巷、古戏台等等数不胜数。1996年底笔者建议兰溪市申报省级历史文化名城，向当时的兰溪市委书记作了如此归纳。原国家文物局古建筑专家组组长罗哲文老先生曾经跟笔者说：兰溪的东西比很多城市多。言下之意是兰溪要申报国家级历史文化名城也没问题。

但是今天在此单独提到兰溪，想说明它曾经是十分响亮的古商埠城市，受外来文化影响多，因此跟东阳、义乌、磐安等地，应该说不属同一文化体系。换言之，兰溪有自己的特色，可以不纳入“婺派民居”。

结语

“婺派建筑”就这样以自己五大特征和别具一格的儒家文化气质存在。

“婺派建筑”的精华——“十三间头”建筑“基本单元”，作为体现历史的、科学的、艺术的、文化的、社会的文明结晶，光照日月。

数百年上千年的历史雄辩地告诉我们，创造“婺派建筑”的金华，是一个宜居、宜游、宜读、宜工、宜商的城市，是一个出多方面人才的地方，是一个老百姓文化素质、道德修养较高较好的地方。因此，正确认识“婺派建筑”的文化属性，弘扬“婺派建筑”的优秀传统，构建具有“婺派建筑”风貌特色的城市和家园，具体到一个小小的空间和环境，是摆在我们面前需要冷静思考的问题。

图9 东阳白坦村务本堂

The Most Beautiful Village in Japan —The Art of Development and Protection in Ogimachi, Shirakawa-go

日本最美乡村[*] ——白川村荻町发展与保护艺术

马 晓[**]（Ma Xiao） 周学鹰[***]（Zhou Xueying）

摘要：以世界文化遗产白川村荻町为例，通过对村落合掌造建筑、景观等具体保护规划措施的分析，揭示了其在“结”的文化传统传承之下，采取村民自治为主导、法规为保障的保护与发展的共赢之路，为我国历史村镇的保护规划提供借鉴。
关键词：白川村，世界文化遗产，合掌造，活态博物馆，民宿

Abstract: Based on the analyzing the Protective methods of Gassho-style Houses, cultural landscape inWorld Heritage site Shirakawa-go.the paper revealsthe win-win strategy of conservation and developing depends ondemocracy and legislation with traditional culture: a communal labor-sharing system called "yui". It also provides a referenceway for the protection and restoration of our historic villages.
Keywords: Shirakawa-go, Worldculture, Heritagegassho-style, Eco-museum, Family-run inn

1 引言

长期以来，我国历史村落的保护与发展似乎存在着一系列的难题：房屋衰败、交通不便、基础设施薄弱、经济落后等，总是与这些村落如影随形，似一个无法摆脱的紧箍咒。

然而，日本最美丽的乡村——白川村的荻町建设，则开拓了一条保护与发展的共赢之路。不仅保护了艺术的世界，更创造出了艺术的人生。

2 白川村环境及合掌造建筑

2.1 自然与人文环境

白川村位于日本岐阜县西北部山区，与富山县和石川县接壤。海拔最高为2702m的白山，最低为351m的小白川，村落所在海拔约496m。年最高气温36.5℃，最低-16.4℃，年平均气温11.2℃。年降雨量2075mm。属于飞弹寒地多雨型地区，是日本特别豪雪地带。2005年，该地积雪厚达4.5m。冬季寒冷，夏季凉爽。这样的气候特征，形成了白川乡独特的自然生态体系，植被种类繁多，冷温带的广叶树林广泛分布，白山上生长着天然卧藤松林、桦木林，村落内与居民生活融为一体的七叶树、白玉兰花等，构成白川乡优美的自然景观。

白川村具有南北31公里、东西17公里，面积356.55平方公里，其中山川占95.7%，其余（住宅、工厂、学校、商店、村公所、公路、农田、水渠、公园、滑雪场、温泉、娱乐场所等）仅占4.3%①。据2013年7月3日统计，白川村总人口为1710人（包括外国人）。其中，男性833人，女性877人，共计559户②。涉及农业

① 数据来源：http://shirakawa-go.org/mura/gaiyou/729//白川村について白川村の紹介・村の状况.

②数据来源：http://shirakawa-go.org/mura/toukei/732/白川村について统计・要览村の人口.

*国家社科基金艺术学项目编号11BF058。

**南京大学建筑与城市规划学院副教授、硕士生导师。
***南京大学历史学系教授、博士生导师。

生产有193户（能够自给的农户132户），耕种116公顷土地（包括旅游、休闲农田在内）。由于过半数林场属于国有、耕地有限、人口老龄化等，第一产业发展艰难；第二产业是村里的主产业，建筑业、制造业等一直占据较大的比重，随着高速公路建设完成、国内制造业发展放缓，第二产业形势严峻；第三产业发展迅速的支柱性产业，是未来白川村产业大力调整、追求的方向①。

目前，白川村16个村落中，以拥有114栋"合掌屋"的荻町最大、最为著名，共有152户，人口580人（2010年统计），分布在庄川东岸约南北长1500m，东西最大宽350m的河滨谷地上②。

合掌造建筑建成于300多年前，分神社、寺庙、民居及其库房等。其由来，相传是13世纪原平之役后，战败的平氏家族为躲避源氏家族的追杀，遁入深山就地取材而建③。

日本学者竹内芳太郎在1923 年的《民宅》杂志上，发表《飞弹白川村的民宅》一文，但没有引起太多注意④。最早发现合掌村独特价值的是德国建筑学者布鲁诺·陶德。1935年，布鲁诺到日本进行传统住宅样式调查，在实地走访"合掌造"民居后，在所著《日本美的再发现》一书中赞誉其是"极端合理，就连日本境内也相当罕见的传统庶民建筑"，堪与京都"桂离宫"建筑美学相提并论，并向全世界推介⑤。

离村落两三公里的"城山天守阁展望台"，可鸟瞰荻町全貌。盛夏倚栏俯瞰，一座座合掌造民居星星点点，散落在绿毯弥漫的山谷（图1）；隆冬时节的傍晚，整个村落披上天鹅绒般的白雪，屋顶山面小窗透出点点灯火，整个村落宛如一个纯净的童话世界（图2）。

1995年12月9日，白川村荻町、富山县平村相仓和上坪村菅沼等三村落，因合掌造村落景观保存完整，成为日本第六个申请并成功登录的世界遗产⑥。

2.2 合掌造建筑

合掌造建筑的屋顶，采用三角形的构架，犹如两只手掌合拢作揖，故称合掌造，我国建筑史学界称之为大叉手。

大叉手是利用两根斜置的木梁，成为屋面椽望之下重要的承重构件。斜梁上端交叉以承脊檩，梁下端斜插于一横梁之上，横梁两端搁置在墙体上，或一端支撑在墙体另一端立在内（金）柱柱头上。两根大叉手斜梁与其下水平向的横梁一起，组成一榀三角形屋架。横梁是大叉手构架中必不可少的支撑构件，起拉杆作用，既可增加进深，又具有较好的稳定性。

目前，此种构架形式大多分布在我国偏远、经济欠发达地区的小型建筑中，如陕、甘、云、淮北、豫西、鲁南等地。可珍贵者，在我国东部地区，如江苏苏北北区、山东胶州湾（如日照、青岛、即墨），远

①数据来源：http://shirakawa-go.org/mura/toukei/732/白川村について统计・要览白川村の农业统计。自给的农家标准：耕地面积未满30英亩、农业收入未达50万日元的农户.

②白川村.白川村世界遗产マスタープラン，14页.

③徐树兴.探访世界文化遗产——日本岐阜县白川村.城市，2008（3）：77-79.

④（日）竹内芳太郎.飞弹白川村的民宅.民宅，1923（3）:9-12.

⑤（日）才津佑美子. 世界遗产——白川乡的"记忆"［J］. 徐琼, 译. 民族遗产(第一辑)，2008：237-253.

⑥原林.日本世界遗产保护的现状及课题.城市规划通讯，2001（13）:7-8.

图1 白川村荻町鸟瞰图

图2 白川村荻町鸟瞰冬天鸟瞰（图片来源：http://shirakawa-go.orgphoto_d合掌造り集落全景）

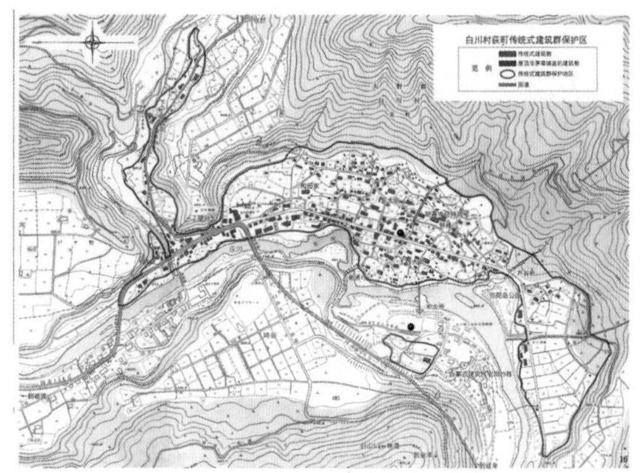

图3 白川村荻町总平面图（图片来源：世界遗产白川乡合掌式建筑村落，白川村政府：16图）

图4 白川村荻町“结”的传承——合掌造り屋根葺替（图片来源：httpshirakawa-go.orgphoto_dlist02）

图5 贵州银良建房

至吉林、黑龙江等地传统建筑中，也有应用。大叉手构架可窥见我国早期建筑的影子，可谓珍贵的“活化石”①。合掌造建筑构架与大叉手形式一致，有着重要的研究价值。

合掌造建筑屋顶构架组成60° 锐角的正三角形，采用就地取材的干草堆叠覆盖，厚厚的蒲苇草顶像是一本打开倒扣的硬皮书。如此角度可使屋顶最大限度地承载厚重的积雪，同时过高的积雪也可自然滑落。合掌屋建成南北朝向，使木屋与山脉成垂直走向，借此阻挡顺着地势刮下的寒风，并调节日照量，又使木屋（顶）两面受晒，冬暖夏凉（图3）。因此，该草顶木屋建筑适应山谷环境，夏可通风蔽日，冬可抵挡寒风。

合掌造建筑规模大小不一。传统合掌造建筑底层平面大小，是以丈尺为模数，以间为单位。例如，荻町最大的和田家，面阔14间、进深7间②。若换算成现代尺度，其大者底层面阔约24m、进深约12m，小者底层面阔约12m、进深约6m（即面阔4间、进深3间）③，约为大者1/4。

合掌屋一般2到4层，底层一般高3.0米以上，加以进深方向上的等边三角形草顶，通高多在8~14m。通常，一楼为起居室、卧室及厨房、浴室、马厩等；二楼以上为三角形的大叉手屋架搭建的阁楼，二层多作贮藏室，三层以上杂用。18世纪江户中期，流行养蚕，阁楼多为养蚕、织布之处，巧妙地利用了上部屋顶空间。

由于规模较大，加以高达数层，面积较多（大者仅底层就约300m^2），故利于大家族生活，甚者可住40多人。

2.3 “结”的建造传统

合掌造建筑单体规模较大，屋顶需要大量的稻草大面积、厚厚地铺盖，且屋顶两面均由传统人工方式编织而成。每次修建一栋房屋都需要相当多的财力、物力、人力方能建成④。单靠个别工匠、家庭成员，很难在冬季来临之前建造起来。因此，生活在这里的人们为克服合掌式房屋建造中的种种困难，自然而然地形成了一个大家共同参与、相互协作的默认协定——“结”（图4）。这与我国传统村落中的房屋颇为一致，在我国贵州、云南山区等地，同样保留有这样的建造传统（图5）。

历代以降的白川村人，数百年来共同抵御自然灾害、人为灾难的不断演化与发展中，“结”的理念已渐渐深深融入白川村人的心灵深处，成为他们心连心的纽带，并在相互理解、尊重、关心、帮助的传统意识中，完美地体现出来。

将合掌造建筑群作为区域独特的文化景观完整地保存下来，不仅是外在的景观形态，更重要的是支撑村落景观完好保存下来内在的“魂”——“结”，以及以合掌造建筑为核心的村落景观维持的制度与方法，即区域共同体成员共同参与、相互扶助、相互合作、共同经营的管理制度与方法⑤。

因此，“结”是区域共同体的思想精髓，培养了白川乡人团结进取的精神。这种精神不仅反映在合掌造房屋的建设上，而且还作为一种协调体制和制度，在推进区域社会生产和生活各个领域中的相互和谐上，发挥着重要的作用⑥。

3 艺术世界的保护与活化

3.1 保护规划

3.1.1 保护目标

2001年召开的白川乡“第五届综合发展规划审议会”上提出，建设“日本第一美丽的村庄——白川乡”的规划战略目标，而“三美”建设是其基本内容：第一美——“自然的美”，即保护村里悠久的历史文化景观和美丽的自然环境；第二美——“白川乡人的美”，即将象征着“结”那样富有关心和体贴村民生活环境的美好心灵永远相传给下一代的人们；第三美——“生活的美”，即建设具有世界或日本水平的乡村生活环境，

①马晓，周学鹰.中国古代建筑“活化石”——苏北历史建筑大叉手构架研究［J］.中国建筑文化遗产，2012（4）：46-51页.

②数据来源：http://shirakawa-go.org/kankou/guide/174/观光情报・世界遗产エリア・和田家.

③白川村.白川村世界遗产マスタープラン，遗产の继承と丰かな暮らしの両立を目指す计画，平成22年10月，17页.

④白川乡编史委员会.（新编）白川乡村史中卷，1998.

⑤韩鲁安.旅游地可持续发展理论与实践的探索. 北京：旅游教育出版社，2011：189页.

⑥白川乡编史委员会.（新编）白川乡村史上卷，1998..

充实产业、社会、经济三大基础建设，让村民过着更加舒适、安定的生活[①]。

3.1.2 保护层级

以荻町为中心，其外围分三个保护层级：一是荻町村落作为本体，为重要的传统建造群保存地区。保护整体的空间价值，全力保护建筑遗产，面积45.6公顷。二是站在展望台上视野范围内的重点景观形成地区，合掌造建筑与周边地区联成一体保存，包括周边的农田、菜地、鱼塘及其耕作方式等，为缓冲地带第Ⅰ种，面积471.5公顷。三是整个白川村全境作为缓冲地带第Ⅱ种，面积35655公顷（图6）。

值得一提的是缓冲地带第Ⅱ种，着眼的是整个区域的保护与发展，占地面积广大。白川村周边拥有茂密的山林、水流湍急的庄川、如画的水田旱地等各种自然资源，生态环境十分优美，既确保了传统建材（茅草和木材）的供应，也是合掌造建筑必不可少的环境依托。加以闲逸的氛围与淳朴的民风，构成了如梦似幻般的景色，适合人们回归自然、休闲旅游，切合“慢生活”的理念。

因此，一直以来，重视保护并充分利用当地出色的自然环境资源，是白川乡管理的主要内容。同时，逐步增加适当的配套旅游设施，把自然资源转换成旅游资源，在缓冲地带第Ⅱ种中建设城山天守阁展望台、大白川地区的大白川野营场、大白川露天温泉、白山登山场（平濑路）、保木协地区的归云城迹、御母衣地区的国家指定重要文化遗产旧远山民家俗资料馆、御母衣电力、平濑・木谷地区的滑雪场、白川乡平濑温泉等[②]。未来，可以开展风景观赏、野外摄影、森林采摘、茅草收割等，与荻町优势互补，以促进第三产业的发展，使“日归型”游客向“滞在型”游客转变[③]。

1998年3月6日正式成立的白川乡合掌建筑保护财团，其开展的六项主要工作之一，就是为保护世界文化遗产周围的区域自然环境而开展的生态自然环境调查、生态环境研究、生态环境保护指导、环境保护经费支援等[④]。有学者统计白川乡居民调查，认为应对自然环境（占33%）、文化遗产（占26%）、合掌建筑房屋的保护（占12%）给予高度的重视（合计71%）。这充分说明在当地居民的意识中，对自然环境保护占据头等重要的位置。

3.1.3 功能分区

毋庸讳言，白川村荻町的发展，也有一个逐渐认识的过程。二战结束，特别是1955年以后，日本经济快速发展，人口、资金向大城市集中、城乡差距扩大等，白川村同样出现过“空心化”的历程。尤其是当地发电所、水库等水利工程的建设及大企业购买土地等，有限的土地被征收，使得村民集体搬迁，不少村庄快速消失，合掌造建筑数量减少。

同时，随着时间的流逝，一些合掌造建筑无人居住，缺少照应，也容易损坏。

此外，随着小村庄的集体离村和发生的火灾，不少合掌房屋被挪作他用或渐渐消失。1921年尚存有约300栋合掌造建筑[⑤]，1953年为264栋，至1967年很快减少到154栋[⑥]。

白川乡荻町的居民，首先意识到白川乡合掌造建筑濒临消失的危机，开始了保护合掌造建筑的运动。1968年6月，由所有荻町居民参与、协助下的“白川乡村落自然环境保护会”成立，同年提出“三不”原则：不卖、不租、不损坏[⑦]。明确规定：①建筑物的颜色统一为赭黑色；②与景区环境不相配匹的广告、告示等不容许出现；③村落周边的山林树木不能砍伐；④不容许建造有损景观的建筑物。

在禁止破坏荻町合掌造建筑、居民的传统宁静生活不受打扰的同时，荻町居民将散落的合掌造建筑集中保护起来，于1972年开始建设“野外博物馆合掌造り民家园”（1994年6月，改称“合掌造り民家园”）[⑧]，逐步确立起“旅游立村”的目标，在改善原住民居住环境的基础上，培育区域性热情好客的旅游氛围，保持旅游等第三产业的持续繁盛。

据此，荻町保护主要可划分为三大区块：一是荻町村落本体，村民生活核心地带；二是旅游配套的小型服务区，以停车场为主，兼顾餐饮、小卖、管理等；三是民家园，作为移建、保护、教育的场所（图7）。为保持荻町村落形态的完整性，以自然河川分割，将二、三区块设在庄川的西岸。如此使第一次来的人们，对村落周边的山水形胜有一个较清晰的认识，并充分展现村落的自然美。

人们对荻町认识的不断深入，旅游人数高涨（表1）。以至于在高峰时期，如何容纳及疏散过多的人流，成为保护规划的一项重要的研究课题。

①白川乡・第五届综合发展计划审议会纪要，2011：11页.

②韩鲁安.旅游地可持续发展理论与实践的探索. 北京：旅游教育出版社，2011：181.

③张姗.世界文化遗产日本白川乡合掌造聚落的保存发展之道.云南民族大学学报(哲学社会科学版)，2012（1）：29–35页.

④（财）世界文化遗产白川乡合掌建筑物群保存财团，1997

⑤何银春.中日世界文化遗产地旅游资源安全管理比较研究——以中国福建土楼和日本白川乡旅游资源安全管理为例.华侨大学硕士学位论文，2010：30页.

⑥白川乡编史委员会.（新编）白川乡史中卷，白川乡，1998.

⑦白川乡编史委员会.（新编）白川乡史中卷，白川乡政府印制，1998.

⑧宫泽智士.合掌造りを推理する.白川村・白川村教育委员会发行，1995:70页.

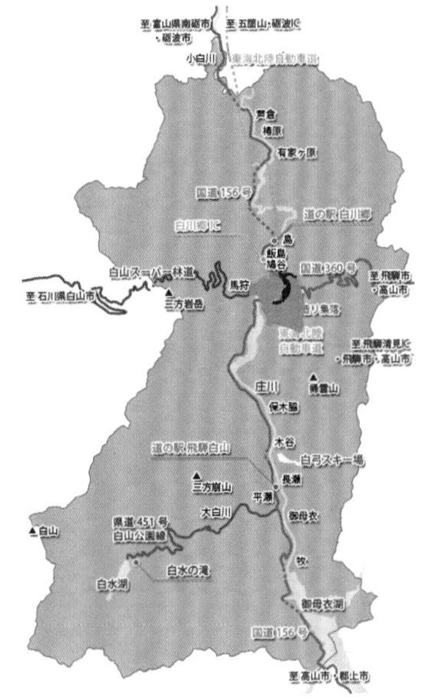

图6 保护层级

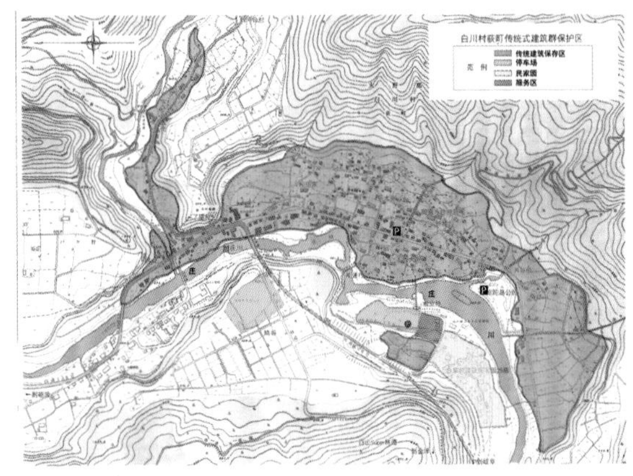
图7 功能分区

图8 合掌造车库

表1 2005年以来游客人数统计表（单位：万）[①]

年份	日归客		住宿客		合计	与上一年比较
	总数	外国人	总数	外国人		
2005	135.6	5.0	8.1	0.14	143.7	99.2%
2006	137.9	7.9	8.7	0.24	146.6	102.0%
2007	137.3	11.9	9.1	0.24	146.4	99.9%
2008	176.2	12.3	9.9	0.39	186.1	127.1%
2009	164.3	7.2	8.8	0.42	173.1	93.0%
2010	149.9	10.4	9.1	0.3	159.0	91.9%
2011	123.3	5.5	7.3	0.49	130.6	82.1%
2012	131.0	8.1	6.9	0.79	137.9	105.6%

3.2 基础设施的完善

整治村落内外环境，不仅有利于发展旅游，更是原住民生活环境改善的必由之举。其具体措施包括停车场、道路、给排水、市政、公厕、消防建设等多方面内容。

3.2.1 交通组织

山区交通不便。尽管1995年成为世界文化遗产，白川村客流量并没有显著提高。随着区域交通的建设，特别是2000年始至2005年止，通往白川乡的东海北陆高速公路建成通车，加上其他线路，目前白川村的对外交通便利，促进了旅游及经济的发展。

外来参观人员停车，主要依靠荻町外部停车场集中停放。一是庄川西侧近处的收费停车场，浅溪公园公共停车场；二是较远一点的免费寺尾临时停车场（表2）。

表2 白川村公共停车场列表[②]

名称	停车数（单位：台）			收费（单位：日元）			营业时间	备注
	大客	小车	自行车	大客	小车	自行车		
浅溪公园停车场	约40	约200		3000	500	200	8：00～17：00	1.停车场一部分收入作为世界遗产保存基金 2.观看红叶时期，能够停放大客、小车数视情况变化
寺尾临时停车场		455			500		～17：00	繁忙时节可混合停车

同时，停车场的设置内外有别，以保证村民的生活与外来人员互不相扰（表3）。

目前，荻町内部村民的停车，可停放在室内或室外私家停车场；新建设房屋底层设计室内停车，甚或采用单独仿建的合掌造建筑（图8）；室外停车主要停放在家家户户门前屋后修建的小型停车场地。

表3 公共停车场年接待停车数比较表（单位：台）[③]

年份		2011	2012	比上年增减
停车台数	小汽车	108705	121263	+12558
	大客车	15976	16629	+653
合计		124681	137892	+13211

3.2.2 道路设计

荻町内的道路，往往在功能所需的基础上，因地制宜地进行改造。例如：村中的一条南北向贯通的主路为2车道柏油路，可通行小型车辆（大型车辆限行），以保护景观、降低环境污染；该路两侧为窄窄的人行道（可供单人拖曳行李箱前行），人行道下为排水暗道，表面为镶嵌木条的盖板，颇为雅致（图9）。

村庄内部数量较多的支路，同样为柏油路面，路幅宽度则因地制宜，做法也多样，或仅单侧有人行道（下为排水沟），甚或无人行道（平时村落内部的车流量很少，图10）。

由于合掌造建筑周边往往就是农田、鱼池，有的建筑相对偏远、分散，因之兼具交通联系道路的田间小路往往采用细砂石路面、或便于游客的木板路面相联系（图11）。

至于为数较多的田间小路，则顺其自然，路两侧为排水沟，路面往往被野生的杂草覆盖，别有一番情趣（图12）。

①表格的编制，参考了http://shirakawa-go.org/mura/白川村の観光统计的相关内容。

②自编表格，数据来源：http://shirakawa-go.org/kankou/access/parking/白川村について交通・アクセス・世界遗产见学时の驻车场について。

③数据来源：http://shirakawa-go.org/mura/toukei/2580/白川村について統計・要覧»白川村の観光統計・公共駐車場台数。

图9 白川村南北向主路

图10 白川村中支路

图11 田间小路1

图12 田间小路2

3.2.3 公共设施

白川村自1950年以后起，就确立了保护传统村落、发展旅游的战略，其前提是提高当地居民的生活质量。因为，旅游地不仅满足旅游者的需求，而是通过旅游开发活动更加关注当地居民生活环境的充实和改善，以居民生活质量水平发生本质性的改变和提高，作为旅游开发活动的理念和首要目标①。

1996年召开的白川乡第四届综合开发计划审议会上提出的五个具体措施中，第一条是加强基础设施建设；第二条就是创建美丽、舒适的生活环境②。目前，荻町已有白川诊疗所、白川保育园等公共设施。

2010年，荻町全部电线埋地，极大地改善了景观，同时利于防火。历史遗留的石驳岸的大沟排水路很好地保护下来，并继续承担其历史使命。

为确保舒适的生活环境，白川村特别注意加强污水集中处理和生活垃圾的处理。制定防止废弃物乱扔的条例、大件垃圾处理规定，以及垃圾回收效率化、垃圾再利用、垃圾数量减少化的相关规定。同年，白川村积极开展了"自己产生的垃圾自己带走"、做文明礼貌和热爱环境的好游客活动，同时还专门提出要强化居民自我保护好家园生活环境的参与意识教育③。

由于合掌造建筑为草顶全木结构，十分怕火。与此同时，白川村周边崇山峻岭铺设管道十分困难，也会对自然环境带来不好的影响等。因此，白川村居民日常生活燃料多采用瓶装煤气；展现传统火塘、茶艺等，则多用木材。

3.2.4 防灾

值得强调的是全木构合掌造建筑的防火极端重要，也受到了高度的重视。防灾主要采取CBDM（community-based disaster management）模式④，通过村民自觉的防灾意识及行为，加上志愿者的活动及自组织的防灾管理策略。依据白川村消防条例，有定员165人（实有156人）的消防团，分南部、中部、大乡三个消防分团，团员年龄最小者19岁，平均35岁。1977—1981及1989年，荻町地区仅购置消防设施，花费就达到27300万日元，室内外密布消火栓（表4）。在荻町合掌造建筑周围，设置了360°旋转的消防栓，其外形采用与合掌造建筑外观相似的"小木屋"（图9）。同时配置有各种大、中、轻型消防、工作车。此外，还有后备的白川村女子消防分团，白川村少年消防队、儿童消防队等，组成完整的培养梯队。

①韩鲁安.旅游地可持续发展理论与实践的探索.北京：旅游教育出版社，2011：199-200.

②白川村.第四届综合开发计划审议会上的报告，1996-07.

③白川村.第四届综合开发计划审议会上的报告，1996-07.

④ChihoOCHIAI.The Processes and Mechanisms of Community-Based Disaster Managementin Shirakawa Village

表4 白川村消火栓配置表①

地域	40mm消火栓付放水铳65mm	65mm屋外消防栓	40mm屋内消防栓（双口）	贮水槽自然流下压式600t	备注
荻町	59基	34基	28基	1基	荻町地域内的放水铳（59个）水源为600贮水槽，自然流下式半径约80m、扬程高30余m
小吕地区	16基	4基			

每年冬天旱季之前，都要进行防火演习，检查消防设备是否正常。每当此时，被红叶染红的群山环抱中的村落，一百多栋大小不一的合掌造建筑，被喷射后的薄薄水雾完全笼罩，场景壮观，令人叹为观止（图13）。

3.3　合掌造建筑的保护与利用

常年住人合掌造建筑单体的"活化"必不可少，手法多样。在严格保持传统合掌造房屋草顶外观，内部木质梁架构架、地板、板壁等的基础上，按照现代生活的要求进行全面的改造，取得的经验值得借鉴。例如，民宿一茶。

3.3.1　卧室、起居室

卧室、起居室几乎保持合掌造建筑原有的格局，木质梁柱、板壁、壁橱、地板等，均为传统样式，室内外以表面糊纸的格子推拉门分隔，门外屋檐下挑出的悬挂竹帘，构成优美的灰空间（图14）。为满足夏、冬日生活所需，走道两头分别安装一部较大功率的空调。

3.3.2　餐厅、厨房

厨房与餐厅紧靠在一起，两者之间有门相连，备餐则通过推拉窗口传递。餐厅同样为传统样式，空间较大，便于多人同时就餐。餐厅内有火塘，映衬出民宿主人自家制作的料理别有风味（图15、图16）。

厨房则完全采用现代式装修，厨具设备先进，整体十分干净、整洁，与餐厅相得益彰（图17）。

3.3.3　卫生间、盥洗室

卫生间与盥洗室往往临近厨房安排，利于集布置管道。两者装修简洁但现代感极强，盥洗室有淋浴及浴池，可满足使用者不一的需求（图18、图19）。

图13 秋の消防一斉放水訓練（图片来源：httpshirakawa-go.orgphoto_d合掌造り集落全景）

①自编表格，数据来源：http://shirakawa-go.org/kurashi/anzen/2070/暮らしの情報»防災・安全»白川村地域防災計画・防災施設.

适当扩大卫生间与盥洗室之间的走道空间，可安放公用的洗漱面池，紧凑而又实用（图20）。

由于上述功能使用空间所需，往往在合掌造建筑屋顶下加上一层木质的屋檐（我国宋《营造法式》称为“版引檐”），将相应部位的挑出空间加以利用。有些甚至在两侧山面增加木质房间，以满足使用所需，如此则形成与传统合掌造建筑不一的外立面（图21）。不过，由于添加、增建部分多采用木材、轻质板材、钢材等可拆卸建材，且措施可逆，在满足现代生活所需的同时，又可以随时恢复原样，为解决类似问题提供了很好的思路。

目前，荻町对外营业、可供游人深度体验民俗的民宿已达20多家，遍及荻町内外。其中，内部有一茶、のだにや（图22、图23）、きどや、孝工门等，外部有伊三郎（图24、图25、图26）、わだや（图

图14 檐下灰空间

图15 餐厅

图16 餐厅火塘

图17 厨房图

27）等。

此外，还有一些合掌造民家，没有住宿但提供一般旅游（图28、图29、图30）或特色餐饮（图31、图32）、咖啡、商业及休闲等，各得其所、各取所需。

4 艺术人生的创造

4.1 农耕生活与“结”的传承

“结”的文化传统的产生，与白川村保存的大家族制度，有着一定的关系。白川村大家族制具有母系社会的家族关系特征，通常认为产生原因是“土地数量过少造成分家困难、养蚕纺丝业需要确保劳动力等因素”①。有关研究，开始于明治末期的1888年②。

此外，白川村民们信仰的净土真宗，对白川村人互帮、互助的生活、思想文化等的形成，具有重要的影响③。目前，白川村荻町尚保存有秋叶神社、本觉寺、八幡神社（集落守护神）、天龙神社、明善寺及

①白川乡编史委员会.（新编）白川乡村史下卷，白川村，1998.

②据说，最早的研究是藤森峰三1888年著的《飞弹国风俗与其他》，藤森峰三.飞弹国风俗与其他.东京人类学会杂志(第三卷第二十九号)。详见柿崎京一《题目解说)。《白川乡文化研讨会93大家族制》，柿崎京一编辑，2001年版。

③谷口知司，古池嘉和，瀬戸敦子.观光地白川村的发展历程与观光成果的作用. 岐阜女子大学紀要第36号，2007:37-41.

图18 卫生间

图19 盥洗室

图20 走道中的公用盥洗台

图21 民宿一茶外观

图22 のだにや民宿外观

图23 のだにや民宿早餐中的美国游客

图24 伊三郎民宿外观

图25 伊三郎民宿卧室

图26 伊三郎民宿晚餐

图27 わだや民宿外观

图28 三本屋外观（提供餐饮）

图29 三本屋内景（提供餐饮）

图30 三本屋佛龛（提供餐饮）

图31 文助家外观（提供特色餐饮）

图32 文助家内景（提供特色餐饮）

图33 明善寺钟楼

其钟楼（图33、图34）等。这些宗教场所与村民们的日常生产、生活等息息相关，并与历史文化、民俗文化、旅游体验等相结合。例如，每年10月14日—19日在八幡神社举行的浊酒祭，不仅是全体村民们的隆重节日，也吸引了大量的旅游者（图35）。

可见，“结”是白川乡传统文化的精髓，是支撑白川乡“合掌式建筑群村落”保存到现在的一种巨大动力，它以历史文化景观为对象，在区域构成成员共同所有、利用、经营和管理的社会体制下，将相互依存、扶助、协调的精神作为一种灵魂象征而存在。除实现自我利益以及众多不特定人群的利益（以及整个社会共同的目的和利益）以外，使社会共同的利益成为社会各阶层共同所有，是“结”凝聚力的根本体现①。

而这一点，与兴起于欧洲20世纪60年代的活态博物馆（Eco-museum）思潮不谋而合，都是以社区DIY为主的，民、官、学共构的社区营造模式。

4.2　组织与管理

现有组织的设置与管理是在传承原有“结”的精神上的完善和提高。

1963年起，村民开始对“村落合掌式建筑物”采取保护措施，1971年12月在“村落合掌式建筑物”集中的地区荻町举行了地区村民大会，在全村居民的认同下“白川乡荻町自然环境保护会”宣告成立。从那时起，以“村落合掌式建筑物”为核心的历史文化景观保护工作在白川乡正式拉开帷幕②。

我们可以从总体规划制定的组织图（图36）上看出，一项法规的出台，是多方利益主体共同协商而来的。

1975年11月1日制定白川村民宪章，其后陆续制定了系统的规章制度，包括各类总规、议会、执行机关、人事、工资、财务、教育、福利卫生、产业经济、建设、消防等共438种法规③。以传统建筑的保护为例，该保护列入教育一项，包括文化财保护、传统的建造物群保存地区保存、补助金交付条例及相应的施行规则；民俗馆、茅草储藏库、旧建筑材料保存库、技术传承馆的设置与管理相关条例等。详尽细致、便于操作。

茅草屋的保存和修复需要强大的资金支持，仅2008—2009年的两年间，白川村仅持修补经费就达到26881.4万元④。根据《白川村荻町传统的建造物群保存地区补助金交付要纲》，个人可获得总修理费用的90%的补助金，由国家、县、村进行财政补助。再加上1988年成立的“白川乡合掌集落保存基金”支持，个人的负担占很少一部分，如此切实提高了村民保护的积极性。

申遗成功以后成立的“世界遗产白川乡合掌造保存财团”统筹管理政府补助金、村财政收入和保护基金等资金，使得保护资金管理工作更为高效。

在完善的法规保障与政府的支持、学者的协助、村民的积极参与下，包括荻町在内的白川村传统聚落及其建筑，得以全面保护。

4.3　人的完善

早在1950年，白川村人就意识到传统历史文化遗产可作为重要的旅游资源建设开发，促进山村经济发展。但直到1976年，白川村的旅游并没有发展成村里的支柱产业，主要原因在于村民认识不统一。“由于居民对旅游的认识不同，许多村民对旅游业的开发并没有表现出积极参与的热情”⑤。

20世纪80年代开始，从旅游中获利的白川乡民逐渐增多，越来越多的原住民切身体会到保护与合理利用合掌造建筑及其自然生态环境，不仅增加就业、收入，且改善居住环境、提高社会福利等，而从事乡村旅游工作。

与此同时，白川村重视对原住民的历史文化知识、保护意识等的教育。例如，通过“调动居民积极参与发展乡村各项经济和社会文化事业的积极性，通过听证会、报告会、讨论会、研究会、学习会等活动，强化居民自治意识和能力的提高”⑥。

1997年以来，保护财团逐渐开展了多方面的工作，“为保护世界文化遗产村落，进行文化教育的普及工作；提高对世界文化遗产村落的保护意识和知识的教育工作”⑦等。

2001年召开的“第五届综合发展规划审议会”明确提出三美建设，第一美是“自然的美”，即保护村里悠久的历史文化景观和美丽的自然环境，培养朝气蓬勃、蒸蒸日上的乡村景色；第二美“白川乡人的美”，即将象征着“结”那样富有关心和体贴村民生活环境的美好心灵永远相传给新一代的人们；第三美是“生活的美”，即建设具有世界或日本水平的乡村生活环境，充实产业、社会、经济三大基础建设，让村民更加舒适、安定地生活⑧。

①韩鲁安.旅游地可持续发展理论与实践的探索. 北京：旅游教育出版社，2011：187.

②谷口知司，古池嘉和，瀬戸敦子.观光地白川村的发展历程与观光成果的作用. 岐阜女子大学纪要第36号，2007:37-41.

③数据来源：http://shirakawa-go.org/lifeinfo/reiki/reiki_menu.html白川村例规集.

④数据来源：http://shirakawa-go.org/wp-content/uploads/zaimu4_2009.pdf.http://shirakawa-go.org/wp-content/uploads/zaisei23-1b.pdf.

⑤白川乡编史委员会.（新编）白川乡史中卷，白川乡政府印制，1998.

⑥白川村.第三届综合开发计划审议会上的报告.1985-07.

⑦（财）世界文化遗产白川乡合掌造建筑群保存财团，1997.

⑧白川村.第五届综合开发计划审议会上的报告.2001-11.

可见，“三美”教育基本围绕“人”展开，其核心在于“白川乡人的美”。原来的居民的心灵深处，逐渐形成了热爱故乡自然生态、历史文化环境的情感和为建设更美好家乡奉献的精神，吸引年轻人回乡就业，积极投身乡村保护及旅游，形成了良性循环。

2005年4月，白川乡、（社）日本环境教育研究会、丰田汽车有限公司联合成立了“白川乡自然学校”，目的是将保护和有效利用村落世界文化遗产的居民共同参与经营——“结”的共同理念和运作方式，告诉下一代及旅游者，为他们提供接触自然、认识与热爱自然的场所，进行自然体验型环境教育。因此，学校的运作方式是把区域共同经营的组成人员，由原来的居民延伸到旅游者，将其纳入区域共同体的范围内，进而白川乡成为一个原来的居民、行政、民营企业、公益组织、大学、旅游者等组成的区域共同经营体系①。

由此，白川村成为历史文化遗产与自然生态环境的教育基地，不仅针对原住民，也重视对旅游者的教育，两者互动，将其有机融合，并通过一起生活，形成共同感悟、相互体验、共趋完善的浓郁氛围。

图34 明善寺大殿内景

5 小结

白川村的有效保护与合理利用是一个长期的过程，从1950年至今，经过村民、社团及政府的共同努力得以逐步形成。

日本的土地私有化，让每个村民感受到作为主人的责任。在这里，村民不是放任村落的衰败而消极等待拆迁补偿，政府也不是让街道成为贫民窟时再谈改善民生、更新改造。更不是房地产商开发对象与纯商业的活动场所，而是有序的、自主的、渐进的完善过程。其中村民自治与对公约的共同遵守，即民主与法治，是保护与发展得以持续的根本保证。

总之，白川村不仅保护遗产本体及周边自然环境，更加注重人文环境的培育，而最终目的在于人的生活品质的提高。即不仅仅追求人与自然、人与人的和谐，更是人精神上的完满，这是白川村及文化保护达到生活富裕、文化丰富后的更高一层的境界与追求。

图35 浊酒祭（图片来源：httpshirakawa-go.orgphoto_d年間行事）

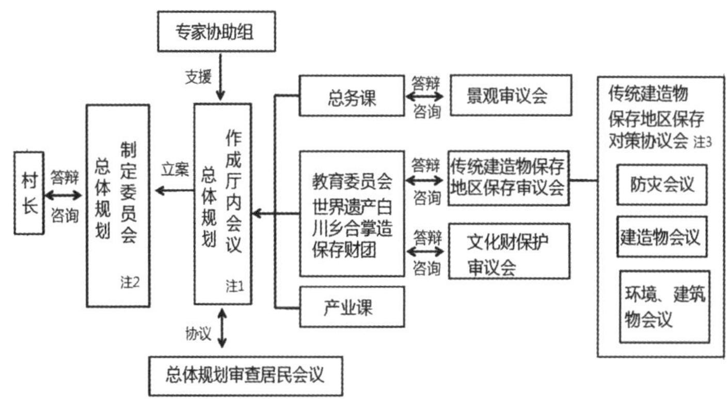

图36 总体规划制定组织图（白川村.白川村世界遗产マスタ—プラン，第9页）
委员构成
注1，荻町居民代表，传统建筑审查会代表，学者专家（会议观察员：文化部、岐阜县、厅内会议参加者）
注2，总务科、生产科、村民科科长级以上，教育委员会等
注3，保护会会长、荻町区长、传统的建造物群保存地区保存审议会代表、学者专家、教育委员会（事务局）

参考文献：

[1] 白川村.白川村世界遺产マスタ—プラン[Z].

[2] 白川乡荻町聚落40年[Z].

[3] [日] 白川村史編さん纂委員会. 新編白川村史［M］. 白川村，1998.

[4] [日] 合田昭二・有本信昭. 『白川郷: 世界遺産の持続的保全への道』[C]. ナカニシヤ出版，2004.

[5] [日] 高口愛. 「伝統的景観を継承する地域の景観管理能力に関する研究」[D]. 九州大学，2010.

[6] 韩鲁安. 旅游地可持续发展理论与实践的探索 [M]. 北京：旅游教育出版社，2011.

①韩鲁安.旅游地可持续发展理论与实践的探索.北京：旅游教育出版社，2011：209.

Analysis of Uygur Mazar Culture

维吾尔族麻扎文化浅析

范涛(Fan Tao)* 王欢(Wang Huan)** 宋超(Song Chao)*** 王健(Wang Jian)**** 江潮*****(Jiang Chao)

摘要： 本文尝试对麻扎这种遍布新疆的古老建筑形式进行初步解读，从麻扎的定义入手，通过分析麻扎的历史文化背景和艺术特色，并列举麻扎的建筑形式和经典案例，再从朝拜时间、朝拜对象和附属物的分析三方面入手解析麻扎的文化。大体上对于这种古老延续至今的建造现象做一个较浅层面的多角度研究。

关键词： 麻扎，麻扎文化，建筑形式

Abstract: The paper tentatively interprets Mazar, a kind of ancient buildings throughout Xinjiang. Starting from the definition of Mazar, the paper analyzes the culture of Mazar from the following three aspects: historical and cultural background and artistic features of Mazar, architectural forms and classic cases of Mazar, and worship time, worship objects and appendages. Generally, the paper would provide a brief study on the building phenomenon descended from ancient times until now from multiple perspectives.

Keywords: Mazar; Mazar culture; Architectural forms

* 范涛（1984—），男，讲师，硕士，主要从事建筑设计及其理论研究
** 王欢（1988—），女，讲师，硕士，主要从事建筑历史理论研究
*** 宋超（1974—），男，讲师，硕士，主要从事城乡规划理论研究
**** 王健（1980—），女，讲师，硕士，主要从事建筑历史理论研究
***** 江潮（1987—），男，讲师，硕士，主要从事城乡规划理论研究
（本文作者单位均为新疆大学）

早在汉唐时代，今新疆地区即以“西域”闻名遐迩，先后设置有西域都护府（汉）、安西都护府（唐）和安西大都护府（唐）。据历史文献记载，历史上维吾尔族人民曾先后使用过古突厥文、回鹘文、古维吾尔文等，公元10世纪伊斯兰教传入后，逐步使用以阿拉伯字母为基础的维吾尔文。这个维吾尔族人民在使用文字方面的变化过程，也正如其在建筑艺术形式方面的演进历程：公元10世纪后，维吾尔族的建筑艺术随时间的推移而有了越来越浓郁的伊斯兰文化色彩，其中尤其以“麻扎”类型墓葬为典型。

“麻扎”，阿拉伯语“Mazar”的音译，也叫“麻杂”“玛乍”等，本意为“拜访”，现转意为“伟灵之墓”“圣人之地”，原指伊斯兰教苏菲派长者的陵墓，现主要指伊斯兰教著名贤者的陵墓[1]。麻扎这个称谓目前在新疆通常特指维吾尔族陵墓，现存的麻扎有些已经和传统的麻扎具有不同的意义，可以说只有仍在被教徒们敬拜的才是传统的麻扎。同时麻扎又是纪念性比较突出的陵墓，而又比普通的坟墓等级高出许多，麻扎可以理解为个别教派的公共墓地，平时大家所能遇见的麻扎就是维吾尔族文化形式的古墓群。麻扎作为伊斯兰教一种独特的建筑形式，对于维吾尔族来说具有很高的历史地位，同时由于修建麻扎的经费来源于信徒的捐赠，需要花费大量的人力和财力来进行建造，所以麻扎基本代表了当时较高的建筑艺术文化水平。麻扎建筑作为维吾尔族建筑的重要组成部分，历史遗存较多保存较为完好，并且形成了独特的麻扎文化，因此麻扎建筑的研究对于新疆维吾尔族历史文化建筑的研究具有重要价值和意义。

图1 霍城县吐虎鲁克·铁木尔汗麻扎

最早的麻扎建筑遗存可以追溯到辽代（公元10世纪左右），而现今遗存保护较好、历史建筑研究价值较高的麻扎建筑，如元朝的吐虎鲁克·铁木尔汗麻扎（图1）、清代的阿帕霍加麻扎(俗名香妃墓)，都是我们的国宝级文物。在新疆维吾尔自治区全国重点文物保护单位58处和自治区级文物保护单位374处中都有大量的麻扎建筑存在，并占有相当大的比例（表1）。即使是在诸多县级文物保护单位中，麻扎建筑也占较大的比例。这些分散在新疆各地、州不同时代的麻扎建筑对于新疆维吾尔族建筑的发展、变迁以及地域特点的形成都具有很高的

表1 文保单位麻扎

序号	名称	所在地区	年代	国家文物等级
1	阿帕霍加麻扎	喀什市	清	国家级
2	艾比甫·艾洁木麻扎	阿图什市	清	国家级
3	速檀·歪思汗麻扎	伊宁县	明	国家级
4	吐虎鲁克·铁木尔汗麻扎	霍城县	元	国家级
5	阿布都热合满王麻扎	莎车县	清	自治区级
6	阿斯特那艾力帕塔和加玛扎尔	吐鲁番	清	自治区级
7	艾尔斯兰汗麻扎	喀什市	宋	自治区级
8	艾则孜艾格恰木麻扎	哈密市	清	自治区级
9	巴额达特玛扎尔	洛浦县	明	自治区级
10	巴什拜麻扎	裕民县	1953年	自治区级
11	白依斯阿克木伯克麻扎	莎车县	清	自治区级
12	哈不德穆罕默德麻扎	莎车县	清	自治区级
13	黑孜尔霍加麻扎	吐鲁番市	元	自治区级
14	洪纳海麻扎	察布查尔县	辽	自治区级
15	霍加穆罕默德·谢里甫麻扎	莎车县	清	自治区级
16	库尔木什阿塔木麻扎	温宿县	清	自治区级
17	默拉纳额什丁麻扎	库车县	元-清	自治区级
18	奴尔阿訇麻扎	哈密县	清	自治区级
19	热比亚-赛丁麻扎	疏勒县	明-清	自治区级
20	斯坎德尔王麻扎	喀什市	清	自治区级
21	苏里坦·苏吐克·博格拉汗麻扎	阿图什市	唐-宋	自治区级
22	塔尔阿特麻扎	巴里坤	清	自治区级
23	耶特克孜麻扎	鄯善县	晋-唐	自治区级
24	玉素甫哈什哈吉甫麻扎	喀什市	宋	自治区级

研究价值。

一、麻扎的历史文化背景

在讲述麻扎文化之前，先对新疆与麻扎有密切关系的地理环境、历史背景、艺术特色等做大致介绍，有利于读者更好地理解麻扎这种比较特殊的建筑文化现象。

（一）地理环境

新疆维吾尔自治区位于祖国西北边陲，总面积约占祖国的六分之一。新疆是我国距离海洋最远的省区，周边被高山环绕，境内冰峰、沙漠、草原、绿洲共同组成了“三山夹两盆”为主的地形特征。新疆由南向北依次为昆仑山、塔里木盆地、天山、准格尔盆地、阿尔泰山。天山位于中部，把新疆分为南北两部分，习惯上称天山以南为南疆，天山以北为北疆。过去人们主要在天山南北的塔里木盆地和准格尔盆地周围的绿洲安居乐业，繁衍生息。

（二）历史背景

新疆在我国历史上又称为西域，西域是古时对甘肃玉门关以西的境内地区的称谓，西域在世界著名的丝绸之路上扮演着重要的角色。西方、中亚各国同中国的交通往来基本都通过西域这片神秘而又广阔的土地。西域在历史上是各种宗教的荟萃之地。回鹘西迁以前，佛教、祆教、摩尼教、景教等宗教在这里交会并互相影响。10世纪初，接受伊斯兰教的回鹘人所创立的喀喇汗王朝开始向周围地区传教，又经过几个世纪的传教，最终在16世纪初成为新疆的主要宗教。

（三）麻扎建筑的艺术特色

麻扎建筑的艺术特色，是以伊斯兰文化为背景融入东西方文化特征后而形成独特的艺术形式。大体上可分为阿拉伯式、民居式（图2)、汉式（图3、图4）、混合式（图5）四类。

这里简要叙述下阿拉伯式的主要建筑艺术特征：这类建筑风格在新疆维吾尔族麻扎建筑中使用比较

图2 巴彦岱麻扎

图3 速檀·歪思汗麻扎

图4 速檀·歪思汗麻扎藻井

图5 盖斯麻扎

图6 阿巴克霍加麻扎

图7 叶尔羌汗国王陵墙面图案1

图8 叶尔羌汗国王陵墙面图案2

广，多为具有圆拱形顶部高大墓室的庭院式建筑，包括礼拜殿、塔楼和习经堂等附属建筑。其中形制高一些墓室的屋顶和外墙，一般会装饰有绿色、蓝色、黄色为主色调的彩画或砖雕，建筑四角通常设计邦克楼形式的较高圆柱，通常会分层级装饰着不同颜色的彩画或砖雕（见图6），有些墙面配有独特的植物纹样、几何纹样和阿拉伯文字（图7、图8）。它们之间相互穿插，使麻扎建筑整体上简洁大气的同时呈现一种独特的韵律感。

装饰艺术：整体上来说麻扎的装饰艺术是匠人们摄取东西方装饰艺术的具体体现，他们根据本民族的生活习惯等进行大胆的取舍，经过长期的演变，最终形成具有鲜明民族特色的装饰语言，并遵循宗教的美学规律。麻扎的装饰手段多种多样,其中常见的为石膏、彩画、雕刻（砖和木）等。因位置的不同而呈现出不同的做法和特征。麻扎的装饰艺术,取决于它的建筑材料和工艺作法。较大体量的房屋都采用砖墙来做主要承重体系，喜欢选用黄色色系的砖,室外的砖通常做法都是雕刻加工过的。500多年以前建筑室内主要靠石膏来进行修饰，而外墙装饰主要靠砖的外挑和排列上的变化做出多种纹理和图案。后来由于石膏具有较高的可塑性，本身干净平滑具有较高的艺术效果，因此室外运用石膏平浮雕的比例不断变高，同时有些麻扎的外墙壁运用琉璃砖来做装饰（图9）。大约在700年多前,新疆当地的匠人们便掌握了琉璃瓦（平雕和浮雕为主）及其镶嵌工艺。他们用各种色彩的琉璃砖来形成文字或图案。之后的帖木儿时期，当时开始流行用琉璃砖完全覆盖所有建筑外表皮，对于琉璃砖的运用又历经多年后逐渐发展成强调整体为简洁圆滑的几何形，以用来突出它的表面光滑和色泽鲜亮。很多麻扎建筑中顶棚上都有彩画,彩画是一种通过人工手绘各类颜料的方式起到装饰的作用。一般会出现在较大的顶棚、大梁等重要部位，彩画的题材与石膏装饰并没有什么区别，个别也会出现整幅风景画，其周围环绕文字和花纹。麻扎建筑的木雕主要会集中于柱子、梁枋、门窗等部位，主要雕刻植物花纹，并进行彩绘处理（图10），雕刻的花纹整体上讲究构图对称和均衡，效果简洁并大气。

纹饰与象征：伊斯兰教有自己特殊的艺术象征理念，而对于艺术装饰的象征意义是伴着建筑的不断发展而形成的，因而装饰性图案和书法艺术便成为伊斯兰艺术的主要特征，同时阿拉伯文字也成为一种重要的装饰手段。我国维吾尔族麻扎的纹饰主要以植物纹和几何纹为主，图案纹样主要有金银花、无花果、石榴花、巴旦木、葡萄等。图案构图灵活多变，通常运用复制、对称、交叠、循环等手法。

二、麻扎建筑的墓葬形式及典型实例

（一）麻扎建筑的形式

新疆麻扎的建筑风格由于地理位置的不同和社会功能的不同而形式多种多样。但大致上可以分为三类。

（1）小型麻扎：一般由土坯、木土、砂石结构组成。在建筑形式上与当地居民的坟墓并没有什么区别，只是多了一些悬挂的旗帜和摆放的牛羊角。这类麻扎一般没有附属的清真寺和罕尼卡等建筑，大部分位于村落的路口，山谷等地。(图11、图12)

（2）中型麻扎：这类麻扎的建筑形式可以分为以下两种：一是坟墓由土坯建成，其上部建成维吾尔族传统的摇篮型，周围再修建土墙或者木栏杆。这种建筑形式在和田地区比较多见。二是陵墓构造基本与前者相同，但墓体被放于平屋顶或者带有拱拜的房屋内。这类建筑形式在吐鲁番、喀什等地比较常见（图13）。

（3）大型麻扎：这类麻扎大部分比较高大雄伟，上部多为穹隆式拱拜，内有墓葬。配有基本的附属建筑，如：清真寺、罕尼卡、淋浴室等。如喀什地区莎车县的叶尔羌汗国王陵，主要由墓群、阿曼尼莎汗墓、清真寺三部分组成（图14）。

通过调研考察和文献资料的查阅可以发现新疆维吾尔族麻扎共同的特点是麻扎大部分建筑上部为半圆顶拱拜形式，大部分建筑内外刻有龛型装饰（图15）。这些可以看出麻扎受到了佛教建筑风格的影响。可以发现麻扎以当地坟墓为雏形进行发展，也可以发现曾经的佛教、袄教、摩尼教等对麻扎建筑风格的感染，在很多情况下它们相互有机结合，形成了具有地方特色的麻扎建筑风格。

图9 阿帕霍加麻扎

图10 阿帕霍加麻扎木雕

（二）麻扎建筑典型实例

伊麻木买买提沙迪克克里曼麻扎（小型麻扎）：位于喀群乡尤库日恰木萨勒村东北1.2千米处的戈壁中。麻扎有两座，据当地人讲述，西南方位的麻扎葬着死者的头颅，东北方位的麻扎葬着死者的躯体，并用木柱搭成的长方形木架，东西长4.2米、南北宽3.9米、高约2米。木框架内有一砾石堆成的长圆形墓，墓葬北部有一座清真寺。西南麻扎上方搭有四根柱子围成的长宽都为7.5米的凉棚，棚下堆有高1米的土堆，土中夹杂着石头（图16）。

吐虎鲁克·铁木尔汗麻札（中型麻扎）：吐虎鲁克·铁木尔汗为成吉思汗的七世孙，是第一个信奉伊斯兰教的察合台汗王，在位期间推行伊斯兰教，死后归葬于此。该建筑为砖木结构，也是新疆现存唯一的元代建筑，坐西朝东，东西长14.7米、南北宽8.8米、高13.35米，正门墙壁用彩色釉砖砌造出各种图案，门额处刻有阿拉伯经文。在这座建筑的南侧还并列有一稍小的麻扎，相传为汗王的亲眷（图17）。

图11 阿克苏地区诺瓦尔阿塔姆麻扎

阿帕霍加麻扎（大型麻扎）：位于喀什市艾孜莱提村，是新疆最大的伊斯兰教陵墓。它由一系列建筑群组成，总占地面积约75亩,其中主要有墓祠、教经堂、经学院、清真寺、水池、花园等。这些建筑的建造年代、规模和形制各不相同。麻扎主体为高约25米的长方形拱顶建筑，主墓室顶呈圆形，其圆拱直径约17米，无须用梁柱等结构进行支撑。相传乾隆皇帝的爱妃也埋葬在这里，由于她有体香，人们便称她为“香妃”，所以当地居民又把这座麻扎称作香妃墓。

哈密王陵（大型麻扎）：位于哈密市郊区，因第一代哈密王死后葬于此地，此后这里便成为历代哈密王室的墓地。该麻扎群体由大拱拜、小拱拜和大礼拜寺等组成。大礼拜寺为可容纳5000人同时进行礼拜的场所，后又经历两次扩建形成今天的规模。现为一座高15余米伊斯兰式的长方形穹顶建筑，四角建塔柱，绿色琉璃瓦覆盖尖拱顶部，周边以瓷砖镶砌（图18）。

图12 阿克苏地区博祖如克阿塔木麻扎

三、麻扎的朝拜文化

（一）麻扎朝拜的时间

有些麻扎，特别是影响力较大的麻扎可能全年都有教徒去朝拜，但有些麻扎只有在特定的日期才会有教徒去朝拜。而人们对于麻扎的朝拜时间大致可以分为两个时间段。

朝拜日为主的麻扎活动，南疆基本上各村庄都有麻扎，除了古尔邦节和肉孜节这两大伊斯兰教节日的朝拜，平时也会有人去麻扎朝拜，但每周四去麻扎朝拜的人明显多于平时。比如在和田地区来说很多教徒

图13 伊犁察布查尔麻扎（李瀚源摄）

图14 叶尔羌汗国王陵

图15 喀什地区莎车县富尔克特麻扎墓室

图16 莎车伊麻木买买提沙迪克克里曼麻扎

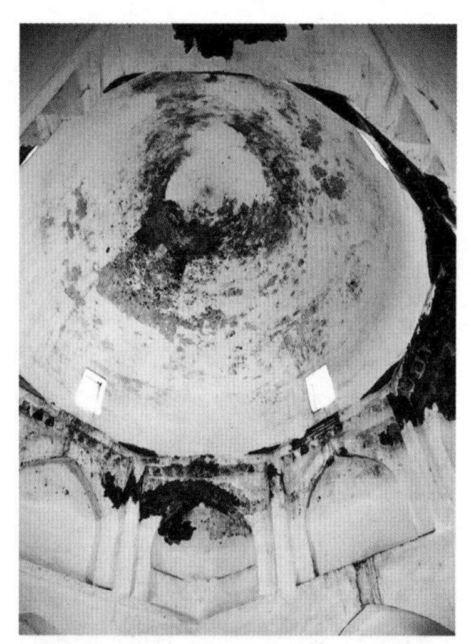
图17 吐虎鲁克·铁木尔汗麻扎室内

周四来到麻扎参加活动后留宿一宿，周五参加完麻扎的活动后返回。

季节性为主的朝拜麻扎活动，如喀什、和田地区的麻扎朝拜有一些影响力较大的麻扎活动具有一定的季节性。那些影响力大的麻扎活动时间都互不一致，但基本上都是在开春或者秋收的时节。新疆气候夏热冬冷，春秋时节适合出行，使信徒在前往麻扎的过程中避开酷暑和严寒，不至于过于辛苦或引发疾病，并且能顺便欣赏沿途的美好景色，使心情得到释放。

（二）麻扎朝拜的对象

麻扎原指维吾尔族苏菲派长者的陵墓，但在现实中包含的范围比较宽泛，除了苏菲派长者的陵墓外，主要还有著名学者、无名人士、专项特长者的麻扎等。

维吾尔族麻扎按墓主的性质大致可以分为以下几类。

（1）宗教殉教徒的麻扎：如为纪念13世纪伊斯兰教徒热班尼·阿塔木修建的昆其麻扎。传说他率军打仗在此殉难，同时阵亡的还有几万将士，埋于附近的土包上，每年均有教徒来此朝拜，并在麻扎旁边树立木杆，挂彩色布条祭拜（图19）。

（2）传教士的麻扎：如莎车县的阿克麻扎，其主人为一传教士，是卡布勒汗的儿子，叫阿布都热合曼·艾孜列克（图20、图21）。

（3）统治者的麻扎：如叶尔羌汗国王陵最早是在1533年为悼念赛义德王朝的第一个汗王苏里坦·赛义德汗而修建的，从那以后这里先后埋葬了叶尔羌汗国的13位国王及王室[2]。1805年修建的阿布都热合曼王麻扎，阿布都热合曼系莎车王，此麻扎最大的特点是整个建筑四周和圆拱顶均用各种花纹和铭文的彩色琉璃砖装饰，运用琉璃砖种类达16种之多。叶尔羌汗国王陵于2006年5月被国务院公布为第六批全国重点文物保护单位（图22）。

图18 哈密王陵

（4）各教派圣贤及伊玛目的麻扎：如莎车县的乞里坦麻扎，和田策勒县伊玛木·麦合迪麻札，此麻扎以什叶派十二伊玛木之一伊玛木·麦合迪的名义建立麻札，但实际上他从来没有在和田地区出现过，可以说这是一个有名无实的麻扎（图23）。

（5）著名学者的麻扎；如维吾尔族著作《福乐智慧》的作者玉素甫·哈什·哈吉甫麻扎（图24），《突厥语大词典》的作者麻赫穆德·喀什噶里麻扎等。

（6）用动植物等命名的麻扎：这类麻扎所埋葬的人虽然都有姓名，而他们的麻扎是以动植物等的名字来命名的。例如和田地区洛浦县郊区的玉吉玛（维吾尔语“桑子”）麻扎，都善的阿克特热克（维吾尔语“白杨树”）麻扎，苏盖提（维吾尔语“柳树”）麻扎，喀什英吉沙县的帕合兰（维吾尔语“小绵羊”）麻扎，和田皮山县的哈子（维吾尔语“鸭子”）麻扎，和田策勒县的拉钦（维吾尔语“鹰”）麻扎[3]。

图19 巴州昆其麻扎

图20 莎车县阿克麻扎1

（7）具有某项技能者的麻扎：例如吐鲁番、喀什等地的瘊子麻扎，库车的制作车轴能手奥克其阿塔、水痘母亲，位于吐鲁番专司畜牧的牧羊人大伯，位于喀什疏附县的英雄王子，位于吐鲁番的克斯拉其和卓木、牙痛和卓木、皮匠麻扎等[4]。

（三）麻扎附属物的文化浅析

麻扎的附属物主要包括树、竿悬物、油灯、礼拜寺，罕尼卡等。这里只选取比较有特色的树和竿悬物做简单介绍。

图21 莎车县阿克麻扎2

图22 阿布都热合曼王麻扎

（1）树：大多数麻扎的旁边都有一棵看似普通的古树，而它的地位和麻扎一样高贵，当地人喜欢先将彩色的布条系在古树上后再去朝拜麻扎（图25）。

（2）竿悬物：信徒在麻扎朝拜时在麻扎周围的高竿上悬挂用于

朝拜的物品(也叫竿悬物)，是维吾尔族麻扎朝拜中特有的一种习俗[5]。这种习俗在林则徐流放新疆时所写的《回疆竹枝词》中有所记载，书中写道："不从土偶折腰肢，长跽空中纳祃兹。何独叩头马乍尔，长竿高挂马牛牦"[6]。

关于对竿悬物的解读笔者比较认同的观点为：竿悬物可以作为麻扎的一种象征物，根据麻扎的形式不同立竿的位置会有变化。并且麻扎的竿悬物的种类繁多，例如彩色的布条、旗帜、个别动物的头、个别动物的尾巴和触角、被草填充的羊或鸡（图26）。各类麻扎中所悬物品的种类及数量都不一样，而悬竿的数量也不仅仅是一个。从这些迹象可以比较明显的看出维吾尔族的竿悬物习俗起源与当地及周边地区历史上盛行过的萨满教信仰有很多相似之处。

综合来看悬挂物至少有两个明显的作用：一是用来区分麻扎和普通人的坟墓；二是萨满教信仰遗存的代表物。

小结

可以说过去人类有限的认知能力和所出现的无法解释的各种自然现象或者超自然现象，成为各种宗教滋生发展的主要原因。宗教信仰作为一种文化现象，展现了人与自然及超自然的关系，宗教的发展同时也体现了人类物质精神文化的进程。麻扎文化也同样是在这个大背景下诞生的。现今对麻扎文化的研究才逐步开展，很多无法解释或者众说纷纭的现象为麻扎文化的研究造成了相当大的困难，也许了解当时人们最初的信仰心理，对于了解和研究维吾尔族麻扎文化会有很大的帮助。

维吾尔族麻扎文化可以说是伊斯兰教与原有当地宗教信仰相结合的产物，如伊斯兰教与萨满教、佛教等的融合是为了适应当时的社会环境而更好地为其自身发展，又经过历代伊斯兰教在当地的不断发展壮大为麻扎文化的发展提供了有利条件。如今麻扎在新疆分布广泛，而且规模极其壮观，并且很多历史相当久远。如何探寻麻扎的历史演变，如何去发掘这些麻扎的真正价值，如何去科学地保护麻扎建筑等问题，都是有待我们去发现和解决。

本文插图照片除署名者，均为作者所摄

图23 伊玛木·麦合迪麻扎

图24 玉素甫·哈什·哈吉甫麻扎

图25 莎车玉素甫卡迪尔汗麻扎

图26 巴州昆其麻扎

参考文献

[1] 李丽.新疆伊斯兰教麻扎建筑艺术特色浅析[J]. 城市建筑，2013(8).

[2] 周云.叶尔羌汗国时期天山南路的土地制度[J]. 内蒙古大学学报（哲学社会科学版），2011(4).

[3] 热依拉·达吾提.维吾尔族麻扎朝拜与伊斯兰教[J]. 世界宗教研究, 2002(2).

[4] 热依拉·达吾提.维吾尔族麻扎文化研究[M]. 乌鲁木齐：新疆大学出版社, 2001.

[5] 丁明俊、马亚萍.青海托茂人族源与族群关系探析[J].宁夏社会科学, 2005(6).

[6] 陆芸. 林则徐《回疆竹枝词》中的维吾尔族宗教习俗[N]. 中国民族报电子版, 2010-05-25.

[7] 杜友良. 简明英汉、汉英世界宗教词典[M]. 北京：中国对外翻译出版公司, 1994.

[8] 丁思俭. 中国伊斯兰建筑艺术[M]. 银川：宁夏人民出版社, 2010.

[9] 李群. 重解麻扎文化的图形语意——读吐虎鲁克·铁木尔汗之墓[J]. 装饰, 2009(5).

Analysis of the Relationship between the Construction of Defensive Mountainous City and Water in Sichuan and Chongqing Region in Southern Song Dynasty

川渝地区南宋防御性山城与水的关系探析

王 琛*（Wang Chen）

摘要：南宋后期，在长达40多年的抗蒙战争中，于川渝地区营建了大量的防御性山城，这些山城多据险设防、环江为池、沿江串联，改变了单个城池布防的策略。本文从水在山城中的军事作用入手，对水在山城营建中产生的影响进行研究，以期为川渝地区防御性山城的营建方法研究提供参考。

关键词：水，川渝地区，防御性山城

Abstract: During the more-than-40-year-long anti-Mongolia war in the late stage of Southern Song Dynasty, a lot of defensive mountainous cities were built in Sichuan and Chongqing regions. These mountainous cities laid out defenses along the important topography, constructed pools by encircling the rivers and were interconnected along the rivers, us altering altering the strategy of defense deployments by single cities. This Paper starts from the military role of water in the mountainous cities and conducts studies on the impacts generated by water in the construction of mountainous cities as to provide some reference to the research of the construction methods of defensive mountainous cities.

Keywords: Water, Sichuan and Chongqing region, Defensive mountainous city

1.引言

宋元之际，南方战乱纷纷，由于蒙军采取从长江上游进兵，先取四川后顺流而下包抄临安的战略，致使位于长江上游、物博人稠的川渝成地区成为蒙宋的必争之地，因此当地军民多利用山河之险筑城设防，并以山水城池为点，以江河为轴，沿嘉陵江、渠江、涪江、沱江、岷江和长江两岸险要处加固、增筑、新建40余座城池，形成了“大获、大梁、运山、梁山、钓鱼，峙莫逾之势在前，古渝、凌云、神臂、天生、白帝，隆不拔之基于后”[①]全面立体的大纵深战略防御体系，成功地阻止了蒙古军队入侵。

川渝地区自然地理环境复杂，境内多高山峻岭、大河深溪，长江自西向东横亘全境，穿三峡而入荆楚，将整个川渝水系连接起来，境内许多城池即以水为屏，借势筑城。据文献记载，川渝地区沿岷江流域设置山城4处，沿沱江流域设2处，沿涪江流域设6处，沿嘉陵江流域设10处，沿长江流域设14处，沿通江、渠江流域设7处。沿长江横向串联分布的山城牵制了蒙军顺流东下直达临安的攻势，而沿纵向数条江河串联分布的山城则阻挡了蒙军南下入川，区域内山城沿江河分布形成横纵之势，形成川渝地区的层层防线，故水在防御性山城营建中具有重要的影响作用。

2. 川渝地区水的防御作用

1）水险护城

南宋采山筑城、因江设池的筑城方式，是继我国春秋战国时期城池筑城体系和秦汉时期长城筑城体系

①（宋）阳枋：《字溪集》·《余大使祠堂记》：卷八[M].文渊阁四库全书本。

* 北京建筑大学建筑与城市规划学院，硕士研究生

之后的一种全新形式。尤其是川渝地区山城防御阵地多构筑于大山深涧之间或激流险滩之旁，地势险要，能有效地限制蒙古骑兵的聚集、运动与进攻。另外，加之蒙古骑军不善水战，宽阔的江面、湍急的奔流、幽深的河水都使蒙军的铁骑无法逾越，而南宋军队则可充分利用易守难攻的地形来掩护与保存实力。

加之蒙古人天生生活在干燥平坦的草原，对四川多江环境尤其湿热气候极度不适应，行进在水路中的士兵，其盔甲加重了自身负荷，弓箭受潮失去原有张弛度，战马也会在泥泞阴潮的环境减缓行进速度。故无论是江河中还是空气中的水都会对蒙军攻宋起到不利作用。

2）给内防外

军队作战，无水必败，安全、充足的水源是制胜的关键所在，因此因江筑城、储江水于城内是军队作战用水的重要保证，即使城池被围攻，也能使城内有充足水源，具备独立长期坚守的生活条件，保证城内有田土可耕、林木可用、堰塘储水可饮，供众多百姓和军队居住守御。例如1258年钓鱼城之战中，钓鱼城被蒙军围困五月都无法截断其补给。

3）物资交互

古代水陆比陆路更加快捷便利，是重要的交通方式，尤其在水网遍布的川渝地区，各山城之间的兵力支援、物资补给多依靠水运，因此因江筑城则取得了水运的控制权，有利于山城之间的补给交互。

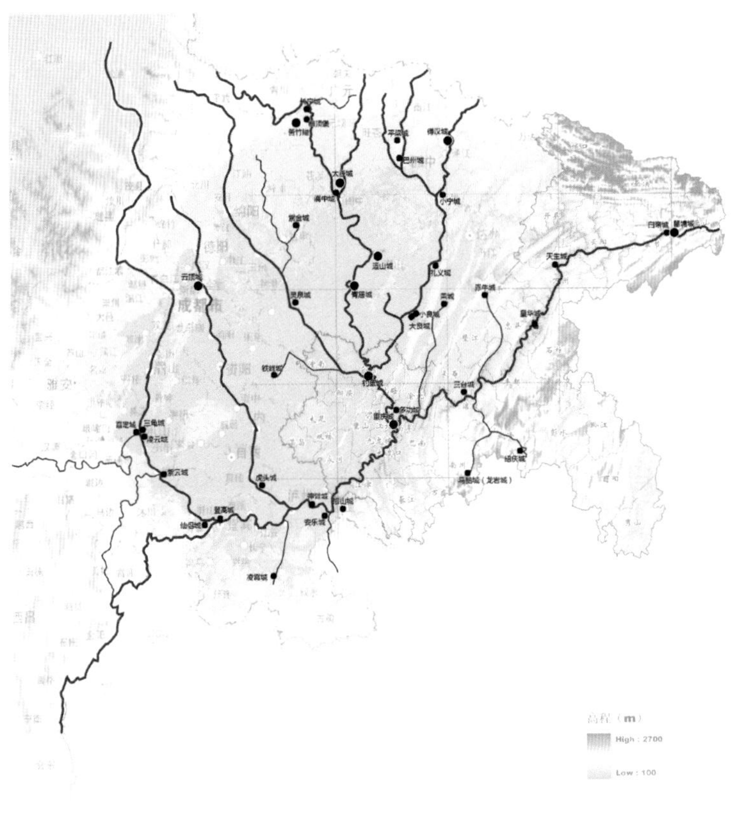

图1 防御性山城遗址分布图（作者自绘）

3.水与山城选址的关系

南宋川渝地区修筑山城是以御外为目的，筑城位置多选择山上，因险筑垒，故名山城；而绕山而过的激流，构成了城外城池的作用。故山城的选址借用了原川渝地区独特的山水环境，增强了山城的防御功能。

川渝地区山城总体以嘉陵江、渠江、沱江、涪江、岷江、长江等干流为轴线，以山口、峡口为支点，以控扼水陆交通要冲进行布防。

1）借用江河曲流、峡口处筑城

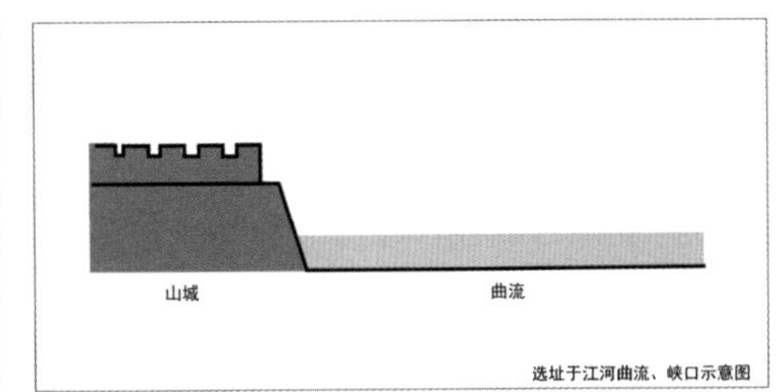

图2 借用江河曲流、峡口处筑城示意图（作者自绘）

部分山城选择筑于江河曲流凸岸或者江河峡口。“曲流”为河水受地势崎岖而形成弯曲的河道，而河岸凸出的部分称为“凸岸”；“峡口”为河道最狭窄、水势最凶猛的地段。依峡口而建城即利用湍急的水流为防御。如金堂云顶城，地处沱江切穿龙泉山形成的金堂峡之下口，在成都平原无险可守时，它便成为扼守沱江、拱卫川中丘陵地区的重要据点。又如奉节瞿塘城，依据瞿塘峡口控扼蒙军东下步伐。

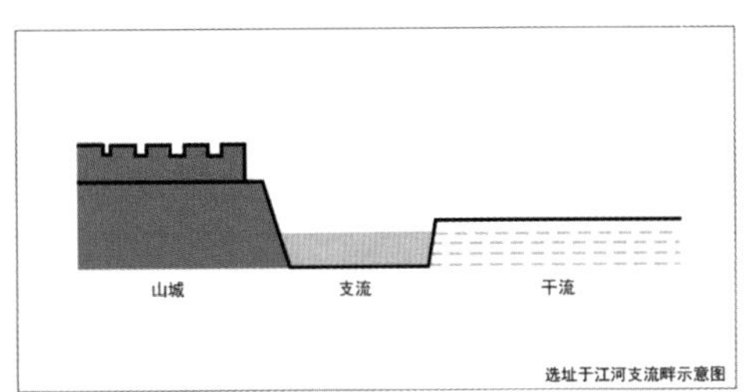

图3 借用江河支流畔筑城示意图（作者自绘）

依曲流凸岸建城，可保证两或三面临江环绕保护山城，配合河底水栅栏的布防，可达到分层防御的效果。如“抗蒙八柱”中的通江得汉城、南充青居城，还有巴中小宁城、泸州神臂城、苍溪太获城等，即利用江河形成的曲流环绕成天设之险，以为防御。曲流、峡口处的防御性山城一般筑于江河中游，意在利用江河高差储存的动能形成激流，起到主要的屏障与牵制作用。

2）借用江河支流畔筑城

部分山城选择于江河分支处或支流溪河畔附近建城，多以辅助军事运输、提供物资、生活生产为主要功能，兼顾军事防御。位于江河分支处的山城多选址隐蔽，不宜被侦察，可为水军战队提供支援与隐蔽停靠。如嘉陵江分支处清溪河的南充运山城，长江分支处斜阳溪的涪陵三台城，茫溪河的万州天生城均为支流附近屯兵建城的实例。特别是有“天城倚空”美誉的天生城，其选址与营建充分利用水的护城优势，山城位于支流苎溪河，东临长江，前有枇杷坪与高笋塘夹持，形成与“瓮城”作用相似的易进难退的狭窄入城关口，另外加之天生城两面临水，具有明显的防御优势，促使其成为川渝地区重要的防御、供给后盾。

而位于江河支流溪河畔的山城，既可利用细末支流保证生产生活和水路运输，又可利用河道的狭窄阻挡蒙军多人并排作战的军事战略。总之，此类位置的山城一般作为防御战中的后方支援与防护，有利用前方城池的长期防守，并保障军事增援与物资运输。

3）借用多江交汇处筑城

一部分山城多选择多江交汇处建城，如位于嘉陵江、培江、渠江交汇之冲的合州钓鱼城；长江与嘉陵江交汇处的重庆城；长江与赤水河交汇处的泸州安乐城；长江与岷江交汇处的宜宾登高城与仙侣城等。选择此种交汇水域筑城，不仅有一面背山三面环水、水速湍急不可轻易攻城的防御优势，还可受到周边山城水陆军力支援、军事消息与资源传输。具体来讲，合州钓鱼城正面控扼三江展开的扇形地区，既可阻止蒙古军的长驱直入，以蔽重庆，也可以联结渠江，组成一道封锁开达、夔峡之路的防线。此类位置的山城一般为重要的军事节点，以军事防御为主要功能。

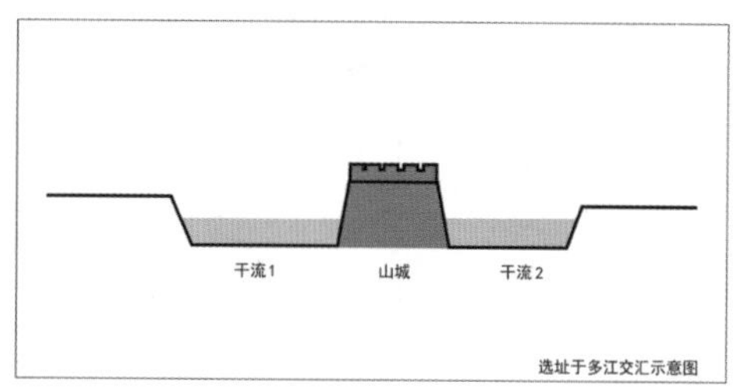

图4 借用多江交汇处筑城示意图（作者自绘）

4）借用江河岛洲上筑城

江河岛洲上筑城亦是重要的山城类型，如奉节白帝城、忠县皇华城和江安三江碛。择如此江河位置筑城，多利用四面环江，水上交通便利，岛洲具有一定高度等优势筑城防守。再者，规模较大的江河岛洲可以容纳大量军民，有利屯兵。

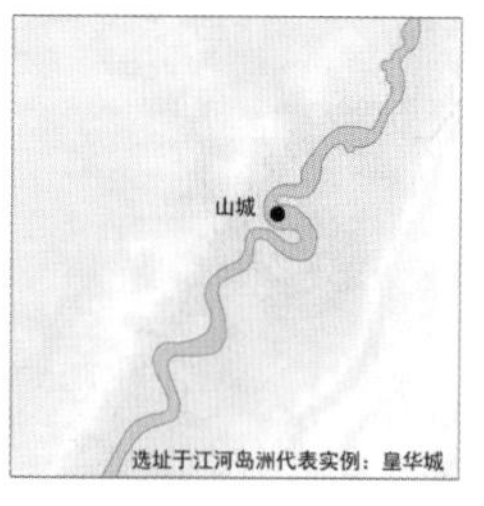

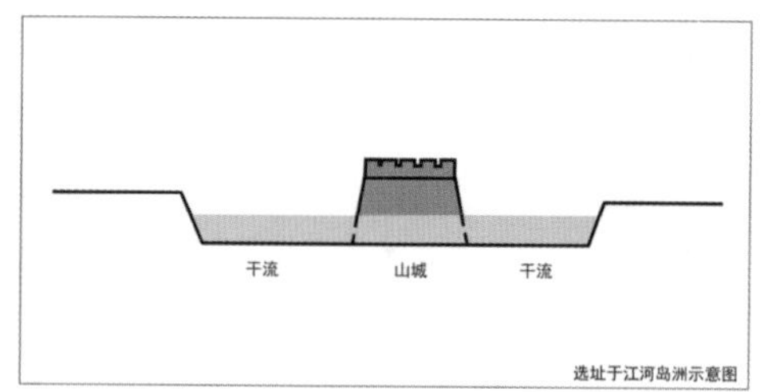

图5 借用江河岛洲上筑城示意图（作者自绘）

5）借用近江险要处筑城

川渝地区防御山城中存在部分距江河一定距离的据守点，如剑阁苦竹寨、鹅顶堡、广安大良城、小良城等川渝地势险要的关口，此类山城主要控扼外围防御关口，抵抗来自东北向进攻的蒙军，再险要的城寨也不可无水无粮，水源向来是山城长期防御的关键，如苦竹寨谷底有小剑溪、大良城城内有水井、水塘等。故选址一般在峭壁雄峻高地的山城，其城内必定有独立、安全且充足的水源。

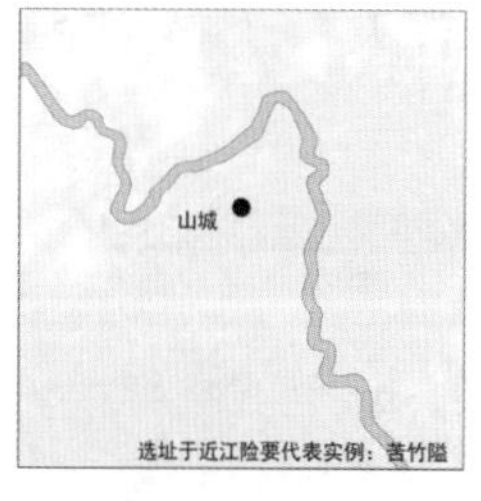

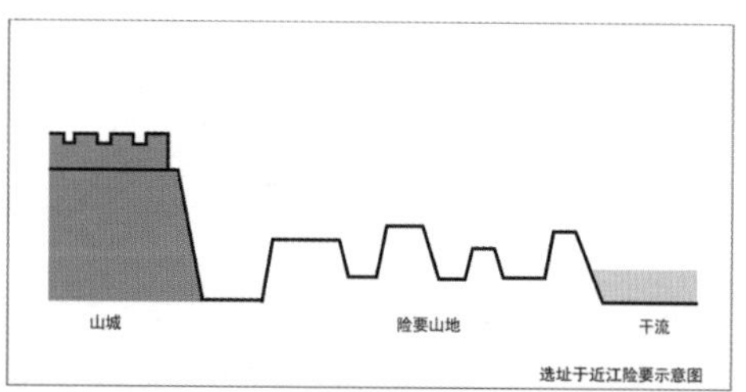

图6 借用近江险要处筑城示意图

4.水与山城布局的关系

1）城墙的设置

“一字形”城墙是伸至江边的“一”字形单层墙，多选择三面临水的半岛状山城的两侧筑设，其作为山地城池特有防御城墙形式，突破了原有的“交圈闭合”城池修筑固有模式，既可作为山城给养的运输通道，也可作为水军码头的重要屏障。“一字形”城墙一般作为山城高地与水系的联系通道，上与山城外廓相连，下一直延伸到江边，封锁住城堡外侧沿河岸的半环状通道，使整个半岛构成一完整封闭的城防体系，可以防止蒙元军沿江边河滩直接占据水军码头，同时护卫一字城内侧的补给码头。具体如泸州神臂城，其东门与南门之间即有一字城直贯江渚；再如合川钓

大良城西门蓄水坑　多功城天池　天生城中寨门堰塘

图7 储水设施（作者自摄）

图8 钓鱼城水军码头（引自网络）

鱼城，其城廓南、北即有一字城墙，规模宏大，跨过嘉陵江与河心滩相连。

2）储水设施的设置

为保证战时城内军民正常生活，城址内需有较为稳定的水源，以供城内军民在此长期防守与生息。而由于川渝地区山城地势较高，难以直接引江水入城，因此城内多以天池、堰塘等形式储存江水以供战事，如合州钓鱼城中共有14处总面积80多万平方米的天池，万州天生城也有5余处堰塘、水井。

3）排水设施的设置

川渝地区多阴雨潮湿天气，加之山城多临江而建，雨水充足，因此城内多设天然或人工砌筑排水设施。具体如合州钓鱼城利用奇胜门左侧200多米处的天然悬崖口，设水洞门作为城池的排水孔道，并与城内天池之间用石砌排水道相连，构成了钓鱼城较为完备的排水系统，以保证遇到山洪暴发时，可通过天池的溢洪口，经排水道由水洞门排出到悬崖下。

4）码头的设置

码头是山城之间物质运输、战时舰船停靠的重要设施，其一般于山脚临江处利用原有平缓坡地建设，多以巨石垒砌而成，从山脚石级路到江边设多层平台，以保证江水涨落不会影响船只的停靠。码头的平台经人工平整后添加灰黄、红棕色黏土夹杂碎石块逐层夯筑，并于外部砌筑护坡条石加固，在保证坚固的同时能抗击江水的冲刷。

5.山城实例介绍

1）合州钓鱼城

合州钓鱼城坐落在嘉陵江、涪江和渠江环抱的面积约2.5平方公里的钓鱼山半岛、比高约150米的山顶，海拔高程为391米。山顶东西部地势倾斜，台地层层，西南、西北角和中部山地隆起，形成薄刀岭、马鞍山、中岩等平顶山峦。临江地势多为陡坡和悬崖，可资防守方利用。

城池布局以军事防御为先，在钓鱼山南面和西北面，即嘉陵江对岸分别有龟山和虎头山，东北面渠江对岸有马鬃山等附属山城，与钓鱼城遥相呼应，这种江河、丘山共同组成钓鱼城附近独有的地理特征，既可随时观察到钓鱼城周围群山以及嘉陵江的形势，以子城拱卫母城，又可在母城受敌的情况下迅速予以支援，形成四面围攻之势。此时水在整个大环境中即成为子母城间的日常交流通道，又是阻止蒙军攻城的必经夹道。钓鱼山城内屯兵操练、军民生活区域划分有序，布局更是环环相扣、层层严防，于山顶高地处布兵驯马，如西北制高点建军事指挥台，并将指挥台前平地开辟为练兵较场，其东北面建有皇城，皇城东南面为居民住宅及驻军营房。于山顶的低洼沟壑处，修凿出十余处大小不一的储水点，位置适中，方便生活、耕种及饲养。此时水在整个山城中即受山体自然地形控制，同时也决定了城内各个功能区域的范围半径。

钓鱼城内设施全面，有由城门、城墙、炮台等组成的防御系统；由石步道、暗道、水军码头等组成的交通系统；由军营、民宅、庙宇等组成的生活系统。城门由城台、城楼和城门洞三部分组成，作为城池的出入口，是整个城池防御中相对薄弱的环节，钓鱼城充分利用险居高处地形的优势，每座城门均为一道设防且无瓮城，皆由两层石拱券结构的门洞组成。城门排水系统设计精巧、结构完善，由阶梯道路排水槽、八字挡墙基引水槽及门道下排水沟几部分组成。阶梯道路踏步东北高，西南低，踏步平面皆凿浅斜向排水凹槽，其上流水可通过八字挡墙基下引水

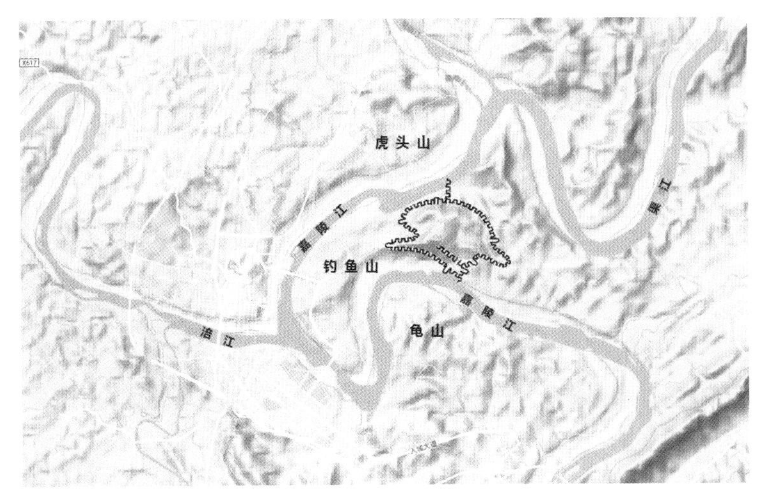

图9 钓鱼城周边总体地形及山城位置（作者改绘）

图10 钓鱼城与周边水系山体

图11 钓鱼城模型（作者自摄于钓鱼城游客服务中心）

图12 钓鱼城储水设施（作者自摄）

图13 钓鱼城山体排水设施：利用山岩凹槽和自然高差排水储水（作者自摄）

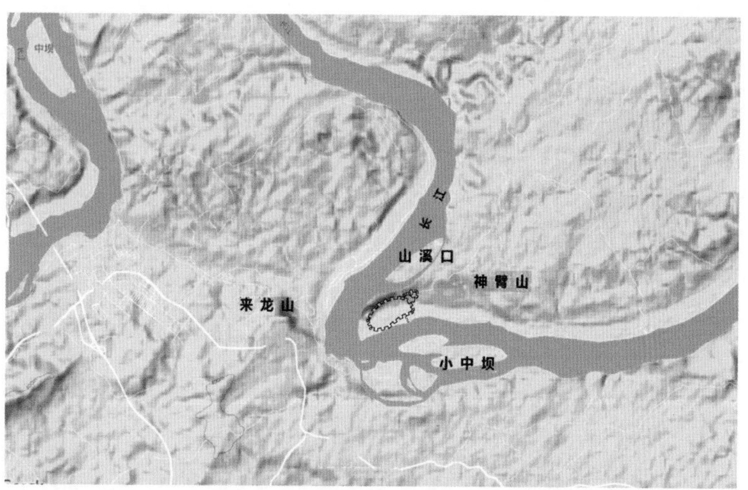

图14 神臂城周边总体地形及山城位置（作者改绘）

图15 神臂城与周边山体及水系的关系（图片引自网络，作者改绘）

槽汇至门道下排水沟。这种排水构造既可在洪涝天气有效排水，又可在蒙军攻城时有效导水，辅助石拱城门较好地对付火器的攻击。

2）泸州神臂城

宋元时期的泸州不仅是关隘重地，同时还控扼三江两河(长江、沱江、岷江、永宁河、赤水河)要冲。神臂城修筑于泸州市合江县的神臂山半岛上，山体海拔280米，最高点314米，俯瞰该半岛形态犹如由北向南突入长江水域的手臂。整个城池东西长1200米，南北宽800米，总面积1.5平方公里，地势东高西低。与合江安乐城相距31公里水路，与合江榕江城相距42公里水路，在陆路交通不便的险峻山地中，湍急的水路交通可加速山城间的相互支援。

临江侧悬崖峭壁形成了天然的防御屏障，水情复杂，滩势险恶，加之城内分布着高度不等，平均高度在5米以上的城墙和岩壁，东面又筑有内墙和外墙，使神臂城坚不可催。城内开设城门5座，分为神臂门、东门、西门、小南门、黄泥巴坡门。城门外设有耳城、练兵校场、蓄水池、春米足雄、炮台、烽火等和直贯江心的“一字城”和断头堡，还开挖有人工护城河，并且江边多处设有水寨，构成城外筑“城”，城下凿池，层层设防的布局。此外还有地下坑道3处，是当年宋兵藏兵运兵，沟通城内城外的秘密进出口。全城存在水井7处，最大的海螺井在衙门左侧，上大下小，形如海螺，深70米，钟鼓楼附近的方水井和南门水井，泉水如注，终年四季不涸，足够200多人生活。

合州钓鱼城与泸州神臂城等山城是在同一历史时期，同一防御布局，甚至是同一战略指挥官余玠的把控下修筑的，其外部布防条件和内部防御设施均较全面，且部分营城做法和形制相同。但是笔者认为神臂城较钓鱼城在外部环境选址布局上，存在略微不足之处。一是临江侧悬崖防御性不足，虽海拔与钓鱼城相差无几，但悬崖与河流的比高只有30左右，坡度也不够大，地势险峻程度不高。二是山城设防线距长江水岸间，存在着枯水季节，无逆流的阻扰，反辅以平坦的卵石，增加了蒙军骑兵的战斗力。加之神臂城曲流处环绕城堡的长江水面较宽，江流相对平缓，有利于蒙军的前进与登陆。这也可能是促使神臂城历史五次易城的影响因素。

图16 神臂城城墙（引自网络）

由此可见，成也萧何，败也萧何。巧妙用水，可阻碍进攻气势，增加险峻形势，有效排水导水，维系生存求援。反之，则宜成为蒙军进攻的垫脚石。

图17 神臂城一字城断头堡（引自网络）

6.结论

川渝地区防御性山城是南宋时期在特定战时需求下产生的系统性的山城类军事防御设施，是集军事、政治和民族交融于一体的“秩序带”。这些山城在营建过程中，多结合“水”的优势，相互串联形成层次分明的城防体系，并将“水”融入山城的日常生活与军事活动中，是我国古代营城时利用自然、改造自然的良好范例。对水在川渝地区防御性山城营建中的影响进行分析探索，将有助于我国古代特殊地域内，山城营建方法研究的进展。

图18 神臂城储水设施（作者自绘）

参考文献

[1] 陈世松. 蒙古定蜀史稿[M]. 成都：四川社会科学院出版社，1985.
[2] 孙华. 宋元四川山城的类型——兼谈川渝山城堡寨调研应注意的问题[J]. 西华师范大学学报，2015.
[3] 陈世松. 余玠传[M]. 重庆：重庆出版社，1982.
[4] 赵尔阳. 宋蒙（元）战争时期四川军事地理初步研究[D]. 重庆：西南大学，2014.
[5] 吴红兵. 宋朝军事用水研究[D]. 开封：河南大学，2014.

表1 川渝地区南宋时期防御性山城遗址现状统计表（作者自制）

山城	具体位置	选址特征	临近江河	营建特点	职能作用
瞿塘城	重庆市奉节区	江河峡口	长江	待考察	后方战线、控扼峡口、川中八柱
白帝城	重庆市奉节区白帝山	江河岛洲	长江	排水系统、取水木天公	后方战线、防守支援
天生城	重庆市万州区周家坝天城山	江河支流（分支处）	长江支流茫溪河	上有水塘、井多处，一字墙	后方战线、防守支援
皇华城	重庆市忠县区	江河岛洲	长江	待考察	主要战线、防守支援
三台城	重庆市涪陵区李渡街道玉屏村	江河支流（分支处）	长江	待考察	主要战线、防守支援
重庆城	重庆旧城	两江交汇	长江	上有泉、水塘	主要战线、重要城府
榕山城	四川省泸州市合江县东南45里榕右乡	近江关口（5公里）	长江	待考察	后方战线、控扼关口
安乐城	四川省泸州市合江县城西10里笔架山	两江交汇	长江、赤水河	待考察	后方战线、重要节点
神臂城	四川省泸州市合江县西北焦滩乡老泸村神臂山	江河曲流凸岸	长江	上有泉，一字墙、水军码头	主要战线、防御屏障
登高城	四川省宜宾市城区东岸登高山	两江交汇	长江、岷江	待考察	后方战线、重要节点
仙侣城	四川省宜宾市城区西岸真武山	两江交汇	长江、岷江	山腰有泉	后方战线、重要节点
多功城	重庆市渝北区翠云街道翠云山	江河支流畔	嘉陵江支流	上有水塘	后方战线、防守支援
钓鱼城	重庆市合州区东过江10里	三江交汇	嘉陵江、渠江、培江	天池、水井，一字墙、码头	主要防线、重要节点、川中八柱
青居城	四川省南充市高坪区青居镇青居山	江河曲流凸岸	嘉陵江	待考察	主要防线、防御屏障、川中八柱
运山城	四川省南充市蓬安县河舒镇燕山寨	江河支流（分支处）	嘉陵江	上有水塘	主要防线、防守支援、川中八柱
阆中城	四川省南充市阆中市沙溪	江河曲流凸岸	嘉陵江	待考察	前方战线、防御屏障
太获城	四川省广元市苍溪县太获山	江河曲流凸岸	东河	上有水塘	前言战线、防御屏障、川中八柱
鹅顶堡	四川省广元市剑阁县鹤岭镇	近江关口（5公里）	嘉陵江	上有水塘	前方战线、控扼关口
长宁城	四川省广元市元坝区昭化县长宁山	近江关口（5公里）	嘉陵江	上有泉	前方战线、控扼关口
苦竹隘	四川省广元市剑阁县剑门关剑门关镇双族村	近江关口（10公里）	嘉陵江	下有溪	前方战线、控扼关口、川中八柱
大良城	四川省广安市前锋区小井乡大良城村	近江关口（5公里）	渠江	上有泉、水塘、排水沟	前方战线、控扼关口
小良城	四川省广安市前锋区小井乡大良城村	近江关口（5公里）	渠江	泉	前方战线、控扼关口
荣城	四川省达州市大竹县童家乡荣城山	江河支流（溪流畔）	长江支流大洪河	上有泉下有水塘	前方战线、防守支援
赤牛城	重庆市梁平县双桂牛头村	江河支流（溪流畔）	长江支流龙溪河	上有泉下有水塘	主要防线、防御屏障
礼义城	四川省达州市渠县土溪镇洪溪村三教寺礼义山	江河曲流凸岸	渠江	水塘、泉、水井	前方战线、防御屏障
小宁城	四川省巴中市平昌县云台镇杨柳村小宁山	江河曲流凸岸	渠江	待考察	前方战线、防御屏障
得汉城	四川省巴中市通江县永安镇得汉山	江河曲流凸岸	渠江	上有泉	前方战线、防御屏障、川中八柱
巴州城	四川省巴中市巴州区	江河曲流凸岸	南江	上有九井	前方战线、重要城府
平梁城	四川省巴中市巴州区西25里平梁乡	江河支流（分支处）	南江	上有泉	前方战线、防守支援
灵泉城	四川遂宁市船山区涪江东岸灵泉山	江河支流（分支处）	培江	上有泉	主要战线、防守支援
紫金城	四川绵阳盐亭县富泽镇紫金山	江河支流（溪流畔）	梓江河支流湍河	待考察	主要战线、防守支援
虎头城	四川自贡富顺县东南60里的虎头山	江河曲流凸岸	沱江	上有泉、水井	主要战线、防御屏障
云顶城	四川成都金堂县同心乡云顶村	江河峡口	沱江	上有泉	主要防线、控扼峡口、川中八柱
铁峰城	四川省资阳市安岳县岳阳镇铁峰山	江河支流（溪流畔）	培江支流岳溪河	待考察	主要战线、防守支援
紫云城	四川省乐山犍为县孝姑镇紫云村	两江交汇	岷江、马边河	上有水井	后方战线、重要节点
凌云城	四川省乐山市九峰区	两江交汇	岷江、大渡河	待考察	后方战线、重要节点
三龟城	四川省乐山市九峰区	两江交汇	岷江、大渡河	待考察	后方战线、重要节点
成都城	四川省成都市旧城	两江交汇	锦江、清水河	待考察	后方战线、重要节点
凌霄城	四川省宜宾市兴文县同兴乡凌霄山	江河支流（溪流畔）	长江支流洛埔河	待考察	后方战线、防守支援
马脑城	重庆市南川区三泉镇马脑乡马脑山	江河支流（溪流畔）	乌江支流凤咀江	待有泉	后方战线、防守支援
绍庆城	重庆市彭水县绍庆区	江河峡口	乌江	待考察	后方战线、控扼峡口
嘉定城	四川省乐山市九峰区	两江交汇	岷江、大渡河	待考察	后方战线、重要城府

Architectural History of a Chinese University
—From Yuelu Academy to Hunan University

一所中国大学的建筑史
——从岳麓书院到湖南大学

柳 肃[*]（Liu Su）

摘要：湖南大学校园建筑由两个国保建筑群所组成：岳麓书院和湖南大学早期建筑群。这两个国保建筑群又恰好清楚地体现了这座历史悠久的学校，从一座古代书院发展为现代大学的完整历史过程：其历史沿革达千年以上［北宋开宝九年（公元976年）］，现存岳麓书院建筑为明清两代重修，而湖南大学早期建筑群则跨越晚清、民国和共和国初期等三个阶段。“建筑是石头的史书”这句名言放在湖南大学非常贴切。

关键词：湖南大学，岳麓书院，中国古代建筑，西洋古典和折中主义建筑，早期现代主义，中国民族形式建筑

Abstract: The campus buildings of Hunan University are comprised of two state-protected architectural complexes-early buildings of Yuelu Academy and Hunan University. The two aforesaid building groups also clearly reflect the complete history during which the time-honored school develops from an ancient academy to a modern university: with a history of over a thousand of years (the ninth year of Kaibao [the reign title of Emperor Taizu of North Song Dynasty, 976 A.D.]), the existing Yuelu Academy used to be rebuilt in the Ming and Qing Dynasties, while the early building groups of Hunan University have experienced three stages, namely, late Qing Dynasty, Republic of China and the early period of the People's Republic of China. As the saying goes, "architecture is the history book of stones"; it is quite appropriate for Hunan University.

Keywords: Hunan University, Yuelu Academy, ancient Chinese architecture, classical and eclectic Western architecture, early modernism, national style of Chinese architecture

* 湖南大学建筑学院院长、教授、博士生导师

目前国内以大学建筑群作为全国重点文物保护单位的已经有10多所，而湖南大学较为独特的是，它由两个国保建筑群所组成：岳麓书院和湖南大学早期建筑群。这两个国保建筑群又恰好清楚地体现了湖南大学这座历史悠久的学校，从一座古代书院发展为现代大学的完整历史过程，“建筑是石头的史书”这句名言放在湖南大学非常贴切。千年学府岳麓书院在清朝后期改为高等学堂，再在高等学堂的基础上建成近代的大学，并一直发展到今天。

一、古代书院建筑与近代大学

岳麓书院是一所古代的高等学府，其创始年代可上溯至北宋时期，至今犹存明清时期之建筑遗构。其学术水平（在此授课的教师和培养出来的学生）超过了今天任何一所重点大学（图1）。但是由于古代教育和今天的教育不论是教学内容还是教学方式都大不相同，因此其建筑形式也不相同。

图1-1 岳麓书院现状——大门

图1-2 岳麓书院旧影1

图1-3 岳麓书院旧影2

图1-4 岳麓书院旧影3

书院的讲堂是一面无墙壁门窗的轩廊形式，朝庭院中全开敞（图2）。学生在讲堂中自由散座，与老师提问讨论。学生人数不定，少则数人，多则数百，人多了就自然向庭院中延伸。这与今天学校的教室大不相同。

书院的教育中还有一个特殊的内容——祭祀，中国古代的祭祀不是宗教，而是纪念和感恩。设庙祭祀先祖圣贤，纪念他们的功德。岳麓书院就有文庙，祭孔子，还有专祠：濂溪祠、崇道祠、船山祠等等，祭祀（纪念）书院历史上做出过重要贡献的历代先贤。《岳麓书院学规》中开篇就是“时常省问父母，朔望恭谒圣贤”，对先人的祭祀就是对后人的教育，这本身就是教育的一个有机组成部分（图3、图4）。

中国古代教育还有一点比我们今天要强的是重视美育。古代书院首先在选址上就很讲究，总要选择风景优美之地，岳麓书院选在岳麓山下，白鹿洞书院选在庐山脚下，嵩阳书院选在嵩山脚下……除了选址外，还要着力经营周边环境，像岳麓书院周边就有桃坞烘霞、桐荫别径等八景（图5），而且还要在书院内建造园林（图6）。在自然山水间游览审美，陶冶情操，是一种不可替代的教育方式。岳麓书院历史上培养出一大批改变中国近代史的人物，其教育之成功，恐怕与这种审美教育不无关系。

1903年岳麓书院改制成为湖南高等学堂，后又改为高等工业学堂，引入了西方近代自然科学，建立了工程技术类学科专业，并在此基础上开始筹备成立湖南大学。1926年高等学堂正式改名为省立湖南大学，1937年升为国立湖南大学，是当时全国仅有的13所国立大学之一。在从古代书院发展为现代大学的过程中，建筑的发展具有着特别重要的意义，它除了现实的使用需求以外，更有着文化的意义。

图2 岳麓书院讲堂

图3 岳麓书院文庙

二、建筑学专业的起始与湖南大学建筑群的意义

1926年不仅是湖南大学正式定名的重要标志性节点，同时也是湖南大学建筑史上的一个关键点。这一年著名建筑学家刘敦桢来到湖南大学，在土木系中教授建筑学课程。

刘敦桢，湖南新宁人，早年考取官费留学日本，在东京高等工业学校学习建筑。1922年毕业回国。1926年受聘于湖南大学土木系，教授建筑学相关课程。在此期间刘敦桢先生往返于湖南大学和南京中央大学之间，同时担任两方的建筑学教育。1927年刘敦桢先生与杨廷宝、童寯先生一同创办了中央大学建筑系。1929年刘敦桢先生在湖南

图4 岳麓书院屈子祠

图5 岳麓书院环境

图6 岳麓书院园林

大学土木系中创建了建筑组，这是湖南大学建筑学科的肇始（图7）。

1929年刘敦桢先生受邀赴北京参加中国营造学社的工作，与梁思成先生一道组建中国第一个建筑学研究团体——中国营造学社，与梁思成先生并列成为中国古代建筑研究的两位泰斗，被人称为“北梁南刘”。刘敦桢先生离开湖南之际向湖南大学推荐了他留日时期的师兄柳士英，建议湖南大学聘请柳士英先生来湖大任教。

柳士英是江苏苏州人，早年跟随其兄长柳伯英参加辛亥革命，担任先遣营营长，率军攻打南京城，为辛亥革命作出了重要贡献。后又参加反对袁世凯的二次革命，失败后逃亡日本，在日本考入东京高等工业学堂（今东京工业大学）学习建筑学。1920年毕业回国，在上海从事建筑设计业务，1922年创办华海建筑事务所，是国内最早由国人开办的建筑事务所之一。1923年率领刘敦桢等几位留日回国的师弟在苏州工业专门学校创办建筑科，柳士英任科主任，是为中国第一个建筑学科，柳士英成为中国近代建筑教育第一人。此后又担任过苏州市工务局总工程师，主持了最早的苏州城市规划（图8）。

1934年柳士英先生应邀来到湖南大学任教，担任土木系主任，主持建筑学专业教学。在从事建筑教育的同时仍然坚持建筑设计，在长沙留下了很多建筑作品，包括湖南大学校园内的一批今天已被列为国家级重点文物的建筑。

今天湖南大学校园内保存下来的这一批近代建筑，大多数都是出自于柳士英和刘敦桢两位先生之手。不仅因为他们二位是中国近代建筑领域具有特殊历史意义的重要人物，而且这一批建筑分别建造于20世纪20、30、40、50年代，代表着各个不同历史时期的不同风格，它们就是一部中国近代建筑发展演变的历史缩影。

图7 刘敦桢

图8 柳士英

三、湖南大学早期建筑群——中国近代建筑发展的缩影

1.西洋古典和折中主义（20世纪20、30年代）

19世纪下半叶到20世纪上半叶西方建筑随着西方文化传入中国，20世纪初在中国建筑界流行的是西方的古典主义和折中主义建筑风

格。

湖南大学二院（今物理学院实验楼） 刘敦桢先生设计，1926年设计兴建，1929年竣工。这是湖南大学从岳麓书院向外发展新建的第一栋教学楼，称为“湖南大学第二院”（岳麓书院被称为“第一院”）。外立面是典型的折中主义建筑风格。所谓折中主义，即综合多种建筑风格于一身的做法。例如正立面入口，上部做法有古典手法，而门廊柱子显然是现代风格；屋顶是西洋式的坡屋顶，却又做了一点中国式的曲线（图9、图10、图11）。

图9 二院外观现状

科学馆（今湖南大学办公楼） 蔡泽奉先生设计，蔡先生也是一位留日归国的建筑师，任教于湖南大学土木系建筑学科。科学馆1933年设计，1937年竣工。西洋古典主义建筑风格，所谓“古典主义”主要指延续古希腊罗马时期的建筑风格。建筑的东面、北面两座大门以及檐口、屋顶栏杆等部位都是典型的古典主义手法。此建筑为当时湖南省内规模最大的公共建筑，动工时举行了盛大的开工典礼。1949年后历次政治运动，此刻石被粉刷埋入墙内，2002年大楼内部修复时被发现，清理修复后刊玻璃框予以保护。此楼建成之后即遇抗战爆发，大楼经受了战火的洗礼，曾遭日军炸弹炸中，但主体建筑未受大损失。1948年，由柳士英教授主持加建了一层，保留了原有塔楼和屋顶栏杆及檐口，将原有的平屋顶找平作为第三层楼板而加上了琉璃瓦的西洋式坡屋顶。很好地延续了原有建筑的风格和气质，浑然一体。1945年9月15日，长沙战区日军投降仪式在此楼中举行，国民政府第四方面军司令王耀武将军接受了日军第20军司令官板西一良的投降。此楼因而具有了特殊的历史意义（图12、图13、图14）。

图10-1 二院现状——正门入口

图10-2 二院现状——细部

图10-3 二院现状——屋顶

图11-1 20世纪20年代二院的照片，上有“湖南大学第二院”的牌匾

图11-2 1932岳麓书院，右边石柱上挂着“湖南大学第一院”的招牌。

图11-3 20世纪20年代末的湖南大学，近处是岳麓书院，外面只有图中左边的二院一栋新建筑

图12 科学馆外观

图书馆（已毁，仅存遗迹） 湖南大学历史上曾经有过三座图书馆，最早的是一座西洋古典主义风格建筑，石结构，穹顶，正门四根高大的爱奥尼克大石柱（图15）。这座图书馆在1938年一次日军飞机轰炸湖南大学时被炸毁。关于这座图书馆还有一段历史故事，这是当时省内最大的一座公共图书馆，也是当时唯一有地下室的公共建筑。抗战初期故宫国宝装箱分三路南迁，其中一路经过长沙时就存放在这座图书馆的地下室。后来这批国宝继续南迁，离开后不久这座图书馆就被炸毁了，故宫国宝在此躲过一劫。今天湖南大学入口处矗立着的两根爱奥尼克石柱就是当年这座被炸毁的图书馆的遗物（图16、图17）。

2.早期现代主义

西方建筑中的现代主义思潮，出现在20世纪10年代。出现不久就传到了东方的日本，而这时候最早一些留学日本学习建筑的中国学生也在这里受到了这种新思潮的影响。柳士英就是其中最重要的代

图13-1 科学馆正门

图13-2 科学馆东门

图13-3 科学馆细部

图14 科学馆内当年接受日军投降的会议室

图15 20世纪30年代的湖南大学图书馆

图16-1 1938年图书馆被炸

图16-2 图书馆被炸后的废墟

图16-3 被炸毁的图书馆遗址

表人物之一。柳士英本质上是一个现代主义建筑师，从他留下的建筑作品和他的回忆录等个人文献资料都可以得到明确的证明。柳士英的设计风格有着阶段性的演变过程。他留学回国后的前十余年（20世纪20年代初至30年代初在上海的那一段）的作品都是西洋古典，这也是那一个时期的时代特点。1934年到长沙来以后就再也没有西洋古典主义的设计了，全部都是做的早期现代主义风格。

湖南大学工程馆（今湖南大学教学北楼） 柳士英设计，1947年设计，1953年竣工。这是柳士英现代主义风格最典型的代表作，而且是明确的德国表现主义建筑风格。表现主义建筑的特征是以曲线和流动的线条来表达现代社会的“速度之美”。工程馆以墙面上通长的水平线条以及楼梯间的圆弧形墙体，更有意思的是圆弧形窗檐,窗台和窗口墙体,都具有典型的德国表现主义流动线条的造型特征。柳士英先生本人在回忆录中也提到过所受到的表现主义建筑思想的影响（图18、图19）。

考察柳士英留日学习的历史背景，我们也能发现20世纪初最早影响到日本的西方现代建筑思潮就是德国表现主义和维也纳分离派。而在日本最初受影响的人群就是当时东京帝国大学和东高工的一批建筑学的学生，而柳士英正是这时候在东高工学习。他应该也就是在这时受到了德国表现主义和维也纳分离派的影响，他后来的

图17-1 弹痕累累的图书馆遗物

图17-2 被炸毁的图书馆遗存石柱——今移至湖大大门入口处（殷力欣摄）

图18-1 工程馆入口

图18-2 工程馆西端圆弧形楼梯间

图19-1 工程馆窗口做法

图19-2 工程馆自东段

图19-3 工程馆旁门

图20 二舍外墙圆窗

图21 图书馆门厅圆窗

作品中也比较明显地体现出了这两个流派的特征。

学生一舍、二舍、四舍、七舍、九舍以及胜利宅教工宿舍　这一批学生教工宿舍都是在抗战胜利以后湖南大学从湘西的辰溪迁回长沙后兴建的，建于1945—1948年间，全都由柳士英设计。虽然只是一些宿舍，而且是在战争刚刚结束的困难年代，但是每一座建筑都倾注了柳士英先生的心血，都表达了他的现代主义建筑理念和他独特的个人风格。柳先生喜欢用圆形窗，在他的建筑作品上随处可见，是湖南大学校园中一个人们熟悉的建筑符号，被称为“柳氏圆圈”（图20、图21）。常见的一个符号是一条长长的水平线条绕着一个圆窗结束，按柳先生的解释是：任何线条从哪儿出来，到哪儿结束，都要有所交代。这样绕着一个圆窗结束就仿佛进入了一个无限的循环（图22、图23），这也符合于表现主义的流动之美的造型。还有的圆形窗具有特殊的含义，例如学生四舍（今湖南大学幼儿园）是女生宿舍，进入大门门厅正面墙上就是一个大圆窗，透过圆窗可以看到里面庭院中一株红

图22-1 一舍圆窗

图22-2 一舍细部设计

图23-1 九舍圆窗

图23-2 九舍入口立面

图23-3 九舍内庭院

杏——这是女生宿舍。由此人们可以领会到建筑师的细心。

另外例如学生七舍入口处的流线型造型；七舍正面的折线形墙面的波浪起伏等都与表现主义建筑思想有着直接关系（图24、图25）。

3.中国民族形式

湖南大学校园中最核心的位置保存着两座中国传统形式的琉璃瓦大屋顶宫殿式建筑——大礼堂和老图书馆（图26）。20世纪40年代末，随着抗战的胜利而迸发出来的民族感情影响到建筑界，到20世纪50年代学习前苏联，提出了“民族形式加社会主义内容”的指导思想。因此中国民族传统风格的建筑成为20世纪50年代建筑风格的主导倾向。

老图书馆 1948年建，1951年扩建，柳士英设计。这是一座中西合璧的建筑，绿色琉璃瓦的宫殿式大屋顶，正面墙上却是西方现代主义建筑手法，通贯数层的竖向长窗，在当时这是典型的维也纳分离派的表现手法。而柳士英也正是在日本留学期间受到过维也纳分离派的影响，在他后来的设计作品中多处表现出这种手法（图27、图28）。

大礼堂 1953年建，柳士英设计。这是一座中国传统风格的建筑，应该说这座建筑的设计思想并非出于柳士英先生的本意。柳先生本来是一个现代主义者，他并不主张模仿中国古代建筑形式。在柳士英自己的回忆录中说到湖南大学大礼堂的设计时有一句耐人寻味的话，“他们要搞民族形式”，显然，这座建筑的设计是时代的产物，即20世纪50年代“民族形式加社会主义内容”思想原则的影响。当然，这座建筑并不是简单地模仿中国古建筑，只是在整体风格上体现中国特色，而在很多细节上仍有柳先生的个人风格，例如“柳氏圆圈”在这里仍然有所体现（图29、图30）。

图24 七舍正面入口

图25-1 七舍折线形墙面

图25-2 七舍楼梯

图25-3 胜利斋教工宿舍

图26 湖南大学中心位置的一组中国传统风格建筑

另外，当时既要搞中国宫殿式建筑，而在工程造价上又要尽可能地节省，柳先生通过在材料和结构上的处理，建造了一座价廉物美的大型建筑，受到各方好评，该建筑成为湖南大学标志性建筑。以至于在大礼堂建成之后，武汉有关单位邀请柳先生再设计了两座同样类型的建筑。由此也可见当时社会对于建筑的思想倾向。

公共厕所　这是湖南大学大礼堂的附属建筑，建造年代和设计人不详。但它是大礼堂的附属卫生间，推测是与大礼堂同时建造的。绿色琉璃瓦宫殿式屋顶，与大礼堂风格一致，设计人即使不是柳士英本人也是别人按照柳先生的思想来设计的。这是一座国内少见的琉璃瓦大屋顶宫殿式样的厕所，而且建在20世纪50年代初那个经济并不发达的年代（图31）。

关于这座厕所还有一个有意义的故事。20世纪50年代一个北京的中学生考进了湖南大学，来长沙之前他在《人民日报》上看到一幅漫画，画面上是慈禧太后对着一个建筑师模样的人说“我都没想到过厕所还能用琉璃瓦来盖，你们可比我还奢侈”。20世纪50年代中开展“三反”运动，建筑界中国宫殿式大屋顶自然是属于“浪费”而遭到批判，梁思成先生在北京的古典式大屋顶建筑也遭到了批判，那幅漫画就代表了那时代的思想理论倾向。这个学生来到湖南大学看到了这座琉璃瓦大屋顶的厕所大吃一惊，原来《人民日报》漫画讽刺的是湖南大学啊。这位北京的学生后来成了湖南大学的教授，这座厕所却给他留下了最深的印象。当然，这幅漫画并不一定是讽刺湖南大学，国内可能别处还有琉璃瓦大屋顶的厕所，但是这件事所体现的是一段历史。

“建筑是石头的史书”，那些在历史长河中留存下来的建筑，以最形象最直观最真实的物质实体向人展示了各个时代的文化特征，让人们能够看到那个时代，看到真实的历史。湖南大学的历史建筑就是这样一批活着的历史。

图27 老图书馆

图28-1 竖向长窗

图28-2 老图书馆旁门

图28-3 老图书馆内楼梯

图29 大礼堂正面（殷力欣摄）

图30-1 大礼堂圆窗

图30-2 大礼堂瓦当（殷力欣摄）

图30-3 大礼堂侧面

图31 琉璃瓦大屋顶厕所

Visiting Modern Public Buildings in Changsha with Zhongshan Pavilion as the Axis

以中山亭为轴心的长沙近现代公共建筑巡礼

赵旭如*（Zhao Xuru）

摘要：长沙中山亭是一座极具地标性的近代公共建筑，以此为轴心，分布着一系列近现代建筑遗存，历经“四战一火”等一系列劫难，共同见证着近现代长沙城市的建设发展历程，也留下了一批中外建筑师的足迹，具有重要的历史文化价值。

关键词：长沙，中山亭，近现代建筑，近现代建筑师

Abstract: As a modern public building of typical landmark, Zhongshan Pavilion in Changsha is surrounded by a series of modern architectural remains. Having suffered from a series of disasters including “Four wars and one burning”, witnessed the construction and development history of Changsha City in modern times and been visited by many Chinese and foreign architects, these architectures are of significant historical and cultural value.

Keywords: Changsha; Zhongshan Pavilion; Modern buildings; Modern architects

前言

所谓巡礼，西文曰“pilgrimage;sight-seeing;tour”，意指：参观名胜古迹;凭吊怀古;参加特殊活动;进行有特定目的的旅行。受长沙市图书馆委托，本公司于近期（10月11日）策划推出了《中山亭——以中山亭为轴心的长沙近现代公共建筑巡礼》展览，以大量的历史图片，对20世纪上半叶的长沙公共建筑作了一次文化巡礼性质的展陈。此展览颇受好评，遂有《中国建筑文化遗产》编辑部盛情邀约，将此次展览以专栏形式介绍给全国读者。

1920年，长沙市政公所成立，标志着长沙城市近代化建设的启动。

1930年，长沙第一条柏油马路——中山路建成。同年7月，中山亭竣工，12月装设标准钟，古城长沙有了现代意义的标准时间。

1933年长沙设市，城市建设走入正轨。

短短10余年间，长沙“造城运动”方兴未艾，而战争的乌云已悄然密布。

那个时期代表性的公共建筑：湘雅医院、湖南大学二院、中山纪念堂、中山亭钟楼、国货陈列馆、明德中学乐诚堂、湖南大学图书馆、科学馆、小吴门邮电大楼、国立清华大学校舍……既有折中主义和西方古典式的，也有中国传统宫殿式的，还有新民族形式，无不带有那个特定历史时期的气息；在时代大潮的席卷下，有的已永久消失，幸存于世的则如沧海遗珠，弥足珍贵。

中山亭是一座极具地标性的近现代公共建筑，见证了近百年来长沙城市的沧桑变化。做一个以中山亭为轴心的长沙近现代公共建筑巡礼展，对这古老的城市，不啻是一次具有历史、社会、城建、建筑、人文、艺术等多重意义的回顾；对于一个生于斯、长于斯或居于斯的市民而言，则可以算是一趟有着特殊意义的时间旅行。

江流石不转。但能珍惜，此时，此地，此城，皆安心之所。

* 目田（湖南）文化发展传播有限公司艺术策划总监。

一、作为轴心的长沙中山亭

（一）中山亭建筑概览

中山亭是长沙一座极具地标性的近代公共建筑，是湖南纪念伟大革命先行者孙中山先生的重要场所，是湖南重要的革命历史纪念建筑，长沙重要的爱国主义教育基地。先后被当作长沙第一座公共标准钟楼、民众教育馆（阅览室、游艺室、办公室、教室及茶园）、文化馆、图书馆等使用，历经“四战一火”而幸存于世，是近现代长沙城市沧桑与建设发展的历史见证，具有重要的历史文化价值。（图1）

中山亭主楼为两层中式砖木结构建筑，其前身是清代中期建筑；钟楼为五层西式砖混结构建筑，属古典主义向现代主义过渡的市政厅建筑风格，是一座民国时期纪念建筑，并供长沙市民校时之用。不同时期不同建筑风格的完美结合而形成的纪念建筑，在湖南只此一处，具有重要的建筑科学研究价值。

中山亭原为清朝中期建筑，咸丰三年(1853年)重修，当时的清提督衙门府位于今天的市青少年宫，中

图1a 中山亭航拍1

图1b 中山亭航拍2

图2a 中山亭现状1 马金辉摄

图2b 中山亭现状2 马金辉摄

山亭位置驻扎着保卫衙门府的"先锋卫士营"，因此这一建筑就叫作先锋厅。1930年新建中山路，与先锋厅主楼相连建起了高16米的附属钟楼，为纪念孙中山先生，此建筑正式命名为中山亭。1932年2月，长沙市政府将中山亭设为民众教育馆。中华人民共和国成立初期，中山亭成为长沙市文化馆馆址。1960年，长沙图书馆成立后，中山亭成为长沙图书馆的第一座馆舍。2002年初，黄兴北路拓宽改造，长沙市政府将中山亭保留并修缮。2006年被公布为湖南省文物保护单位。2013年长沙市政府按照“修旧如旧”的原则对中山亭进行了新一轮的提质改造修缮。（图2）

据民国19年（1930年）《湖南政治年鉴》记载：“长沙市督署坪旧址之前，原有照壁一道。照壁之后，则为前先锋厅营房，名先锋厅，占地数百方。革命以还，督署改为省府，先锋厅房屋废弃不治，且照壁为封建时代之遗物，公认应拆之。适修筑中山路占用民地甚多，经建设厅令拨先锋厅地皮赔偿人民之损失，而中山路路线又经过照壁之前，于是圈用照壁前后之余坪并先锋厅地，总名省政府前坪公园，而于照壁地点建高70余丈之钟楼。”“先锋厅之中央则辟宽三十尺之马路，前通吉祥巷，后抵钟楼，又分两支与中山路相联，左通老照壁，与停车场相邻，均以碎石敷设之。钟楼之后，掘椭圆形水池，深六尺，池栏为砖磴，中间绿釉瓷柱，壁系砖砌，外敷水泥胶泥。池外为草地，间植花木，而以水泥矮柱贯铁链以环之。”时有晚晴拔贡王选豪为中山亭题联云：“一览凌空，城郭万家归眼底；九宫在望，云山四面豁情怀。”

八十五载沧桑历尽，昔日“省府前坪花园”已难觅踪迹，而中山亭依然矗立。今日中山亭周围芳草如茵，宛如绿岛，在中山路、黄兴路的车水马龙之中，保留了一份难得的属于历史的静谧。

清代晚期，中山亭位置驻扎着保卫衙门府的“先锋卫士营”，因此被称为先锋厅。图为湖南巡抚衙门前的湘勇们，摄于1908年，出自英国传教士阿兰《我们进入湖南》一书。巡抚大人端坐在纯木结构的大堂门前，斜列两队湘勇甚是威严。巡抚可能就是以这种方式接见进

图2c 中山亭现状3 马金辉摄

图2d 中山亭现状4——德制大钟 马金辉摄

入湖南的外国传教士的。（图3）

图3 湖南巡抚衙门前的湘勇们

“天心阁的午炮，中山亭的钟，有得咯些就会神不笼统。”一段老长沙民谣，道出了长沙公共计时方式的沿革。据《天心阁园志》记载，1916年秋，在天心阁北面百米处的城墙上，湖南省府修建了一座亭子，时称午炮亭。每日中午12时整，午炮亭内一声炮响，响彻全城。这是当时长沙唯一的公共计时工具。从此以后，长沙城有了统一的精准时间：正午12时，这个时间也被称为“天心阁时间”。长沙人参看统一时间的习惯自此开始，一门黄铜午炮，统一了长沙城的正午时间。图4为天心阁午炮亭，由湖南图书馆研究馆员沈小丁先生提供，摄于1928年10月，图中二人为沈小丁先生的外公（沈伯昆）和外婆。这张照片是目前仅存的长沙最早公共计时的珍贵物证。

1930年中山亭设置标准钟是长沙城市使用公共标准时钟之始，但从局部而言，其并非长沙最早出现的公共时钟。早在1917年，位于橘子洲的长沙海关就在其办公楼的钟楼上安装了关钟。尽管如此，中山亭上的四面钟仍是长沙最早出现的供市民对时的准点报时时钟，其代表的是一种官方意义上的“标准时间”。（图5）

图4 天心阁午炮

图5 1917年长沙海关大楼上新安装的关钟 图片出处：中国第二历史档案馆

为了统一时间，在午炮和标准钟之间还有过什么？答案是汽笛。一条题为《本市时间标准问题：午炮？汽笛？标准钟？》的新闻（1929年11月24日长沙《大公报》），报道了长沙市公安局与市政筹备处就标准时间问题往来函商之事。此前的1929年8月6日，长沙市政筹备处处长余籍传曾发布命令：天心阁现已辟为公共游览场所，每当正午之际，霹雳一声，于公共秩序安宁，实不无妨碍……拟将天心阁午炮即予废除，另就市区各适中地点设置标准钟，并拟于省政府前坪先行安设。在拆除午炮亭而标准钟楼尚未建起来时，余籍传认为可以令长沙南北两电厂在正午时分拉响汽笛以报时。但令余籍传没面子的是，长沙南北电厂声明并无汽笛。此时省主席令长沙的民生工厂、黑铅炼厂、电灯厂、纺织厂等每日正午同时拉响汽笛5分钟。自此之后，天心阁听不到午炮响，而正午时分，从长沙数处工厂却传来汽笛报时声。（图6）

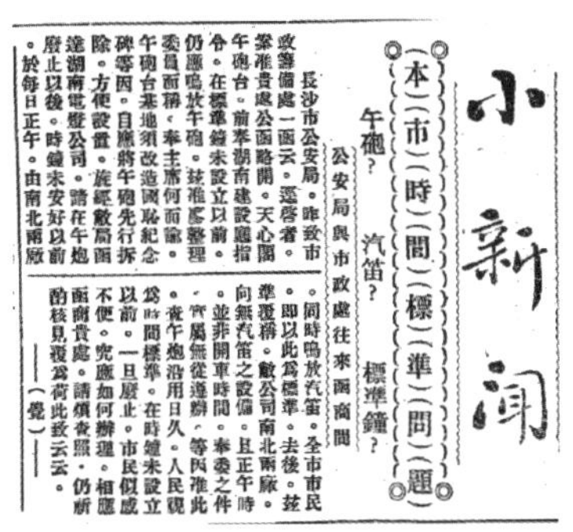

小新闻

（本）（市）（时）（間）（標）（準）（問）（題）

午砲？ 汽笛？ 標準鐘？

公安局與市政處往來函商間

長沙市公安局。昨致市政籌備處一函云。逕啓者。案准貴處公函略開。天心閣午砲台。前奉湖南建設廳指令。在標準鐘未設立以前。仍應鳴放午砲。茲准廖整理委員面稱。奉主席何面諭。午砲台基地須改造國恥紀念碑等因。自應將午砲先行拆除。方便設置。旋經敝局函達湖南電燈公司。請在午炮廢止以後。時鐘未安好以前。於每日正午。由南北兩廠。同時鳴放汽笛。全市市民。即以此爲標準。去後。茲准覆稱。敝公司南北兩廠。向無汽笛之設備。且正午時。並非開車時間。奉委之件。實屬無從遵辦。等因准此。查午炮沿用日久。人民視爲時間標準。在時鐘未設立以前。一旦廢止。市民似感不便。究應如何辦理。相應函商貴處。請煩查照。仍祈酌核見覆爲荷此致云云。——（覺）——

图6 1929年11月24日长沙《大公报》

1929年4月，长沙市政筹备处致函长沙总商会，请长沙钟表业捐助三面大钟而未获允许，于是打算就近从八角亭的“寸阴金”、司门口的“亨得利”等商店为长沙订购标准钟，但“寸阴金”等店主销机械钟表，“未能准确”；遂又派人前往汉口看钟，最后决定超预算800元，向驻汉口的德国西门子洋行订购世界最先进的德制电钟。因1930年7月红军攻进长沙，直到1930年12月24日后，长沙才正式开始装设电钟。其中在中山东路旁的电话局建母钟一座，以此带动中山亭、南门口、福星门（中山西路口）、北门口等处子钟。但中山亭钟楼上的子钟为长沙镜面最大的电钟。翌年，长沙市政筹备处更进一步，致函西门子洋行购置敲钟机器。西门子派赵工程师于7月11日前后来长沙装设机器，自此，人们不但可以看，而且可以听到中山亭钟楼的标准钟发出洪亮的钟声。据1932年10月10日《长沙市政处市政纪要》记载，标准钟工程总花费达到10405.64银元，仅西门子电钟就花了8324.62银元。长沙繁盛街区设立标准钟的时间，领先于其他同类省会城市，令当时市民倍感自豪；1930年推出的“中山亭时间”很长一段时间成为长沙最精确最权威最时尚的标准时。（图7）

（7）設立標準鐘　查長沙市區習慣相沿，以天心閣午炮爲時間標準，地點既不適宜，而霹靂一聲，殊有妨礙公安之處，經飭市政籌備處覓相當地點設置公共標準電鐘五座，計費銀一萬元。

長沙市標準鐘

图7 长沙设立标准钟

《长沙市指南》一书中有关于中山亭标准钟楼的详细记载：“按各国繁盛市区，多设立标准钟，盖所以正民时也。昔长沙市天心阁，设立午炮，亦统一时间之意，但地偏南，声听不及，燃放迟早不确，且自天心阁一带改为公园后，每当游人困憩之际，霹雳一声，于公共安宁，不无妨碍。故前市政处有鉴及此，于民国十八年（1929年），建议废除午炮，设立标准时钟，于省政府前坪（即先锋厅门口）建钟楼一座，装七十英寸径面四面钟一架。民、财、建、教四厅，省党部、中山堂、及公安局、市政府各设盌钟一座，其余如南门

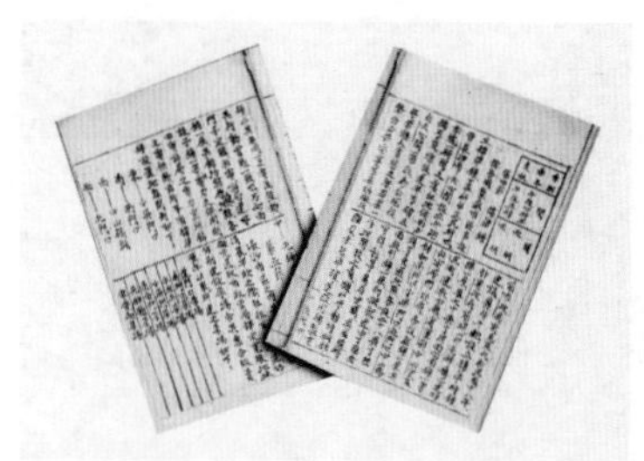
图8 《长沙市指南》关于中山亭标准钟楼的记载

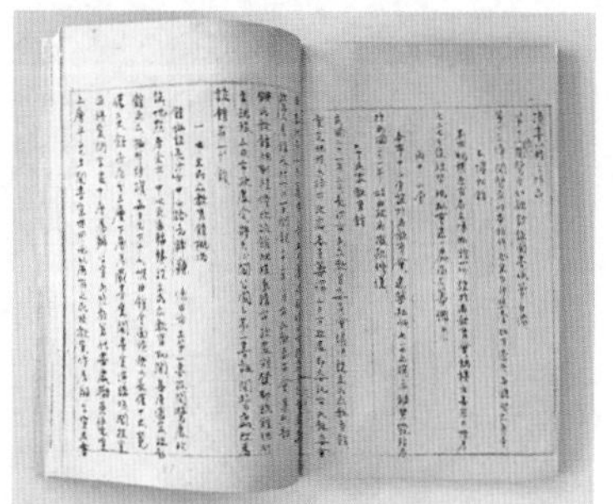
图9 《长沙市指南》关于民众教育馆的记载

图10 余籍传

口、小吴门口、北门口、中山码头等交通地点，各设二十八英寸径面鼓形钟一座。初拟就近由寸阴金、亨得利等商店订购，并负随时修理开校之责。旋以原动恃铜铁弹力，未能准确，遂改用德制电钟，以其为同一电流发电，其行动当能一致也。乃向西门子订购，于电话局建母钟一座，其余均照原定地点，各设子钟一座。电力之供应，则由电话局之电力室所余之电供给。”1934年邹欠白编著《长沙市指南》中的这段文字，详细记载了长沙市标准钟工程的来龙去脉。如今，其他各处钟楼均已不见，而中山亭钟楼犹在。（图8）

1934年邹欠白编著的《长沙市指南》中还有对民众教育馆的记载：1932年2月，长沙市民众教育委员会决议设立民众教育馆，3月，市政处即委托民众教育委员会常委狄昂人负筹备之责，5月筹备就绪，由市政处呈请教育厅委狄昂人为馆长，于6月1日开馆，馆址设中山亭。下层为藏书室、阅览室、演讲场、阅报室、弈棋室、问字处，中层为办公室、民校教室、代书处、职员住宿，上层平台为民众茶园。因该地处于“全市中心，交通辐辏”，“故赴馆民众，极为踊跃，每日不下千人”。（图9）

（二）与中山亭相关的人和事

余籍传（1894—1959年），字剑秋，湖南长沙人。1921年毕业于美国伊利诺斯大学，1929年后任长沙市政筹备处处长兼湖南大学土木系教授，1933年后任湖南省建设厅厅长，1948年迁居澳门创办华南大学，1952年赴台湾。1929年开始，这位有雄心有能力的“海归派”，担任长沙准“市长”（当时长沙县为升级长沙市，设有长沙市政筹备处，余任处长），是民国时期对长沙城市建设最有功劳的领导者。从这年开始，长沙进入了近现代史上首轮城市建设“三年大变样”时期。中山亭即为他主持修建。（图10）

曾有一张照片被错误地认为是中山亭，但只要仔细观察就可看出，该图中钟楼与中山亭钟楼外观明显不同。据考证，这应是位于中山亭北面又一村（今长沙市青少年宫）的湖南省会民众国术俱乐部礼堂钟楼。该钟楼为1934年修建，距中山亭钟楼仅百米之遥。时人称湖南省会民众国术俱乐部为民众俱乐部，1937年8月17日长沙《力报》载《民众俱乐部露天茶园一瞥》（作者宇昂）一文，有“我抬起头望一望俱乐部高处的大钟”之句， 现存另一张老照片堪称珍贵——1935年10月13日长沙市第一届新生活集团结婚典礼。背景为湖南省会民众国术俱乐部（1934年成立）大礼堂（见图下“在长沙市国术俱乐部举行”字样）。图片来源：1935年《长沙》。只要稍作对比就可以发现，作为背景的湖南省民众国术俱乐部礼堂钟楼与前述被错认为中山亭的钟楼完全一致。（图11）

从1929年开始，湖南省城长沙进入了近现代史上首轮城市建设“三年大变样”时期。天心阁公园工程、中山路工程、环城马路工程、沿河马路工程、新菜场工程、新厕所工程、新市区测量工程……都在长沙市政筹备处处长余籍传手中展开。中山路是长沙市第一条柏油马路，东起小吴门，西至沿江大道，全长1470米，宽17米，为纪念民主革命的伟大先行者孙中山而命名。1926年，长沙市政公所为开辟湘江航线与粤汉铁路水陆联运交通捷径，议修“东西干线”，经报省建设厅核准，于1929年2月将原小吴门正街、贡院街、辕门上、小东街进行扩建拆让，历时1年，至1930年2月即完成了路面柏油敷设，建成了这条长沙最早的东西干道。图为中山路敷设柏油。（图12）

中山亭标准钟楼的建设，只是长沙在民国大城建时代的中山路建设工程中的一个小工程——省府前坪花园改造工程。中山路工程还包括铺设中山柏油马路、建造国货陈列馆、改造省府前坪、三角花园、烈士祠前坪花园（即今省少儿图书馆前坪及对面）等。随着中山亭、国货陈列馆、银宫电影院、德和酒家、华东理发店等建筑的先后落成，中山路在依旧保持省会长沙政治中心的地位同时，也迅速成为一个繁华的商业中心。上世纪30年代初的中山路，地面已铺上柏油，宽敞整洁，两旁店铺分立。（图13）

20世纪30年代初的中山东路路旁公园，即今三角花园，是1930年修筑中山路时所建，位于国货陈列馆对面，为供街头行人休憩之处。有一张历史照片和前一张“20世纪30年代的中山路”，凸显了长沙市政建设成绩，发表于著名湘籍地理学家傅角今编著的《湖南地理志》（1933年长沙湘益印刷公司刊印）一书“长沙市志略”一节中。（图14）

“中山东路，星沙池堂。屋顶花园，避暑乘凉。名茶细点，冰冻荷兰。各种食品，无不精良。适口解渴，清洁异常。如蒙惠顾，招待周详。”昔日中山东路上星沙池广告，读来朗朗上口。而银宫电影院的辉煌，则一直延续至本世纪初，其院场即为1931年所建国货陈列馆附属的大礼堂，初名银宫戏院，从开业第一天起就名声大振，在省内外及港、澳、台同胞中也享有盛名。银宫戏院曾接待过第一流的剧团，著名的

图11a 一张以讹传讹的“中山亭”照片

图11b 1935年10月13日长沙市第一届新生活集团结婚典礼 任大猛供图

图12 中山路敷设柏油

图13 20世纪30年代的中山路

图14 中山东路路旁公园

京剧艺术家梅兰芳、马连良等都曾在这里演出。银宫、星沙池与中山亭距离都很近，从这两则中气十足的广告，足见当日中山亭周边市井生活之繁华。（图15）

民国时期的《力报》对中山路街景曾作详细报道。“人工音乐与广播音乐增加了马路繁荣，伟大堂皇的国货陈列馆令人流连忘返”，“落雨天，雨滴轻轻地在柏油上舞蹈着，又清洁，又美丽，令人有点轻忽的感觉，令行路人能够在小小的泥渣中拾得一点快慰，于是我便喜欢柏油马路”……这篇题为《湖南的建设在长沙，长沙的建设在中山马路》（刊于民国《力报》）的报道，语气是当时流行的白话抒情风，流露出那个时代人们对新生活的向往。1930年铺设的中山路东起小吴门，西至沿江大道，“柏油马路有六丈宽，有两里长”，而中山亭正好处在这条道路的中点枢纽位置。（图16）

中山亭位于中山路与黄兴路交会处；离此不远，另一个纪念孙中山先生的建筑——中山纪念堂原址位于长沙市教育街省农业厅院内。这两处在清代为同一个所在，就是湖南贡院。 至清光绪年间，贡院规模已经十分宏大，仅供考生居住的号舍就有8500间。现开福区巡道街边，湖南省农业厅的围墙中，仍有一段残存的贡院围墙，墙上嵌有刻着“贡院巡道街宽壹丈壹尺”的石碑。贡院街即今先锋厅至水风井一段，1930年前后，拓宽并铺了柏油，更名“中山路”，其北侧又有老街名“教育街”，两街遥相呼应，由又一村巷相连通。在这个小区域内，清代有湖南巡抚衙门、贡院；民国时期有教育会坪，1927年、1931年都曾发生过十万人的大型集会。中山堂（1927年）、中山亭（1930年）选建于此，很可能与这个政治中心的历史地位有关。今查阅清光绪三年湖南省城图（局部），从图中可以看出，中山亭位置在清代抚院前。（图17）

中山亭建成之前，它所在的位置是旧都督府照壁。旧时，人们相信衙门会有鬼神来访，而小鬼只走直线，不会转弯，于是修上一堵墙，以断鬼的来路，这堵用来“防鬼”的墙便是照壁。民间有说法认为，“海归”余籍传在1930年下令将照壁拆除修建中山亭，表面上是要“破除迷信”，而事实上中山亭上的大钟也是为了驱赶鬼怪，取谐音“终”，意思是鬼怪到此就不再向前走了。从一块老照壁到兼具对时、教育、休闲等社会功能的综合建筑，中山亭所在的区域也成为长沙的中心。图为1947年湖南省政府主席王东原编撰《湖南地籍图》（局部）所显示的老照壁位置。任大猛供图。（图18）

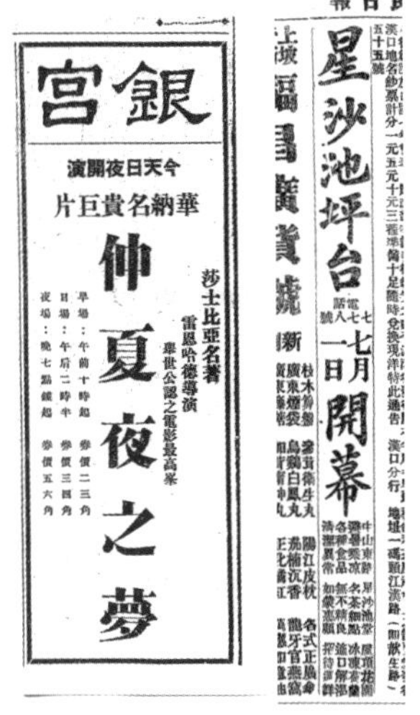

图15 星沙池、银宫戏院广告 任大猛供图

图16 民国《力报》关于中山路的报道

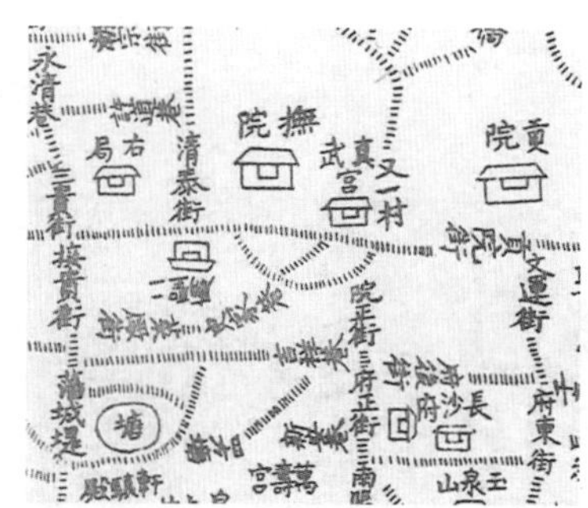
图17 清光绪三年湖南省城图（局部）

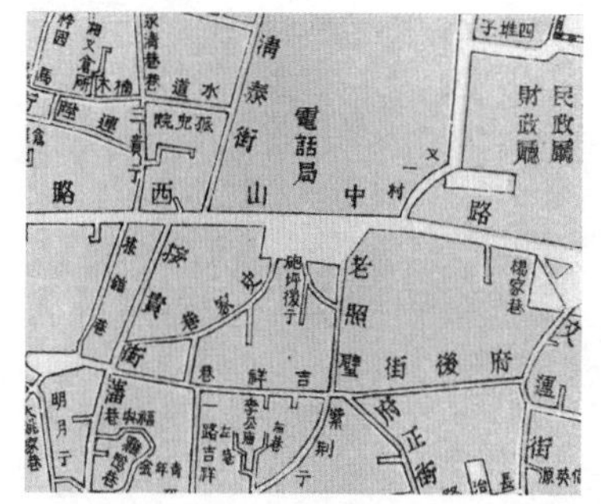
图18 1947年王东原编撰《湖南地籍图》局部

今存《省府前坪民众书报阅览处及钟楼建筑施工说明书》一份，有这样的记载：“前拆卸旧有照墙之砖可砌阅览处上部墙壁及梯形砖脚，不敷时添砌三、六、九青砖，但砌时需将灰砂杂质洗去”；“钟楼建造五层，第一层地面铺混凝土，第二层楼面用上等杉木构造，第三、四、五层及亭顶用铁筋混凝土造之”……这份《省府前坪民众书报阅览处及钟楼建筑施工说明书》详细地介绍了修建中山亭的材料、方法，弥足珍贵，亦可见当时物力之艰。值得注意的是，此时尚未将这个建筑命名为“中山亭”，在正式命名之前，它被称作“省府前坪钟楼”。（图19）

1938年11月13日文夕大火中，长沙房屋烧了十之八九，中山亭却幸存下来。据后人回忆，是一场饭局救了中山亭。大火当晚，分配到中山亭附近的放火小队驻扎在中山东路三和酒家旁，当晚，酒家老板柳三和来不及搬走店里的山珍海味，“与其付之一炬，不如供防火队员一饱口福”，于是亲自下厨，尽出名酒佳肴。及至半夜南城起火，放火队员还在醉梦之中，待到他们酒醒准备放火时，又传来停止放火并迅速灭火的紧急命令。这大概也是中山路一线建筑（如国货陈列馆、小吴门邮局等）在文夕大火中受损程度较轻的原因。中山亭虽未被大火摧毁，但顶楼大钟的指针停在4时37分，记录了长沙焚城的悲怆时刻。图为文夕大火中的长沙。（图20）

长沙市档案馆现存《024、长沙市政府就中山亭占居棚户拆迁事对省会警察局的督办函》一份，记载一则1947年3月长沙市政府就中山亭周边棚户拆迁事对省会警察局督办的史料。其时，长沙市政府奉令复修中山亭路边公园，虽三令五申拆除旧址上临时搭建的棚户，但仍有一些“钉子户”拖延不办，使修复工程一再延期。函称：“查该地原系路边花园，经一再限令该民等将搭屋拆迁以资修复，各在案迄未遵办，殊属玩忽，除饬警局遵照前令严予执行外，仰该民等立即遵照毋再玩延为要。”（图21）

长沙市档案馆现存另一份重要函件——省会警察局为拨中山亭作消防队驻地之来往公函。1948年10月长沙市消防队向省会警察局提交了请拨中山亭为其第二十四分队驻地的报告，防队队长罗天旁在报告中称：“窃职队第二四分队，现驻寿星街三官殿，房屋既嫌狭隘，复感僧俗同处，迭经该寺主持僧三空呈请迁移在案。因无适当地址，以致迁延迄今。兹查得先锋厅中山亭，一部分由民众教育馆占住，一部分尚可利用，地点适中，又系公屋，且亭楼高峻，便于瞭望火警。综上诸端，若能拨为本队驻地，极为适宜，理应报请。”几番公文来往后，时任省会警察局长的刘人奎批复：市府已将中山亭拨给长沙市卫生院使用，“歉难照办”。

刘人奎，黄埔五期毕业，1927年加入共产党，曾任周恩来警卫员，后退党并参加国民党军统组织，1939年率部在江阴、常熟抗击日军，身中三弹，1947年后任国防部少将部员、长沙市警察局长等职，1949年随程潜在长沙起义后任湖南人民解放军总部独立支队司令员，1980年任武汉市汉阳区政协副主席。（图22）

（三）1949年之后的中山亭

中山亭与长沙市图书馆渊源颇深：它是长沙市图书馆第一座馆舍。长沙图书馆始建于20世纪60年代初。1960年7月，省立中山图书馆将其设在市青少年宫内的图书外借处和青少年阅览室以及潮宗街的少儿阅览室下放给长沙市。长沙市将其与市文化馆的图书室、少儿阅览室合并，建立独立的长沙图书馆，10月1日

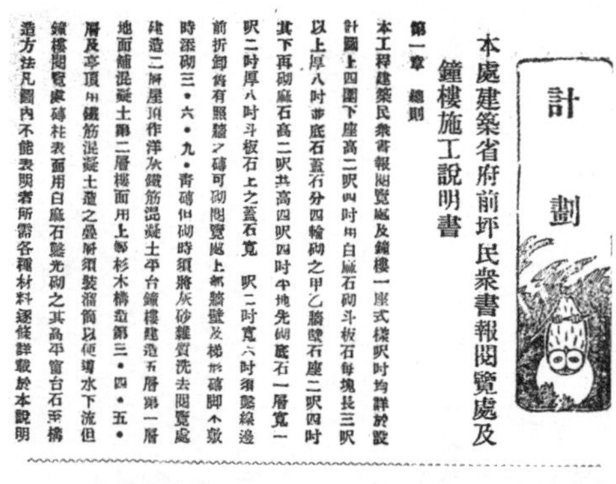
本處建築省府前坪民衆書報閲覽處及鐘樓施工説明書

計劃

第一章 總則

本工程建築民衆書報閲覽處及鐘樓一座式樣尺吋均詳於設計圖上四圍下座高二呎四吋用白麻石砌斗板石每塊長三呎以上厚八吋步底石蓋石分四輪砌之甲乙牆腳石座二呎四吋其下再砌麻石高二呎共高四呎四吋中挽先砌底石一層寬一呎二吋厚八吋斗板石上之蓋石寬 呎二吋寬六吋須鑿線邊前拆卸舊有照牆之磚可砌閲覽處上部牆壁及梯形磚脚不敷時添砌三・六・九・青磚但砌時須將灰砂雜質洗去閲覽處建造二層屋頂作洋灰鐵筋混凝土平台鐘樓建造五層第一層地面鋪混凝土第二層樓面用上等杉木構造第三・四・五・層及亭頂用鐵筋混凝土造之叠層須裝溜筒以便導水下流但鐘樓閲覽處磚柱表面用白麻石鑿光砌之其高平窗台石兩構造方法凡圖內不能表明者所需各種材料逐條詳載於本說明

图19 省府前坪民众书报阅览处及钟楼建筑施工说明书。任大猛供图

图20 文夕大火中的长沙

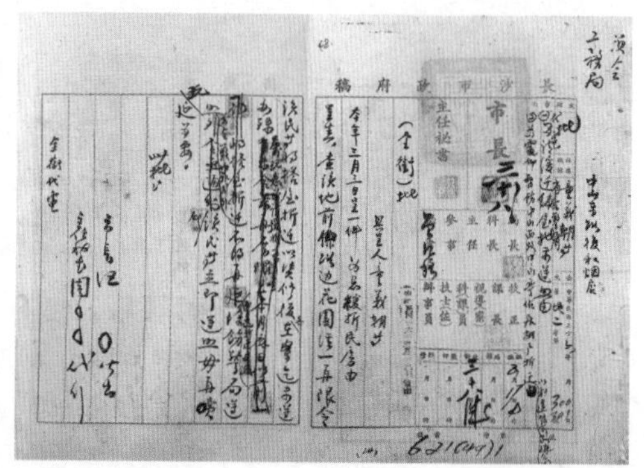
图21 长沙市政府就中山亭占居棚户拆迁事对省会警察局的督办函

向市民开放。同年11月，长沙图书馆由青少年宫迁中山亭，馆舍面积仅83平方米。这个“微型”图书馆，当年可是火爆异常，每天被读者踏破门槛，“读者中饭后来排队领（借书）证，人太多，派出所都出面干涉”。从这张20世纪六七十年代的中山亭图片可以看到，其时中山亭外有被设置成书报宣传栏的围栏，南向有门可入。（图23）

据本土图书馆史专家沈小丁先生说，长沙图书馆几乎是白手起家，仅有的一点家当，是5名女职工拖着板车，从青少年宫运到中山亭的，真算是“筚路蓝缕，以启山林”。这5名女职工是为组建图书馆而从各地、各单位调来的，风华正茂，时称“五朵金花”。馆长曾晓晖（左二），从市新华书店调来，负责买书、拖书和对街道图书馆的辅导；刘玉泉（左一）原是省图书馆骨干，负责采编、采购；吴秀珠（左四）是5人中年纪最大的，从市文化馆调来，担任会计、出纳，负责报纸征订和装订以及两个报刊阅览室的开放，“写得一手好字，现在图书馆的老报纸上很多字还是她写的”；邸宝珠（右一）是北方人，“从孤儿院出来的”，以前在国家经委工作，搞宣传、辅导，整理内务；罗学新（中），从市文化馆调来，负责图书外借工作和参加各种派下来的“义务劳动”。50年后，我们寻访到了五朵金花中的两朵：曾晓晖和罗学新。谈到那段艰难而饱满的岁月，她们眼中依然泛光。（图24）

中山亭时代的长沙市图书馆，除本馆基本业务外，还指导一些有条件的街道、居委会，成立了一批街办图书馆、居委会图书室，如通泰街办事处街道图书馆、南门口、新兴路居委会图书室等。按当时的分工，由馆长曾晓晖负责对这些图书馆、图书室进行业务辅导。曾晓晖是从市新华书店调来的，是长沙市图书馆搬迁至中山亭后的第一任馆长。图为通泰街办事处街道图书馆。从图中人物穿着及横幅中简化字看，这张照片应摄于20世纪70年代末。（图25）

除了时间与战火的消蚀摧残外，乱改乱建也严重损害了中山亭。20世纪80年代初，中山亭四周违章搭建商业门面，毁坏了附属设施和花园，钟楼的德国进口电子钟也不知被拆到何处。1996年1月，中山亭发生火灾，烧毁了原建筑门、窗、楼梯、楼板等木构件，后在维

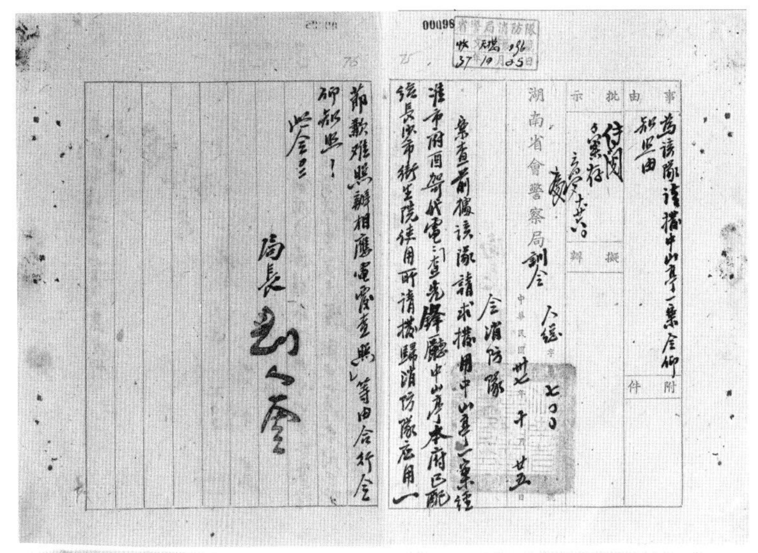

湖南省會警察局

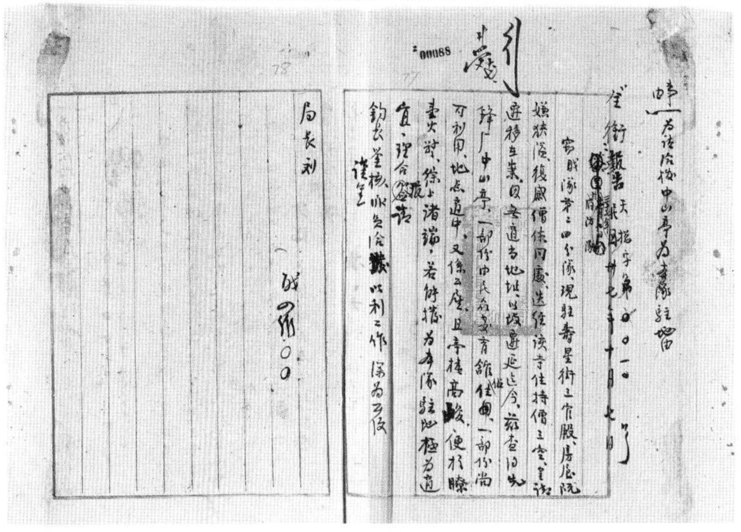

图22 省会警察局为拨中山亭作消防队驻地之来往公函

图23 20世纪六七十年代中山亭 曾晓晖供图

图24 “中山亭时代”的长沙市图书馆“五朵金花” 罗学新供图

图25 通泰街办事处街道图书馆 曾晓晖供图

图26 20世纪90年代中山亭 罗斯旦摄

图27 孙中山先生铜像

图28 李渝基钢笔彩画《风雨中山亭》

修时进行了伤筋动骨式的改造，将主楼两层改建成三层，建筑内部结构发生重大改变。2002年黄兴北路扩建改造时，曾有人提议将这个正处十字路中间的“拦路建筑”拆除，有政协委员写提案表示强烈反对。幸运的是，这些呼声得到了采纳，长沙市政府对中山亭予以保留并进行了修缮，但并没能恢复其本来面目。（图26）

2013年，长沙市政府按照“修旧如旧”的原则，对中山亭实施了又一次的提质改造修缮。主要是恢复了原中山亭主楼二层结构，拆除了原来3.4米、6.6米两个标高处的楼面，在5.85米标高处设置钢筋混凝土楼板。同时，将楼梯起步恢复到进大门左边靠北向外墙处，与始建时的位置一致。此次修缮最大的亮点是新增一座4.2米高的孙中山先生铜像。（图27）

钢笔彩画《风雨中山亭》（40厘米x36厘米，绘于2002年），是一件精美的绘画作品，也是画家对中山亭历史原貌的追索。作者李渝基，长沙人，中国新钢笔画代表人物，中国钢笔画联盟主席。根据长沙市图书馆第一代馆员罗学新老人回忆，20世纪60年代，中山亭外有“木栏杆围墙，上面有报架，全国有名的大报都看得到，每天都会把新的刊出来，还有棚子防雨”，均与画中细节吻合，所绘应为20世纪60年代中山亭。（图28）

附记：

国内纪念孙中山的建筑不计其数，即命名为“中山亭”的建筑也有不少。据不完全统计，除长沙中山亭外，还有广东珠海前山中山亭、广东普宁洪阳中山亭、江苏如皋中山亭、浙江海宁盐官中山亭、福建龙海中山亭、重庆开县中山亭等。但不论从建筑体量还是高度来看，长沙中山亭都名列其冠。严格地说，长沙中山亭已经突破了“亭”这一中国传统建筑样式的概念。

珠海前山中山亭，中国唯一由孙中山先生亲自持锄奠基的纪念孙中山建筑物，坐落于广东省珠海市前山镇东北梅花村后山坡上、广珠公路旁，始建于1921年，现为珠海市重点文物保护单位。这座四柱小亭是当地群众集资兴建，为我国最早纪念孙中山先生的建筑物之一。（图29）

重庆开县中山亭等位于重庆开县（2016年6月开县被撤销，改为开州区）东渠河西侧中山公园内，因三峡工程建设，随开县古城一起没入水中。现在开州区新城月潭公园内予以重建。（图30）

如皋中山亭位于江苏省如皋市人民公园内。民国18年（1929年）3月，如皋名贤沈卓吾为纪念孙中山先生奉安而建。初为砖木结构。1949年因其形状改称“六角亭”。1969年，将木柱改为水泥柱。1978年大修，全部改为水泥结构。1981年10月重修，复名“中山亭”。

海宁盐官中山亭位于浙江省海宁市盐官观潮公园内。1916年9月5日，孙中山偕夫人宋庆龄前来海宁观潮，并亲笔题词“猛进如潮”。为纪念孙中山先生，有关方面建造了中山亭。近年，盐官结合海塘改造，按原样重建中山亭，亭基增设汉白玉浮雕，并镌刻孙中山先生著名题词：世界潮流，浩浩荡荡；顺之则昌，逆之则亡。（图31）

洪阳中山亭位于广东省普宁市洪阳镇城内衙前，为民国24年（1934年）普宁县长曾友文为纪念孙中山先生而建。（图32）

龙海中山亭是福建省龙海市文物保护单位，原名“益思亭”，1924年北洋军阀张毅部驻石码时建。1926年北伐军入闽时，何应钦部驻石码，改称“中山亭”。抗日战争期间，石码区政府在亭中建抗战阵亡将士纪念碑。亭坐南向北，平面呈正方形，边长5米，通高20米，用12根钢筋水泥柱支撑。亭前30米处，有两根烛台状的水泥柱，上雕塑莲花瓣纹饰。（图33）

二、与中山亭同时期的长沙公共建筑典范

（一）中山纪念堂（今无）

民国初期，湖南省农业厅所在地被称为教育会坪，这里临教育街，且有一块宽广空坪，是当时有名的集会场所。1927年，为了纪念孙中山先生，国民党湖南省党部及湖南省政府决定在此立一座孙中山铜像，同年，一座砖木结构大会堂在省教育会坪内落成，命名为“中山纪念堂”，虽于1930年经战火毁坏，但两年后省政府又拨款重建，基本恢复原貌。中山纪念堂占地1436平方米，南面为爱奥尼克柱式门廊，立有6根石柱，全部用花岗石精雕，清水砖墙，具有浓郁古罗马风格和湖南建筑文化特色。国家一级注册建筑师刘叔华先生与中山纪念堂仅有一面之缘，但是纪念堂精美而结实的正面门廊让他印象深刻，“绝对是湖南近代麻石艺术的精品”。(图34)

抗战初期，中山堂是湖南人民抗敌后援会驻地。1944年5月14日，在常德会战中牺牲的国民党第五师师长彭士量烈士遗体运至中山纪念堂，长沙军、政、工、商、学各界人士过万人会集在此举行了公祭活动。1949年8月4日，程潜、陈明仁将军在这里宣告湖南和平起义。1949年后，中山纪念堂一度作为湖南省人民政府驻地，1950年10月在这里举行了湖南省首届各界人民代表大会。后被湖南省农业厅用于仓库。图为1950年作为“湖南省首届各界人民代表会议会场”的中山纪念堂，图片出自1951年《长沙市政》（内部刊物）。(图35)

这样一座既有艺术价值又有历史意义的优秀建筑，最终毁于1995年某机关单位的“宿舍工程”。长沙市文史专家陈先枢说起中山纪念堂被拆时慨叹不已：“中山纪念堂被毁，是长沙城保护老建筑最失败的典

图29 广东珠海前山中山纪念亭

图30 重庆开县中山亭

图31 浙江海宁盐官中山亭

图32 广东普宁洪阳中山亭

图33 福建龙海中山亭

图34 1927年刚刚竣工的中山纪念堂

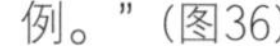

例。"（图36）

图35 1950年作为“湖南省首届各界人民代表会议会场”的中山纪念堂 任大猛供图

图36a 中山纪念堂被拆1 刘叔华摄于1995年9月

图36b 中山纪念堂被拆2 刘叔华摄于1995年9月

（二）国货陈列馆

1928年，全国兴起了大规模抵制日货的活动，长沙也不例外。为弘扬国货，当时的湖南模范劝工场场长刘廷芳向省建设厅建议，在原有模范劝工场的基础上扩建湖南省国货商场。建设厅为此拨款62.64万银元。1931年国货陈列馆建设工程开工，由欧阳淑负责设计，到1932年10月落成并正式开业。新建成的国货陈列馆分前后两栋。前栋为一仿欧洲古典列柱式建筑，前面并列16根大圆柱，一线长廊后为三层的主体楼房，作为陈列室和商场，三层顶部正中再加建四层，上建一八角楼，再上为一圆锥体石塔，顶端为钢管旗杆。整个建筑宏达雄伟，蔚为壮观。后栋为平房，均为商场。商场后为附属建筑，分别为银宫电影院、三和酒家、华中理发店和图书室、健身浴室、锅炉房等，与主体大楼浑然一体，其内部的专修设施均为一流。大楼前建有圆形花园（即今三角花园），供游人休憩游览。（图37）

1932年10月1日开业的国货陈列馆是当省内最大的国货商场，一时轰动全省，在国内亦产生很大影响。1938年文夕大火将国货陈列馆前栋门窗、货架等烧毁，但由于国货陈列馆主体为钢筋水泥结构，未被焚毁，次年初即修复一新。中华人民共和国成立后，国货陈列馆改为长沙市百货公司中心门市部，后又改为中山路百货大楼。20世纪80年代，中山路百货大楼对国货陈列馆进行了面目全非的改造，庶几将这一长沙近现代优秀建筑毁于一旦。所幸2012年友阿集团在兼并中山路百货大楼后，对其进行了“修旧如旧”的复原工程，于2014年10月竣工并重新营业。图为复原后重新开业的国货陈列馆，这也是长沙现存最大的一座民国时期建筑。（图38）

（三）湖南大学老图书馆（今无）

湖南大学老图书馆由湖大土木系蔡泽奉教授设计，1929年12月始建，1933年9月竣工，占地2666.67平方米，建筑面积1026.67平方米，欧洲哥特式建筑风格。书库为四层钢筋水泥结构，上建八方塔一层作观象台，其他为三层建筑。规模宏大，装饰华丽，馆内设备均采用当时最新标准式样。它是湖南大学定名后第一座现代意义的图书馆，亦是当时华中华南最大的图书馆。（图39）

1938年4月10日，日军飞机3次侵犯长沙领空，投掷炸弹、燃烧弹200余枚，湖南大学陷入一片火海。“飞机经过湖南大学时，紧挨图书馆由南向北飞过，一枚重型炸弹直接命中图书馆主建筑”，湖南大学图书馆变成一片废墟，馆藏图书20余万册，包括大量珍稀版本毁于一旦。至今在

图37a 1932年刚落成的国货陈列馆

图37b 1935年秋赵元任在湖南进行方言调查时拍摄的国货陈列馆

图38a 2014年复原后重新开业的国货陈列馆

图38b 复建后的国货陈列馆夜景

图39a 湖南大学老图书馆旧影1

图39b 湖南大学老图书馆旧影2

湖南大学的校园内，还保存着当年图书馆大楼石柱残骸，仅剩的4根“象征知识和文明的爱奥尼克石柱”，两根存原址以供纪念，两根挪至湘江边“湖南大学”铭石旁。图为游人从岳麓山上拍摄的日机轰炸湖大图书馆惨状。（图40）

图39c 湖南大学老图书馆遗迹——爱奥尼克柱

（四）湖南圣经学校教学楼

湖南圣经学校由基督教美国内地会于1917年在长沙创办，校址在长沙东郊韭菜园，即今五一东路湖南省政府宿舍大院内。创始人为美国内地会教士葛荫华（Frank Keller）。1937年张学良曾被软禁在湖南圣经学校达数月之久。抗战期间，北京大学、清华大学、南开大学南迁长沙成立临时大学，校址设在湖南圣经学校，朱自清、闻一多、陈寅恪、冯友兰、金岳霖、赵元任、潘光旦、吴有训、顾毓琇等一批名教授曾在此聚集。在这张全景图中，我们可以见到，圣经学校坐北朝南，建筑规模宏大，四周有长长的围墙，正中大门为中式传统建筑，围墙内，当中为主体建筑，东、西两侧各有两栋楼房成对称形分列，构成一座广场。（图41）

湖南圣经学校教学楼旧址位于今五一东路湖南省政府宿舍大院西侧，曾被用为省政府第三办公楼。该教学楼建于20世纪30年代，平面为三合院形，正面由6组两层高双柱组成门廊，造型独特。共三层，由楼梯

图40 日机轰炸湖大图书馆

直上二层宽敞的休息通廊，内庭院空间开阔。红砖清水墙，坡屋顶，盖琉璃筒瓦。（图41）

（五）明德中学乐诚堂

乐诚堂位于开福区泰安里明德中学内，原为明德中学教学大楼，建于1932年，由著名工程专家周凤九设计。乐诚堂坐南朝北，四层内廊式钢筋混凝土框架结构。长71米，宽19.7米，高21.9米，建筑面积5595平方米，共有教室、办公室59间，由48根钢筋混凝土柱组成框架横条状布局。每层安装32个四联木制玻璃窗，花岗石窗台线，上饰长方形图案窗额。内走廊东西两端挑出式阳台，砖砌方块式栏杆，水刷石作盖，檐口下饰方块图案，木桁架构成双坡屋顶，上盖筒瓦。正门朝北，由18级花岗石台阶上至门庭，阶廊地面铺玻璃砖，铜条嵌缝。花岗石半圆拱门，框边雕凿各种线条，上装半圆形玻璃窗格，中悬一道横樘，玻璃格6扇大门，楣额塑回纹图案，嵌白石方膛，内刊金色“乐诚堂”三字。

明德中学由胡元倓创建于清光绪二十九年(1903年)，始名明德学堂。黄兴、张继、陈天华、苏曼珠、周震鳞曾执教于该校，欧阳予倩、周谷城等都是是明德学生中的杰出人物。1938年“文夕大火”中，乐诚堂受毁严重，后又遭日机轰炸，仅剩框架。战后多次修葺。1980年乐诚堂按原貌修复，2006年公布为湖南省文物保护单位。（图42）

20世纪30年代的明德校园坐落于幽静的屈子湖边，排列着几幢欧式建筑，十分醒目。湖边柳树成行，清澈的湖水倒映出岸边的房屋和柳枝，环境甚是优雅。这些建筑均已不存。（图43）

（六）小吴门邮局

小吴门是长沙古地名，现指八一桥西桥头一带。民国初年，因修建环城马路，大部分古城墙及其城门之一的小吴门被拆毁。1934年，国民政府交通部决定在湖南省会长沙兴建邮电大厦，由于小吴门与火车东站近在咫尺，邮局选址于此有利于大宗邮件的中转运输。1935年大楼由汉口卢镛标建筑事务所设计，天津申泰营造厂建造，1937年竣工。小吴门邮局呈U形布局，正面主楼四层，两侧裙楼三层，砖混结构，西式门窗。该大楼临马路墙基厚重坚实，楼体设计以简约为主，没有西方宗教建筑的那种烦琐，而突出其实用功能，是长沙传统建筑向现代建筑转型时代的作品。（图44）

（七）湖南大学科学馆（现湖南大学校办公楼）

湖南大学科学馆于1933年6月兴建，亦由蔡泽奉设计，1935年6月竣工，占地8666.67平方米，有大小房屋41间，红砖清水外墙。科学馆原为两层，后由柳士英教授设计，于1944年加建一层，由平屋顶改建为青铜瓦坡屋顶。由于地处湖南大学中心位置，北、东两个主要立面采用对

图41a 湖南圣经学校教学楼旧影——全景

图41b 湖南圣经学校教学楼旧影——赵元任所拍湖南圣经学院

图41c 湖南圣经学校教学楼现状

图42 1932年刚落成时的明德中学乐诚堂

图43 20世纪30年代的明德校园

称形式，檐口以水平线脚划分，在入口处作重点处理。两个入口略有不同，但均为花岗岩贴面的罗马式券洞，纹饰精美，做工精良。这拱券上的罗马韵味，也凸显了钟情西洋古典主义的设计师蔡泽奉的美学追求。1933年湖南大学科学馆奠基典礼时，湖南学界及军政各界人士均到场祝贺。（图45）

1945年9月15日，长衡岳地区日军投降仪式即在科学馆举行。当时这幢楼门口的牌楼用松枝围成，并用红绸挽成一个象征胜利的V字形。在庄严的军乐声中，第四方面军司令王耀武将军接受了日军第20军司令官板西一良的投降，标志着抗战最为惨烈的湖南战场迎来了最彻底的胜利。这幢楼因而成为一座凯旋之楼。（图46）

（八）国立清华大学校舍旧址

1937年抗战爆发后，国立清华大学南迁长沙，在今岳麓区左家垅兴建了两座校舍，其旧址为今中南大学内的民主楼和和平楼。校舍由当时国内“声誉最高、规模最大、历史最久的国人建筑师事务所”——华盖事务所设计，1936年动工，次年竣工。

图44a 小吴门邮局1

图44b 小吴门邮局2

图45 湖南大学科学馆奠基仪式

图46 湖南大学科学馆（现湖南大学校办公楼）

民主楼占地2217平方米，三层，平面成飞机形状，两翼自然围合成内院，造型简洁，坡屋顶，红砖清水墙，当时作为清华大学特种研究所图书馆使用。和平楼面积与外观跟民主楼相似，是一对“姊妹楼”。这两栋楼在1938年4月10日日机轰炸中损毁严重。抗战胜利后，湖南大学借用此校舍成立第三院，经修缮后作为湖南大学新生院。后成为中南矿冶学院（今中南大学）校舍。（图47）

三、参与近现代长沙建设的建筑师们

（一）刘敦桢

刘敦桢(1897—1968年)，字士能，湖南新宁人。1921年毕业于日本东京高等工业学校建筑科，1925年

图47a 国立清华大学校舍旧址1

图47b 国立清华大学校舍旧址2

图48 刘敦桢

任湖南大学土木系讲师。在长沙，他设计了湖南大学第二院教学楼和天心阁城楼，那时的长沙市政府，刚刚将天心阁辟为公园，重修城楼，并增加两翼附楼，这一工程即由刘敦桢设计。由刘敦桢设计的“二院”（今物理学院实验楼），是湖南大学最早的现代建筑，糅杂了西洋古典主义、早期现代主义、中国传统建筑等多种风格，属典型的折中主义，这也是20世纪30年代世界建筑设计主流。1930年，刘敦桢应邀北上与梁思成先生共同组建中国第一个建筑学术研究团体——中国营造学社，从此转向纯粹的建筑历史和古建筑研究。在中国建筑史上，刘敦桢与梁思成齐名，是最早研究中国建筑史的两位重要人物，被誉为“北梁南刘”。在中国建筑发展史上，刘敦桢与吕彦直、童寯、梁思成、杨廷宝被合称为“中国近现代建筑建筑五宗师”。

刘敦桢在任教的湖南大学土木系中创建了建筑组，这是湖南大学建筑学科的起始，也是目前已知内地最早的建筑学科之一。1930年离开长沙时，他又向湖南大学推荐了在日本留学时的师兄、在上海一起开办过“华海建筑事务所”的柳士英，来接替自己的教师职位。刘敦桢、柳士英和另一位湖大土木系教授蔡泽奉，在20世纪30—50年代，设计建造了包括二院、科学馆、工程馆、大礼堂、老图书馆、胜利斋教工宿舍、第一学生宿舍、第七学生宿舍、老九舍的湖大早期建筑群。2013年5月，湖南大学早期建筑群被公布为全国第七批重点文物保护单位。（图48）

图49 柳士英

（二）柳士英

柳士英（1893—1973年），江苏苏州人，1920年毕业于东京高等工业学校建筑科。1922年在上海与刘敦桢等组建"华海建筑师事务所"，1923年在苏州工业专门学校创办建筑科，为我国近代建筑教育之开端。1934 年，由刘敦桢力荐，当时湖南大学土木系主任唐艺菁亲赴上海相邀，柳士英来湘，任教于湖大土木系，从此再未离开。在此后漫长的40年中，柳士英对湖大校区进行了多处修葺、扩建和规划，对教学区、风景名胜、宿舍、实习工厂统筹安排，使“山灵虽奇，得人文而显”，奠定了湖大校园之良好雏形。其中，工程馆、学生七舍、学生一舍、学生九舍和图书馆、大礼堂，都是柳士英的经典之作。作为一名现代主义建筑大师，柳氏作品带有强烈的德国表现主义和维也纳分离派风格。如著名的“柳氏圆圈”，就是从表现主义的流动感造型演变而来的，在当时世界范围内也非常前卫。

1953年，国务院决定合并湖南大学、武汉大学等7所大学的土木系和铁道建筑专业，成立中南土木建筑学院，柳士英任筹备委员会主任。同年10月16日，中南土木建筑学院正式成立，柳士英任院长。中南土木建筑学院成为国家土建人材的重要培养基地，1958年学院更名湖南工学院，1959年又改为湖南大学，柳士英任副校长。传说中“湖南大学最有名是土木系”，就是这么来的。

作为湖南大学早期建筑群的三大构建者，柳士英尤爱简洁明了的早期现代主义，而早年的刘敦桢喜欢混合各种西洋建筑元素的折中主义，蔡泽奉则是一个不折不扣的西方古典主义推崇者。三人的不同追求，共同形成了涵盖西洋古典主义、折中主义、早期现代主义及新民族形式等建筑风格的湖南大学早期建筑群，而这也正好与中国近现代建筑风格的发展演变同步，是中国近现代建筑史的缩影。（图49）

图50 周凤九

（三）周凤九

周凤九（1891—1960年），湖南宁乡人，公路工程专家，周光召之父。1915年，在湖南省高等工业专业学堂土木科毕业后，曾在长沙湘雅医院及光华电灯公司任工程师，从事土木建筑工作。在当时社会思潮影响下，他抱着“工业救国”的目的，于1920年远涉重洋，赴法国勤工俭学。1923年毕业于法国巴黎土木建筑学校后，又到德国柏林大学及比利时岗城大学进修。1925年学成归国。周凤九毕生从事中国公路建设及教学工作，曾筹划、主持建设中国中南、西南地区的多条干线公路，主持设计、施工多种结构形式的永久式公路桥，对中国公路初期的发展和技术提高作出了贡献。

明德中学乐诚堂是这名桥梁专家少有的房屋设计。1932年，周凤九受胡元倓校长之托，设计建造明德学校教学大楼。这幢中西合璧的经典建筑，是当时长沙最早的钢筋混凝土框架建筑。抗战时期乐诚堂曾遭日军飞机轰炸，日军的炸弹仅仅炸烂了屋顶，可见大楼建筑质量是何等好。（图50）

（四）美国建筑师墨菲

亨利·墨菲（Henry Killam Murphy，1877—1954年），美国建筑设计师，曾在20世纪上半叶在中国设计雅礼大学、清华大学、福建协和大学、金陵女子大学和燕京大学等多所重要大学的校园，并主持了南京的城市规划，是当时中国建筑古典复兴思潮的代表性人物。

1915年，墨菲获聘设计湘雅医院大楼。为了保持原汁原味的中国传统建筑风格，墨菲设计除采用中式大屋顶外，还用混凝土仿造中国的木斗拱和柱子，用铁件制造中国的花格窗，墙身用红砖砌筑。1917年，湘雅医院大楼（俗称“红楼”）建成。此后，湘雅医院陆续兴建的几栋红楼都模仿墨菲建筑的格局，砖木结构的红砖清水墙，歇山屋顶，顶面以钢筋混凝土紧固，在采用西方建筑构图的同时，通过局部点缀中国传统式的小构件、纹样、线脚等来体现中西结合。湘雅医院红楼是当时中国最漂亮的医院，也是现今国内保存最完整、体量最大、最具特色的现代医院建筑。墨菲对“中国古典复兴”式建筑的探索和实践，也极大地影响了近现代中国第一代建筑师。

图51a 1914年美国建筑师墨菲与胡美在研究湘雅医院建筑设计方案

1948年起任湘雅医学院院长的凌敏猷在《从湘雅到湖南医学院》一文中描述湘雅医院红楼：金色琉璃瓦，红白相间群墙，掩映在江南郁郁苍苍的绿色中。这座融合了东西方韵律的湘雅红楼，犹如镶嵌于古城中的一幅至美的画。当年的老人这样回忆：绵绵湘水绕城而过，船家由北沿江而上，看到湘雅医院的这栋红楼，便知是到了长沙。（图51）

图51b 墨菲设计的湘雅医院红楼

（五）梁思成

梁思成（1901—1972年），广东新会人，梁启超之子，中国著名建筑史学家、建筑师、城市规划师和教育家，一生致力于保护中国古代建筑和文化遗产，是古代建筑学科的开拓者和奠基者，著有《中国建筑史》《中国雕像史》，被誉为“中国建筑史上的一代宗师”。

梁思成与长沙有过短暂的交集，1937年10月，梁思成、林微因一家曾辗转流亡到长沙，在日机轰炸下，度过一段难忘岁月。中南大学和平楼、民主楼的设计应与梁思成有密切关系。当时，清华大学为准备南迁，选址长沙岳麓山，建造和平楼、民主楼作为校舍，由上海的华盖建筑师事务所设计。华盖建筑师事务所的3个合伙人赵深、陈植、童隽都与梁思成关系非浅，他们都毕业于美国宾夕法尼亚大学建筑系，是梁思成的“学弟”，陈、童还同为梁思成邀请，曾到梁所在的东北大学建筑系任教。而在他们为清华大学设计和平楼、民主楼时，梁思成又是当时的清华大学建筑系主任。

此外可以确定的是，今天中南大学的布局是梁思成所构设。据《中南矿冶学院的“清华”情结》一文所述，1952年成立矿冶学院时，首任校长陈新民在确定校门之前曾派人去清华大学找当初设计“长沙临时大学”的梁。梁说，中南矿冶学院的大门宜取和平楼和民主楼之中轴线，这条线正对着北面的虎头山，按照这种地形布局因空气对流适度而有利于教职员工身体健康。于是，陈新民就敲定了中南矿冶学院的主体建筑沿着这条中轴线展开。（图52）

图52 梁思成

结 语

这次展览由一条主线和两条副线构成：中山亭是主线；一部分具有代表性的同时期公共建筑如商场、邮局、学校等以及近现代为长沙城市建设作出过卓越贡献的建筑设计师为两条副线。在展览方向上，本次展览系从历史文化和建筑专业两个向度切入，在呈现建筑所蕴含的历史文化内涵的同时，也展示和阐述建筑的类型、风格、美学特征等，具有一定专业性。

实际上，做一个以中山亭为轴心的长沙近代公共建筑巡礼展，呈现它们历经时光洗劫而不减的沧桑之美，构想虽不算新颖，但还是很有意思的。对于长沙这座城市，这是一次具有人文关怀的回顾；对于市民而言，也具有一定的亲和力和吸引力；对于我们来说，则是一次有意义的尝试。

此次展览，得到《中国建筑文化遗产》副总编辑殷力欣先生，长沙市文史专家陈先枢先生，湖南大学建筑设计学院副院长柳肃先生，《长沙晚报》任波先生，20世纪60年代长沙市图书馆第一批馆员曾朝晖女士、罗学新女士等的大力支持，尤其是《中国建筑文化遗产》副总编辑殷力欣先生，拨冗撰写了本次展览的导览文字，并亲临现场指导，在此一并深表谢忱！

" Zhongshan Pavilion—A Pilgrimage to the Modern Public Buildings of Hunan with Zhongshan Pavilion as the Axis" Preface for Exhibition

“中山亭——以中山亭为轴心的湖南近代公共建筑巡礼”展览前言

殷力欣*（Yin Lixin）

《中国建筑文化遗产》副总编辑殷力欣与湖南大学柳肃教授等在“巡礼”展上

建筑，作为一个社会生活中不可或缺的实用性很强的艺术门类，是一个时代美学追求与工程技术水平的结晶；同时，建筑作为与国计民生息息相关的社会生活场所，又是一个时代的文化载体；又因其建造与使用均历时久长，从而积淀着一系列或隐或显的历史信息。或者说，建筑既是文化的产物，又是文化的载体。因此，如果我们把目光专注于一个地方特定时期所产生的一处或多处建筑物，则我们所面临的，必定涉及那个地方那个时代的文化，以及创造那种文化的人们的生存环境、所思所想。

今天，观者朋友们来到这里所看到的这座建筑——长沙中山亭（实物现状、现状照片以及历史照片），就是集一个特定时期生存状况、所处时代文化状况以及其历史走向信息于一身的历史建筑典范。

图1 中山亭侧立面

长沙中山亭诞生于史称“民国黄金十年”（1928—1937年）时期的1930年。其前身是清提督衙门府所驻扎先锋卫士营，是年建造与主楼相连的钟楼，形成今日所见的建筑外观，为纪念孙中山先生而命名为中山亭。从艺术风格上看，此建筑应归属于起源于欧洲中世纪的“市政厅建筑”，但设计者舍弃了这类建筑惯常采用的或巴洛克或哥特式的华丽装饰成分，而追求一种朴实无华的简约造型。这样的艺术形式选择，是与时代风尚息息相关的：那一时期，西风东渐，学习西方的先进技术与现代文明理念为大势所趋；而针对百业待兴的现状，崇尚简约实用，力避铺张，也自是时代要求。

此建筑高16米的钟楼装配德国电动标准时钟，是那个时代长沙市民校正时间的公共标准，而主楼上层之民众茶园、附楼之市立民教育馆（设有书报阅览室和游艺室）以及周边之街心绿地，供市民驻步休憩，更是文化启蒙场所，展示出长沙市民新的生

*《中国建筑文化遗产》副总编辑。

活方式与追求。以此街心绿地所矗立的这座建筑为轴心，与周边湘雅医学院、中山纪念堂等众多新式建筑以及长沙文庙等传统街区，相辅相成、交相呼应，形成此地区此时代奋发图强而有传承有序的新湖湘文化氛围（图1）。

也正是曾经拥有这样的一个有别于晚清民生凋敝的一派欣欣向荣的历史背景，长沙在之后的抗战时期历经“四战一火”的毁灭性兵燹，就尤其令人痛心疾首。而侥幸于兵燹中幸存下来的中山亭、中山纪念堂、湘雅医学院主楼以及传统街区之文庙牌坊等，就尤其令人庆幸万分（图2）。

追忆往昔，这些珍贵的历史建筑，向后人陈述着至今已鲜有记忆的历史细节：当民国初立之际，1916年建成的湘雅医学院主楼，系美国建筑师墨菲尝试将中国传统建筑样式与西方建筑技术相融合，以中国大屋顶的立面形象屹立百年，装饰细节也多采纳中国传统，甚至其瓦当采用了象征湖南的芙蓉图案，构架为西式桁架，为降低造价成本计，未使用钢桁架而用圆木架构（图3）；1927年所建中山纪念堂，有气势恢宏的爱奥尼克柱廊，而中式四阿屋顶与之协调搭配，不显生硬，更早于南京中山陵祭堂问世，或可称为吕彦直“中国固有式建筑”之先声；加之上述简约的市政厅式建筑——中山亭，可实证当时的长沙建筑界学习西方而不盲从其事。还值得留意的是，辛亥之初曾在城外岳麓山建五轮塔，以藏传佛教建筑形象暗喻民族共和，其立意新颖，而设计者之视野开阔，更值得称道（图4）；至于传统建筑方面，劫后幸存者已极为罕见，但零散构件遗物中却发现若干抗战题材的装饰木板，可以想见当年湖南人民是充满了锐意图新的精神和十足的民族自信去重建家园的（图5）。

昔人曾有诗曰，“若道中华国果亡，除非湖南人尽死”。当我们驻步于湖南大学校门，凝望着湖大图书馆残存立柱之际，此时此刻，当我们步入中山亭展厅回顾每一帧历史建筑影像之际，我们很真切地感受到：这种湖南精神写入先贤诗文之中，也由这些历史遗迹铭刻为不朽的丰碑。

很遗憾还须赘言一句：上述珍贵建筑实例中的中山纪念堂，已于20世纪90年代被拆毁。扼腕叹息之余，提醒我们当倍加珍爱中山亭等幸存至今的建筑遗产。

图2 抗战硝烟笼罩着的长沙

图3 湘雅医院主楼现状、梁架和瓦当

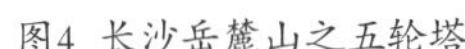

图4 长沙岳麓山之五轮塔

图5 传统民居之抗战题材装饰

Commemorating He Zhenliang with Two or Three Things

二三事忆何振梁

马国馨*（Ma Guoxin）

何振梁先生（摄于2001年2月22日，北京饭店）

又到1月4日了，不由得让我想起两年前的今天因病在北京去世的一位85岁的老人，他就是曾任国际奥委会副主席的何振梁先生。何老是政府官员，又是公众人物，尤其在两次申办奥运会过程中，他的功绩有目共睹，但随着他的去世也在传媒上出现一些议论。我和何振梁先生认识，也有过一些交往。他给我的印象很好，不像有些官员那样官气十足，更像一个儒雅、谦和的文人，所以他去世后我一直想把我所经历的几件事写出来，以表达对这位老人的崇敬和怀念。

我是北京市建筑设计院搞建筑设计的，由于参加亚运会的工程建设和后来申办奥运会的筹备工作，和体育有了一些交集，而要了解国际体育组织的规则和要求就必然会知道和认识何振梁先生，尽管最早的联系是间接的。1974年我国重返亚运会，在1982年新德里亚运会上一举打破日本运动员独霸亚运会的局面后，即准备在我国举办亚运会，并在1983年9月取得了第十一届亚运会的主办权。自1986年2月可行性研究报高批复以后，亚运会工程指挥部正式成立，亚运的各项设施建设进入具体实施阶段。当时需要新建场馆总建筑面积23万平方米，运动员村52万平方米，还有配套的居住小区110万平方米，北京市建筑设计院承担了其中的13个子项，我则参加并负责新建有田径场、游泳馆、体育馆和曲棍球场的北郊体育中心的设计。当时的通信手段并不是特别方便，院情报所从国外建筑杂志上整理了一些照片和图纸资料，我也曾考察过国外的一些体育设施，但对我们参考价值最大的还是总指挥部规划设计部副部长周治良（为我院副院长）先生从国家体委何老那儿借来的奥运会举办之后慕尼黑、蒙特利尔、洛杉矶组委会向国际奥委会提供的报告书（OFFICAL REPORT），每个国家都是厚厚的几大本，周总还特地叮嘱我们，这些报告十分珍贵，全国可能只有何先生这儿保存的一份，让我们赶紧复印了就交回去。报告实在太厚了，我们只能找最有用的地方复印，每个城市都有几百页，但是详尽地记录了奥运会的比赛、训练设施、运动员村等的建设情况、赛时的使用情况、各部分的面积分配情况。像运动员村详细记录了从开始入住到全部离开时每天的使用情况、餐饮供应、入住人数等等。对我们研究和分析各单项体育组织的要求、比赛和训练的基本要求等有很重要的借鉴作用，这样基本能做到知己知彼，对做好设计的信心就更足了。后来已经记不清是什么时候在指挥部的会议上见到何老并有了一些交谈。

几乎与此同时，我和北京国际经济合作公司一起曾去刚果（布）考察，公司准备在那里开展一些承包工程业务。因为地处非洲中西部的刚果人民共和国在刚果劳动党领导下，政局比较稳定，这里资源（石油、木材、运输）丰富，又是自由外汇区，西非法郎与法郎保持固定比价，可以自由汇出（不像有的国家有种种限制）。刚方提出了如道路、排水、城市垃圾等基础设施和一些建筑方面希望合作的项目，对此中方进行了技术考察。北京公司之所以如此，是因为当时得知刚果驻华大使冈加（GANGA）（刚驻华大使馆翻译为荆加），有意在家乡布拉柴维尔建一所自用住宅，北京公司想以此工程为突破口，通过为他施工以开展业务，所以在与大使讨论多次后，也踏勘了准备建设住宅的用地，并在当地与回国的冈加大使进一步讨论。到1986年2月，大使任届期满，在19日中午举行告别酒会，给我发来请帖。去赴会时才发现何老也在场。原来他和大使也是朋友，何老告诉我，大使是非洲体育界的名人，最近刚果足球队在非洲杯足球赛上的成绩不好，所以总统要把冈加大使调回去当体育部长。大使回国后我们把他的住宅完成到初步设计，后来通知说因资金不足，付了设计费后把工程就停了，此后就没有什么消息了。又后来才知道冈加是国际奥委会委员，曾是非洲最高体育理事会的负责人，第一届非洲运动会就是1965年在刚果布拉柴维尔举行的，他本人在非洲体育界很有影响，所以我想何振梁先生也是在多交朋友、多做工作的原则下，争取更多的非洲国家对我国体育的支持。在我国申办2000年

* 中国工程院院士、全国工程勘察设计大师。

奥运会时，1993年9月仅以2票之差失利，当时非洲朋友的支持还是十分关键的。但后来在国际奥委会决定盐湖城的冬奥申办权时，十几位国际奥委会委员出了受贿的事，冈加和一些委员听说被除了名，但何老在这一事件中，清白正直，与之毫无干系。正如他自己所说：“别忘了我早就是国际奥委会里公认的不可收买的人。”

我国第一次申办2000年夏季奥运会时，同样得到了何老的大力支持。当时我们设计院承担了向国际奥委会提交申办报告中篇幅最大的主要部分，即有关奥运设施和运动员村的情况介绍，这时又是周治良总从何老那儿借来了此前申办过奥运会的城市，如巴塞罗那、首尔、亚特兰大，还有一些申办未成功的城市的申办书，这样我们不仅知道了申办书所需的内容、表现方法、简繁程度的情况，也为我们的申办书提交之前需各单项国际体育组织审核同意打下了基础。记得何老还专门建议我们把新建五棵松体育中心命名为21世纪体育中心，以示“面向未来新世纪”之意，他说这是听取了南斯拉夫一位国际奥委会委员的建议。我们也深深体会，何老是十分用心的人，他保存的许多资料不仅是对体育界有用，对我们建筑界来说可能更加珍贵。因为体育界人士去国外参加体育会议和体育比赛的机会很多，会接触到很多与赛事举办、设施介绍等方面的资料，国家体委中大多是从事体育工作的，可能对此不太关心。但也有关注这方面情况的人士，如楼大鹏、潘志杰、徐益明等人，我们在申办亚、奥运会，具体场馆设计上得到他们许多的指点和帮助。但同时也听到许多参加国际体育赛事的体育界人士并不关注有关硬件建设的情报，常常因为这些资料很重不好带，就扔在旅馆不要了，让我们觉得太可惜了，如果带回来肯定会发挥更大作用的。

此后在做了充分准备的基础上，北京又投入了申办2008年奥运会的战斗，在筹备申办和国际奥委会考察团来京考察时，又多次遇到何老，也留下了他和我一起的宝贵合影（虽然对焦不那么清晰）。此后为奥运会主会场的设计举办了国际设计竞赛，在听说将要选定现在的“鸟巢”方案时，我有些不同想法，于是在2003年4月23日给何老写了一封信（该信于2007年正式发表时只写了XX同志），该信的全文如下：

振梁先生：

您好，久未问候，近日北京“非典”猖獗，还望多加保重。

最近听说国家体育场已选定瑞士建筑师的“鸟巢”方案，对此案我一直没公开谈自己的看法，一来没仔细看过方案的图纸，没有太多发言权，二来我院也参加了设计竞赛，总还有些干系，所以也没有过多关注。但最近陆续看了报上有关此方案的报道，犹豫了好久，觉得有些问题还是想向您反映一下．因为我们相识多年，我一直很敬佩您的为人，好像不谈太不负责任。

作者与何振梁先生（左）合影（摄于2001年2月22日，北京饭店）

一、瑞士“鸟巢”方案造价畸高

从报上和有关方面获悉，瑞士“鸟巢”方案的造价为38亿元人民币，其中开启屋盖部分造价2亿元，亦即体育场除掉开启屋盖外，还需36亿元人民币造价。按8万观众计，每座观众的造价为4.5万元，相对于国际、国内而言，价格都高得离谱。虽然有一部分商业和车库面积，但和其他方案相比，据称造价要高出10亿元之多。

以国内而言，广东奥林匹克体育场是2001年才投入使用的容纳8万观众的体育场，其造价实为15亿~16亿元人民币，按15亿元计算，每座造价为1.87万元.

以国际而言，悉尼奥运会的主体育场容纳8万观众(赛时10万)，总造价4.83亿澳元，按今日汇价计合人民币24.4亿元，合每座3万元。

从以上总价和单价分析，瑞士方案的造价均过高，即以他们自己为德国慕尼黑世界杯设计的新体育场看，总造价为2.85亿欧元，合人民币25.6亿元，与悉尼奥运主会场相近，虽然总座位数不太清楚，但从三层看台的剖面看，人数也不会少于7万座。

北京奥运行动规划中提出场馆的设计原则为“坚持勤俭节约，戒奢华浪费”，虽然国家体育场是奥运会的重点，可以多花一点钱，但广东和悉尼体育场的标准已经不低，从场地、彩屏、挑篷、外观到附属设施等都达到了较高水准，在此标准基础上还要翻番，既不符合体育建筑个性，容易留下后患，也不符合国际奥委会的精神，难于向国人交待。

作者与何振梁先生（左），金磊摄于2006年10月30日

二、瑞士“鸟巢”方案缺少创造新意

在国家体育场的评选过程中，据报道评委们认为“鸟巢”方案“造型独特”，是“从来没有看见过的”，实际上这是对国际体育场设计的信息了解不多所致，就是这家瑞士建筑师为德国世界杯慕尼黑赛场所设计的方案即和“鸟巢”大同小异，相差无几，只不过慕尼黑赛场的外形更为科学和理性，构架十分规则，不像“鸟巢”方案那样增加了许多无用的杆件，与之相比后者似乎创新点不多。而且慕尼黑的体育场将在2005年完成，于2006年投入使用，那时抢先在全世界观众面前亮相，而北京的奥运主场在两年之后再亮相，对世界各地观众来说，已经没有什么新鲜感和冲击力了，对此我们不能不加以考虑。

我们在采用外国建筑师的方案时经常遇到这种情况，外国建筑师就是这么一个套路，但我们有选择的主动，花钱也要花得明白。不要像上海浦东机场那样，现在的实施方案实际是法国建筑师安德鲁在瓜德罗普的皮特尔角城机场的翻版“二手货”。我们如果在国家体育场的选择上再走这样的老路，费了半天劲，结果物非所值，名实不符，让外国建筑师轻而易举地把国人的血汗钱赚走了，那就得不偿失了。

三、还是要有民族的自信

我不是狭隘的民族主义者，也坚决支持通过开放、交流、学习，提高我们的技术水平。但在奥运会这个展现我国经济、技术、组织水平的绝好机遇，在向全世界展现我国综合国力的十分敏感的问题上，我认为还需要多一点民族的自信。

自二战至今已举办了14届奥运会，其奥运会的主会场绝大多数都是由主办国的建筑师自己设计的，特例有二十二届蒙特利尔奥运会请了法国建筑师，可能是因为蒙特利尔是法语区的缘故；二十五届巴塞罗那主会场的改造是请的意大利建筑师；此外将要举行的第二十八届雅典奥运会主会场是德国建筑师在1982年设计建成的，现在由西班牙建筑师来设计增加挑篷，仅此而已。2002年世界杯日本和韩国的主赛场也都是本国建筑师设计的。我们选定的“鸟巢”方案虽然也有中国建筑师的合作，但并没有独立知识产权，起不到主导作用。我们在奥运行动规划中再三说要“集成全国科技创新成果”“使北京奥运会成为展示高新技术成果和创新实力的窗口”，现在在这样瞩目的项目上不知在展现谁的实力。

在当前险恶的国际形势下，中国人民的志气和自信心还是要提倡一下，就像我们的“神舟’航天，尽管我们比美国的技术还有不少差距，但依靠独立自主，自力更生，就振奋了我们的民族精神。我们在如何办一届“最出色的奥运会”的认识上也要更结合我们的国情，更体现人民的利益和愿望，更好地表现我们的生产力，创造我们的先进文化，包括建筑文化，从而增强中华民族的凝聚力和自豪感。

上面的提法可能有人认为是“上纲上线”，但举办奥运世人瞩目，国人更是满怀希望，坦白说此前五棵松体育中心的选定方案也不甚理想。但像国家体育场这样举足轻重的工程，在决策时还需三思。

因为您是老领导、老朋友，对国际奥委会和本国奥组委的情况都熟悉，所以本着知无不言的精神提出

2006年，马国馨院士专著出版座谈会合影。前排右五为何振梁

些观点，供您参考。以上看法纯属个人行为，与本人所在单位无关。因情况了解不多，故片面及错误之处肯定很多，还望原谅。

顺颂

春祺

马国馨 敬上

2003年4月23日

信发出后不久，就接到何老秘书的电话，说何老同意我的观点，但何老已经退休了，也说不上话了。后来又在报上看到何老发表的称赞“鸟巢”方案的发言，我就有点奇怪，他怎么会这样？后来在2009年看到对何的一次采访，才对他当时的处境有所了解，也才理解他为什么那样讲了。但我还是收到了首规委负责同志的电话，这个电话谈了近40分钟，负责同志说（大意）：对你提的三条，第一条我们感觉也是有些贵，正在想法解决（事实上后来曾多次“瘦身”）；第二条和德国的安联球场我看还不那么像；第三条已不好改了，我们在以后的场馆中会注意尽量让中国建筑师设计。记得在后来奥运会开幕式的执导上，还有人要邀请美国电影名导斯皮尔伯格来操刀，幸好美国导演拒绝了，如果开幕式真要是外国人来执导，那中国人的脸面往哪儿搁呢？

此后在《三联生活周刊》2009年11月20日一期上，看到对何老在9月11日接受采访和对他的处境和种种传说的说明，何老接受采访时说：“只此一次，以后我再不回应。”使我对何老的处境有了一定了解：有关领导几次在会上公开点他的名，他在国家体委的处境并不是那么理想，尤其是申奥成功以后，所以为什么会在收到我的信以后他那样回答也就容易理解了。何老在答记者问时说：“就我个人感觉来说，申奥成功之后（和领导的）这种关系就开始起变化了。”“细心人可能会注意到，申奥成功之后，我没有随大队人马一起回，而是和老伴悄悄回来的，我就是生怕让别人感觉我抢了他们的风头，‘功成身退’，实际上‘功成’时，我都已退休这么多年了……”有人仍在文章中讥讽说：飞地球16圈几十万公里算什么，用英、法两种语言可以跟人家聊天，有什么了不起，说媒体定向地把“体育外交家”头衔栽到他头上……这些话充满了“酸意”。我想起有一次在中国科协常委会上，曾讨论到我们如何在国际组织中发挥作用，在争取话语权的问题上，我以自己的体会作了一个发言，以我们国际建筑师协会为例，当主席的并不是世界上最优秀的顶尖建筑师，他们忙于自己的业务，根本无暇顾及到别的事情。关键首先要有国内的支持，外语要好，要有组织和活动能力，要在个人交往的过程中培养个人感情，争取各国的支持，另外还要有时间、有经费经常去参加这些组织的各种会议，久而久之才能争取成功、争取话语权，这些条件缺一不可。回想当前我国参加的各种国际组织中，据我所知在国际奥委会的何振梁先生可以说是运作得最成功的一位，他从1981年当选国际奥委会委员，1985年当选奥委会执委，1989年度当选国际奥委会副主席，几十年来在提高中国体育在国际奥委会的地位上，他功不可没，这和他的个人魅力、他的工作能力和对奥林匹克运动的热情有关，也和他与萨马兰奇、罗格等历届奥执会的领导的良好个人关系有关。不可否认，从大环境上首先和国家的实力和威望有关系，但同样的大环境下，其他的中国奥委会委员，其他国际组织中的中国代表为什么没有何老这样的地位和威望，没有取得何老这样的成就，也还是值得深思的。

最后要提到的与何老的一次交往就是2006年了，为了总结自己在体育建筑设计上的心得，我把历年发表过有关体育和体育建筑的论文合集，出版了一册42.5万字的专集《体育建筑论稿——从亚运到奥运》，10月30日在北京建筑设计研究院召开了出版座谈会，有建筑界、体育界的40多位人士参加，其中年龄最大的就是同为77岁的体育界的何振梁先生和建筑界的周治良先生。在会上何老做了热情的讲话，他强调：“体育事业发展，体育建筑才能蓬勃发展，而更大的前提是国家要发展。”他回顾1970年巴基斯坦无力承办亚运会时，组委会希望改在中国举办，但那时我们还没有像样的体育设施，所以放弃了那次机会。何老认为：“体育建筑不仅和体育有关，也是国家不同时代发展的一个标志，当年我国为承办亚运会建设的体育建筑，现在从外观来看，仍然代表了20世纪90年代非常优秀的建筑精品。”何老特别指出：“建筑是一种美，必然是跟它所处的时代、人们对艺术的审美以及经济的发展紧密结合，现在的奥体中心仍然是非常美的建筑群。”针对全国各地争相建设体育场馆的现象，何振梁说：“不应迷信洋人，我们要吸收国外先进的东西，但不是所有的洋东西都适合我们的国家。体育设施不仅为了体育活动用，同时它还应带有我们时代的印记，既要有形式上的美，适应竞赛的需要，又要在赛后能服务于百姓，兼顾艺术与工程两方面的因素。”从这里听到了体育界的一位老人的心声，他不仅关心中国的体育事业，同样关心中国的体育建筑事业，他对于中国体育建筑事业所做的贡献和努力同样不应为人们所忘记！

何老曾被外国体育刊物评为全世界最有影响力的十大体育领导人之一，报道认为：“何在国际奥委会的地位、威望、影响、经验及语言能力，为北京夺得2008年夏季奥运会主办权，发挥极其重要的作用。”萨马兰奇先生评价何老：“在将近半个世纪的岁月里，你始终不渝以你的热情和经验，为你的国家和奥林匹克运动服务，身体力行地发扬体育的基本价值——尊重、相互理解、宽容、团结和荣誉。”国际奥委会为何老的去世降半旗三天，这是对把一生精力都贡献给国际奥林匹克运动和中国体育事业的何老最公正、准确的评价。而我在他去世两年以后，写这篇短文的目的之一也是想说明：我们也是不会忘记他的。

2017年1月4日—1月7日 于北京雾霾之中

Brief Revisiting Record of Beijing-Zhangjiakou Railway

京张铁路重访纪略

*CAH*编辑部（*CAH* Editorial Office）

10年前，《建筑创作》杂志社与中国文物研究所（今中国文化遗产研究院）文物保护传统工艺工作室合作，组成了"建筑文化考察组"，数年来足迹遍及中国和日本多地建筑文化遗产，截至目前已出版五卷《田野新考察报告》。2006年9月28日，初成立的小组因适逢京张铁路修建百年，遂将第一次考察定为"京张铁路沿线重要建筑历史遗存调查"，对京张铁路沿线榆林堡、鸡鸣驿、下花园石窟以及张家口市区大境门、关帝庙和宣化区古城进行了为期两天的踏查，并撰写《京张铁路历史建筑调查纪略》一文，发表于《田野新考察报告》第一卷。

10年后的今天，建筑文化考察组依然存在并行动着，但主持者已变更为《中国建筑文化遗产》编委会，而原重要成员刘志雄、温玉清二先生竟先后因病谢世。为了纪念与缅怀，考察组于2016年10月27日再次寻访京张铁路。参加者计有：《中国建筑文化遗产》总编辑金磊、副总编辑韩振平、殷力欣、李沉，中国文化遗产研究院研究员崔勇，《中国建筑文化遗产》编委耿威，天津大学建筑学院博士研究生耿昀，《中国建筑文化遗产》编辑部苗淼、朱有恒、陈鹤、董晨曦等。

一

一行人于清晨6点48分从北京北站乘车，沿着历经沧桑的中国第一条自主设计施工的铁路线——京张铁路一路向西，抵达张家口，并对市区几处文物进行短暂的考察。令人感怀的是，这次纪念之行还成为对

图1 今日的西直门火车站——原京张铁路起点

百年京张铁路的告别之行，就在几天之后，北京北站（原京张铁路西直门车站）停止运营，并重新进行改造。开始投入建设的新的京张高铁将继续从这里出发，以更快的速度带我们穿越燕山与太行山脉，从华北平原去往西北高原。

在丰沙线开通之后，老的京张线早已不再有昔日的繁忙。在这个追求效率的时代，人们渐渐仅将火车视为不断实现更高速度的交通工具，却俨然忘了火车之行也是一场人对自然的体验之旅。当我们在车厢老式的绿皮座椅各自就位后不久，火车缓缓发动。窗外城市的高楼渐渐退后，郊区低矮的房屋开始从晨曦中苏醒，直到南口站的时候，大家心里做好了开始“探险”的准备。从南口到八达岭长约40里的陉道[①]，是华北最大的两座山脉——燕山与太行山的交界处，自古就是北方部族南下华北平原的交通要道。这条陉道属于“太行八陉”的最北一条，俗称“关沟”。其中“关”自然指的是设在这一要道上的大名鼎鼎的关城——居庸关。早在秦时居庸关就被称为“天下九塞”之一，元明清三朝时，更成为一国之都的西北大门，与东北方向的门户古北口一同守卫京师的北面安全。火车从南口开始进入峡谷，两侧窗外是连绵的群山，绕过居庸关长城的烽火台，不久就来到了著名的青龙桥站，在这里由于地势高峻，詹天佑创造性地设计了“人”字形铁路，火车在两道重叠处进行了首、尾车头的交替，面对面乘坐的旅客也跟着有了顺行和逆行的互换。火车继续向西北行驶，出了八达岭，视线豁然开朗，路过榆林堡，我们还在回味着之前窗外高耸的崖壁，倏然发现大片的水面映入眼帘，此时的火车正行进在官厅水库[②]架起的铁路桥之上。从西边流入的洋河与桑干河在这里汇成永定河，继续向东南经过北京汇入海河。（图1~3）

火车驶出榆木堡所在的康庄镇，就进入了张家口市域。随着2022年冬季奥运会的申办成功，张家口作为与北京联合的举办城市，终于开启了这座塞外小城或许自1949年以来最快速的发展步伐。一个城市的诞生及命运源自于它的地理位置。1952年察哈尔省[③]建置取消，曾经的省会张家口被划归于河北省，与曾经的热河省会承德市一起，成为河北省两座被燕山—太行山山脉隔离于华北平原之外的城市。张家口市区地处于燕山余脉南麓的山凹盆地之中，三面环山，海拔500至1200米。作为重要交通线路上的城市，向北去往内蒙古锡林浩特，清代著名的“张库大道”即是从张家口市区出发，直达蒙古首府库伦（今乌兰巴托），后延伸到俄罗斯恰克图，是为清朝唯一的陆路国际商道；向西去往内蒙古呼和浩特、包头；西南则连通山西大同，可以说所有西北方向线路以张家口作为枢纽与北京连接。在历史上不断发生的北方游牧民族入侵中原的战争环境下，张家口地区始终作为重要的战略前线和军事防卫区。从战国时期的燕长城开始，历代长城修建都囊括了这一地区。自明代开始修建了有史以来绵延最长，防御组织最完备的明长城，张家口的历史从这里开始翻开新的篇章。

在明长城沿线，明朝政府建立了九大边防军镇，史称“九边”[④]，其中的宣府镇（今张家口市宣化区）自唐以来一直是州置所在，统领了长城东起居庸关，西至西洋河（今大同东北）的区段。镇城是最高军事指挥官所在地，以它为中心，在长城内线的各个关口、市口、水口均设置有军堡。军堡按照规模和指挥层级又

①该段铁路在2013年被公布为第七批国保单位。

②官厅水库的建立主要为了解决历史上一直困扰的上游夏季洪水问题，目前对北京地区灌溉与发电也起到重要作用。

③辖境相当于今河北省张家口市，北京市延庆县，内蒙古自治区锡林郭勒盟大部，乌兰察布市东境。

④明隆庆三年《九边图说》中，九边包括：辽东镇、蓟镇、宣府镇、大同镇、山西镇、延绥镇、宁夏镇、固原镇、甘肃镇。

图2 康庄火车站

图3 考察组一行在绿皮火车上

分为路城、卫城、所城、堡城、驿城和关城几个等级。宣府镇在嘉靖至万历朝，共有8个路城、6个卫城、1个所城、51个堡城[①]。张家口堡作为51个堡城之一，始建于宣德四年（1429年），最初只是守卫清水河[②]水口（路口）的堡城，距离长城仅3公里。堡城南北不足600米，东西不足400米，可容纳百人。今日的张家口市区（桥西区、桥东区）正是从这座昔日百人的戍边堡城，发展为今日市辖区建成区面积86平方公里，人口90.7万[③]的地级城市政府所在地。作为51座堡城之一的张家口在日后跃居宣府、万全县之上，成为该地区的建置中心，依旧与其地缘紧密相关。隆庆五年（1571年）明朝与蒙古达成和议，两地开始了近60年的互市。当时明朝开设市场11处，包括宣化府的万全、张家口。二者都紧临长城，并有道路通向内蒙古。贸易的发展直接带来了人口的增长和城市的扩建，万历二十八年（1600年）清水河上修建了普渡桥，以便商旅往来，万历四十一年（1613年），在张家口堡北边长城脚下，修建了新的来远堡，以保护马市[④]。同时万历年间，张家口堡内的建设也如火如荼：城墙包砖，修建玉皇阁、关帝庙、鼓楼（文昌阁）等，进一步完善了堡城内的各种配置[⑤]。自此，张家口在和平年代作为商埠，战争年代作为武城的角色一直持续到二战时期。

①李严：《明长城“九边”重镇军事防御性聚落研究》，天津大学博士学位论文，2007年，64页。

②清水河发源于张家口市区以北的崇礼县，从北向南流，穿过长城，纵贯张家口市区，其间有东沙河、西沙河汇入，至宣化区汇入洋河。

③数据来源《中国城市统计年鉴2015》。

④杨申茂：《明长城宣府镇军事聚落体系研究》，天津大学博士学位论文，2013年，108页。

⑤杨申茂，张萍，张玉坤：《明代长城军堡形制与演变研究——以张家口堡为例》，《建筑学报》，2012年S1，25-29页。

⑥数据来源《中国城市统计年鉴2015》。

二

火车终于在中午抵达了张家口南站，老的京张铁路终点站——张家口站几年前已经停用。如今在市区南部新建设了经济开发区，政府机构等也迁移到这里，出站后所看到的景象显然与十年前相比，变化很大。张家口的秋季年平均降水量仅37.9毫米[⑥]，我们的到来却赶上了一场大雨，给接下来的考察带来了不小的困难。下午的考察地就定在2013年升级为第七批国保单位的张家口堡，俗称堡子里。今日看来，这里的保护规划与修缮还亟待展开。汽车停靠在堡西路边，我们沿着泥泞的土路南行，先参观了位于堡城西南角的西关清真寺（新华街清真寺），这是全市影响最大的清真寺，始建于清同治二年（1863年），“文革”期间曾遭到破坏，近年重修，目前状况完好，依旧是当地教民进行宗教活动的场所。寺坐西朝东，寺门面阔三间，卷棚歇山顶，前后开敞，两侧院墙又各开门洞一座。寺门之内复有一座垂花门，进入垂花门即来到主体院落。院落内七开间的正殿前接三开间抱厦，抱厦开敞，可容纳信众在主殿外等候。正殿后再接三开间后殿一座，后殿正中升出一座望月楼，其八角攒尖顶穿出了后殿的卷棚屋顶，精巧夺目。主殿的侧后方还有一座二层重檐攒尖顶楼，低于主殿的望月楼，二者相互呼应。（图4~10）

图4 张家口堡子里街景1

图5 张家口堡子里街景2

图6 西关清真寺望月楼细部

离开清真寺，一行人沿着西侧堡墙北行。目前堡城的城墙仅留下西侧和北侧一段，裸露的夯土墙至今还暴露在风雨之中，我们从马道底街西口进入堡内，这也是目前景区的入口。街道路面近来铺设了方砖，但遇到下雨，便暴露出排水不畅的问题。通常军堡内的祠庙位置有相对固定的模式，中轴线的最北端是真武、玉皇庙，建在城台之上，成为全城的制高点。十字大街中央建文庙、文昌阁，与传统城中央的鼓楼合为一体。财神庙则建在堡中或堡外地势较高处。其他如关帝庙、奶奶庙、城隍庙之类明代地方常见祠庙则分布在堡中各处。如前文述，张家口堡在万历时期开始完善祠庙配置，规划方式基本遵循了固有模式。遗憾的是此次考察堡内各文物建筑暂不开放，可能相关部门正在计划修缮。堡内还存在一批清末所建的书院、将军府以及商号等建筑，体现了清代张家口贸易发展达到顶峰时的景象，同样也是保护的重点。除了公共建筑以外，堡子里一直都有百姓居住，而现存民居的状况堪忧。我们走访的几家，院落积水严重，房屋颓败不堪，如何在保留原有居民生活方式的基础上，对文物加以修缮，进而对公众开放参观，是值得思考的课题。

28日，晴空万里。被东、西太平山合抱的张家口犹如藏在蚌贝里的珍珠，在阳光下熠熠生

图7 张家口堡子里街景3

图8 西关清真寺庭院

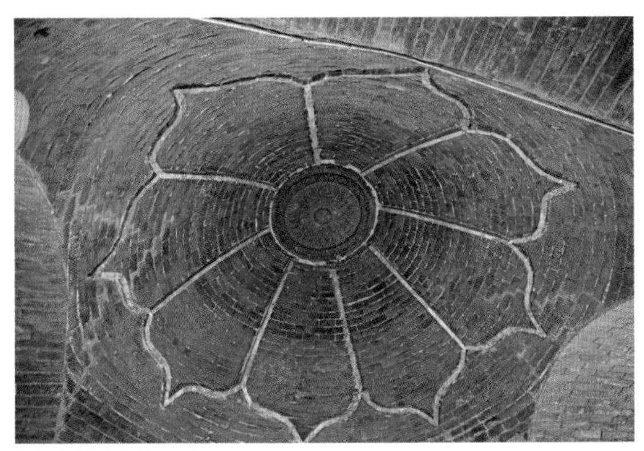

图9 西关清真寺主殿内景细部

图10 考察组一行在清真寺主殿抱厦合影

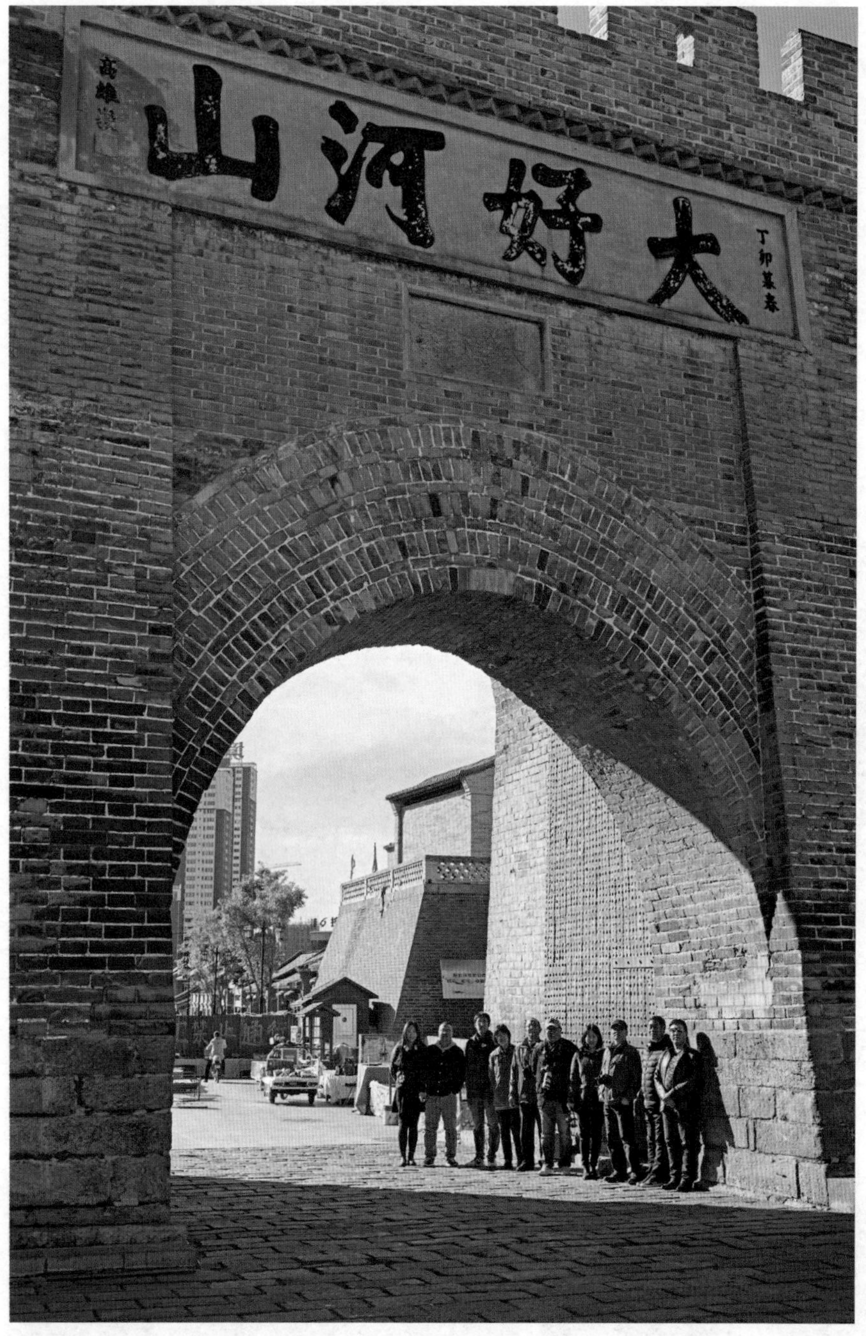

图11 张家口大境门长城1

辉。远处山顶戴着皑皑白雪，一条碧波在城市中央流淌。我们一早出发，第一站前往十年前的故地——大境门。清入关以后，进一步加强了与蒙古的贸易往来，顺治元年（1644年）清政府在明万历年间开凿的小境门[①]西侧长城城墙上开豁，建造了大境门，从此张家口成为比以往更加繁忙的朝贡、贸易重镇，漠南五旗由此朝京[②]，八大皇商的数家都在这里经营。雍正五年（1727年），中俄《恰克图界约》签署，批准两国通商，张库大道（张家口—库伦）进而延伸至恰克图，全长1400多公里，地跨今日中、蒙、俄三国。作为这条国际商贸大道的始发地，张家口自然会集了大量商人和手工业者。至民国12年（1923年），张家口人口达到127045人[③]，这其中有众多从晋陕“走西口”[④]来的移民。今日的大境门俨然已成为全市最著名的景点和城市标志。门南沿街的老建筑如今已经消失，取而代之的是新建的仿古建筑，当初商旅们牵着骆驼进入城门时的盛况还能从民国的照片中领略一二。比下堡（张家口堡）更为可惜的是上堡（来远堡）的现状。这座紧临城门的堡城内已经基本都是新建建筑[⑤]。这再次警醒我们对文物建筑保护观念的推广与重视是多么的急迫。（图11~12）

三

第二站的目的地是位于赐儿山山腰的云泉寺，现为河北省级文物保护单位。据《重修云泉寺》碑记载，云泉寺建于明洪武二十六年（1393年），民间传“先有云泉寺，后有张家口”[⑥]。赐儿山属于张家口西侧山麓，除了寺门坐南朝北，寺的整体组群均为坐西朝东，并沿山势层层向上分布。寺内现存建筑50余间，但都体量很小，寺内并存有多处清末民初的摩崖题记。值得注意的是，寺院位置恰在张家口堡的正西侧，大有俯视堡城之势。如果确如记载所言，先有云泉寺，那么张家口堡的选址势必参照了这座地方最早寺庙的地理位置。2007年，该寺在寺院北部山坡扩建了一组朝向东北方（大境门方向）的建筑群，规模很大，占地1万余平方米，包括山门、天王殿、大悲殿、大雄宝殿及配殿。崭新的黄琉璃顶的高大建筑群将旧寺的灰瓦小殿遮挡在身后，仿佛一座皇家寺院被发配到了这个小城。（图13~15）

从云泉寺出来，我们去了张家口的市中心——展览馆。展览馆坐落于张家口堡东侧，沿清水河西岸建造，方位坐西朝东。据考证，堡城曾在嘉靖八年（1529年）“展筑关厢”，而今日展览馆所在的位置正是位于关厢之内[⑦]。展览馆建于1968年，新成立的河北省委员会通过了《关于隆重举办毛泽东思想胜利万岁照片展览的决定》，决定在石家庄、唐山、邯郸、张家口和保定兴建大型“毛泽东思

①小境门，又称西境门，在今日大境门东侧，高3米，宽1.62米，开凿于明万历年间。
②《清代张家口城市功能考论》。
③路联逵：《万全县志》，1934年，张家口统一商行印刷部。
④“走西口”指清代山西、陕西、直隶人向陕西神木、山西杀虎口、张家口等长城沿线商贸孔道移民，并通过这些地区转移至内蒙古。
⑤对于清代来远堡及张家口的建置，可参考《清代张家口城市功能考论》。
⑥张家口泥河湾历史文化研究会编.张家口历史文化研究，第1期，2004.（04）：227。
⑦杨申茂，张萍，张玉坤：《明代长城军堡形制与演变研究——以张家口堡为例》，《建筑学报》，2012，S1，25–29页。

图12 张家口大境门长城2——考察组合影

图13 张家口云泉禅寺1

图14 张家口云泉禅寺2

图15 张家口云泉禅寺3——外景

想胜利万岁”展览馆。建筑仿照北京人民大会堂，由主楼和两侧翼楼组成，主楼正面檐口部位镶嵌着反映中国革命各个历史时期的7幅浮雕，前部广场中央则矗立着毛主席全身雕像。目前广场前部街道已禁止车行，北部恰好是五路交通枢纽，过去的交通混乱情况在近年改造之下颇见成效，然而周边沿河地带的城市设计与建设还有待进一步提高，高密度的高层住宅是否适合这座城市的情况还需思考。（图16）

四

此次考察之行的最后一站，我们来到了位于桥东区东兴街的察哈尔同盟军纪念馆。馆院内是迁移到这里的“民众抗日同盟军收复察东失地阵亡将士纪念塔”，目前为市级文保单位。参观这里让我们再次感受到了张家口在抵抗日军侵略时期的重要战略地位。1933年日军进占山海关，开始向中国关内进攻，同年5月，冯玉祥、吉鸿昌、方振武在中共指导下，在张家口收编部队和地方武装成立了有10余万人的“察哈尔民众抗日同盟军”，先后收复张家口以北康保、宝昌、沽源、多伦等地，但终于在国民党与日军双重压力下于10月份失败，将领牺牲或流亡。这座纪念塔建立于当年的8月1日，以纪念收复上述察东地区的阵亡将

图16 张家口展览馆

士。1937年8月，张家口被日军攻陷，直到1945年8月，张家口解放，共产党晋察冀军区司令部由河北省阜平县迁至张家口。司令部旧址保留至今，并公布为第七批国保单位，现坐落于张家口第六中学院内。一同迁至的还有华北联合大学（中国人民大学前身）、白求恩和平医院等。1946年10月，由于“张家口战役”的失利，张家口遂为国民党军占领。直至1948年11平津战役被收复。（图17、图18）

结束大半天的考察，我们下午乘坐火车离开了这个美丽的小城。这次考察是为了纪念10年前的出发，同时也让我们对这座城市有了更一步的了解。张家口自诞生起就肩负着战备守卫的职责，无论过去的商贸繁荣还是日后的旅游前景都是在此前提之下谋求的发展。虽然过去几十年来，由于其特殊战略地位的影响，与其他工业城市相比发展相对滞后，但相信在未来冬奥运动会的引领以及京津冀一体化的策略下会得到长足发展，也希望这里优良的空气质量与美好的环境在发展经济的同时得以留存。

（耿昀执笔，陈鹤、殷力欣、朱有恒摄影）

图17 察哈尔同盟军纪念馆1

图18 察哈尔同盟军纪念馆2

链接：京张铁路简介

京张铁路为我国铁道建设之父詹天佑先生主持修建并负责的中国第一条铁路，它连接北京丰台区，经八达岭、居庸关、沙城、宣化等地至河北张家口，全长约200公里，1905年9月开工修建，于1909年建成，是中国首条不使用外国资金及人员，由中国人自行设计，投入营运的铁路。

这条铁路工程异常艰巨：“中隔高山峻岭，石工最多，又有7000余尺桥梁，路险工艰为他处所未有”特别是“居庸关、八达岭，层峦叠嶂，石峭弯多，遍考各省已修之路，以此为最难，即泰西诸书，亦视此等工程至为艰巨”。为此，詹天佑在技术方面对关沟段采取了一系列创造性的措施，如：利用青龙桥东沟的天然地形，采用之字形展线，并结合用 33.33‰的坡度；用马莱（Mallet）复式机车，该机车较轻便（重仅136吨）、灵活（可以通过很小的曲线半径，见铁路线路平面）；关沟段共有4个隧道，其中八达岭隧道最长，为1091米，开凿该隧道时采用中间竖井法，加速成峒的速度；大量采用混凝土拱桥，就地取材，节省工费等。

京张铁路是中国人民和中国工程技术界的光荣，作为工业文明走进中国的象征，它的发展与变迁映射着中国百年发展的年轮。（图19~28）

（殷力欣辑录并提供历史照片）

图19 京张铁路旧影1——西直门车站（殷力欣提供）

图20 京张铁路旧影2——南口机车房（殷力欣提供）

图21 京张铁路旧影3——居庸关南口外某号桥（殷力欣提供）

图22 京张铁路旧影4——青龙桥车站停车场由西南遥望景（殷力欣提供）

图23 京张铁路旧影5——青龙桥车站西上下火车同时开行由南望景（殷力欣提供）

图24 京张铁路旧影6——康庄车站（殷力欣提供）

图25 京张铁路旧影7——响水堡东南沟某号桥（殷力欣提供）

图26 京张铁路旧影8——张家口车站（殷力欣提供）

图27 京张铁路旧影9——南口茶会专车——通车典礼1（殷力欣提供）

图28 京张铁路旧影9——南口茶会专车——通车典礼2（殷力欣提供）

On Planning and Site Selection of North Yard of the Palace Museum

浅析故宫博物院北院区规划选址

李德山*（Li Deshan）

摘要：故宫博物院是我国最重要的优秀历史文化遗产之一，是中国乃至世界规模最大、最集中、最高级表现皇家宫廷建筑及文化的博物馆，承担着传承中华历史文化的任务。近几年年参观人数已经达到1500万人，大大超出了故宫的承载能力，对故宫的安全和保护造成严重威胁。随着参观人数逐年的大量增加，故宫的承载能力已经接近和超过极限，故宫的安全与保护正面临着越来越多的挑战。通过北院区的建设扩大现有故宫文物展出空间和数量，扩大故宫文物的储藏空间，加强故宫文物修缮修复和保护的力量，利用高科技手段传播故宫文化，提高国家软实力、展示中华文化历史魅力，使故宫博物院达到可持续发展。

关键词：故宫，北院区，选址，规划

Abstract: As one of the most important outstanding historical and cultural heritages in China, the Palace Museum is the largest museum in China and even in the World that expresses the royal court architecture and culture in the most collective way and at the highest level. It undertakes the mission of inheriting Chinese history and culture. In recent years, the Palace Museum receives about 15 million visitors each year, which greatly exceeds its carrying capacity and imposes serious threats to the safety and protection of the Palace Museum. As the number of visitors increases substantially year by year, its carrying capacity has approached or exceeded the limit and its safety and protection are facing more and more challenges. The construction of the North Yard would expand the exhibition space and the number of exhibits, extend the storage space of the cultural relics of the Palace Museum, strengthen the restoration, repair and preservation of the cultural relics, disseminate the culture of the Palace Museum with advanced technologies, thus raising the soft power of the country, displaying the historical charm of the Chinese culture and enabling the sustainable development of the Palace Museum.

Key Words: The Palace Museum, North Yard, Site selection, Planning

故宫博物院是我国最重要的优秀历史文化遗产之一，是中国乃至世界规模最大、最集中、最高级表现皇家宫廷建筑及文化的博物馆，承担着传承中华历史文化的任务。故宫博物院馆藏文物体系完备、涵盖古今、品质精良、品类丰富。无论是文物数量还是质量都居全国第一，现有藏品总量已达180.7万件，其中珍贵文物约168万件，占全国文物博物馆系统馆藏珍贵文物的41.98%，每年只有不到1万件对公众展出，社会公众要求看到更多故宫皇家文物的呼声越来越高。另外，超过50%的文物需要修复和维护，近50%的文物的科学储藏条件亟待改善和提高。随着旅游事业的发展和故宫影响力的扩大，进入21世纪，众多海内外游客来到北京，故宫已然成为必选景点，观众的人数正以每年百万数量快速增加。

从皇家禁地到全民族、全世界的公共博物馆，故宫的开放史正是中国这个古老东方国度开放历程的缩影。早在2012年，故宫博物院就已成为全球唯一游客量超过1000万人次的博物馆。改革开放30多年来，随着国家经济发展，人们物质文化生活水平的提高，参观人数每年都以百分之十几的速度增加，近几年年参观人数已经达到1500万人，大大超出了故宫的承受能力，对故宫的安全和保护造成严重威胁。随着参观人数逐年的大量增加，故宫的承受能力已经接近和超过极限，故宫的安全与保护正面临着越来越多的挑战。故宫古建筑及文物安全保护问题越来越突出，主要表现在以下几个方面。

* 故宫博物院古建部。

（1）故宫文物建筑面临着日趋增长的观众参观量带来的安全隐患问题。

（2）故宫文物展示空间严重不足。

（3）文物藏品修复空间严重不足。

（4）受古建筑条件所限，现有展陈方式比较传统单一，缺乏现代高科技展陈的设施和手段，无法满足各层次观众的需求。

因此，故宫博物院北院区的建设是扩大现有故宫文物展出空间和数量的需要，是扩大故宫文物的储藏空间的需要，是故宫文物修缮修复和保护的需要，是利用高科技手段传播故宫文化的需要，是提高国家软实力、展示中华文化历史魅力的需要，是故宫博物院可持续发展的需要。

一、概述

故宫北院区建设地点拟选择在位于海淀北部地区西北旺镇西玉河村范围内，北临南沙河、东至永丰路，西临上庄西郊农场住宅区，南至翠湖南路。

故宫博物院北院区是北京故宫博物院新馆区，“平安故宫”工程核心建设内容。北院区建设内容主要包括：文物展厅、文物修复用房、文物库房、数字故宫文化传播用房、观众服务用房、综合配套设施用房等，总建筑面积约125000平方米。

通过故宫博物院北院区项目的建设，实现故宫博物院“平安故宫”工程——文物展示空间、文物科学修复、文物安全保护得到拓展的核心目标。

具体目标有以下五个方面。

（1）扩大故宫博物院现有文物展示的空间规模。

（2）建成故宫文物修复和安全保护的平台和中心。

（3）建成具有现代化展陈设施、安全可靠的文物保护和展示环境，文物储藏条件完备，学术研究设施先进，宣传教育模式内容丰富，参观环境休闲舒适的世界级现代博物馆。减少日益增加参观人数给故宫带来的压力和安全隐患。

（4）补充和拓展故宫博物院现有功能。

（5）建成传承宫廷园艺技术的研究基地。

二、北院区选址

北院区的选址在海淀北部地区地段。该地段位于海淀北部地区上庄镇和西北旺镇交界处，北临南沙河，西临上庄西郊农场住宅区，南临翠湖西路，东临永丰路。总用地面积约62公顷，除去海淀区集体产业用地1.33公顷外，项目总用地规模为60.68公顷，其中图书与展览用地9.76公顷（包含已建成西玉河基地用地面积1.1公顷，本项目可用建设用地面积为8.66公顷）、防护绿地20.15公顷、道路用地8.90公顷、交通设施用地0.5公顷、水域及其他用地21.37公顷。建筑高度45米。

借鉴国外的先进经验，加强对城市周围卫星城镇基础设施和生活服务设施的建设，可以改善居民工作和生活居住环境，并创造较多的就业岗位以疏散城市中心区的人口和工商业活动缓解过度拥挤的状况。按此思路，北院区选址地点具有更充足的理由和独特优势。

选址拟建地块东侧和南侧紧临主干道，永丰路和翠湖南路，西侧距主干道上庄路约700米，北侧为规划次干路。虽然目前周边缺少一些市政配套，从北京市和海淀区发展规划看，随着京津冀一体化进程的不断推进，城市中心的范围进一步扩大，北院区拟选址距离故宫约25

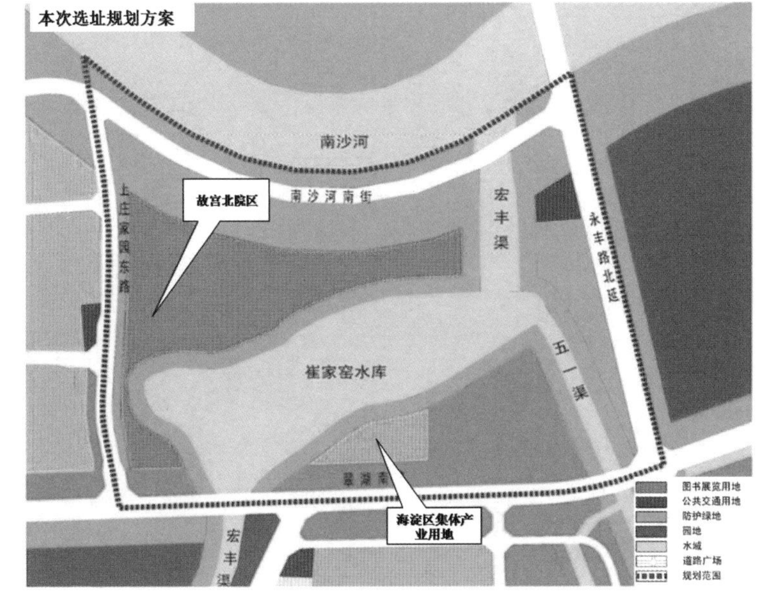

图1 项目用地规划图

图2 项目位置示意图1

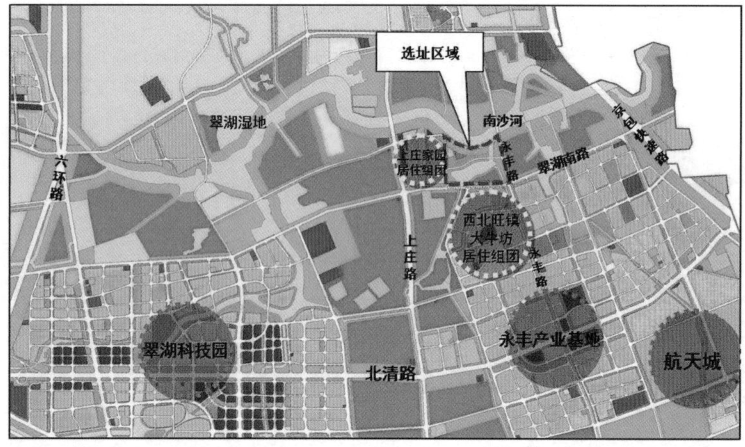

图3 项目位置示意图2

图4 项目位置示意图3

公里，不再是偏远地区，交通条件和市政配套条件将大大完善，并且本项目选址符合中央对北京今后的发展提出的“首都功能要集中在核心职能上，要把非首都核心职能的产业发展尽可能地压缩和疏解到周边”的要求。

该用地原为皇家砖窑场，皇家园林“三山五园”也已在海淀落户百年，有深厚的历史渊源。项目用地自然环境秀美，位于南沙河南面，远眺燕山山脉，符合中国古典文化中山水相依的审美要求。故宫博物院北院区选址于此不仅有利于保留历史古迹，弘扬中华文化，而且使即将建成的北院区具有一定的文化底蕴和文化传承。综上所述选址有如下意义。

（1）故宫博物院北院区选址于北京市中轴线西北方向，是基于北京故宫历史文化传承的传统。

海淀区自古便有“上风上水上海淀”的美称，是明清两代皇家发展用地的首选方位。故宫博物院北院区选址于这个方位（南沙河南面），与现存的颐和园、圆明园遥相呼应,最大限度地继承故宫皇家文化传统、建筑风格，与明清历史文化发展一脉相承。结合北院区北部昌平的八达岭、十三陵等传统著名旅游景点，构成北京北部地区历史文化景观集中地，使北部地区优势资源得到更大发挥，促进该地区资源良性整合。同时，此处为原北京紫禁城窑厂，是保留历史古迹，弘扬中华文化的需要。原北京紫禁城窑厂早在明清时期就为紫禁城制造、销售琉璃制品、陶瓷、工艺美术品。崔家窑的老窑已有数百年的历史。此外，项目的建成与故宫原有西玉河基地融为一体，功能互补。

而且，项目临近水域，有利于营造人与自然环境和谐共融的场景，能够体现园林式博物馆的独特氛围，传承园林文化的优势，将北院区建设成为文化底蕴深厚的世界一流的园林式博物馆，为今后北院区的运营、吸引更多观众接受优秀传统文化教育、充分发挥博物馆作用奠定良好的基础。

（2）故宫博物院北院区选址于海淀西北部地区，符合《北京市城市总体规划》（2004-2020年）的要求。

根据《北京市城市总体规划》（2004—2020年），在北京市域范围内构建“两轴—两带—多中心”的城市空间结构。西部区域是“城市未来重要的发展地区，在维护生态环境的前提下，积极引导高新技术研发与服务、旅游休闲、商业物流、教育等生态友好型的产业向该地区集聚。”项目的建成有利于促进海淀整个北部高科技产业与现代文化相结合发展的思路，符合首都最新定位：全国政治中心、文化中心、国际交往中心、科技创新中心的核心功能中关于建设“文化中心”的要求。

（3）故宫博物院北院区选址于海淀区北部地区，与该地区高科技产业相呼应，会极大促进海淀北部地区社会发展、经济发展和文化发展。

海淀北部地区是北京最高科技发展的核心区，同时也正在建设一大批文化产业，如酝酿中的南沙河沿线投资数百亿元的“清明上河图”工程等，与故宫历史文化相呼应。海淀北部地区旅游自然资源较为丰富，目前部分尚未得到开发，故宫博物院北院区的建立，连同现存的“三山五园” 文化旅游产业，与南沙河北岸的大量休闲农庄以及南面的科技园等形成一个新的旅游圈。海淀区还有中国人民军事博物馆、国家图书馆、北京大学、清华大学等几十所重点高等院校以及一批国家级文化设施场所，将形成更大的文化产业优势，有效促进海淀区以及首都北京社会文化的发展。

（4）故宫博物院北院区选址于海淀区北部地区，会带动该地区周边的交通及旅游业发展。

项目地块北临巡河路，东为永丰路北段，南为翠湖南路，西面将设为规划路。北部地区目前已经完成各级道路建设261公里。从北清路有上庄路和永丰路直达该地区，这两条路目前还在计划扩建中，地铁16号线与4号线相连接，通往该地区附近，形成公路、轨道、公共交通多种形式的交通网络。项目基地周边的其他市政设施都在北京市及海淀区规划实施中。海淀区已启动翠湖南路等主干路的道路及市政管线建设工作，已将上庄东路列入投资建设规划，并且启动南沙河南侧道路建设的前期工作。交通条件的逐渐完善和提升，也将带动和促进周边旅游、餐饮、服务、旅馆等的发展。

（5）故宫博物院异地扩建，符合故宫实际需要，符合北京市规划要求，符合世界大型博物馆发展趋势和常规做法。

故宫异地扩建是故宫博物院未来发展的需要，建设内容和规模符合北京市建设世界城市的定位和目标需要，符合北京市作为全国文化中心功能定位的需要。国际上一些大型博物馆在发展过程中，通常采取异地扩建模式，实现规模和内容的拓展。如：伦敦博物馆、俄罗斯国家历史博物馆、雅典卫城博物馆和东京国立博物馆均是另选址新建院区。故宫博物院北院区项目作为对故宫博物院现有规模和功能的完善与拓展，将与原有故宫形成统一系统，以满足故宫文物保护、贮存、修复和展示的需要。

（6）故宫博物院北院区拟建于海淀区北部生态绿心，其建设更加突出与生态空间的协调性及其文化特色。

海淀区北部生态绿心的主要功能是翠湖湿地等生态资源的保育，与大西山共同构成海淀北部地区重要的生态空间，产业发展以生态旅游、农业观光、文化保护为主。故宫博物院北院区以文物修复、馆藏及展览为主要功能，其功能与生态空间可以融合发展，但其建设应更加突出与生态空间的协调性及其文化特色。

综合上述因素，故宫博物院北院区选址海淀北部是合适的，既满足故宫拓展规模完善功能之需要，同时通过发挥海淀的区位优势和故宫传统文化相融合的优势，增强了海淀历史文化功能。对于促进海淀北部地区经济社会发展，促进科技、教育、文化互相渗透，形成海淀北部地区科技、教育与文化同步发展的战略新格局，提升海淀高雅文化品位，起到非常重要和积极的引领作用。

图5 路网现状示意图

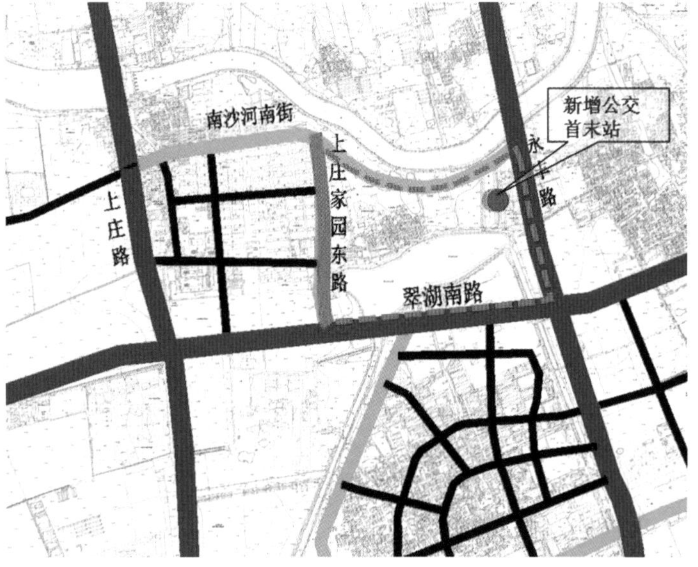

图6 规划路网示意图

三、项目选址的风险分析

1. 水文地质灾害风险

本项目拟建于海淀区西北部，六环以南，北清路北3公里，南沙河南岸。根据《海淀区2014年度地质灾害防治工作方案》，本项目建设地点西北旺镇西玉河村不属于地质灾害易发区，尚未发生过重大的洪水灾害。

选址位置处于地面沉降危险区，紧临南沙河，并含一个具有雨水调蓄功能的崔家窑水库，可能会对文物安全有一定影响，后期将做好防洪工作和地勘工作，在设计环节加强基础选型、施工图审查工作。

根据北京市工程地质条件分区看，选址区域属于工程地质条件较好地区，鉴于北院区的文物库藏及展示的重要性，仍需加强地质条件的勘测。

2. 生态影响风险

以翠湖湿地等生态资源保育为主要功能的“生态绿心”，与大西山共同构成海淀北部地区重要的生态空间，产业发展以生态旅游、农业观光、文化保护为主。

北院区以文物修复、馆藏及展览为主要功能，其功能与生态空间可以融合发展，但其建设更加突出与生态空间的协调性及其文化特色。故宫博物院北院区建设将利用周围生态环境，并将对生态产生积极影响。

3. 气象气候风险

相关灾害主要有：干旱、暴雨洪涝、大风、沙尘、冰雹、雷电、高温、大雾、积雪等。

选址过程中已综合考虑了上述灾害的影响，在项目建设前期设计环节，将按相关规范进行设计，制定应对预案，将采取相应措施将此类灾害的影响程度降到最低。

四、场地自然条件

1. 地形地貌

海淀区地势西高东低，西部为海拔100米以上的山地，面积约为66平方公里，占总面积的15%左右；东部和南部为海拔50米左右的平原，面积约360平方公里，占总面积的85%左右。西部山区统称西山，属太

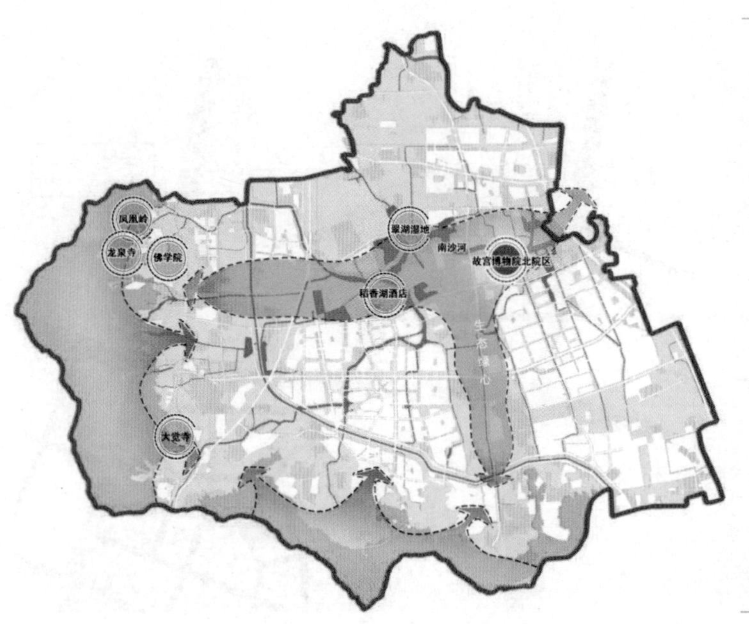

图7 “生态绿心”空间布局示意图

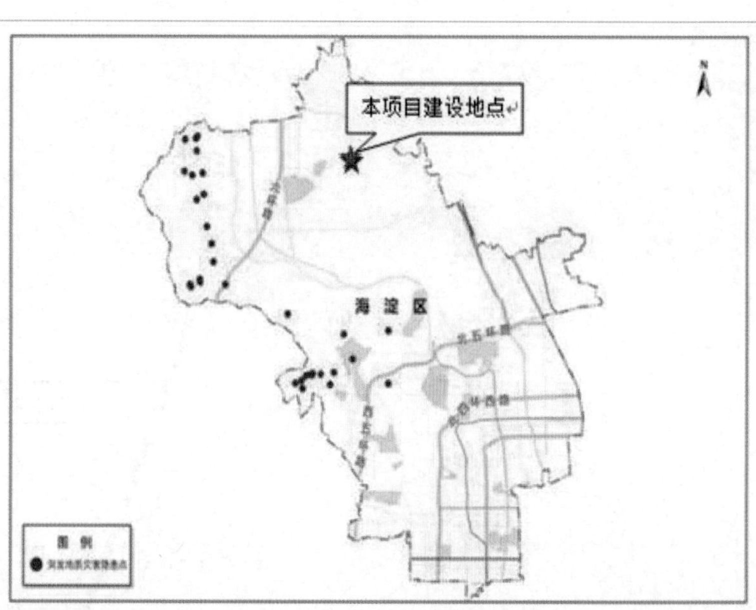

图8 海淀区地质灾害隐患点

行山余脉，有大小山峰60余座。整个山势呈南北走向，只有香山北面的打鹰洼主峰山峦向东延伸，至望儿山止，呈东西走向，把海淀区分为两部分，习惯上以此山为界，山之南称为南部城区，山之北称为北部地区，即“南部城区”和“北部发展区”。海淀区境内有大小河流10条，总长度119.8公里，还有昆明湖、玉渊潭、紫竹院湖、上庄水库等水面，占北京市湖泊总数的20%；水域面积4平方公里，占北京市水域面积的41.28%，湖泊数量和水域面积均列北京市各区县之首，昆明湖是北京市最大的湖泊，水域面积1.94平方公里。

2. 气象条件

北京地区地处中纬度欧亚大陆东侧，属于暖温带大陆性半湿润-半干旱季风气候，受季风影响形成春季干旱多风、夏季炎热多雨、秋季秋高气爽、冬季寒冷干燥四季分明的气候特点。据北京观象台近20年观测资料，年平均气温为13.1℃，历史极端最高气温42.6℃（近年为41.9℃，1999年），历史极端最低气温零下27.4℃（近年为零下17.0℃，2001年），年平均气温变化基本上是由东南向西北递减，近20年最大冻土深度为0.80米。本区间拟建场区标准冻结深度为0.80米。

全市多年平均降水量626毫米，降水量的年变化大，降水量最大的1959年达1406毫米，降水量最小的1896年仅244毫米，两者相差5.8倍。降水量年内分配不均，汛期（6～8月）降水量约占全年降水量的80％以上。旱涝的周期性变化较明显，一般9～10年出现一个周期，连续枯水年和偏枯水年有时达数年。近10年来以1994年年降雨量最大，降雨量为813.2毫米，1999年年降雨量最小，降雨量为266.9毫米。

全市月平均风速以春季4月份最大，据海淀、朝阳观象台观测，市区最大风速达3.6米/秒；其次是冬、秋季，夏季风速最小。春季风向以西北风最为突出，秋季为西南偏南风为主。

3. 工程地质条件

（1）根据北京市工程地质条件分区，选址区域属于工程地质条件较好地区，鉴于北院区的文物库藏及展示的重要性，仍需加强地质条件的勘测。

（2）本场地内地下水埋藏较浅，地下水类型为上层滞水，对混凝土结构及钢筋混凝土结色中的钢筋具有微腐蚀性。

（3）地下室由于基槽开挖较深，可能会遇到地下水，施工开挖时应采取适当的降排水措施。

（4）场地抗震设防烈度为8度，设计基本地震加速度值为0.20*g*，设计地震分组为第一组。该建筑场地类别为Ⅲ类。本场地为可进行建设的一般场地。

（5）场地的标准冻结深度为0.80m。场地地基土不液化。

4. 城市规划条件

根据北京市规划部门对建设用地地块的要求，建设场地上的建筑高度、绿化、交通、人防等主要依据有以下内容。

（1）控高：北院区地块整体高度按18~30米控制，部分建筑可根据具体功能需求、建筑方案、周边景观协调性、地质条件等因素综合确定，初步方案中，规划高度45米。

（2）容积率控制在0.9。

（3）绿地率35%。

（4）建筑物退让距离，应符合《北京地区建设工程规划设计通则》的要求。

（5）交通规划停车位，参照《北京市大中型公共建筑停车场建设管理暂行规定》配置。

5. 交通条件

本项目建设地点位于海淀区北部，地块北临巡河路，东为永丰路北段，南为翠湖南路，距离故宫约25公里。选址西面将设为规划路，地块所处区域的道路交通借助于八达岭高速路，形成以京包快速路、六环路为主线，以南北向的包括上庄路、颐阳路、温阳路等为骨架的五横五纵的路网体系，规划总长度达589公里。项目南约3公里有贯穿海淀北部东西方向的北清路，目前周边约有7条公交线路。上庄路南延（含西山隧道）道路工程已开工建设。北京地铁16号线（山后线）规划直达海淀北部地区，2016年底北段将开通，永丰站距本项目约2公里距离。本项目用地东侧规划实施公交站点直接通往地铁，逐渐开通公交地铁连接线。根据海淀区对该地区市政道路和交通发展规划，开始完善项目周边路网改造、扩建、新建，已启动翠湖南路等主干路的道路及市政管线建设工作，已将上庄东路列入投资建设规划，并且已启动南沙河南侧道路建设的前期工作，预计2020年前完成，道路市政建设费用由海淀区政府安排。北京市交通委员会在该地区已规划适当拓宽外围道路，增加公交线路和站点，扩大该地区的公共交通运行能力。

以上措施表明随着北京市和海淀区大力发展交通建设，到北院区竣工开放时，虽然与市区的距离没有改变但交通便捷性大大增强，可以极大地缩短通行时间。

6. 社会环境条件

“十二五”期间，海淀区在政治、经济、文化、社会等方面均有较快发展，不断巩固总体实力和核心竞争力第一方阵的地位，努力建设世界一流科技园区，吸引国内外知名企业的研发中心和国家重大科研项目落户，打造世界级研发和创新中心。旖旎的自然风光、浓厚的文化氛围、密集的高素质人才、发达的现代科技产业、田园式的生态环境，这些使海淀成为中国最富魅力、最具活力与创新精神的地区之一。

故宫博物院北院区所处海淀北部新区代替中关村成为海淀的未来，新区是中关村科技园区重要的发展区，其中多个高精尖产业园区就坐落于此。海淀区方圆430平方公里，以百望山为界，划为南北两部分，南部是以中关村核心区为主的建成区，北部称为北部新区，规划总面积226平方公里，占全区总面积的53%。

近年来，海淀区北部新区经济总量始终保持快速、稳定的增长势头，依托丰厚的文化基础、高新技术产业发展的优势以及众多的文化创意产品的消费群体，实行文化与科技的结合，着力打造北京科技产业、文化创意产业高端。

正是基于创造科技与环保互促的新型城市环境，故宫博物院北院区选址于此，在碧水蓝天中向公众展示故宫中蕴含的优秀中国传统文化，与海淀北部高新产业区结合，融为一体，相得益彰。

7. 公共设施条件

故宫博物院北院区选址地区目前市政设施正在规划和建设中。根据海淀区北部地区及该地区的建设发展规划，在未来几年，南沙河流域及周边将开发为绿化旅游景区，该地区及周边的市政道路、公共交通、地铁轻轨、给排水、中水、燃气、供热、电信等配套设施都将陆续开始建设。

故宫博物院现就红线外市政配套条件，正在与海淀区进行协商落实，海淀区承诺将负责完善本项目用地的市政配套条件，交付于故宫博物院的项目用地达到熟地标准。

1）供水

本项目供水水源由城市自来水管网供给。规划沿本规划区内及周边市政道路修建环状供水管网，从永丰路北延规划供水管道上引两路DN200供水，要求给水压≥0.18兆帕。

2）雨水

本项目周边无现状雨水管道，根据规划雨水排除出路为宏丰渠、五一渠和崔家窑水库。

3）污水

本项目周边无现状污水排除管道。根据北京市政府批复的《海淀北部地区控制性详细规划（街区层面）》和《海淀北部地区市政基础设施专项规划（2011—2020年）》，本区污水排除出路为规划上庄再生水厂。上庄再生水厂位于南沙河北岸、上庄外环路以西，规划规模为12万立方米/日。规划沿规划区周边道路建设污水管道至翠湖南路，再向东至友谊渠左岸污水干管，再向北接入规划上庄再生水厂。

4）中水

规划区周边无现状再生水管道。根据北京市政府批复的《海淀北部地区控制性详细规划（街区层面）》和《海淀北部地区市政基础设施专项规划（2011—2020年）》，本区再生水水源为规划海淀北部地区再生水系统，水源主要来自上庄再生水厂。规划沿规划区内道路新建再生水管道，从永丰路北延规划再生水管道引一路DN150供水，供冲厕、道路浇洒、绿地灌溉等使用。

5）供热

本项目周边无市政热力，本工程自备热源。

6）供气

本项目以永丰北环路上现状天然气中压管道作为气源管道，从永丰北环路上现状天然气中压管道上引出一条中压管道到本区，经调压站（箱）、计量表房后供餐厅、厨房等区域使用。天然气低热值按33.5MJ/

Nm^3考虑。

7）供电

本项目以南现状皇后店110千伏变电站作为供电电源，从该电源引10千伏电缆到规划电缆分解室，解决建筑的电力需求。

8）电信

本项目以永丰北环路上现状电信管道为规划区提供电信服务，从此管道引出6孔电信管道到规划区。

9）有线电视网络

本项目周边无现状有线电视管道。本区的有线电视信号来自南部永丰规划基站，敷设2孔栅格有线电视管道。

10）环卫设施

本项目现状没有垃圾处理及清运设施。本区产生的垃圾分类收集后，由环卫部门将垃圾统一清运到区属生活垃圾综合处理厂进行处置。

8. 防洪条件

故宫博物院北院区选址北侧为南沙河，南沙河是西北郊湿地的主体，具有防洪、排水、生态、旅游及景观等多种功能。根据之前的水文资料调研，尚未发生过重大的洪水灾害，特别是近几年几次大水都未造成该地区洪水灾害，在北京2012年7月21日的洪涝中（从1951年开始有记载以来是61年一遇），项目43米以上的标高未淹没，43米以下的标高局部有积水。基地50年一遇极核水位为39.1米，为达到防涝的目的，考虑按43米以上和39.5米两个台地标高处理即可。海淀区水务局已委托专业单位编制了《南沙河综合整治规划（2008—2020年）》，正在加大力度进行河道综合整治。本项目防洪标准按照不低于100年一遇，有关具体的技术方案会在可行性研究阶段进一步研究论证。根据现在的建设技术，经过建筑设计专家的论证，目前在技术措施和标准上防洪安全是完全可以做到的。根据《北京市海淀区人民政府关于故宫博物院北院区建设相关事宜的函》，本项目周边的上庄闸下南沙河右堤、洪丰渠、五一渠、崔家窑水库等河道由区政府解决，并与北院区项目同期实施；河道及水库堤坝防洪工程由海淀区政府出资建设，故本项目只需自身承担一些建设成本即可达到防洪要求。

五、北院区展望

拟建的北院区北临南沙河，围绕崔家窑水库、宏丰渠形成景观视廊，构建北院区景观核心区；延伸南侧建设区向北的生态走廊。选址初衷有选择“山清水秀”与颐和园、圆明园相呼应的考虑。南沙河既是海淀北部地区的重要排水河道，也是观赏性河道，河上游建有上庄闸和玉河橡胶坝，上游有龙泉寺、大石佛、大觉寺及金山寺等名胜古迹，中游有翠湖湿地公园。本选址放在临近水域的园林区域中，更能体现园林式博物馆的文化氛围，成为人们普及传统文化、陶冶自然情操和休憩休闲的好去处。以技术先进、绿色环保、安全可靠、艺术完美为基本原则，并充分考虑生态、环保、节能、可持续发展设计理念，发挥它作为文化项目的优势。我们希望将北院区建设成为一座山清水秀，同时又节能减排、绿色低碳、生态环保，具有文化底蕴深厚的园林式博物馆,最终真正实现打造一个，集优秀的园林式博物馆和绿色环保的博物馆于一身的示范博物馆。（图1~8）

Family Collection and Family Museum
家族收藏与家族博物馆

*CAH*编辑部（*CAH* Editorial Office）

在当代社会，家族企业已成为一个越来越引人关注的问题。从文化传承上，家族传承不一定非要坚守上一代的做法，也可以承接上一代的企业精神，引进新的文化观念，将企业带入新境界。从文化上看，家族收藏与家族博物馆之所以受到重视，因为它为社会带来修身、治业、齐家、益天下之作用。

一、家族财富与艺术收藏

将个人私藏艺术品逐渐扩展到家庭博物馆，或者以企业为主要载体设立"基金会—博物馆"模式，成为艺术品在家族财富传承中的路径之一。古往今来，世间都有收藏艺术品的传统。在中国，艺术品收藏通常称作"雅兴"。在中国绘画史上，风水美学一直被山水画家所借用，在某种程度起着指导山水美术创作之功能，屈曲生动、端圆体正、均衡界定、和谐有情都是风水美学的基本原理，所以他们的画作因时代而不同，并且难以被后人超越。再如历史上"楷书四大家"即唐朝初期欧阳询、盛唐的颜真卿、唐朝后期柳公权和元代赵孟頫四位书法家，难分高低，后世藏家也各有所爱。对于艺术品的购买，一般有因为喜爱的"消费"、通过拍卖与画廊的"投资"；投资与收藏的唯一实质性区别是购入的目的，投资的目的是低买高卖，而收藏者的目的是将艺术品购为己有，永远欣赏。要知道无论是投资还是收藏，上述行为可能更多的属于个人行为，是艺术投资阶段的初级，而只有家族博物馆（美术馆）才进入着状态。

艺术品与家族财富的传承，一直以来是有紧密关联的，且构成了常见的财富传承之路，因为太多的有高净值的人，越来越喜欢将其资产分配给艺术品，使之成为家族资产在稀缺品上拥有的重要选择。如20世纪50年代以来，施戴赫林藏品系列中的18幅作品，一直通过长期租借提供给巴塞尔美术馆（Basel Kunstmuseum）。通常，所有伟大的艺术品都被博物馆收藏，绝不会再重新流入市场，但瑞士艺术顾问托马斯·赛杜（Thomas Saydoux）表示，仍有很多伟大的艺术作品藏于欧洲各地的私人手中，他们拒绝出售。值得说明的是，艺术品家族信托，是传承，更是财富管理。艺术品（包括股东及当代艺术作品），自古以其稀缺性和不可复制而具有类资产价值，信托基金是近代英式制度体系下的一种融资投资金融工具，艺术品家族信托是将家族拥有的艺术品，作为一项资产交与信托公司进行保值和增值管理。如沃德斯登庄园是由费迪南德·罗斯柴尔德（系罗斯柴尔德家族创始人重孙）于1877年兴建的度假胜地。他用法国装饰艺术、18世纪英国肖像画和欧洲中世纪的宝藏填满整个梦幻庄园，该庄园仅仅是罗斯柴尔德家族在世界40多个豪华庄园城堡的一个，"二战"后交给国民信托（National Trust）保管，但该家族依旧保有与国民信托联系之权利（国民信托机构成立于1895年）。国民信托机构通过购置、馈赠和代为管理等多项方式，防止使这些历史遗迹、建筑和自然景观因不当开发而遭到破坏，从而保护住文化与自然遗产。与国外不同，国内艺术品收藏自改革开放后才重回公众视野，无论采用何种方式都有很大提升空间，应理性进入而非贸然投入。

家族博物馆主要有两类，其一是企业基金会—博物馆/美术馆模式，目的在于让企业及创始人的形象及名声长远流传，通过举办有非凡影响力的活动推广其艺术方针，通过艺术收藏、建立美术馆、组织展览与出版、设立奖项或竞赛、研讨会等"反哺"企业；其二，是由私人收藏或者画廊演变而成的，这类博物馆设立并非仅仅为扩大原有收藏、体现其价值，而是为了延续并扩展创始人以个人名义开启的艺术方针。家族博物馆的艺术品财富的传承路径是：有形财富的传承，无形财富的传承，向公益慈善基金会捐赠可获得税务上的"回馈"等。示例如下。

美第奇家族与文艺复兴。出身药商且以金融起家的佛罗伦萨统治者家族，他们从未停止过对艺术的欣赏与资助。若绘制一幅金融、艺术、文博的“家族图谱”，会发现美第奇家族与艺术的关系：它是一株根深叶茂的大树，包括拉斐尔、达·芬奇、米开朗琪罗等伟大艺术家的作品都置于他们家族茂密的树干中。米开朗琪罗的得意弟子瓦萨里（1511—1574年）按照西莫·美第奇（1839—1464年）的意图设计了著名的美第奇办公厅及“瓦萨里走廊”等建筑，从而奠定了乌菲兹美术馆的格局。至现代46间展室已收获了约10万件名画、雕塑、陶瓷等艺术品，其得到的“文艺复兴艺术宝库”及“不到乌菲兹就无资格谈论西方艺术史”等赞誉并不为过。乌菲兹美术馆系世界著名绘画艺术博物馆，位于意大利佛罗伦萨市乌菲兹宫内，这里曾用作政务厅。它被视为最早的拥有现代意义的博物馆，1581年，科西莫之子就将乌菲兹的顶楼改为画廊向公众开放，这种展出形式即当代美术馆的雏形，而从私人收藏的家族馆转成公共美术博物馆，使藏品的收藏价值最大化，也使美第奇家族得到莫大的荣耀。再如位于世界财富排行榜前列的古根海姆家族虽经历过经济实力的“断崖式”跌落，但恰恰是因为艺术收藏使其重新捡拾家族荣耀，以至更胜以往，其最有说服力的例子是，它们用古根海姆博物馆对一座城市命运与复兴予以重塑，如西班牙的毕尔巴鄂。古根海姆博物馆与洛克菲勒家族的MoMA现代艺术博物馆一样，同属博物馆中的后起之秀，目前已成全球性以连锁式经营的文博艺术场馆。1959年纽约第五大道古根海姆博物馆对外开放，随后西班牙毕尔巴鄂、意大利威尼斯、德国柏林等地分馆相继设立，均获成功并被誉为当地文化地标，使数代人积淀的文化财富与古根海姆家族联系在一起，一个全球性的“博物馆托拉斯”古根海姆模式的形成，证明了如下观点：“一切金钱会随着经济的变化而消解，而艺术收藏成为家族得以留名青史的证据和未来无尽的事业”。此外还有专注高质量藏品与传统文化的企业，如韩国三星集团掌舵人李健熙，从他父亲李秉喆那里承袭下对收藏艺术作品的挚爱，并逐渐成为韩国最大的私人艺术收藏者。早在1993年三星集团便启动“百件国宝收藏”项目。如今三星艺术馆、霍埃姆艺术馆、湖岩美术馆等，已保存了150余幅韩国国宝级作品，它们均由三星文化基金会统辖。此外，美国洛克菲勒家族的MoMA现代艺术博物馆、亨利·慕时家族的慕时家族博物馆都是世界上首屈一指的品牌家族式大博物馆文化机构。

图1 纽约古根海姆博物馆外景

二、美国库珀——休伊特设计博物馆与摩根博物馆

艺术品历来是财智阶层的生活必需品。无论何时，有艺术观的家族企业对不同门类艺术品的搜集、拥有、鉴赏、展示、收藏与运行都兴致勃勃，家族博物馆经由其所属家族数代人潜移默化的努力，无论是否终成蔚为大观者，也因其成系统、成规模、重传承，推动着艺术与收藏市场的发展。2014年7月金维忻等推出的《设计博物馆》一书就专门介绍了美国纽约的库珀—休伊特设计博物馆。

库珀—休伊特设计博物馆位于纽约市第五大道的安德鲁·卡内基庄园，现为史密森学会19个博物馆下的一个分支。作为世界上最大的收藏装饰艺术的博物馆之一，它以收藏和展示近240年的现代美学和设计创意为主，是美国唯一的专门从事历史和当代设计的博物馆。然而它有今天，完全源于著名美国实业家彼得·库珀。120年前的1897年，设计博物馆由著名美国实业家彼得·库珀（Peter Cooper，1791—1883年）的孙女三人艾米·休伊特·格林（Amy Hewitt Green）、艾莉诺·卡尼尔·休伊特（Eleanor Garrier Hewitt）和莎拉·库珀·休伊特（Sarah Cooper Hewitt）共同创立完成。起初只是通过他人协助零星收藏一些经典摄影作品副片和设计作品，藏品以19世纪的绘画、纺织品、印刷品及一些维多利亚风格的日用产品。创立库珀设计博物馆的目的，首先来自彼得·库珀家族对艺术品收藏的兴趣，并且希望在纽约建立一座如同巴黎装饰艺术博物馆（Pairs Museum for the Arts of Decoration），此外它已是曼哈顿高等学府“库珀科学与艺术促进联盟”（The Cooper Union for the Advancement of Science and Art）的一部分。现在库珀—休伊特设计博物馆的建筑是20世纪初世界钢铁大王、首富安德鲁·卡内基（Andrew Carnegie， 1835—1919年）的故居。这是建于1899年至1902年的庄园。1901年，大亨卡内基退休后一直在此生活，还捐赠了这里的图书馆，因此可以说，库珀设计博物馆的当年藏品不仅来自美国著名实业家彼得·库珀，也来自20世纪钢铁大王安德鲁·卡内基，以至于1976年这座建筑以全新面貌向社会公众开放。值得注意的是，在这洋溢着格鲁吉亚乡村格调的库珀—休伊特设计博物馆，也面

图2 库珀设计博物馆正门

图3 库珀设计博物馆侧门

图4 库珀设计博物馆大厅

临着多重更新，其中再设计（RE-DESIGN）理念下的“再更新”（RE-NEW）、“再教育”（RE-EDUCATE）、“再保证”（RE-ASSURE）是发展亮点。

美国摩根图书馆和博物馆，位于纽约曼哈顿中城麦迪逊大道东36街附近，占据从南至北由36街到37街的整个路段。它原是金融家约翰·皮尔庞特·摩根（1837—1913年）的私人图书馆与居所。1902—1906年，摩根家族委任建筑师查尔斯·麦基姆（Charles Mckim）设计建成一幢标榜文艺复兴时期艺术特点的私人图书馆，成为纽约城市中心少有的文艺复兴的建筑瑰宝（1966年它成为纽约市地标、美国历史地标）。摩根家族的祖先于17世纪初在新大陆的淘金浪潮中移民美国，先定居在马萨诸塞州，后多地辗转，他们先后经营小咖啡馆，又出资经营大旅馆，又购买运河股票，成为汽船业及铁路业的股东，但其真正创造经济奇迹的还是励精图治的保险业投资。摩根家族的创始人在生命的最后阶段，施舍已达到惊人程度，如向耶鲁大学捐赠一个历史博物馆；后向哈佛大学捐赠一个考古学和人类文化学博物馆；为美国南部被解放的黑人设立一项教育基金。维克多·雨果（1802—1885年）对乔治皮博迪这位摩根财团最早创始人的评价是“在这个世界上，有充满恨的人和充满爱的人，皮博迪属于后者，这是在这种人的脸上，我们看到上帝的答案”。

摩根图书馆与博物馆建筑，本身确是了不起的建筑精品。其外观采用简洁的古典设计，饰材为田纳西州的粉红色大理石，正门是圆拱式及双廊柱的16世纪罗马风格。室内细部精美绝伦，请名师仿作不少拉斐尔式壁画以及古典的宗教圣像浮雕，使图书馆自然成为一所集古代及文化复兴艺术与思想为一体的博物馆空间。摩根图书馆与博物馆的轮换展览主要在大堂左侧的展厅进行，另有两个画廊及长形回廊提供特展之需。而真正精彩的图书馆藏书则为永久陈列，包括：镶嵌珠宝的手抄本圣经、名人手稿、音乐家乐

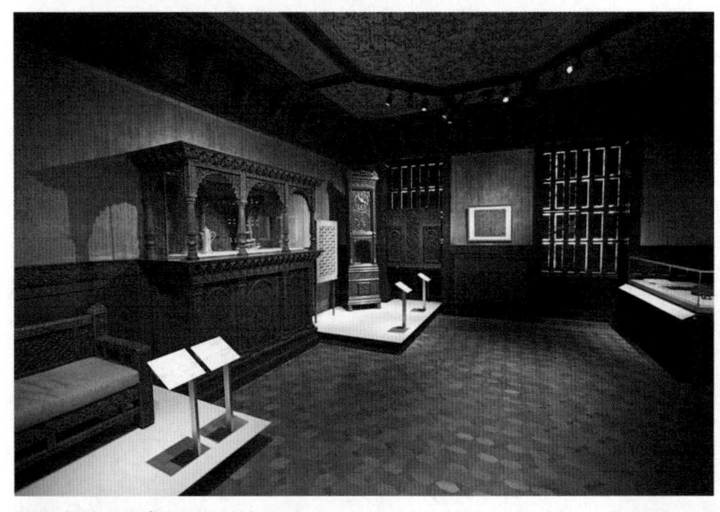

图5 库珀设计博物馆经典家居展

图6 描述摩根家族全球购买艺术品的漫画

图7 摩根图书馆外景

图8 摩根图书馆出版物

图9 摩根图书馆新建共享大厅

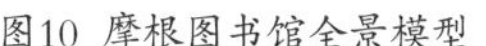

图10 摩根图书馆全景模型

图11 摩根图书馆门厅

图12 摩根图书馆门厅屋顶局部

图13 用邮票拼成的地图

图14 摩根图书馆展室一角

图15 摩根图书馆内正举办的英国女作家夏洛蒂·勃朗特文学生涯个展

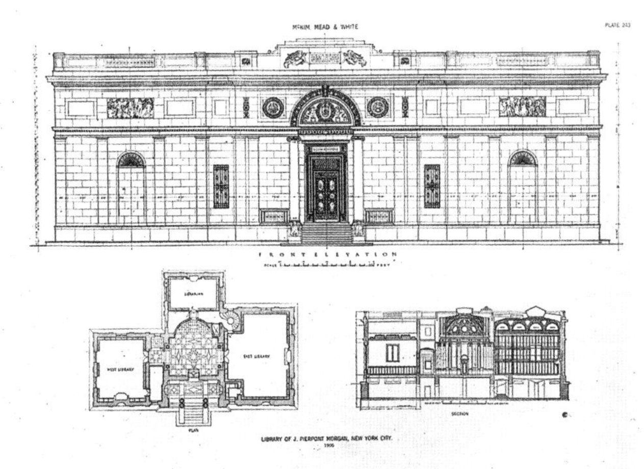

图16 摩根图书馆后期设计方案

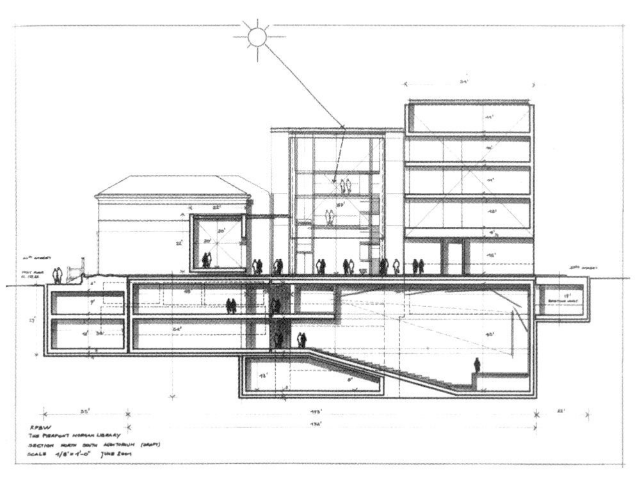

图17 摩根图书馆博物馆各层剖面图

谱手稿、书籍插图、书籍装订工具及挂袋圆柱形石质印鉴等珍贵藏品。此外，大堂、客厅、书房及走廊等地方也是永久陈设，藏品有绘画、雕塑、器物和家具等，琳琅满目。值得一提的是，在这经典建筑与舒适宽敞的庭院中，加盖了现代化的玻璃上盖，处理的恰当且美观，很好地在曼哈顿闹市营造了幽静的文化之所，亦图书、亦文博，在经典中充分感受当代生活的方式。

本文关于家族收藏与家族博物馆的介绍仅仅是开始，无论从文博内容及文博体制都是有借鉴的地方，我们的目的在于向国人展示国外已较为发达的家族博物馆模式，希望给中国博物馆事业带来发展新信息及思路。

图18 作者合影（左起金维忻 金磊）2016年9月25日于纽约）

【文/图　金维忻（本编辑部驻海外编辑）　金磊　苗淼】

General Review of Recent Developments of China Architectural Heritage

中国建筑文化遗产业内动态

*CAH*编辑部（*CAH* Editorial Office）

图1 2017建筑师新年论坛在西安举行

倾听西安与北京的“双城记”——2017建筑师新年论坛在西安举行

西安乃13朝古都，北京也有着2000多年建城史和800余年建都史，现在它们都正走在传统与现代、传承与创新的轨道上，两个城市无论在城市作品还是标志性建筑甚至设计理念方面都引领着中国建筑设计的方向。2016年12月8日，“新年论坛：倾听西安与北京的‘双城记’”在西安拉开帷幕，这也是坚持了15年的建筑界品牌活动“新年论坛”首次在北京外举行。本次活动由中建西北院U/A设计研究中心、陕西省土木建筑学会建筑师分会、北京建院约翰马丁国际建筑设计有限公司、《中国建筑文化遗产》与《建筑评论》编辑部主办，北京建院约翰马丁国际建筑设计有限公司西安分公司承办。西安市人民政府参事、西安市规划局原局长和红星，全国工程勘察设计大师、北京市建筑设计研究院有限公司副董事长张宇，中建西北建筑设计院有限公司总建筑师赵元超，北京建院约翰马丁国际建筑设计有限公司董事长、总经理朱颖，陕西派昂现代艺术有限公司创始人任军先生等来自建筑界、规划界、艺术界30余位专家学者参会。《中国建筑文化遗产》《建筑评论》 金磊主持本次会议。

图2 《中国建筑文化遗产》《建筑评论》主编金磊主持本次会议

金磊总编辑在主持词中阐释了本次新年论坛的主题宗旨：“为什么用西安与北京的‘双城记’为题，因为这两个都城都肩负着太重的传承与创新的任务，唯有它们的对话交流才有沧桑之美和雄浑之姿。以西安、北京‘双城记’为题的论坛，就是希望‘两地’建筑师从自身的文化修养与视角出发思考并评介：为什么文化不可复制，不能简单移植；为什么城市各种表面比美实则比丑的奇葩建筑日盛之时，恰恰是城市文脉被切断之时；为什么文化是城市的品位和底气，建筑如何承载这些文化……不仅是理论和实践的命题，更是城市发展的前途。”

图3 和红星局长讲话以《千年古都，对话历史》为题

和红星局长以《千年古都，对话历史》为题，深情表达了数十年来对西安城市理论的求索、实践及情怀：“如果说，中华民族文化是一棵大树，到上海时，看到了这棵树浓郁的叶子，到北京时看到了这棵树粗壮的树干，来到西安，看到了这棵树茁壮、苍劲的根系。无论是北京还是西安，人们总是因为这些独具特色的建筑而记住了这座城市，因为这些建筑而感受到了这座城市独特的文化魅力！从而也就看到了这座城市的城市特色、城市之魂！”

张宇大师作为“故宫博物院北院”的设计者，以该项目为题，向与会者诠释了现代语境下对中国传统建筑文化的传承与发扬：“现代语境像一个平台，由许多要素拼合而成，是一种表征，它为传统提供了延续的条件和基础，而传统往往蕴藏在精神层面，它可以是纷繁表象下隐藏的共通的内核，也是现代建筑创作永不枯竭的灵感源泉。在全球建筑现代性的大语境下，我们的建筑蕴含的精神其实同国画、书法、器物等所承载的一致，尽管西方思想在各个层面融入，我们在迎接变化的过程中难免曲折，我们始终求索在创作中实现‘中国性’的回归。 ”

图4 张宇大师诠释现代语境下对中国传统建筑文化的传承与发扬

赵元超总建筑师则在从多年来“在遗产边上做设计”的理论研究与实践探索基础上，以“西安南门综合改造设计”为例，提出“碎片化历史空间的现代重建”命题：“缝合 、围合 、融合 、叠合 、复合 、整合是西安南门综合提升改造的六个关键词，它们实际上表达了六合和和合的概念，它是中国的一种哲学概念，一种意境。

缝合主要在于城市的交通空间和城市的历史与未来， 围合着眼于广场空间和环境氛围， 融合主要指建筑风格和尺度， 叠合是文化的多元和包容， 复合是功能的完善和现代设施的配套， 整合则体现了思想和文化的共识。”

朱颖董事长以主持设计的代表性项目吉安文化艺术中心、DNA试剂高技术产业化示范工程、通用电气医疗（GEHC）中国科技园为例，提出了“建境共生·筑景相融”的设计理念，即“历史环境、人文环境、自然环境、城市环境与物质条件及公众心理的融合”。

在研讨环节，与会嘉宾就传统建筑文化的传承、如何在现代建筑设计中融入传统文化、高校建筑设计教育等议题展开广泛讨论。

（文/苗淼 图/朱有恒）

图5 赵元超总建筑师提出“碎片化历史空间的现代重建”

图6 朱颖董事长提出“建境共生·筑景相融”设计理念

图7 与会者合影

第四届“建筑遗产保护与可持续发展·天津”国际会议召开

为深入研讨我国建筑遗产保护与可持续发展工作中所亟待研究和解决的共同课题，10月22日，第四届“建筑遗产保护与可持续发展·天津”国际会议在天津大学建筑设计规划研究总院（1895天大建筑创意大厦）举行。天津大学校长钟登华、全国工程勘察设计大师刘景樑出席开幕式并致辞，故宫博物院院长单霁翔、中国建筑设计院有限公司总规划师陈同滨、英国卡迪夫大学威尔士建筑学院院长Phillip Jones、天津市历史风貌建筑保护专家咨询委员会主任路红作了大会主题报告，天津大学建筑设计规划研究总院院长洪再生、天津大学建筑学院副院长宋昆、中国文物学会20世纪建筑遗产委员会副会长金磊、全国工程勘察设计大师周恺、天津作家协会主席赵玫等嘉宾出席。论坛开幕式由宋昆主持，闭幕式由金磊副会长主持。

此次会议基于创新、协调、绿色、开放、共享的五大发展理念，以“建筑遗产保护与修复和历史街区改造”为主题，设立建筑遗产保护实践与探索、建筑可持续利用与生态化改造技术、建筑传统营造技艺与建筑文化、博士生论坛4个分论坛。在由《中国建筑文化遗产》编

图1 第四届“建筑遗产保护与可持续发展·天津”国际会议召开

图2 与会嘉宾合影

辑部承办的第三分论坛中，金磊总编辑、殷力欣副总编辑分别作了题为《20世纪遗产是当代城市的身份 ——首批98项"中国20世纪建筑遗产"解读浅见》《漫谈共和国初期建筑的理想主义倾向》的主旨演讲。会议期间组织参会嘉宾及博士生代表参观先农大院、五大道博物馆、庆王府等具有代表性的天津历史风貌建筑。

据了解，此次会议共征集国内外优秀稿件140余份，出版《第四届"建筑遗产保护与可持续发展·天津"国际会议论文集》，从事建筑遗产研究与保护工作的国内外专家学者、高校教师、建筑师、规划师、管理人员、施工技术人员以及博士生代表300余人参会，参会嘉宾报告共计40余场，分别从研究、实践、管理等层面交流了国内外建筑遗产研究与实践领域的最新成果，促进了我国建筑遗产保护事业的深入展开。

图4 天津大学校长钟登华出席开幕式并致辞

（CAH编辑部）

图6 单霁翔作大会主题报告

图5 全国工程勘察设计大师刘景樑出席开幕式并致辞

图7 菲利普·琼斯作大会主题报告

图8 陈同滨作大会主题报告

图9 路红作大会主题报告

图11 天津大学建筑设计规划研究总院院长洪再生出席大会

图3 论坛开幕式由宋昆主持

图10 闭幕式由金磊副会长主持

图12 第三分论坛：建筑传统营造技艺与建筑文化

长沙目田书店设计获得全美建筑奖

图1 长沙顶楼书店——目田书店获全美建筑奖

2016年10月，中国设计师曹璞凭借其长沙目田书店改造设计项目——“隐藏在顶楼的书店”（Hidden Top-Floor Bookshop），获得2016年全美建筑奖（American Architecture Prize）之合作奖（Archidaily）。此项目项目基本信息如下。

- 地址：中国长沙市芙蓉中路605号花炮大楼1703室
- 建筑面积：60.00平方米
- 建筑师：曹璞
- 项目策划：熊勇，赵旭如，邹容
- 结构设计咨询：崔浩
- 项目完成时间：2016年春季

目田——不出头的顶楼书店

17层的花炮大楼位于长沙市芙蓉中路，建于1992年，当时是长沙市最高建筑。时过境迁，现在它在众多高楼的环伺下已经不显得高大。

花炮大楼是原属于国营长沙市花炮公司宿舍楼。随着国有经济体制改革，昔日的花炮公司已风光不再。当年花炮公司建这栋大楼不惜成本，整栋楼都用水泥卵石浇筑而成，至今都还坚固无比，形同碉堡；现在，随着年轻人逐渐迁出，住在这里的人大多是一些六七十岁的退休老人；很多房子被出租，昔日人员构成比较单纯的单位宿舍变得复杂起来。

顶层暗室

花炮大楼顶层1703室本为一套60平米的小两居室。由于某种机缘，平时常有长沙本地的作家们在这里聚会。环顾四周，坚固四壁，昔日不惜成本的全剪力墙结构换来了房间与外界以及房间之间的密不透光。白天时室内昏暗，客厅更基本没有光线，一盏吊灯终日点亮。忽一日，作家们却突发奇想，要把陋室变成一个家庭书店，取名为“目田”，精选图书，服务大众。一方面可以把好书卖给喜好阅读的人，另一方面，他们也希望可以为花炮大楼的居民们提供一个文化休闲场所。为此，设计师与业主（目田书店）反复磋商，对此陋室实施了一系列改造。

凿壁偷光

这个封闭的形同闷罐昏暗的小两居暂时不具备合格的阅读环境。与大家商议后，书店设计的初始想法变得非常简单：尽量扩大外墙的窗，让光线和视野进到室内；再把屋里坚固的各面隔墙上开几个洞口，让光线和视线可以彼此透过。同时，空间彼此被分割的房间也可以连成一个整体。室内的洞口同时带来了自然风的流通，避免炎炎夏日过多使用空调。设计者甚至考虑在屋顶打一个天窗。

化小为微

由于房间面积小，无法扩大，最终决定走反方向的极端——将之变得更小，营造更亲和以及聚拢的阅读环境。于是设计者在原来就很小的客厅和卧室内又放置了书柜隔断。隔断上与墙壁一致留出了洞口。为节约空间，决定不设置任何家具桌子，而是利用开好的洞口做书桌。这样一来，反而得到了很多彼此私密又在光线、视线以及空气上相通的微阅览室。又更换了所有的门窗，其中包括阳台的大开启扇，使这个阳台成为一个最特别的读书地方，开窗后微风拂面，城市风景尽收眼底。

楼顶平台

在这栋老楼顶上的天台总是晒满了被子，有时又晾晒着萝卜、酸菜。一群灰色的鸽子在花炮大楼顶上盘旋，每天往返于岳麓山和花炮大楼之间，不必承受堵车之苦，它们的窝就在花炮大楼的天台上。

原改造设计曾设想开一个天窗，直达屋顶。但最终由于种种原因这个方案夭折了。最终选择扩大客厅一处窗口，使之变成一扇人落地窗。又利用楼顶平台的一块地方作为书店的延伸，与人落地窗和阳台的窗子对视呼应，形成了一个楼顶微缩环境。

图2 目田书店室内布置1

图3 目田书店室内布置2

图4 目田书店室内布置3

目田月亮

花炮大楼的电梯厅有一个非常美的圆窗，正好电梯门一开便可看到。更巧的是，圆窗外面是目田书店两居室的几扇外窗。于是店主把“目田”的招牌安装在了圆窗外面，同时在圆窗上贴了目田书店的logo（标志），与后面的招牌交相辉映。店主与书店常客们称这个圆窗为“目田月亮”。

同样地，大家非常喜欢花炮大楼原来的马赛克外墙，因此，改造设计施工中选择了一片马赛克，将其涂刷为书店的二维码。在屋内的某些可以看到的角度，可以扫到。

邻里关系

书店施工历时一年，我们和周围的邻里建立了很好的关系，他们非常喜欢这个顶楼书店。同时，目田书店也在为他们在楼顶设计了更好的晾晒衣服和萝卜干的设施。这里最终建成了一片整体的城市社区文化休闲的理想场所。

（本刊编辑部）

申城论保护 浦江话未来

——2016中国第七届工业遗产学术研讨会在同济大学召开

图1 2016工业遗产会议

2016年11月19—21日，“2016中国第七届工业遗产学术研讨会”在上海同济大学召开。来自全国多个省区市、中国台湾地区以及美国的300多位专家学者共聚上海，围绕“工业遗产的科学保护与创新利用”的学术主题进行研讨交流。

中国工业遗产保护始于2006年国家文物局在无锡举办论坛通过的《无锡建议》，至今已经历了整整10年。这10年正是中国城市化进程发展最快、城市建设最为猛烈的10年，是产业结构调整和升级幅度最大的10年，也是工业遗产调查研究和保护利用起步发展的10年。工业遗产保护得到了社会各界的共同关注，一些保留下来的厂房设备，依然在延续其使用功能，许多老厂房已融入现代城市的发展建设之中，为传承历史文化默默地贡献着自身的力量。丰富的调查研究成果，凝聚着许许多多投入其中人们的智慧和付出，保护和再利用实践体现着

图2 主会场

图3 会场前排主要嘉宾.左起 黄元、陈同滨、郭旃、单霁翔

为之奋斗人们的努力和探索！

此次研讨会开幕式由同济大学常务副校长伍江、副校长吴志强，中国科学院院士常青分别代表同济大学致欢迎词，中国建筑学会理事长修龙、中国文物学会常务副会长兼秘书长黄元、中国历史文化名城委员会副主任兼秘书长曹昌智代表有关单位分别致词，同济大学建筑与城市规划学院李振宇院长代表承办单位致词。中国科学院院士郑时龄、同济大学建筑与城市规划学院副院长李翔宁、城市规划系主任杨贵庆等出席了会议。开幕式由中国建筑学会工业建筑遗产学术委员会秘书长、中国文物学会工业遗产委员会会长、中国历史文化名城委员会工业遗产学部主任、国际工业遗产保护委员会理事（TICCIH Board Member）和国家代表（National Representative）、清华大学建筑学院教授刘伯英主持。

图4 分会场

开幕式后，中国文物学会会长、故宫博物院院长单霁翔以《传承与守望——浅析故宫工匠精神的当代实践》为题，国际工业遗产保护委员会主席Patrick Edward Martin 以“TICCIH and Industrial Heritage on the Global Stage”为题，同济大学常务副校长伍江以《上海工业遗产保护与利用》为题作了三场主旨演讲报告。中国古迹遗址保护协会副理事长兼秘书长郭旃，全国工程勘察设计大师、上海现代建筑设计集团资深总建筑师唐玉恩，中国古迹遗址理事会副理事长、中国建筑设计研究院总规划师陈同滨，北京大学城市与环境学院教授阚维民，国际工业遗产保护委员会理事、台湾中原大学林晓薇，同济大学卢济威、章明，东南大学董卫，以及建筑师赵崇新、王芳等专家学者作了主题报告。

图5 会场外听众

中国科学院院士常青认为，在工业4.0时代来临之际，当下和之前由数字所标定的工业发展各个时代，都早已、或正在、或将要留下代表着200年来物质文明进程的各类文化遗产，怎样处置和利用这些遗产，全世界都在思考和探索，中国也是如此。在19世纪中后期以来的100多年间，中国存留了一大批工业遗产及其所承载的工业文明印记，这其中孕育着多少代人对国家强盛、人民福祉的梦想和记忆。如今，这些工业遗产正面临着标本性保存、大量性转型和活化性再生的艰巨挑战，也给化朽为奇、变死为生，使工业遗产成为一种活态的城市发展驱动力，提供了极为可能的契机。由建筑、规划、材料、土木、文博等专业人员组成的中国工业遗产保护界，迄今已完成了大量工业遗产保护与再生的业绩，正在追赶甚至接近该领域的国际一流水平，相信会有更好的发展。

同济大学常务副校长伍江介绍到，上海是中国近代工业发展最早的城市，中国最早的水厂、电厂、电车厂等都在上海，其规模大，基础深，覆盖面广，上海也成为中国工业发展的基地。随着发展和转型，上海工业建筑的保护和再利用也让人们有再深入的思考，工业遗产保护的重要性毋庸置疑。1991年上海近代遗产保护中就有工业遗产项目，之后更是明确列出了工业遗产保护名录；从被动利用到主动认可，从保护转型到融合发展，再到创造全新的空间，满足社会发展需要，特别是2010年上海世博会的建设，对江南造船厂、上海第二钢铁厂的搬迁、改造，将曾经的工业区变成城市公共空间，工厂车间变成船舶博物馆，以此推动黄浦江两岸的变化更新，将城市中最好的公共空间还给市民。可以说，上海的工业遗产保护工作走在了全国前列。

全国工程勘察设计大师、上海现代建筑设计集团资深总建筑师唐玉恩指出，在我们从农耕文化走向现代文明的进程中，工业文明起到了非常重要的作用，其遗留的文化遗产应该发扬光大，工业遗产无疑是城市中宝贵的文化遗产。工业遗产要科学保护，其留存具有工业文明发展的重要价值，许多工业遗产必然面临着再利用，其坚固的结构体系、宽阔的厂房，直到今天依然是社会资源合理再利用的典范。再利用就是将新的功能植入到原有建筑中，必然会遇到新老并存的状态，在新的功能植入后使老工业厂房焕发出新的活力，这对当今的城市发展具有新的意义。

图6 国际工业遗产保护委员会主席Patrick Edward Martin

中国古迹遗址理事会副理事长、中国建筑设计研究院总规划师陈同滨强调，工业遗产应该是指人类处于工业文明阶段与工业生产活动相关的价值遗存，它可以产生历史价值、科学价值、审美价值等社会价值。现在工业遗存占有城市土地规模都比较大，而在城市高速发展的今天备受关注。工业遗存现在有三种方式：工业建筑、历史建筑、文物保护单位。存在的三种状况是按照文化遗产对待，还是按城市更新存量

图7 单霁翔

图8 修龙与郑时龄

建筑的再利用。工业遗产一定要考虑其价值分析，工业遗存不等于工业遗产，工业遗产可能会有不同的等级差别，如果都用遗产来评定，会有一些不确定的东西，我们要先区分不同的类型，再来确定如何保护好利用。工业遗产应该是取决于工业遗存在人类、国家和地区在工业文明发展中的地位和意义，某种意义上说，遗产的标准比较高。比如四行仓库，不止对上海有意义，而且在抗战史上也有重要意义，我们应该从更高的层面上认识。在如何分辨工业遗产和工业遗存上，可以参考世界建筑遗产的标准来认定。我感觉现在有淡化的过程，这种淡化不利于工业遗产的保护和利用。工业遗产一定是具有明确的历史科学社会价值。

东南大学董卫教授提出，对工业遗产应该是成体系地进行研究，而不是将其拆分，应将工业遗产放在城市发展研究中进行评估，而不是就事论事进行评价。对工业遗产价值的认识，一定要回到其本源。工业遗产保护与未来城市发展有很大的关联性，要促进国家、地方工业遗产系统的建立，促进工业遗产的发展和研究，同时要提高当代工业建筑的设计水平。不要把工业遗产纳入文保体系中，工业遗产最大的价值是其再利用，只有那些最濒危的可以划条红线，更多的是要从城市的价值来看待工业遗产，要强调利用他的价值，更好地促进新型城市化的发展建设。

清华大学刘伯英教授认为，对工业遗产研究来说，首先要明确研究对象，划定研究边界，清晰研究内涵。科学技术是工业遗产的原动力，是工业遗产价值不同于其他遗产的核心。工业革命是根植于近代自然

图9 伍江

图10 常青

图11 陈同滨

图12 唐玉恩

图13 郭旃

图14 张松

图15 吴志强

图16 曹昌智

图17 卢济威

图18 刘伯英

图19 阚维民

图20 董卫

图21 章明

图22 赵崇新

图23 李振宇

图24 王芳

科学的进步，得益于技术的变革，最终实现影响世界的工业革命，成为开启工业文明的转折点。工业遗产的使命就是记录科学、技术和工业对人类社会的改变，推动人类社会向前发展；将一座座我们先辈用聪明才智和辛勤汗水树立的丰碑，保护好，传承好，让我们的后人得以了解和感知，这就是文化的传承，文明的传播。社会价值是工业遗产外在的表现，对人类社会的影响和结果。工业遗产的使命不仅在于记录初始的“第一步”，还在于捕捉之后重要的“每一步”，得以反映时代的变迁，工业遗产研究必将沿着时代的印记迈向美好的未来。

图25 林晓薇

研讨会共收到论文100篇，40位专家学者发表演讲，取得了丰硕的研究成果。研讨会分为规划设计、国内外比较、案例研究、相关问题研究、相关理论、铁路遗产6个专题，在既往案例调查和学术研究的基础上，从工业遗产的概念、构成辨识、价值阐释、遗产类型、工业遗产保护与城市协同发展、21世纪工业遗产的文艺复兴、军事遗产、乡村工业遗产、工业建筑设计事务所和建筑师、建筑技术等跨学科的全新视角，对工业遗产进行了更加广泛和深入的探讨，研究领域得到进一步拓展，全面展示了中国工业遗产调查、研究和保护的最新成果。与会专家还介绍了美国、荷兰、法国等国家在工业遗产保护及利用方面的做法，为中国工业遗产保护利用提供了可借鉴的经验。

研讨会组织了两条考察路线，分别参观了四行仓库、杨浦滨江景观改造示范段、杨树浦滨江规划展示馆、国际时尚中心、富丽服装厂创意园区以及国际工业设计中心、玻璃博物馆、中成智谷、半岛1919、宝钢等工业遗产科学保护和工业遗存创新利用项目，让与会者全面学习到了上海工业遗产保护的成功经验。

闭幕式上，刘伯英、张松、左琰分别作了总结，举行了会旗交接仪式，2017年第八届中国工业遗产学术研讨会将在南京东南大学召开，李海清教授向大家发出了邀请。

研讨会得到《建筑遗产》《中国建筑文化遗产》《工业建筑》《时代建筑》《城市规划学刊》以及清华大学出版社、同济大学出版社、华南理工大学出版社等多家媒体的大力支持。

研讨会由中国建筑学会工业建筑遗产学术委员会、中国文物学会工业遗产委员会、中国历史文化名城委员会工业遗产学部、清华大学建筑学院和同济大学建筑与城市规划学院、上海同济城市规划设计研究院联合举办。

（文图 / 李沉）

图26 合影

Introduction of 18 Books and Periodicals

书刊推荐18则

宫超 张中平 胡静*（Gong Chao, Zhang Zhongping, Hu Jing）

1.《天地之间——张锦秋建筑思想集成研究》
作者：赵元超 编著，金磊 策划
出版社：中国建筑工业出版社
出版时间：2015年10月
定价：195.00元
本书以“张锦秋星”命名仪式暨学术报告会这一“文化事件”为契机，梳理了张锦秋院士半个世纪的建筑创作与实践，结合她对和谐建筑及城市特色的理论研究，初步整理出张锦秋院士系统的建筑思想，并汇集新时期建筑界对于“承继与创新”课题的阶段性成果。

2.《地下长安》
作者：刘庆柱 著
出版社：中华书局
出版时间：2016年1月
定价：58.00元
本书作者刘庆柱为当代著名的考古学家，长期致力于长安城的考古研究工作。书中利用已经取得的考古成果，结合文献记载，对长安城尤其是汉唐时代的长安城进行了全面的介绍，使人们更好地了解这座历史名城。全书共配相关考古现场和线图350余幅，更能让读者直观地了解辉煌长安500年的历史。

3.《百年旧痕：赵珩谈北京》
作者：赵珩 口述审定，李昶伟 录音采写
出版社：生活·读书·新知三联书店
出版时间：2016年2月
定价：48.00元
在本书中，作者以亲闻、亲历追忆旧时风物，从衣食住行到婚丧嫁娶，从城市规划到社会交往，从文化娱乐到医疗教育，以日常生活的角度还原微观历史，回溯北京的百年变迁，并观照社会可以从中找到那些已逝去的文化遗痕，找到那个曾经跃动的、优雅的北京。

4.《城市社会艺术史拾遗》
作者：曹昊 著
出版社：东南大学出版社
出版时间：2016年2月
定价：39.00元
本书将西方城市著名的历史事件、历史人物融入美术史、建筑史和城市史的大背景中进行详细阐述。全书分为光辉城市、灵魂的居所、信仰的力量、风俗和掌故四个部分，将美术和建筑名作的历史人文背景通过深入浅出的方式进行解析，结合生动的历史故事、宗教故事和神话以及精美的图片和图片解释，使读者全方位、多角度地了解艺术史、建筑史和历史文化名城和它们背后的故事。

* 中国建筑图书馆。

5.《辽宁前清建筑文化遗产区域整体保护模式研究》
作者：王肖宇 著
出版社：科学出版社
出版时间：2016年3月
定价：86.00元
本书提出、界定了辽宁前清建筑遗产区域的概念和主题，论述其价值，指出研究的目的、意义、内容与基本思路；引入层次分析法构建辽宁前清建筑遗产区域，介绍其原理和步骤；分析建筑遗产区域的构成和现存问题，提出遗产群的概念，确定了FLFS的立体交叉保护模式和保护原则；介绍前清建筑文化遗产区域交通系统的规划、展示与标识系统的规划、解说系统的规划和具体方案设计，以及东京陵的保护规划和文物修缮方案设计，并作出遗产区域的构建与保护模式的决策。

6.《建筑师的自白》
作者：金磊 编
出版社：生活·读书·新知三联书店
出版时间：2016年4月
定价：69.00元
“自白”旨在反映建筑师的理性追求，表达中国优秀建筑师群体的“建筑思想界”之动态，它力求填补长期以来视建筑师有理性“空白”的怪圈之说，它要回答中国建筑师是有理性与创意的，“奇奇怪怪的建筑”不应属于这个群体。
本书汇集了与中华人民共和国共同成长的优秀的建筑师群体，这里有意味隽永的生命故事，有撼人心魄的心灵感悟，更有对中国建筑未来发展的精心创作与广义的文化思考。

7.《品园》
作者:陈从周 著
出版社:江苏文艺出版社
出版时间:2016年4月
定价:49.00元
20世纪80年代前后，同济大学著名教授陈从周撰写《说园》等数篇经典园林品赏散文在国内外广泛流传。陈从周文笔隽雅、功底深厚，文章通俗易懂，自称“文章写给外行看”“落花水面皆文章”。江苏文艺出版社从《陈从周全集》13册中挑选出所有关于园林品赏的经典篇目，配以珍贵园林摄影图片及勘察资料，推出《品园》，以飨读者。

8.《西方造园变迁史——从伊甸园到天然公园》
作者:（日）针之谷钟吉 著，邹红灿 译
出版社:中国建筑工业出版社
出版时间:2016年5月
定价:88.00 元
本书以不同时代及不同民族、地域为经纬，系统论述了旧约时代、古代、中世纪、伊斯兰、意大利文艺复兴、法国勒·诺特尔式、英国规则式和风景式、美国、近代和现代等不同时期、不同风格的造园演变历程。

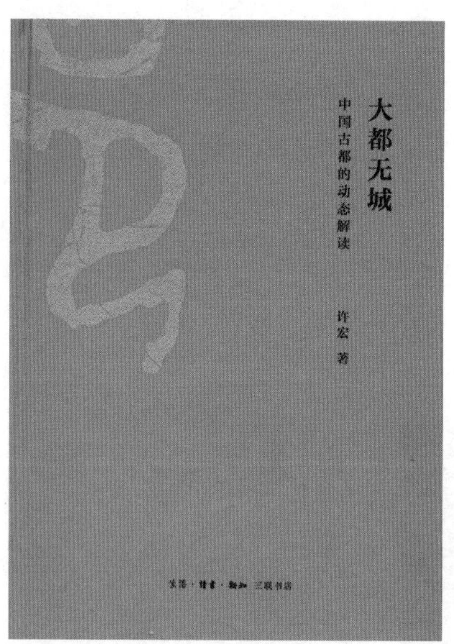

9.《大都无城——中国古都的动态解读》
作者：许宏 著
出版社：生活·读书·新知三联书店
出版时间：2016年5月
定价：48.00元
本书是许宏继《何以中国》之后，从另一个角度对早期中国的解读，同时也是考古学者用自己的方式构建历史、体现考古学家在古史构建中发挥作用的又一力作。如何观察古代都城在先秦时期的时代变迁，如何理解"大都无城"现象在中国古代文明中的文化内涵，我们跟随考古学家，从本书中寻找答案。

10.《城——我与北京的八十年》
作者：孔庆普 著
出版社：东方出版社
出版时间：2016年6月
定价：42.00元
本书是作者的回忆录，以两条线索记录了老北京城风风雨雨70多年，一条是作者的生平故事，一条是北京城修缮与维护的大事记载。从事市政设施养护事业48年，孔老先生有责任将数十年来调查、维修、拆除的古桥、城墙、城门、牌楼、门楼的技术状况及实施过程记录下来。晚年来，孔老先生对往事回忆起来记忆犹新，于是撰写这篇回忆录，作为《北京的城楼和牌楼结构考察》和《中国古桥结构考察》的补充。

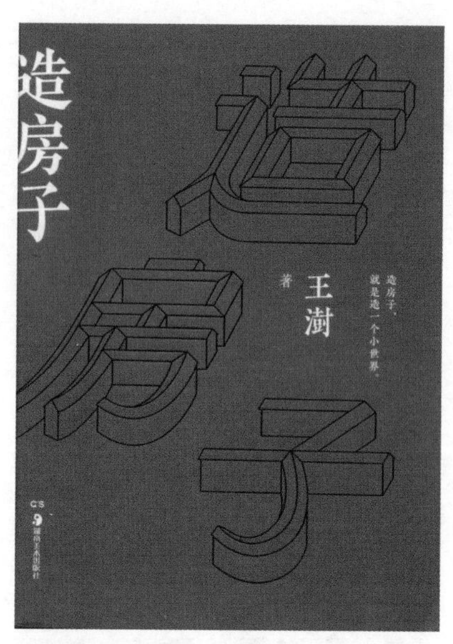

11.《造房子》
作者：王澍 著
出版社：湖南美术出版社
出版时间：2016年8月
定价：78.00元
本书从建筑出发，却不止于建筑，更是一本探讨中国传统文化当代性的著作。从宋代山水画的意境，到明清园林的审美情趣，作者深入剖析中国传统文化、艺术，更以建筑的角度，从中探寻传统文化、东方哲学的美学价值；将中国美院象山校区、宁波美术馆等作品，从设计开端、建造过程，直至建成后续，用深入浅出的语言，还原这些作品的诞生历程；漫谈个人经历、社会与人生，更触及当下人关心的居住空间等话题，大师的成长历程和人文情怀一览无遗。

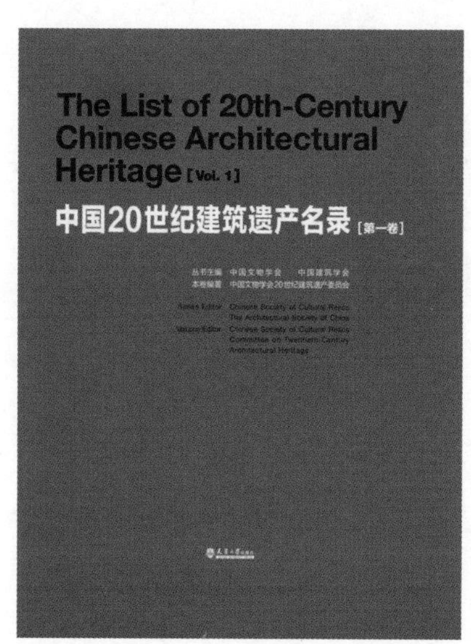

12.《中国20世纪建筑遗产名录（第一卷）》
丛书主编：中国文物学会 中国建筑学会
本卷编著：中国文物学会20世纪建筑遗产委员会
出版社：天津大学出版社
出版时间：2016年10月
定价：246.00元
本书以20世纪这一时间维度所提供的观察世界的全新视角反思和记录20世纪社会发展进步的文明轨迹，发掘和确定中华民族百年艰辛探索的历史坐标，对于今天和未来，都具有十分重要的意义。全书以图文并茂的形式全面展示了中国20世纪建筑遗产项目的风采，不仅为更多的业界人士及公众领略20世纪建筑遗产的魅力与价值提供了重要渠道，更向世界昭示了中国20世纪不仅有丰富的建筑作品，也留下了对世界建筑界有启迪意义的建筑师及其设计思想。

13.刊名："Architecture Australia"
创刊年：1904年
出版者：Architecture Media Australia Pty. Ltd.
2016年第11/12期
本期杂志介绍了2016年澳大利亚国家建筑奖的40多个获奖作品。本届赛事设有公共建筑、教育建筑、新住宅建筑、商业建筑、遗产建筑、室内建筑、可持续建筑及城市设计等14个类别奖项。其中，ARM Architecture设计的Geelong图书馆及文化遗产中心项目同时包揽了澳大利亚公共建筑最高奖——The Sir Zelman Cowen Award和室内建筑奖中的国家表彰室内建筑两个奖项。Candalepas Associates设计的AHL Headquarters-478 George Street和St Andrews House分别获得了澳大利亚商业建筑最高奖——The Harry Seidler Award和国家公共建筑奖。

14.刊名："The Architects' Journal"
创刊年：1895年
出版者：Emap Business Communications Ltd.
2016年第22期
本期杂志介绍了位于英格兰西约克郡利兹市中心的一座集零售、休闲和膳宿于一身的大型商业综合体——Victoria Gate。Victoria Gate的落成标志着这一颠覆性改造的完美收官，也让利兹在国内乃至整个欧洲的百货零售业中占据了引领地位。这座商业综合体显眼而独特的造型是本案的核心。双曲面玻璃立面设计配以金黑相间的店面标识看上去富丽堂皇，与临近的Victoria Quarter购物中心相得益彰。纹理细腻的拱廊穹顶配以设计团队ACME的创意灯饰，令人处处都能感受到其高贵典雅的格调。本案的设计恰到好处地契合了业主延伸利兹市著名的维多利亚拱廊的最初构想。

15.刊名："Architectural Record"
创刊年：1891年
出版者：McGraw-Hill Company
2016年第11期
本期杂志介绍了三座闻名全球的地标性建筑。国立非裔美国人历史与文化博物馆是英国建筑师David Adjaye和美国Freelon建筑公司等集体智慧的结晶。设计这样一座建筑意义、建筑形式与建筑功能都很重要的建筑对于其设计者的挑战是前所未有的。Port House是位于比利时最大港口城市Antwerp中的一座办公建筑，经过英国著名建筑师Zaha Hadid对一座废弃消防站进行富有创意的改造后，建成了造型极为独特的镶钻船形写字楼，让其成为此地标志性建筑。瑞士国家博物馆扩建工程由建筑师Emanuel Christ和Christoph Gantenbein 共同设计，大胆的几何造型让设计感浓郁的新馆与19世纪庄严古朴的老博物馆和谐牵手。

16.刊名：《台湾建筑》
创刊年：1995年
出版者：台湾建筑报道杂志社
2016年第11期
本期杂志好作品征集栏目中，向读者介绍了由WLA榛峰设计/刘书豪+吴亚革建筑师事务所设计的位于台南市农业聚落区的一栋名为"有春"的住宅。这栋住宅的材构系统明显地呼应传统木造及砖墙混合系，只是将木结构转换成了钢结构。这栋建筑所完成的是面对农村逐步寻求现代化过程中的一个设计态度，当新建筑介入旧社区，它要以何面貌和周遭以及社区人们的情感继续沾黏，而这栋建筑的成果看来颇具社区亲密性。

17.刊名：《建筑师》
创刊年：1975年
出版者：台湾省建筑师公会
2016年第11期
本期杂志建筑理论栏目中刊载了台湾成功大学建筑系孙全文教授的《构筑的本体论》一文，文中，孙教授从构筑观念的起源、珍波的革命性理论及东西传统建筑观念的交会等方面详细阐述了其对构筑本体的理解与思考。孙教授认为，现在探讨构筑本体的意义在于，重新找回建筑创造的本质。以建筑教育来说，希望从偏颇的学院传统中解放出来，将建筑看作构筑的艺术，而非造型艺术。

18.刊名：《当代设计》
创刊年：1992年
出版者：当代设计杂志社股份有限公司
2016年第10期
本期杂志城市之星栏目中刊载了徐绶先生的衢州凤朝国际大酒店项目。"由于建筑体为旧办公大楼改建，留给设计师的基础条件不是特别好，很多地方都受到原有建筑影响。"在受限的条件下，徐绶依旧成功营造出了酒店的新气象。整个设计以新中式风格为主，如一楼大堂大量运用中式的花格界定，并与墙地面大理石相结合，给予宾客极大的视觉冲击。同时融入了一些简约的家具，使整体呈现一股低调又庄重的大气之美。

My Architecture and Painting

我的建筑与绘画

谷 岩*（Gu Yan）

谷岩肖像

谷岩自画像

* 中国兵器工业集团北方工程设计研究院有限公司总建筑师，首批河北省建筑大师。

从童年起就喜欢绘画，曾幻想能成为一名画家，还发表了许多绘画作品。但学习成绩一直还比较出色，最终选择做了“理工男”，看到报考建筑学专业，注明需要美术基础，感到能够延续自己的兴趣爱好是一件多么快乐的事，于是便报考了上海同济大学建筑系，成为一名建筑师。毕业后“回到家乡”投身建筑事业，还算“有所小成”，2011年被评为首批“河北省建筑设计大师”。从业中，发现很多建筑师都是“艺术家”，如米开朗琪罗和柯布西耶等，既是建筑大师又是绘画大师。连陈奕迅、吴彦祖、刘恺威、水木年华歌唱组合这些明星都是建筑学毕业的。说明建筑和艺术本身就是相通的，包括一些艺术手法和派别，建筑设计手法和术语经常用到点线面、虚实结合、图底关系、透视角度、色彩阴影等绘画术语。艺术界有野兽派、解构派，建筑界也有粗野主义建筑、解构主义建筑等，看来建筑与生活、建筑与艺术息息相关。国内建筑师里面绘画高手也很多，建筑圈经常举办全国建筑师画展，精彩作品纷呈，建筑师们操练技法、抒发情怀、体现出扎实的美术功底。从事建筑设计工作有机会去各地考察调研，领略了更多的风土人情，往往勾起我画画的欲望，喜欢用画笔记录下看到的美好场景，古老的民居、热情的朋友、天真的孩童、优美的舞蹈、奔跑的骏马等等。创作来源于生活，脱离了生活的作品往往没有生气，而来源于生活的作品，往往能够引起共鸣。我的有些绘画作品能得到朋友们的喜爱和鼓励，也是我不停努力创作的动力……真可谓，莫道人间无绝色，五彩绘就一片春！

图1 湖南山江苗寨

图2 布达拉宫

图3 云南沙溪古镇1

图4 云南沙溪古镇2

图5 云南沙溪古镇3

图6 云南沙溪古镇4

图7 重庆十八梯1

图8 重庆十八梯2

图9 重庆十八梯3

图10 贵州民居1

图11 贵州民居2

图12 贵州民居3

图13 贵州民居4

图14 贵州民居5

图15 贵州民居6

图16 贵州民居7

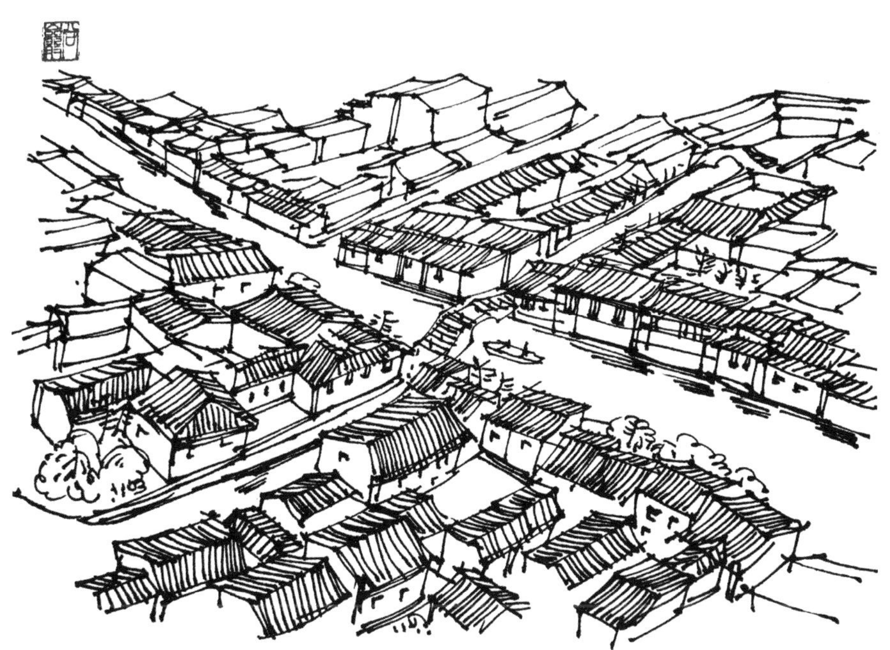

图17 江苏周庄古镇

图18 颐和园门口狮子

图19 颐和园仁寿殿

图20 欧洲街道1

图21 欧洲街道2

图22 欧洲街道3

The Introduction of 8th Election of the Chinese Masters of Engineering Exploration and Design (Architecture)

第八批全国工程勘察设计大师（建筑学专业）介绍

CAH编辑部（CAH Editorial Office）

摘要： 2016年底，第八批全国工程勘察设计大师揭晓，建筑学专业有8位专家荣获大师称号。本专题对8位大师的发展、创作、思想进行了介绍。

关键词： 建筑师，全国工程勘察设计大师

Abstract: In December 2016, the 8th election of the Chinese Masters of Engineering Exploration and Design was announced and 8 architects won the coveted title. This article introduces the philosophy and works of the 8 architects.

Keywords: Architect; Chinese Masters of Engineering Exploration and Design

2016年12月30日，住房和城乡建设部公布了第八批全国工程勘察设计大师名单，共69位专家获得大师称号。其中，建筑学专业有8位专家荣膺此誉。

全国工程勘察设计大师，是中国工程勘察设计行业国家级荣誉称号。此评选是为了激发广大工程勘察设计人员的责任感与荣誉感，引导和激励他们在工程勘察设计工作中积极落实中央城市工作会议精神，全面落实“适用、经济、绿色、美观”的建筑方针，不断提升我国工程勘察设计水平，为推进新型城镇化建设、全面建成小康社会，为社会提供具有良好的经济效益、社会效益和环境效益的优秀勘察设计成果作出更大贡献。

自1990年以来，建设部（住建部）先后进行过8次全国工程勘察设计大师的评选， 506位全国工程建设各个领域的专家荣膺大师称号。

此次荣获大师称号的8位建筑学专业的专家，均在中国当代建筑创作领域内取得成果，在建筑实践、建筑理论等方面进行了勇敢的探索和创新。当今中国的建筑市场群雄争霸，国外建筑潮流风起云涌；面对各种机遇与挑战，8位专家用自己的行动给予了很好的回答。

名单（以姓氏笔画为序）：

李兴钢　中国建筑设计研究院总建筑师
杨　瑛　湖南省建筑设计研究院总建筑师
沈　迪　华东建筑集团股份有限公司副总裁、总建筑师
陈　雄　广东省建筑设计研究院副院长、总建筑师
邵韦平　北京市建筑设计研究院有限公司总建筑师
赵元超　中国建筑西北设计研究院总建筑师
陶　郅　华南理工大学建筑设计研究院副院长、副总建筑师
崔　彤　中科院建筑设计研究院副院长、总建筑师

李兴钢
Li Xinggang

"对我而言，建筑的神秘在于它早已存在在那里，按照使用者的自然天性和建筑自身的朴素逻辑，而所谓设计只不过是在分析了种种既定条件和多样可能性之后，寻找到那几乎唯一完美的答案，寻找的过程和表达的方式带有因人而异的倾向或痕迹。我逐渐认识到，这一"完美答案"应该具有一种达到人工与自然互成境界的空间诗性，是桃花源一样的理想世界，却是建立于人们日常生活的现实之中——这是建筑工作的愉悦，也是这一学科或职业之于人类的义务和责任。"

李兴钢，1969年出生，1991年毕业于天津大学建筑系，1998年入选法国总统项目"50位中国建筑师在法国"在法进修，2012年获得天津大学建筑设计及其理论专业博士学位。中国建筑设计院有限公司总建筑师、李兴钢建筑工作室主持人，教授级高级建筑师，全国工程勘察设计大师。天津大学、东南大学客座教授，清华大学建筑学院设计导师，UIA体育与休闲建筑工作组委员。

完成的主要工程项目有：绩溪博物馆、天津大学新校区综合体育馆、国家体育场、北京复兴路乙59-1号改造、北京兴涛学校、海南国际会展中心、北京西环广场暨西直门交通枢纽、唐山第三空间综合体、建川"文革"镜鉴博物馆暨汶川地震纪念馆、元上都遗址工作站、商丘博物馆、北京兴涛接待展示中心、北京地铁昌平线西二旗站、威尼斯纸砖房、南京瞬时桃花源等。

出版专著：《静谧与喧嚣》（2015年）、《李兴钢：胜景几何》（2014年）、《Li Xinggang：Geometry and Sheng Jing》（2014年）《当代建筑师系列——李兴钢》（2012年）；并在《建筑学报》《世界建筑》《建筑师》《时代建筑》等重要学术期刊发表40余篇学术论文。

曾获得中国青年科技奖（2007）、国务院政府特殊津贴专家（2006）、中国建筑学会青年建筑师奖（2005）、亚洲建筑推动奖（2004）等荣誉；获得THE CHICAGO ATHENUM国际建筑奖（2010/2009）、全国优秀工程设计金/银奖（2009/2000/2010）、全球华人青年建筑师奖（2007）、中国建筑艺术奖（2003）、英国世界建筑奖提名奖（2002）等设计奖项；举办作品个展"胜景几何"（2013）；受邀参加"上海西岸建筑与当代艺术双年展"（2013）、伦敦"从北京到伦敦——当代中国建筑"展（2012）、罗马"向东方——中国建筑景观"展（2011）、巴塞尔/列支敦士登"东风——中国新建筑"展（2010）、卡尔斯鲁厄/布拉格"后实验时代的中国地域建筑"展（2010）、布鲁塞尔"心造——中国当代建筑的前言"展（2009）、第11届威尼斯国际建筑双年展（2008）、德累斯顿"从幻象到现实：活的中国园林"展（2008）、北京大声艺术展（2007）、"发生"——北京左右艺术区艺术展（2007）、深圳城市建筑双年展（2007/2005）、"状态"——中国当代青年建筑师作品八人展（2005）等。

▲天津大学新校区综合体育馆——游泳馆

▲绩溪博物馆

杨 瑛
Yang Ying

“建筑设计并非全然是诗性的，它同时受到理性或知性的支配，是不断地游弋在诗性与知性之间的创造性情境行为。一切被人的行为和意识介入的事物与现象，都是设计分析的情境因素。设计强调全信息、全视角、全体验、全过程，从多维的角度和广阔的视野审视事件，从全面自由的位置经营多元的空间。”

杨瑛，1964年出生于湖南安化，现任湖南省建筑设计院总建筑师、建筑学博士、教授级高级建筑师、国家一级注册建筑师、APEC注册建筑师、当代中国百名建筑师，全国工程勘察设计大师。湖南省建筑师学会理事长、湖南省土木建筑学会副理事长、湖南省设计艺术家协会副主席、住建部城市设计专家委员会委员、中国建筑学会理事、中国建筑学会建筑师分会理事、湖南工业大学建筑与城乡规划学院名誉院长，重庆大学、中南大学、长沙理工等大学兼职教授。

曾荣获两届中国建筑学会青年建筑师奖、中国建筑学会突出贡献奖，全国建设系统劳动模范。在近30年的建筑设计实践中，特别是1999年成立杨瑛工作室以来，他依托扎实的理论功底、持续的技术创新和丰富的工程经验，在设计创作中不断求索，强调全信息、全视角、全体验、全过程的整体创造设计实践，主持工程设计400多项，设计作品涵盖了文化、博览、教育、体育、交通、旅游、办公、商业等公共建筑类型，先后荣获国家和省部级优秀工程勘察设计奖项40余项。其中国家设计银奖4项、铜奖2项，全国优秀工程勘察设计行业一等奖4项、二等奖7项，湖南省优秀工程勘察设计一等奖19项、二等奖5项。出版专著《走向反思建筑设计学》《埏土集》《心象》等，发表论文42余篇。

代表作：郴州文化艺术中心（四馆一厅——博物馆、规划馆、科技馆、群艺馆和音乐厅）；郴州国际会展中心；韶山毛泽东同志纪念馆；韶山毛泽东文艺馆；韶山毛泽东图书馆（新馆）；韶山毛主席六位亲人纪念馆；粟裕同志纪念馆；胡耀邦纪念馆改扩建项目；中国人民抗日战争胜利受降纪念馆改扩建；湖南抗日战争纪念馆改扩建；飞虎队纪念馆改扩建；湖南省博物馆（合作）；湖南省群众艺术馆；湖南省科技馆；长沙滨江文化园（三馆一厅——博物馆、规划馆、图书馆和音乐厅，合作）；青岛市国家档案馆；安化军事博物馆；雪峰湖国家地质与湿地森林博物馆；三亚国家农耕博物馆。长沙黄花国际机场T1和T2航站楼；郴州西高铁站改扩建；苏仙岭景观瞭望台。苏仙岭索道站及游客服务中心。郴州市体育中心；攸县文体中心（体育场、体育馆、游泳馆、群众艺术馆）；湘潭市体育中心；三亚市体育中心；娄底市体育中心；衡阳市体育中心；中南大学核心区综合教学楼；中南大学实验楼；中南大学艺术楼；中南大学图书馆；湘雅二医院教学科研综合楼；国防科技大学学科交叉中心；张家界武陵源一中综合教学楼；湖南省建筑设计院总部江雅园办公楼；湖南省住建厅办公楼；湖南科技大厦；浏阳市行政中心；益阳市行政中心；国家杂交水稻南繁基地。武汉江夏联投广场；长沙万达广场（合作）。

▲苏仙岭景观瞭望台

▲湖南省建筑设计院江雅园办公楼

▲郴州市国际会展中心

沈 迪
Shen Di

“如何创造出真正能够激动人心的空间，这是我所追求的。”

沈迪，1960年出生，现任华东建筑集团股份有限公司副总裁兼总建筑师，博士研究生导师、教授级高级工程师、全国工程勘察设计大师。兼任中国建筑学会建筑师分会副理事长等职务，获“上海领军人才”等荣誉称号。在30余年的建筑创作和工程实践中，主持完成项目80余项，获得包括两项国家设计金质奖在内的多个奖项。

一、强调系统性整合和设计控制的城市功能更新和公共空间设计

在上海世博会事务协调局兼职副总规划师、总建筑师期间，全面主持了世博建设的总体建筑方案策划、设计、科研等工作。同时主管了华建集团参与世博会的60多项工程项目，形成了上百项专有技术，为上海世博会的成功举办作出了重大贡献。其间他还具体负责以复杂地下空间技术应用与复杂形体数字化建构为特点的世博轴及地下综合体等项目。他在后世博发展规划论证与实施方面起到核心作用，并提出“建筑领域体现循环经济的典范”的世博会生态策略，对以世博会为代表的博览建筑规划和设计理论与实践贡献突出。

二、突出可持续发展和功能提升的既有建筑改造设计

▲沪上生态家改造项目

沈迪提倡技术与文化相结合的可持续发展观，保持了城市建筑的记忆和特色，创新性地丰富了可持续建筑中既有建筑设计方法与技术应用方面的内容。深入绿色节能与低碳新技术的集成应用实践和研究，强调可持续的绿色技术的全过程把控，强调技术应呼应建筑功能、空间、成本等需求，强调绿色技术运营效果的分析为将来更好地设计提供思考和反馈。如申都大厦改造工程中边庭理念的提出、沪上生态家改造工程对于原建筑示范技术的实际应用与实践转换等；同时倡导多元文化的可持续性，如宝钢大舞台工业旧厂房结构体系的留存、和兴仓库作为中国第一家民营钢铁企业历史见证的功能转换、京西宾馆不同历史时期组群建筑的协调改造、东湖路30号项目新老建筑的空间格局梳理与场所记忆的重新唤起等。

三、尊重人文环境、地域文化与时代特征的建筑设计

在公共空间设计中，沈迪关注时代特征中的城市人文环境与地域文化在建筑设计中的体现，创造富有地方文化特色、具有现代性的设计新思路，对于建筑文化传承与创作创新具有重要贡献。他提倡传统空间形式与元素在时代特征中的重构与再现。如上海东郊宾馆主楼、宴会厅等项目，在上海地区首开先河，以江南建筑特质等中国传统元素与现代设计风格创新结合、实现传统文化的建筑现代性传承等。他提倡居住社区中社会性的公共交流空间的创造以及与环境的对话。如中远两湾城规划及一期项目中在上海地区首先提出并实施住宅底部架空一层或两层，作为公共交流空间以及组织绿化空间。

出版《上海世博会建设丛书》之《上海世博会建筑》分册、《2010年上海世博会公共空间设计指南及建筑风格导引》等著作，发表了《大院转型中的自省与自信》《世博会园区城市设计的定位与意义》《塑造园区场所精神，构筑美好城市意象》《2010年上海世博会展馆建筑解读》《对文化建筑中社会和文化属性问题的一点思考》《一幢建筑的角色转变——“沪上生态家”的设计改造》等论文。

陈　雄
Chen Xiong

“建筑师需要一再地坚持，尽管在设计过程中不断妥协。建筑师应该善于与方方面面的专业人士合作，作为龙头，必须协调解决众多的矛盾和冲突，他可以做到是一种能力，他应该做到是一种责任。唯有如此，才能做出一件好的作品。”

陈雄，毕业于华南理工大学，1986年8月至今在广东省建筑设计研究院工作，2014年任院总建筑师兼ADG建筑创作工作室主任， 2015年9月至今，任副院长兼总建筑师、ADG建筑创作工作室主任，全国工程勘察设计大师。

主持完成过的主要设计项目有：广州白云国际机场迁建工程及航站楼工程、广州亚运馆、广州新白云机场T2航站楼及配套工程、揭阳潮汕机场航站楼及配套工程、深圳机场新航站区地面交通中心、惠州市金山湖游泳跳水馆、广州市花都区东风体育馆、广州科学城科技人员公寓、东莞市海德广场。

获奖情况：广州白云国际机场迁建工程及航站楼工程获得全国优秀工程勘察设计金质奖、中国土木工程詹天佑奖、百年百项杰出土木工程、中国建筑学会建筑创作大奖（1949—2009)、2005年全国十大建设科技成就、首届全国绿色建筑创新奖、广东省优秀设计一等奖；广州亚运馆获得“全国优秀设计行业奖一等奖、百年百项杰出土木工程、中国土木工程詹天佑奖、第六届中国建筑学会建筑创作优秀奖、亚洲建筑协会建筑荣誉奖、香港建筑师学会建筑设计优异奖、广东省优秀设计一等奖；广州科学城科技人员公寓获得全国优秀设计行业奖一等奖、第六届中国建筑学会建筑创作优秀奖；东莞市海德广场获得全国优秀设计行业奖二等奖、香港建筑师学会建筑设计卓越奖、广东省优秀设计一等奖；深圳机场新航站区地面交通中心获得全国优秀设计行业奖二等奖、广东省优秀设计二等奖；惠州市金山湖游泳跳水馆获得全国优秀设计行业奖二等奖、广东省优秀设计二等奖；广州市花都区东风体育馆获得全国优秀设计行业奖三等奖、广东省优秀设计二等奖；揭阳潮汕机场航站楼及配套工程获得全国优秀设计行业奖三等奖、香港建筑师学会建筑设计卓越奖、广东省优秀设计二等奖。

先后出版专著《十年之外·十年之间》《广州新白云国际机场一期航站楼》《郭怡昌作品集》，发表论文《干线机场航站楼创新实践——潮汕机场航站楼设计》《建筑活化·新旧无间——广东省院ADG·机场院办公楼》《广州亚运馆设计》《广州亚运馆设计与思考》《机场航站楼发展趋势与设计研究》《机场航站楼设计的地域性思考——潮汕机场航站楼建筑设计》《超大型建筑空间引导标识设计——广州新白云国际机场航站楼案例研究》《新白云机场的规划与发展》《建构21世纪广州最新的门户建筑——广州新白云国际机场》《构筑崭新的国际空港——新白云国际机场航站楼设计》。

▲广州亚运城综合体育馆

▲广州新白云机场一期航站楼

邵韦平
Shao Weiping

“建筑师不仅仅要关注形式美学，更重要的要学会利用自己手中的艺术工具——建筑材料和构件来体现建筑内在美。应用手工艺术家的眼光和现代新技术手段为设计服务，从而使建筑不仅作为功能存在，也同样有可能成为城市环境的艺术精品。

建筑作为文化的载体，与社会生活密切相关。这因为建筑不仅具有使用价值，同时存在文化信息传承功能，而且它可被长久地保留，影响着人类的生活与发展。建筑师必须从文化地域传统中吸取营养，增加建筑文化附加值。成功的建筑应同时接受现代审美和传统文化的双重考验。”

邵韦平，1962年出生，建筑设计及其研究领域专家、教授级高级工程师，硕士、博士后导师、全国工程勘察设计大师。硕士师从工程院戴复东院士，从事32年专业工作，现任北京市建筑设计研究院有限公司总建筑师，兼北京院方案创作工作室主任。担任中国建筑学会常务理事、中国建筑学会建筑师分会理事长、北京市土木建筑学会理事长。享受国务院特殊津贴专家，获得全国工程勘察设计大师荣誉称号。近年来荣获北京市五一劳动奖章，当代百名建筑师人选，北京市突出贡献的科学、技术、管理人才。

主持过数十项大中型复杂民用建筑工程，特别在超大型公共建筑和机场枢纽航站楼设计方面经验丰富。工程与科研获全国工程设计金奖2项，全国工程设计银奖1项，亚建协设计金奖1项，北京新世纪十大建筑1项，省部级建筑设计一等奖10余项。

主创完成的主要工程项目包括北京凤凰国际传媒中心、奥林匹克中心区下沉广场（中国花园）、首都机场三号航站楼(合作)、CBD核心区规划及城市设计、北京CBD Z15超高塔（中国尊）、中国驻印度使馆新主楼等。

先后出版《建筑学名词》（2014）、《BIAD 建筑设计深度图示》（2010）、《BIAD 建筑专业技术措施》（2005）等著作，发表《基于整体建构与数字技术的现代性表达》（2014）、《可持续发展背景下的建筑师执业能力》（2009）、《面向未来的枢纽机场航站楼——北京首都机场T3航站楼》（2008）、《从围合中突破——奥运中心区下沉花园》（2008）等学术论文，并应邀在多个重要学术会议作报告，如世界超高层建筑大会（CTBUH）2014年上海年会“未来城市”上作《未来北京的城市新高度——中国尊的设计实现》主题报告，2014年上海同济大学中日“结构建筑学术研讨会”上作《凤凰中心技术建构与美学表现》主题报告，中国建筑学会2014年深圳年会“多学科融合的建筑设计创新”学术论坛作《凤凰中心创作与建筑当代性思考》主题报告等。

▲凤凰国际传媒中心

▲奥林匹克公园中心区下沉花园

赵元超
Zhao Yuanchao

"在创作中，我认为自然优于人工、城市大于建筑，适宜胜于创新，品质高于风格。适度、适宜、此时、此地、此景、此情是我对建筑创作的基本态度。建筑师设计的是建筑，实质上是在塑造未来新的城市生活，激发城市活力的场所。创作应该源于生活，形式也应当跟随城市。"

赵元超，1988年重庆建筑工程学院建筑设计及理论专业硕士研究生毕业，1995年1月—1999年10月中建西北院华夏所工作，任所总建筑师、所长，1999年10月至今任中国建筑西北设计研究院院总建筑师，2009年创建都市与建筑设计研究中心，兼任主任及设计总监、全国工程勘察设计大师。

主持完成的主要工程包括陕西省自然博物馆、陕西省图书馆、西安人民大厦整体改建及餐饮会议中心项目、宁夏回族自治区党委办公新区、西安浐灞生态区商务中心一期工程、西安行政中心、宁夏须弥山博物馆、西藏自治区检察院综合业务用房、西安高新区软件研发基地一期工程、内蒙古乌兰察布商务与科技文化中心、延安圣地河谷—金延安项目、西安南门广场综合提升改造项目、延安新区行政中心（市民中心、图书馆、档案馆设计）、西安阿房宫遗址公园规划及南广场景观设计、延安大剧院、延安市北区新城博物馆群（延安市历史博物馆、中国石油博物馆、延安市规划馆）、西安火车站站改扩建工程、西咸新区新长安起步区大型办公综合体设计、陕西省图书馆新馆、浐灞文化艺术中心等。

▲西安浐灞生态区商务中心

赵元超主持设计的杨凌国际会议展览中心、西安市浐灞生态区商务行政中心获全国优秀工程勘察设计银奖；担当建筑专业负责人设计的陕西省图书馆项目获全国优秀工程勘察设计铜奖；其作品获省部级以上优秀工程一等奖30余项。本人获得"全国优秀科技工作者""内地与香港互认建筑师""中国当代百名建筑师""APEC中国建筑师""科技创新带头人"等多项荣誉。

主编出版多部学术专著：《西安建筑图说》（2006）、《中国建筑西北院建筑作品集》（2012）、《都市印记》（2014）、《天地之间》（2015）、《筑·城市设计》（2015）、《长安寻梦——张锦秋院士建筑作品展实录》（2016）；发表论文包括《从文化上看复古式商业街》（1988）、《没有"形式"的建筑——陕西省自然博物馆设计》（2001）、《西安新建筑》（2001）、《铸就历史创造未来》（2002）、《长安新地标》（2004）、《未曾谋面的对话》（2005）、《缝合城市》（2006）、《山水之间：两则博物馆设计笔记》（2010）、《瞬间与永恒》（2011）、《一个甲子的探索——西安建筑地域化创作60年回顾》（2013）、《十年一剑》（2014）、《碎片化历史空间的现代重建——关于西安南门综合提升改造设计的思考》。

▲西安行政中心

陶　郅
Tao Zhi

"建筑此时此地"

此时此地也是衡量一个建筑好坏的标准，也就是代表建筑的时代性与地域性，这是建筑永恒的主题。我们评判一个建筑好不好，是要看它适不适合这个环境（包括人文环境和自然环境），一定要放在历史节点中来看，放在特定的人文和自然环境中来看。

"建构自己的逻辑语言"

我喜欢在一系列复杂的边界条件下找寻建筑与自然、建筑与城市的内在逻辑，就个案而言，理论上解决方案无穷无尽，然而合乎逻辑的解决方案其实并不太多。

在多个解决方案之中作出选择常常是对建筑师直觉的考验。我以为每一个个案在逻辑上"顺理成章"更甚于形态上的"先入为主"。那些经常使得大家抱有敬意和让多数建筑师所觊觎的"伟大的建筑语言"总是在自然和自我逻辑上逐步完善而最终成为经典的。建筑师的真正价值就在于建构属于自己的逻辑语言。

"注重营造的全过程"

建筑师的工作是营造的全过程，因此建筑师对于自己作品完成度的关注，对于建筑品质的关注应该贯穿始终。建筑师的工作成果不管你愿不愿意都将成为历史的一部分，因此小心工作是那些已经把建筑当作职业的人的基本操守与责任。

陶郅，1985年华南工学院硕士毕业，师从龙庆忠先生。1998年首批入选中法政府学术交流计划"50位中国建筑师在法国"项目，赴法国巴黎机场公司工程部进修，现任华南理工大学建筑设计研究院副院长、副总建筑师，全国工程勘察设计大师，华南理工大学建筑学院教授，博士生导师。获得第六届梁思成建筑提名奖、2004年亚洲建筑推动奖、当代中国百名建筑师、羊城十大设计师等荣誉称号。

从业30余年来，项目工程设计成果丰硕，其中珠海机场航站楼和乐山大佛博物馆获得全国优秀工程勘察设计金奖、福州大学图书馆获得全国优秀工程勘察设计银奖，武汉理工大学图书馆获得中国建筑学会建筑创作银奖，还获得中华人民共和国六十周年创作大奖3项，省部级设计奖项累计58项。

在大型公共文化建筑设计领域，善于充分挖掘项目的内在精神，结合内心的人文理解和理性思考，写就现代建筑精神。近年来独立主持完成的代表作有：长沙滨江文化园、海峡旅游服务中心、中国移动海南总部大楼等；在图书馆设计领域率先提出了"图书馆综合体"理念，主持的国家自然科学基金"低能耗图书馆"项目，更是形成完整的理论框架及成熟的设计模式。

主要作品有：福州大学图书馆、南京工程学院图书馆、武汉理工大学图书馆、合肥工业大学宣城校区图书馆、江西建筑职业技术学院图文信息中心、太原师范学院图书馆，福建工程学院图书馆等20余项，在建筑学界及社会中产生了广泛的积极影响。在高校校园规划领域提出了"有机增长、多元互动、资源共享、低碳节能"的大学规划理论，完成的代表作有：郑州大学、南京工程学院、合肥工业大学宣城校区、晋城高校园区总体规划、太原师范学院、福建工程学院等30余项。

在从事繁重的设计工作的同时，陶郅还承担了研究生和本科生教学工作，指导培养了70余位研究生，多次获得本科毕业设计优秀指导老师奖。坚持科研与教学相结合、理论与实践相结合，形成了产学研的良性互动。

▲长沙滨江文化园

▲乐山大佛博物馆

崔 彤
Cui Tong

“行胜于言”

建筑设计是行动主导下的图像建构，过度的建筑理论会产生副作用。“行胜于言”的重要性在于建筑设计应归于建筑实践的本源，让思想蕴含在物体之内，显现建筑真实存在的意义。

“心胜于行”

建筑师之有别于工匠在于学会思考“如何思考建筑”。“心胜于行”强调建筑师的“精神结构”对“身体结构”控制的对应关系，表现在心体合一、手脑共用，方可练就一双思考的手。

“悟胜于心”

设计过程是一种修炼的过程。设计中不断地积累、放弃、陈酿，终会有一个觉悟。“悟”源于实践之上，发展为超理性的感知系统。言、行、心、悟彼此氤氲化醇，最终获得对事物本质的认知。因此，不存在未经培训的先知先觉，设计便是“心思”和“觉悟”。

崔彤，清华大学建筑系毕业，获建筑学硕士学位，全国工程勘察设计大师，国家优秀设计金奖获得者，全球华人青年建筑师奖获得者，享受国务院专家政府津贴，现任中科院建筑设计研究院副院长、总建筑师、研究员；中国科学院研究生院建筑研究与设计中心主任，教授、博士生导师；中国建筑学会建筑师分会理事，外交部驻外机构工程建议咨询专家，中国美术家协会建筑艺术委员会委员，清华大学建筑学院设计导师，首都规划建设委员会专家咨询组专家，北京大学建筑学研究中心科技建筑研究所主任，多家学术期刊编委；曾多次担任国家级及中科院重大项目的设计主持人和负责人，并获中国科学院创新先进个人，多个项目获奖，其中国家奖项5次，省部级奖项20余次； 2011年在中国科学院研究生院创办建筑研究与设计中心，并任中心主任。

出版专著《当代建筑师系列·崔彤》(2013)，并在《建筑学报》《建筑创作》《世界建筑》等杂志发表多篇论文：《生长的秩序》(2013)、《源于场所的建构 Construction of Originating from Place》(2012)、《山水之间：中科院研究生院新校区》(2010)、《景观生态学原理指导下的校园规划设计》(2009)、《新与旧——重构过去中的未来》(2007)、《重构平衡——外交使馆作为一种建筑类型》(2006)。

2005年获全国优秀工程设计金奖，2005年获国务院政府特殊津贴，2007年获第一届全球华人青年建筑师奖，2009年获中国建筑学会建筑创作大奖，2010年获全国优秀工程设计银奖，2012年获当代中国百名建筑师称号，2015年获全国优秀工程勘察设计一等奖，2016年获全国工程勘察设计大师称号。

主要作品有：国家开发银行(复内4-2项目)、中国科学院国家科学图书馆、 泰国曼谷中国文化中心、法国巴黎中国文化中心、中国驻巴西圣保罗领事馆、中国驻埃塞俄比亚大使馆、中国驻贝宁大使馆、中科院化学所高分子楼、北京林业大学学研中心、北川央企办公楼群、中国科学院计算技术研究所科研综合楼、中科院研究生院教学楼、中科院数学院与系统科学研究院数学与生命和信息科学前沿交叉研究平台、东莞理工学院松山湖新校区行政主楼及经管学院教学楼。

▲泰国曼谷中国文化中心(组图)

General Contents of *China Architectural Heritage* Vol.10-Vol.19

《中国建筑文化遗产》总目（总第10辑—19辑）

*CAH*编辑部（*CAH* Editorial Office）

篇目	期号	篇名	作者
主编的话	10	走过十辑：建筑文化的遗产印记	金磊
	11	从传承经典到设计遗产	
	12	致敬建筑中国	
	13	2014，遗产与创意再出发	
	14	遗产的纪念性与"活态"利用	
	15	传承中国建筑文化的使命	
	16	20世纪建筑遗产保护始于春天	
	17	从战争遗产与建筑纪念碑说起	
	18	关于20世纪遗产保护的自审与自省	
	19	中国20世纪建筑遗产需要深度传播	
特稿	10	走出庙堂 服务民众 浅议中国博物馆事业的开创与发展	单霁翔
	11	从"建筑+收藏+专家+观众"到"地域+传统+记忆+居民"	
	12	解读博物馆陈列展览的思想性与观赏性	
	13	谈谈故宫的修缮保护工作	
	14	20世纪建筑遗产保护的使命与挑战 ——在"中国文物学会20世纪建筑遗产委员会成立会议"上的演讲	
	15	故宫博物院院长单霁翔博士获国际文物修护学会颁发的文物保护专业最高荣誉 "福布斯奖"专题	本编委会
	16	"一带一路"格局中的澳门世界文化遗产保护 ——纪念澳门历史城区成功申报世界文化遗产10年	单霁翔
	17	从"紫禁城论坛"到《紫禁城宣言》	
	18	建立故宫古建筑研究性保护机制的思考	
	19	把故宫文化带回家 ——走进人们生活的故宫文化创意产品	
内文	10	专家题词贺《中国建筑文化遗产》出版十辑	马国馨 等
	10	北京故宫西连房遗址再认识	王世仁
	10	城市有形空间与社会行动 以广州陈氏书院广场扩建工程为例	王真真
	10	价值评估与保护决策：以中阳楼保护规划为例	滕磊
	10	上海：中国建筑师事务所孕育和活跃的沃土	娄承浩 陶祎珺
	10	中国建筑文化遗产年度报告（2013春季版）	本刊记者
	10	西藏建筑与艺术的遗产 访首都师范大学汉藏佛教美术研究所谢继胜教授	本刊记者 刘安琪 冯娴
	10	文化遗产机构链接4则	本刊记者
	10	《故宫梦》下基层 故宫博物院院长单霁翔博士宝佳集团演讲录	本刊记者
	10	单士元先生与故宫宫灯研究	单士元 著 单嘉筠 整理
	10	对文化重庆的建筑思考 "文化重庆·建筑特色"专家座谈会侧记	本刊记者
	10	融合与发展——生态城市与建筑 松山湖第十次论坛召开并发布《倡议书》	本刊记者
	10	跨界对话：文化城市+设计遗产 2013建筑文化遗产新春论坛在故宫举行	本刊记者
	10	凤凰合作论坛：为中国城镇化贡献智慧	本刊记者
	10	重访"汶川" 重建雅安	本刊编辑部

篇目	期号	篇名	作者
内文	10	走近英国园林（二）	胡佳
	10	湖南新宁古建考察纪行（四）	刘叙杰
	10	浙江温州、金华地区历史建筑考察纪略	本刊记者 苗森
	10	新威斯敏斯特市区规划的监管手段 城市仅存历史街区的保护	茱莉·施瑞克
	10	柬埔寨吴哥古迹茶胶寺砌石方式初探	王巍 温玉清
	10	一叶菩提传后世	马国馨
	10	辉萱后世　鎏爱千秋	本刊整理
	10	风范九州名城镌伟绩 悼王景慧先生	本刊整理
	10	《谢辰生先生往来书札（上、下）》节选及讲演选登	本刊整理
	10	遗梦廊桥—乡土泰顺	郭玲
	10	百年印象中的故宫旧影	季也清
	10	新闻8则	本刊记者
	10	设计博物馆对城市振兴的作用	特派记者
	10	《中国建筑文化遗产》总目录	本刊编辑部
	11	天堂画卷：西藏夏鲁寺建筑及壁画保护项目专辑	
	11	西藏夏鲁寺研究保护	王时伟
	11	西藏夏鲁寺壁画保护修复研究	汪万福
	11	西藏夏鲁寺重点壁画数字化技术	孙洪才
	11	夏鲁寺壁画在数码照片下的新观察	罗文华
	11	“英中式园林”在法国	李晓丹 孙思嘉 单玲 李杰
	11	“文革”时期建筑的保护问题探讨	张松 庞智
	11	奥地利籍建筑师罗尔夫·盖苓及其建筑设计作品考察	宋昆 黄盛业
	11	文化遗产保护宣讲亲近民众 6月8日中国文化遗产日故宫系列精彩活动报道	本刊整理
	11	故宫建筑解读（四） 皇家藏书楼	被访人 王时伟 陈芳 等 采访人 季也清 文澂 等
	11	中国建筑文化遗产年度报告（2013夏季版）	本刊编辑部
	11	包豪斯、遗产与中国 中国国际设计艺术博物馆馆长杭间访谈录	本刊记者 冯娴
	11	文化遗产机构链接	本刊特约记者
	11	阿维尼翁的遗产	马国馨
	11	英伦建筑遗产行（一）	执笔 金磊
	11	伦敦地铁150年	本刊记者
	11	英国世界文化遗产考察简记	本刊记者
	11	湖南祁阳建筑遗产考察纪略之一（上）	殷力欣
	11	“和谐造物”建构的设计美学 《长安意匠——张锦秋建筑作品集》系列（七卷本）品评	金磊
	11	以文化的名义创作 河北建筑设计研究院有限责任公司举行座谈会	本刊编辑部
	11	建筑评丑的规则与价值 2013第四届中国十大丑陋建筑评选研讨会在京举办	本刊记者
	11	建筑设计企业创新管理的前沿思考 北京院刘晓钟工作室与西北院屈培青工作室座谈交流会侧记	本刊记者
	11	“院士走进紫禁城”活动侧记	本刊记者
	11	精忠报国　魂归湖湘 述评202位中国远征军阵亡将士灵位奉安南岳忠烈祠	本刊特约记者 倪志刚 陈礼德
	11	传承历史　设计未来 上海现代建筑集团上海建筑设计研究院近代建筑保护座谈会侧记	本刊编辑部
	11	泽州冶底岱庙保护修缮工程施工案例报告选登	常亚平 牛郁波 高有福
	11	最为谦虚的建筑雕塑艺术大师—王熙民	赵喜伦
	11	两种文化在这里互融 访世界文化遗产琅勃拉邦	郭玲
	11	嘛呢石·嘛呢堆·嘛呢精神 青海玉树抗震项目的实践体会	杨新
	11	从西方天主教到中国天主教：1919—1939， 以建筑的中国化为视角	托马斯·高曼士
	11	上海外滩29号底层大厅修缮复原设计的实践与思考	宿新宝

篇目	期号	篇名	作者
内文	11	156项工程载入新中国工业遗产史册	何丅
	11	宗教遗产建筑摄影	陈鹤
	11	日本学者眼中《大同大华严寺》旧影	季也清
	11	新闻13则	本刊记者
	11	布鲁内尔和布鲁内尔博物馆感言	本刊特派记者
	12	毛主席纪念堂建设的回忆	马国馨
	12	韶山红色建筑的沿革与文化传承	阳国利 蒋祖烜
	12	我们救了古城，还是古城救了我们? 广府古城保护规划汇报的感悟	罗健敏
	12	山西太古孟氏二园纪略	贾珺
	12	马戛尔尼使团与“中国热”的再度兴起	李晓丹 兰婷 汪义麇
	12	南京秦淮河房厅的建筑技艺	马晓 周学鹰
	12	关于元大都大城城墙修筑时间的探讨	郭超
	12	双城记 浅析澳门和香港的城市文化遗产保护	刘胜男
	12	20世纪建筑遗产评估标准相关问题研究	金磊
	12	故宫建筑解读（五） 以“信仰之心”深读故宫“雨花阁”	被访人 王时伟 王子林 采访人 文溦
	12	再议重庆建筑特色 “文化重庆·建筑特色”论坛之二侧记	本刊记者
	12	“2013恭王府论坛”在京举行 共话中欧王府与古堡遗址博物馆发展之道	本刊记者
	12	建筑设计的人文精神 中国建筑学会建筑师分会年会在沪召开	本刊记者
	12	建筑师与建筑摄影家的盛会 中国建筑学会建筑摄影专业委员会换届大会与学术交流活动侧记	本刊编辑部
	12	“建筑设计企业文化塑造及传播” 全国工商联房地产设计联盟建筑师茶座暨企业文化交流会侧记	本刊记者
	12	中国建筑学会甲子华诞庆典系列活动隆重举行	本刊整理
	12	2013中国建筑文化遗产年度报告（2013秋季版）	本刊编辑部
	12	书写设计的历史与文化 德国“新收藏”博物馆的理念与运作	科里娜·罗恩娜
	12	文化遗产机构链接4则	本刊记者
	12	做得体的建筑 河北省博物馆设计构思众人谈	本刊编辑部
	12	温故知新 河北博物馆设计与建造	郭卫兵
	12	工程地域性延续性思考 援毛里塔尼亚友谊医院工程	窦志 王伦天
	12	设计之都·智慧城市 七大创意版块点亮北京国际设计周	本刊记者
	12	伦敦：庆祝创意活动	本刊记者
	12	历史名城阿尔勒	马国馨
	12	欧洲诸城的“后奥运”省思	本刊记者
	12	故宫大高玄殿建筑群木结构的树种配置与分析	李德山 李华 陈勇平 陈允适 腰希申
	12	废墟的辉映 阿里古格王朝都城遗址	郭玲
	12	罗马万神殿古门的修缮	亚历山大·裴尔格力·卡帕尼里
	12	设计在于细部 外滩光大银行底层大厅西墙木门设计	崔莹
	12	六十年的学习 六十年的传承 访清华大学建筑学院教授楼庆西先生	李沉
	12	中国建筑摄影师作品八人展 用思想·构图	金磊
	12	珍稀的《孙中山先生陵墓图案》	季也清
	12	新闻	本刊记者
	12	芬兰赫尔辛基设计博物馆	本刊特派记者
	13	新春“序曲”：建筑遗产保护与创意设计的专家寄语	CAH编辑部

篇目	期号	篇名	作者
内文	13	贡献与启示：北京规划设计"汇报展"二十年	CAH编辑部
	13	中国建筑文化遗产年度报告（2013冬季篇）	CAH编辑部
	13	一处小型古文化遗址展示利用案例的启示 以澧县八十垱遗址展示为例	汤羽扬，朱国庆 熊莲珍，曹毅
	13	天津建筑名家虞福京	关英健 宋昆
	13	矿山型工业遗产保护与展示的方法研究 以万山汞矿工业遗产为例	刘临安 黎琰 刘恋
	13	重庆会馆及文化	张德安 刘朝英
	13	庐山牯岭近代建筑群的世界遗产文化景观价值研究	经真 钱毅
	13	故宫建筑解读（六） 当代中国古建筑复建的佳作："建福宫"涅槃	被访人 何镜堂 王时伟 吴生茂 采访人 文瀫
	13	浅谈故宫午门城台变形观测	李德山 时旭东 曹晓丽
	13	新型城镇化建设的"乡愁"观 兼谈《国家新型城镇化规划（2014—2020年）》人文城市的建设之思	金磊
	13	中国文化遗产保护国际研究中心的学术研究与社会实践 访天津大学建筑学院教授青木信夫与徐苏斌	采访人 韩振平 冯娴
	13	湖南祁阳建筑遗产考察纪略之一（下）	殷力欣
	13	重庆市涪陵区大顺乡夯土碉楼考察纪略	刘志伟
	13	建筑遗产保护工程的自我发现与提升 中国文物学会传统建筑园林委员会第十九届年会在京举行	CAH编辑部
	13	中国传统木构建筑的可持续性	著者 克劳斯·茨威格 译者 刘安琪
	13	走近英国园林（三）	胡佳
	13	依山重楼，聚小成大 重庆市政府办公楼设计	李秉奇
	13	美学建构理想城市 品味上海当代艺术博物馆里的"未来盛宴"	成均 张帝夷
	13	他的设计作品令人信服 全国工程勘察设计大师、梁思成建筑奖获得者柴裴义访谈	CAH编辑部
	13	十年·耕耘 崔愷工作室十周年建筑创作展及相关讲座隆重开幕	CAH编辑部
	13	纪念建筑先贤 弘扬学术精神 中国建筑研究室成立60周年纪念暨第十届传统民居理论国际学术研讨会在南京举行	CAH编辑部
	13	建筑遗产激情再燃津门 第三届"建筑遗产保护与可持续发展·天津"国际会议召开	CAH编辑部
	13	中外专家共议中国当代建筑发展 2013中国当代建筑设计发展战略国际高端论坛在南京召开	CAH编辑部
	13	工业遗产的田野调查和价值评价 中国第四届工业建筑遗产学术研讨会在武汉召开	CAH编辑部
	13	建筑文化遗产在云南 "云南建筑摄影沙龙"与"地域建筑创作学术沙龙"在昆明举行	CAH编辑部
	13	以设计开拓市场 以文化提高质量 全联房地产设计联盟"传统建筑文化与装饰品牌提升"专题研讨会召开	CAH编辑部
	13	在历史建筑的时代演变中沉思 "文化河北，创新设计"论坛侧记	CAH编辑部
	13	凌云壮志怀千古 雄才韬略划神州 两院院士周干峙同志遗体告别仪式在京举行	CAH编辑部
	13	那片富贵的沙漠 沙特纪行	郭玲
	13	旧金山中国城建筑印象	刘尔东
	13	民国《中国建筑》：读出一个时代的况味	季也清
	13	书刊推荐17则	王苏成 章丽君 宫超
	13	新闻11则	CAH编辑部
	14	转型期的中国建筑设计 ——在转型中创新，在创新中发展	宋春华
	14	朱启钤先生逝世50周年纪念专辑	
	14	《中央公园廿五周年纪念册》的影像记忆	季也清
	14	民国时期北京中央公园析读(1914—1939)	贾珺
	14	朱启钤与中山公园改造始末	崔勇

篇目	期号	篇名	作者
内文	14	故宫建筑解读（七） 故宫古建细节求证 ——再访建福宫、乾隆花园的收获	刘临安 赵丛山 文澂 杨安琪 李威 张学玲 陆小虎
	14	《北京故宫御花园的叠山、台石和盆景》的再发现	单士元 令狐荣庠 著 单嘉筠 整理
	14	吕彦直遗稿《建设首都市区计划大纲草案》汇校本及说明 ——为纪念吕彦直先生双甲子华诞而作	殷力欣
	14	军事运作角度下的"军事工程"类遗址的真实性与完整性构建 ——以营口西炮台遗址保护为例	沈旸 周小棣 布超
	14	抢救城市中心区工业遗产 ——福建新华印刷厂工业遗产保护探索	季宏
	14	博物馆："大千世界"新视野 "质量提升"深内涵 ——单霁翔关于广义博物馆二书读后感言	金磊
	14	碎片化历史空间的现代重建 ——关于西安南门综合提升改造设计的思考	赵元超
	14	巴渝拾"遗" ——建筑遗产考察组重庆考察纪略	苗森
	14	重走营造学社之路 ——踏访云南建筑文化遗产	孟妍君
	14	甘肃海藏寺的保护修缮工程（节选）	北京国文琰文物保护发展有限公司
	14	建筑英才温玉清留下的一片天空	金磊
	14	米兰·米兰：中国设计世界发声	CAH编委会
	14	问道楼观 ——记西安楼观台道教文化展示区创作设计	屈培青 徐健生 贾立荣 于新国
	14	康庄大道还是歧路亡羊 ——"新型城镇化提质：城市更新与创新设计"建筑师茶座侧记	CAH编委会
	14	传递建筑师们"心"的交流 ——《建筑师的童年》首发暨出版座谈会侧记	CAH编委会
	14	难忘前辈陈植老	马国馨
	14	琼海蔡家老屋 —— 一部南洋客史话	郭玲
	14	书刊推荐16则	王苏成 章丽君 宫超
	14	重识"设计的遗产"旨在为"中国设计"的崛起 —— 写在《设计博物馆》出版之际	金维忻
	14	水彩随笔意大利	蒋正杨
	14	伏尔加河英雄城	马国馨
	14	英伦建筑遗产行（二） 英国工业遗产考察报告	CAH编委会
	15	中国20世纪建筑遗产认定标准的再研究 ——兼论传承中国20世纪建筑师的作品与思想	金磊
	15	第十四次中国近代建筑史学术年会专辑	本书编委会
	15	"西风"渐近影响下的贵州近代建筑	陈顺祥 周坚
	15	20世纪前半叶建筑人员与建筑材料的移动 ——以战前中国东北地区为例	西泽泰彦
	15	中东铁路建筑群（昂昂溪区）保护规划研究	袁帅 刘松茯
	15	青年风格派在青岛德国建筑中的表现及其影响	钱毅 任璞 王麒
	15	人民公社时期建筑的价值特征及其保护研究 ——晋宁县上蒜人民公社旧址的保护思考	何俊萍
	15	民国时期媒体视野中民族建筑的现代性	黄越 汪晓茜 诸葛净
	15	从三一教堂建造史看上海近代建筑技术的进步（1847—1893）	郑红彬
	15	近代陈嘉庚校园规划理念的形成发展初探	李希铭 陈志宏
	15	近代清华校园建设之若干问题辨析	刘亦师 连彦青 王玉英
	15	清末民国历史保护相关史料钩沉（一） ——清末《保存古迹推广办法章程》之评介	张松
	15	雪域修行，以摄影为引 ——记摄影师高志勇与"佛界：西藏壁画摄影展览"	冯娴
	15	2014年中国建筑文化遗产年度报告（节略版）	本书编委会

篇目	期号	篇名	作者
内文	15	东北三省抗战历史建筑考察记之一 —— 长春"伪满新京建筑"一瞥	殷力欣
	15	故宫基础设施改造研究与对策	穆克山
	15	从《威尼斯宪章》到《北京文件》的历史衍变 —— 兼论中国有机建筑论思想及其建筑遗产保护理论与实践特色	崔勇
	15	谈今日拙政园宅园割裂之弊	刘润恩
	15	图说巴尔干 ——克罗地亚和马其顿的四座城	郭玲
	15	后工业时代新创意经济模式的示范 ——德国、瑞士、奥地利三国考察随笔	高志
	15	"绵长影子"的启示 ——展评:"德国:一个国家的记忆"	金维忻
	15	书刊推荐18则	章丽君 宫超 张中平
	15	"中国文物学会20世纪建筑遗产委员会"成立综述	本书编委会
	15	追忆历史 立足当下 —— 河北建筑师"重走梁思成、刘敦桢古建之路河北行"之考察	本书编委会
	15	中国建筑文化遗产业内动态综述	本书编委会
	16	陕西隆重举行"张锦秋星"命名仪式	CAH编委会
	16	陈明达先生百年诞辰纪念专辑	
	16	缅怀陈明达先生座谈会纪要	CAH编委会
	16	悼先贤之已逝,期妙思之长留 ——忆建筑史学家陈明达先生	王贵祥
	16	陈明达古建筑保护与学术研究述评	崔勇
	16	思议一间两椽	肖旻
	16	发现另一个陈明达	周学鹰
	16	历史学视野下的中国古代建筑研究	徐怡涛
	16	对保护古建筑工作的建议	陈明达
	16	编辑《陈明达全集》的进展	殷力欣
	16	《走在运河线上——大运河沿线历史城市与建筑研究》专辑	
	16	大运河沿线历史城市与建筑研究和考察纪实	陈薇
	16	绪言:中心与边缘	沈旸
	16	会馆三看:历史·城市·建筑	沈旸
	16	大运河的"收"与"藏" ——钞关和转运仓建筑	刘捷
	16	乾隆南巡时期沿运河行宫建设研究	申丽萍
	16	运河,城市兴衰的因果	李国华
	16	由南而北:建造技术因素对于大运河建筑文化发展与传播的影响	赵林
	16	以智治水 ——南旺分水枢纽的管理运作	钟行明
	16	透过城市水系读园林	王劲
	16	运河与大都之源:白浮泉的建筑与景观史考	张剑葳
	16	"文化遗产保护规划理论与实践学术研讨会"纪要	中国建筑设计研究院建筑历史研究所
	16	故宫建筑解读(八) "迷楼"大修探秘——建筑构件的修缮与修复	王时伟 文激
	16	单士元解"三山五园"	单嘉筠
	16	清末民国历史保护相关史料钩沉(二) 周作人古迹保存思想浅析	张松
	16	兆龙饭店设计回眸	郑学茜
	16	寒地文物建筑的材料属性与冻害研究	刘松茯 陈思
	16	全面认知,多元保护 ——以历史村镇中的鲁土司衙门保护对策演进调整为例	永昕群
	16	英伦建筑遗产(三)从三个视角看英国的文化遗产精神	CAH编委会
	16	至纯至简的实验 ——北京国际财源中心设计综述	刘震宇
	16	设计的遗产(十) 亚历山德罗·门迪尼:意大利后现代主义设计发轫者	刘安琪
	16	文化遗产机构链接3则	CAH编委会
	16	书刊推荐16则	章丽君 宫超 张中平
	16	蜀中藏娇——安岳石窟造像	郭玲

篇目	期号	篇名	作者
内文	16	建筑、上海、华东院、西北院 ——我们家四代建筑师之梦	屈培青
	16	发掘中国建筑文化自信与自觉的路径 ——“建筑文化与建筑创作品评”建筑师茶座	CAH编委会
	16	“都市乡愁与工业遗产” ——2014年中国第五届工业遗产学术研讨会侧记	CAH编委会
	16	“西南之间” ——来自首届西南建筑论坛的报道	CAH编委会
	16	以建筑创作思想涵养人心 ——“此时·此地·此事”中建西南院65周年院庆学术系列活动之专家讲堂侧记	CAH编委会
	16	试论“热贡”隆务寺保护设想	赵明慧
	16	2015新春答谢团拜会	CAH编委会
	17	他用勤奋的耕耘拯救“失语”的中国建筑文化 ——读马国馨院士新作《长系师友情》	金磊
	17	汉化第一伽蓝 ——北魏洛阳永宁寺复原研究	杨鸿勋
	17	北方地区古代私家园林保护问题杂议	贾珺
	17	西藏鲁朗地区乡土聚落田野调查	范霄鹏 杜京伦
	17	西藏同纬度地区庄园田野调查	范霄鹏 刘阳
	17	西藏萨迦地区信仰空间田野调查	范霄鹏 石琳
	17	西藏阿里地区生土建构田野调查	范霄鹏 孙瑞
	17	古典文学中的建筑典故	耿威
	17	阿尔山的日军筑垒遗址	马国馨
	17	作为历史地区的军事重镇旅顺	奚江琳
	17	旅顺日俄监狱旧址考察纪略	殷力欣
	17	革命者的建筑革命 ——我“读”嵩山蒋氏宗祠中厅景福堂	洪铁城
	17	“十二五”期间中国建筑遗产保护与利用发展问题浅析	金磊
	17	清末民国历史保护相关史料钩沉（三） 美国人马克密对我国早期古物保存的影响	张松
	17	文化资源管理中的地景与人文 ——以“元帅山中的矿山、开采与矿工”为例	安德鲁·约翰斯顿 著 朱有恒 译
	17	八十开讲 ——费麟谈建筑、文化、人生	本书编委会
	17	山西介休建筑文化传统考察	王真真
	17	日本妻笼宿的保护和整治	丘小雪
	17	传统与现代之“和” ——日本建筑与文化考察随笔	高志
	17	西海边的院子 ——老厂房改造项目	王硕
	17	书刊推荐21则	章丽君 宫超 张中平 中国建筑文化中心中国建筑图书馆协办
	17	“大设计”与“遗产的意义” ——“设计遗产与设计博物馆”主题茶座在故宫召开	CAH编委会
	17	“反思与品评 ——新中国65周年建筑的人和事”建筑师茶座隆重举行	CAH编委会
	17	“倾听来自建筑界的中国之声” ——2015新年论坛在京隆重举行	CAH 编委会
	17	古装电影《孔夫子》：银幕上的建筑文化遗产	赵齐
	17	张驭寰古建筑考察与学术研究述评 ——兼论《张驭寰文集》（十五卷）的成就及历史贡献	崔勇
	17	文化遗产动态综述	CAH编委会
	18	20世纪中国建筑发展演变的科学文化思考	金磊
	18	中国工业遗产研究与保护专辑 引言：继往开来——开辟中国工业遗产保护的新征程	刘伯英
	18	保护工业遗产：回顾与展望 ——2014年5月29日在中国文物学会工业遗产委员会成立大会上的讲话	单霁翔
	18	世界文化遗产中与全国重点文物保护单位中的工业遗产名录	刘伯英
	18	中国工业遗产价值评价导则（试行）	国家社科重大项目“我国城市近现代工业遗产保护体系研究”课题组

篇目	期号	篇名	作者
内文	18	国际视野下的工业遗产保护与TICCIH的组织运作	林晓薇
	18	“以诗人的情怀经营城市” ——工业文化景观视野下的张謇与近代南通整体保护	邵耀辉
	18	首钢西十筒仓改造工程简析	杨伯寅 刘伯英
	18	中国工业遗产的阶级情感与情感遗产：基于工业文艺作品的分析	李蕾蕾 王顺健
	18	附录：工业遗产重要文件汇编	
	18	揭示中国建筑历史奥秘的开拓者 ——建筑考古学家、建筑史学家杨鸿勋先生从事古建筑保护与研究六十年专访录	本书编委会
	18	清末民国历史保护相关史料钩沉（四） 法国文化遗产保护理念与思想的传来	张松
	18	关于曲阜孔子文化遗产保护区划叠压问题的解决思路	刘临安 丁艺
	18	景仁大院：中国院落的当代重构	冷延明
	18	抬杠“中国建筑” ——中国建筑历史随感录(之一)	殷力欣
	18	历史瞬间：朱启钤先生在1919年发现《营造法式》	刘江峰
	18	河北易县开元寺寻踪	王蕊佳
	18	中东铁路横道河子镇区域规划研究	康玉
	18	书刊推荐21则	章丽君 宫超 张中平 胡静 中国建筑文化中心中国建筑图书馆协办
	18	巴渝夯土碉楼民居历史渊源及建筑艺术评析	舒莺 殷力欣
	18	张德沛：热血青年 建筑名师	马国馨
	18	张德沛：堂堂君子 悄然离去	罗健敏
	18	品德垂范　贡献流芳 ——怀念原北京市建筑设计院副院长周治良先生	本书编委会
	18	文化遗产动态综述	本书编委会
	19	中国20世纪建筑遗产项目认定的研究与实践	金磊
	19	缅怀先贤 传承思想 ——汪坦先生百年诞辰纪念活动侧记	李沉
	19	汪师和建筑美学	马国馨
	19	父亲汪坦的故事	汪镇美
	19	汪坦先生：中国近代建筑史研究的奠基人	张复合
	19	建筑考古学奠基人杨鸿勋的学术人生及历史贡献	崔勇
	19	科学史观下的建筑史学研究：杨鸿勋教授的学术贡献	江柏炜
	19	杨鸿勋对园林理论的贡献 ——再读《江南园林论》	刘庭风
	19	刘敦桢先生等中国营造学社先贤的民居建筑研究历程 ——写在刘敦桢先生的《中国住宅概说》问世六十周年之际	殷力欣
	19	圆明三园起居空间探析	贾珺
	19	历史的细节 ——义县奉国寺大殿的佛教内涵与建筑形式	耿威
	19	邈真，来自祖先图像的诱惑	郑弌
	19	论故宫文化遗产三维数据可视化的实施路径 ——直译与意译的关系	黄墨樵
	19	中山纪念空间的营造 ——以广州近代城市中轴线为中心的考察	徐楠　罗忱
	19	梁思成先生在共和国时期的贡献 ——兼与杨鸿勋先生商榷	殷力欣
	19	中华人民共和国成立前的文物保护法律法规述略	崔勇
	19	遗产守望背景下的探新之旅 ——“重走刘敦桢古建之路徽州行暨第三届建筑师与文学艺术家交流会”纪略	CAH编辑部
	19	湖南新宁古建筑考察纪行（五）	刘叙杰
	19	与民国做邻居 ——南京颐和路民国建筑群	郭玲
	19	美国博物馆文化纵览 ——兼议“9·11”事件15周年及美国“9·11”纪念博物馆	CAH编辑部
	19	中国建筑文化遗产业内动态综述	CAH编辑部